徐子珊◎著

人 民 邮 电 出 版 社
北 京

图书在版编目（C I P）数据

趣题学算法 / 徐子珊著. -- 北京 : 人民邮电出版
社, 2017.4
ISBN 978-7-115-44287-1

Ⅰ. ①趣… Ⅱ. ①徐… Ⅲ. ①计算机算法 Ⅳ.
①TP301.6

中国版本图书馆CIP数据核字(2017)第020971号

内 容 提 要

本书共分 10 章。第 0 章讲解了算法的概念及体例说明。第 1～7 章分别就计数问题、信息查找问题、组合优化问题、图中搜索问题和数论问题展开，讨论了算法的构思和设计，详尽介绍了解决这些问题的渐增策略、分治策略、回溯策略、动态规划和贪婪策略、广度优先搜索策略、深度优先搜索策略等。第 8 章提供了 10 个让读者自解的计算问题，让读者有机会小试牛刀。第 9 章用书中给出的各问题的 C++解决方案作为例子，讨论了 C++语言的强大编程功能。书中一共收录了 92 个饶有兴趣的计算问题，每个问题（包括第 8 章留给读者自解的题目）都给出了完整的 C++解决方案。

本书适于作为程序员的参考书，高校各专业学生学习“数据结构”“算法设计分析”“程序设计”等课程的扩展读物，也可以作为上述课程的实验或课程设计的材料，还可以作为准备参加国内或国际程序设计赛事的读者的赛前训练材料。

♦ 著　　　徐子珊
责任编辑　张　涛
责任印制　焦志炜

♦ 人民邮电出版社出版发行　　北京市丰台区成寿寺路 11 号
邮编　100164　　电子邮件　315@ptpress.com.cn
网址　http://www.ptpress.com.cn
固安县铭成印刷有限公司印刷

♦ 开本：800×1000　1/16
印张：25.75　　2017 年 4 月第 1 版
字数：579 千字　　2024 年 7 月河北第 3 次印刷

定价：69.00 元

读者服务热线：(010)81055410　印装质量热线：(010)81055316
反盗版热线：(010)81055315
广告经营许可证：京东市监广登字20170147号

前　言

念大学的时候曾经读过一本名字叫作 *Problem-Solving Through Problems*（by Loren C. Larson 1983）的数学书，我对这本书的印象非常深刻。除了文字清新、易读易懂之外，这本书还让我明白了数学是学习科学、认识世界的有力工具，更重要的是它给了我一些很基本的也是应用极广的解决现实问题的数学方法和思想，例如，构造等价问题、绘制图形、利用对称性质、讨论限制条件、考虑极端情形等。直至今天，我还经常受惠于这些在我头脑中沉淀的思想。

Problem-Solving Through Problems 之所以让读者感到易读易懂且印象深刻，应归功于它的一个写作特点，用今天的话来说就是“问题驱动”。它的每一章总是先提出一个引人入胜或有着广泛生活背景的问题，通过对问题的分析、理解引入相关的数学知识与解题思路，并用讨论得到的思想和方法解决一系列问题，使读者在阅读过程中产生兴趣，带动读者进行深入思考，通过解决问题激发读者进一步探索的好奇心及继续阅读的热情。

在机械和电子技术占主导地位的时代，数学思想扮演着科学与工程技术基石的角色。一本好的传播数学思想的书使学习科学与技术的年轻人受益终身。在信息时代，生活中几乎所有的活动都与计算有关。向朋友发的短信中的每个字符，行驶在高速路上的汽车中发动机的工作状态，载人航天器与空间站对接时连接口的接驳，都是某种计算的结果。计算有简单的也有复杂的。学习和掌握计算思想——集中体现在解决计算问题的算法及其计算机程序实现上——是现代人认识世界的最基本的也是最重要的思想工具。写一本问题驱动的算法、编程的书，为致力于学习信息技术的年轻朋友培养自身的计算思想素养助一臂之力，是我编著本书的动因。

本书将计算问题分成若干类，并对一类问题提出解决这类问题的若干经典算法思想，通过对若干个这类问题的算法设计与分析，与读者一起认识与体会这些经典算法设计的思想方法。第 1～7 章分别就计数问题、数据集合与信息查找、现实模拟、组合优化问题、动态规划与贪婪策略、图的搜索算法及数论问题展开讨论。每一类问题都是通过提出和解决十几个饶有兴趣的题目来展开的，对每一个题目均详尽地探讨了数据输入/输出的规范，以及解决一个测试案例的算法构思、算法描述和算法运行效率的分析。涉及的算法设计思想包括渐增策略、分治策略、回溯策略、动态规划、贪婪策略、深度与广度优先搜索等。

书中各章讨论、解决的问题很多有着实际的应用背景，例如问题 1-7 的糟糕的公交调度、问题 2-9 的通信系统、问题 3-10 的符号导数、问题 5-5 的人类基因功能、问题 5-12 的最短路及问题 6-10 的电网等。有一些问题则是计算机科学的基本问题的简化或雏形，例如问题 2-10 的计算机调度、问题 3-8 的内存分配、问题 4-6 的命题逻辑和问题 5-2 的形式语言等。还有一些问题则是当前一些热门课题的缩影，如问题 3-5 的稳定婚姻问题（实际上是经济理论中稳定匹配的简化模型）、问题 4-4 的一步致胜（棋类游戏的搜索算法）以及问题 7-12 的 RSA 因数分解（RSA 密钥问题）等。通过对这些问题的研讨，读者能得到一些解决实际问题的灵感，在遇到计算机专业领域课题时会有某种亲切感，在科研领域中多一件计算思维工具。

计算机科学是教学理论与实践结合最紧密的学科。几乎所有的理论算法都可以立即在计算机上用程序加以验证。对书中的每一个计算问题，都给出了完整的 C++解决方案，代码文件分别存储于各自的文件夹内。这些程序均在 Microsoft Visual C++ 2010 上调试通过。所有的代码和视频都放在百度空间中，下载地址为：http://pan.baidu.com/s/1c22U7PA。为防云盘可能受政策、服务变动等不可测因素的影响，各位可以到地址为 https://github.com/xuzishan/Algorithm-learning-through-Problems/tree/master 的 github 仓库提取源代码。

书中各章内容相对独立，且按先易后难的顺序编排，即使在同一章内，题目也是按先易后难的顺序编排的，所以，对于算法和编程初入门的读者而言，可以先读懂前几章，每章中先读懂前 3 个题目，有了兴趣，再往后研读。喜欢追根溯源（笔者非常赞赏）的读者，如果对算法构思的理论背景在本书的文本介绍中仍感到不满足，可以在百度云中下载（地址同前）深入讨论相关课题的视频资料做进一步探究。对于高校相关课程的教师读者而言，第 1～2 章内容能满足程序设计课程的课程设计材料的需求，第 2～3 章的内容能满足数据结构课程实验材料需求，第 4～5 章适于算法设计与分析课程的基本实验材料需求，第 6～7 章可作为算法课程实验扩展材料。厨师都知道“众口难调”。笔者虽非厨师，但对此道理有着深切的体会，在写作中，尽量满足大家的需求。这本书若能让不同层次、不同需求的读者从中获得各自之需，实在是笔者的衷心所愿。“智者千虑，必有一失”，因而书中必会存留拙笔，望读者不吝赐教，让本书的后续版本不断完善。

笔者创建了读者 QQ 群“算法与程序”（210847302），欢迎加入参加讨论（新加入时请附言“读者”）。本书编辑联系和投稿邮箱为 zhangtao@ptpress.com.cn。

徐子珊

记于依林书斋

目　录

Chapter 0

从这里开始

0.1 App 程序与算法

信息时代，人们时刻都在利用各种 App 解决生活、工作中的问题，或获取各种服务。早晨，手机里设定的闹钟铃声（或你喜欢的音乐）将你唤醒。来到餐厅，你用手中的 IC 卡到取餐处的刷卡机上支付美味早餐的费用。上班途中，打开手机上的音乐播放器，用美妙的乐声，打发掉挤在公交车上的乏味的时间。上班时，利用计算机中的各种办公软件处理繁忙的业务。闲暇时，你用平板电脑里的视频程序看一部热映的大片，或在淘宝网上选购你喜欢的宝贝。晚间，你用 QQ 或 Facetime 与远方的朋友聊天、交流情感……凡此种种，不一而是。

五彩缤纷的 App 后面是什么？这些神奇的体验是怎么创造出来的？如果你对这样的问题感兴趣的话，我们就成为朋友了。从这里开始，我们将探索创造 App——计算机（及网络）应用程序的基本原理和基本技能。

其实，能用计算机（包括各种平板电脑、智能手机）解决的是所谓的**“计算问题”**，也就是有明确的**输入**与**输出**数据的问题。解决计算问题就是用一系列基本的数据操作（算术运算、逻辑运算、数据存储等）将输入数据转换成正确的输出数据。能达到这一目标的操作序列称为解决这一计算问题的**“算法”**。App 就是在一定的计算机平台（计算机设备及其配备的操作系统）上，用这个计算机系统能识别的语言来实现算法的程序。

因此，对上述的第一个问题，我们的答案是：App 背后的是算法。算法是解决计算问题的方案。要用计算机来解决应用问题，首先要能将该问题描述成计算问题——即明确该问题的输入与输出数据。只有正确、明白地描述出计算问题，才有可能给出解决该问题的算法。作为起点，本书并不着眼于如何将一个实际的应用形式化地描述为一个计算问题，而是向你描述一些有趣的计算问题，并研究、讨论如何正确、有效地解决这些问题。通过对这些问题的解决，使我们对日常面对的那些 App 有着更清醒、更理智的认识。可能的话，也许哪一天你也能为你自己，或者朋友、爱人创造出你和他们喜欢的 App。

0.2 计算问题

上面已经说到什么是计算问题，下面就来看一个有趣的计算问题。

问题 0-1 计算逆序数

问题描述

这个学期 Amy 开始学习一门重要课程——线性代数。学到行列式的时候，每次遇到对给定的序列计算其逆序数，她都觉得是个很闹心的事。所以，她央求她的好朋友 Ray 为她写一段程序，用来解决这样的问题。作为回报，她答应在周末舞会上让 Ray 成为她的伦巴舞舞伴。所谓序列 *A* 的逆序数，指的是序列中满足 $i<j$，$A[i]>A[j]$的所有二元组$<i, j>$的个数。

输入

输入文件包含若干个测试案例。每个案例的第一行仅含一个表示序列中元素个数的整数 *N*（$1 \leqslant N \leqslant 500000$）。第二行含有 *N* 个用空格隔开的整数，表示序列中的 *N* 个元素。每个元素的值不超过 1 000 000 000。*N*=0 是输入数据结束的标志。

输出

每个案例仅输出一行，其中只有一个表示给定序列的逆序数整数。

输入样例

```
3
1 2 3
2
2 1
0
```

输出样例

```
0
1
```

这是本书要讨论，研究的一个典型的计算问题。理解问题是解决问题的最基本的要求，理解计算问题要抓住三个要素：输入、输出和两者的逻辑关系。这三个要素中，输入、输出数据虽然是问题本身明确给定的，如果输入包含若干个案例则要理清每个案例的数据构成。

例如，问题 0-1 的输入文件 *inputdata*（本书所有计算问题的输入假设均存于文件中，统一记为 *inputdata*）中含有若干个测试案例，每个案例有两行输入数据。第 1 行中的一个整数 *N* 表示案例中给定序列的元素个数。第二行含有表示序列中 *N* 个元素的 *N* 个整数。当读取到的 *N*=0 时意味着输入结束。

所谓输入、输出数据之间的逻辑关系，实质上指的是一个测试案例的输入、输出数据之间的对应关系。为把握这一关系，往往需要认真、仔细地阅读题面，在欣赏题面阐述的故事背景之余，应琢磨、玩味其中所交代的反应事物特征属性的数据意义，以及由事物变化、发展所引发的数据变化规律，由此理顺各数据间的关系，这是设计解决问题的算法的关键所在。

例如，如果我们把问题 0-1 的一个案例的输入数据组织成一个数组 $A[1..N]$，我们就要计算出序列中使得 $i<j$，$A[i]>A[j]$成立的所有二元组$<i, j>$，统计出这些二元组的数目，作为该案例的输出数据加以输出——作为一行写入输出文件 *outputdata*（本书所有计算问题的输出假设均存于文件中，统一记为 *outputdata*）。

对问题有了正确的理解之后，就需要根据数据间的逻辑关系，找出如何将输入数据对应为正确的输出数据的转换过程。这个过程就是通常所称的“算法”。通俗地说，算法就是计算问题的解决之道。

例如，对问题 0-1 的一个案例数据 $A[1..N]$，为计算出它的逆序数，我们设置一个计数器变量 *count*（初始化为 0）。从 $j=N$，$A[j]$开始，依次计算各元素与其前面的元素（$A[1..j-1]$）构成的逆序个数，累加到 *count* 中。当 $j<2$ 时，结束计算返回 *count* 即为所求。

0.3 算法的伪代码描述

上一节最后一段使用自然语言（汉语）描述了解决“计算逆序数”问题的算法。即如何将输入数据转换为输出数据的过程。在需要解决的问题很简单的情况下（例如“计算逆序数”问题），用自然语言描述解决这个问题的算法是不错的选择。但是，自然语言有一个重要特色——语义二岐性。语义二岐性在文学艺术方面有着非凡的作用：正话反说、双关语……。由此引起的误会、感情冲突……带给我们多少故事、小说、戏剧……。但是，在算法描述方面，语义二岐性却是我们必须避免的。因为，如果对数据的某一处理操作的表述上有二岐性，会使不同的读者做出不同的操作。对同一输入，两个貌似相同的算法的运行，将可能得出不同的结果。这样的情况对问题的解决可能是灾难性的。所以，自然语言不是最好的描述算法的工具。

在计算机上，算法过程是由一系列有序的基本操作描述的。不同的计算机系统，同样的操作，指令的表达形式不必相同。本书并不针对特殊的计算机平台描述解决计算问题的算法，我们需要一个通用的、简洁的形式描述算法，并且能方便地转换成各种计算机系统上特殊表达形式（计算机程序设计语言）所描述的程序。描述算法的通用工具之一叫**伪代码**。例如，解决上述问题数据输入/输出的伪代码过程可描述如下。

```
1 打开输入文件 inputdata
2 创建输出文件 outputdata
3 从 inputdata 中读取案例数据 N
4 while N>0
5   do 创建数组 A[1..N]
6      for i←1 to N
```

```
7          do 从 inputdata 中读取 A[i]
8       result←GET-THE-INVERSION(A)
9       将 result 作为一行写入 outputdata
10      从 inputdata 中读取案例数据 N
11 关闭 inputdata
12 关闭 outputdata
```

其中，第 8 行调用计算序列 $A[1..N]$的逆序数过程 GET-THE-INVERSION(A)是解决一个案例的关键，其**伪代码**过程如下。

```
GET-THE-INVERSION(A)                  ▷A[1..N]表示一个序列
1 N←length[A]
2 count←0
3 for j←N downto 2
4   do for i←1 to j-1
5        do if A[i]>A[j]              ▷检测到一个逆序
6              then count←count+1 ▷累加到计数器
7 return count
```

算法 0-1　解决“计算逆序数”问题的一个案例的算法伪代码过程

伪代码是一种有着类似于程序设计语言的严格外部语法（用 **if-then-else** 表示分支结构，用 **for-do**、**while-do** 或 **repeat-until** 表示循环结构），且有着内部宽松的数学语言表述方式的代码表示方法。它既没有二歧性的缺陷（严格的外部语法），又能用高度抽象的数学语言简练地描述操作细节。

本书所使用的伪代码书写规则如下。

① 用分层缩进来指示块结构。例如，从第 3 行开始的 **for** 循环的循环体由第 4～6 行的 3 行组成，分层缩进风格也应用于 **if-then-else** 语句，如第 5～6 行的 **if-then** 语句。

② 对 **for** 循环，循环计数器在退出循环后仍然保留。因此，一个 **for** 循环刚结束时，循环计数器的值首次超过 **for** 循环上界。例如在算法 0-1 中，当第 3～6 行的 **for** 循环结束时，$j = N+1$；而第 4～6 行的 **for** 循环结束时，$i=1-1=0$。

③ 符号“▷”表示本行**的注释部分**。例如，算法 0-1 的开头对参数 A 的意义进行了解释，第 5 行说明检测到一个逆序（$i<j$，$A[i]>A[j]$），而第 6 行说明将此逆序累加到逆序数 *count*（*count* 自增 1）。

④ 多重赋值形式 $i \leftarrow j \leftarrow e$ 对变量 i 和 j 同赋予表达式 e 的值；它应当被理解为在赋值操作 $j \leftarrow e$ 之后紧接着赋值操作 $i \leftarrow j$。

⑤ 变量（如 i，j，及 *count*）都局部于给定的过程。除非特别需求，我们将避免使用全局变量。

⑥ 数组元素是通过数组名后跟括在方括号内的下标来访问。例如，$A[i]$表示数组 A 的第 i 个元素。记号“…”用来表示数组中取值的范围。因此，$A[1…i]$表示数组 A 的取值由 $A[1]$

到 $A[i]$，i 个元素构成的子序列。

⑦ 组合数据通常组织在**对象**中，其中组合了若干个**属性**。用域名[对象名]的形式来访问一个具体的域。例如，我们把一个数组 A 当成一个对象，它具有说明其所包含的元素个数的属性 *length*。为访问数组 A 的元素个数，我们写 *length*[A]。

表示数组或对象的变量被当成一个指向表示数组或对象的指针。对一个对象 x 的所有域 f，设 $y\leftarrow x$ 将导致 $f[y]=f[x]$。此外，若设 $f[x]\leftarrow 3$，则不仅有 $f[x]=3$，且有 $f[y]=3$。换句话说，赋值 $y\leftarrow x$ 后，x 和 y 指向同一个对象。

有时，一个指针不指向任何**对象**，此时，我们给它一个特殊的值 NIL。

⑧ 过程的参数是**按值**传递的：被调用的过程以复制的方式接收参数，若对参数赋值，则主调过程不能看到这一变化。

⑨ 布尔运算符“and”和“or”都是**短回路**的。也就是说，当我们计算表达式“x and y”时，先计算 x。若 x 为 FALSE，则整个表达式不可能为 TRUE，所以我们不再计算 y。另一方面，若 x 为 TRUE，我们必须计算 y 以确定整个表达式的值。相仿地，在表达式“x or y”中，我们计算表达式 y 当且仅当 x 为 FALSE。短回路操作符使得我们能够写出诸如“$x\neq$ NIL and $f[x]=y$”这样的布尔表达式而不必担心当 x 为 NIL 时去计算 $f[x]$。

0.4 算法的正确性

解决一个计算问题的算法是正确的，指的是对问题中任意合法的输入均应得到对应的正确输出。大多数情况下，问题的合法输入无法穷尽，当然就无法穷尽输出是否正确的验证。即使合法输入是有限的，穷尽所有输出正确的验证，在实践中也许是得不偿失的。但是，无论如何，我们需要保证设计出来的算法的正确性。否则，算法设计就是去了它的应用意义。因此，对设计出来的算法在提交应用之前，应当说明它的正确性。这就需要借助我们对问题的认识与理解，利用数学、科学及逻辑推理来证实算法是正确的。例如，对于解决“计算逆序数”问题的算法 0-1，其正确性可以表述为如下命题：

当第 3～7 行的 **for** 循环结束时，*count* 已记录下了序列 $A[1..N]$中的逆序数。

如果我们能说明上述命题是真的，那就说明了算法 0-1 是正确的。由于数组 $A[1..N]$的长度 N 是任意正整数，所以这是一个与正整数相关的命题。数学中要证明一个与正整数相关的命题有一个有力的工具——数学归纳法。下面我们对本命题中的 N 进行归纳。

当 N=1 时第 3～7 行的 **for** 循环重复 0 次。*count* 保持初始值 0，这与 $A[1..N]=A[1]$没有任何逆序相符，结论显然为真。

设 N>1 且可用算法计算出 $A[1..N-1]$的逆序数 *count*。在此假设下，我们来证明对 $A[1..N]$

利用算法 0-1 也能得到正确的逆序数 *count*。

考虑算法中第 3～7 行的 **for** 循环在 $j=N$ 时的第一次重复的操作：第 4～6 行内嵌的 **for** 循环从 $i=1$ 开始到 $j-1$ 为止，逐一检测是否 $A[i]>A[j]$。若是，意味着找到一个关于 $A[N]$的逆序，第 6 行 *count* 自增 1。当此循环结束时 *count* 中累积了关于 $A[N]$的逆序数。由于 $N>1$，故第 3～6 行的外围 **for** 循环必定会继续对 $A[1..N-1]$做同样的操作。根据归纳假设，我们知道第 3～6 行的 **for** 循环接下来的重复操作能将 $A[1..N-1]$中个元素的逆序数累加到 *count* 中。所以第 3～6 行 **for** 循环结束时，*count* 已记录下了序列 $A[1..N]$中的逆序数。

这样，我们就从逻辑上证明了算法 0-1 能正确地解决“计算逆序数”问题的一个案例，即算法 0-1 是正确的。

应当指出，解决一个计算问题时，算法不必唯一。数据的组织方式、解题思路的不同，会导致不同的算法。

例如，将计数器 *count* 设置为全局变量，并初始化为 0。解决“计算逆序数”问题一个案例的算法还可以表示为如下的形式。

```
GET-THE-INVERSION(A, N)            ▷A[1..N]表示一个序列
1 if N<2
2     then return
3 for i←1 to N-1
4   do if A[i]>A[N]                ▷检测到一个逆序
5     then count←count+1           ▷累加到计数器
6 GET-THE-INVERSION(A, N-1)
```

算法 0-2　解决“计算逆序数”问题一个案例的递归算法伪代码过程

这是一个“递归”算法，它在定义的内部（第 6 行）进行了一次自我调用。受上述算法 0-1 正确性命题证明的启发，这个算法的思想是基于先计算出 $A[1..N-1]$中关于 $A[N]$的逆序数 *count*，然后将问题归结为计算 $A[1..N-1]$的逆序数的子问题。用相同的方法解决子问题（递归调用自身，注意表示 A 的长度的第 2 个参数变成 $N-1$）把子问题的解与 *count* 合并就可得到原问题的解。其实，算法 0-2 与算法 0-1 仅仅是表达形式不同，本质上等价的：后者用末尾递归（第 6 行递归调用自身）隐式地替代算法 0-1 中第 3～6 行的外层 **for** 循环。所以，算法 0-2 也是正确的。

0.5 算法分析

解决同一问题的不同算法所消耗的计算机系统的时间（占用处理器的时间）和空间（占用内部存储器空间）资源量可能有所不同。算法运行所需要的资源量称为算法的复杂性。一般来说，解决同一问题的算法，需要的资源量越少，我们认为越优秀。计算算法运行所需资

源量的过程称为算法复杂性分析，简称为**算法分析**。理论上，算法分析既要计算算法的时间复杂性，也要计算它的空间复杂性。然而，算法的运行时间都是消耗在已存储的数据处理上的，从这个意义上说，算法的空间复杂性不会超过时间复杂性。出于这个原因，人们多关注于算法的时间复杂性分析。本书中除非特别说明，所说的算法分析，局限于对算法的时间复杂性分析。

算法的运行时间，就是执行基本操作的次数。所谓基本操作，指的是计算机能直接执行的最简单的不可再分的操作。例如对数据进行的算术运算和逻辑运算，以及将数据存储于内存的某个单元。考虑算法 0-1，当序列 A 的元素个数为 N 时：

```
GET-THE-INVERSION(A)
1 N← length[A]                          耗时 1 个单位
2 count←0                               耗时 1 个单位
3 for j← N downt o 2                    耗时 N 个单位
4   do for i←1 to j-1                   耗时 ∑_{i=2}^{N} i =N(N+1)/2-1 个单位
5        do if A[i]>A[j]                耗时 ∑_{i=1}^{N-1} i =N(N+1)/2 个单位
6              then count←count+1       耗时不超过 ∑_{i=1}^{N-1} i =N(N+1)/2 个单位
7 return count                      +)  耗时 1 个单位
                                    ----------------------
                                        3N^2/2+N/2+2
```

具体地说，第 1、2、7 行各消耗 1 个单位时间，总数为 3，第 3 行做 N 次 j 与 2 的比较耗时 N，第 4 行作为外层循环的循环体中一个操作，每次被执行时做 j 次 i 与 j−1 的比较，所以总耗时为 $N+(N-1)+\cdots+2=N(N+1)/2-1$。相仿地，第 5、6 行作为内层循环的循环体每次被重复 j−1 次，但它们也在外层循环的控制之下，所以两者的耗时为 $2(1+2+\cdots+N-1)=N(N-1)$。把它们相加得到

$$
\begin{aligned}
&N+3+N(N+1)/2-1+N(N-1)\\
&=N+2+N^2/2+N/2+N^2-N\\
&=3N^2/2+N/2+2
\end{aligned}
$$

一般而言，算法的时间复杂性与输入的规模（算法 0-1 中序列 A 的元素个数）相关。规模越大，需要执行的基本操作就越多，当然运行时间就越长。此外，即使问题输入的规模一定，不同的输入也会导致运行时间的不同。对固定的输入规模，使得运算时间最长的输入所消耗的运行时间称为算法的最坏情形时间。通常，人们以算法的**最坏情形时间**来衡量算法的时间复杂性，并简称为算法的运行时间。例如，在上述的算法 0-1 的分析中，第 3～6 行的嵌套循环的循环体的每次重复，第 6 行并非必被执行，所以我们说其耗时“不超过 $\sum_{i=1}^{N-1} i=N(N+1)/2$ 个单位”。但我们要考虑的是最坏情形时间，所以运行时间是按 $N(N+1)/2$ 加以计算的。

对于算法的输入规模为 n 的运行时间，常记为 $T(n)$。以算法 0-1 的 GET-THE-INVERSION(A)过程为例，数组 $A[1..N]$的元素个数 N 越大，运行时间 $T(N)=3N^2/2+N/2+2$ 的值就越大。

对算法 0-2 而言，设其对输入规模为 N 的运行时间为 $T(N)$。

```
GET-THE-INVERSION(A, N)
1 if N<2                                    耗时 1 个单位
2     then return                           耗时不超过 1 个单位
3 for i←1 to N-1                            耗时 N 个单位
4     do if A[i]>A[N]                       耗时 N-1 个单位
5      then count←count+1                   耗时不超过 N-1 个单位
6 GET-THE-INVERSION(A, N-1)           +)    耗时 T(N-1)
                                      T(N)=T(N-1)+3N-1
```

这是一个在等式两端都含有未知式 T 的方程，称为递归方程。递归方程可以用迭代法来解，即

$$
\begin{aligned}
T(N)&=T(N-1)+3N-1\\
&=T(N-2)+3(N-1)+3N-2\\
&=T(N-3)+3(N-2)+3(N-1)+3N-3\\
&\cdots\cdots\\
&=T(1)+3*2+\cdots+3(N-1)+3N-(N-1)\\
&=2+3(1+2+3+\cdots+N)-3-N+1\\
&=3N(N+1)/2-N\\
&=3N^2/2+N/2
\end{aligned}
$$

显然，这算法 0-1 的运行时间大同小异。注意，式中的 $T(1)$指的是算法 0-2 的第 2 个参数 $N=1$ 时的运行时间。显然，这将仅执行其中 1～2 行的操作，耗时为 2 个单位。

0.6 算法运行时间的渐近表示

由于计算机技术不断地扩张其应用领域，所要解决的问题输入规模也越来越大，所以对固定的 n 来计算 $T(n)$的意义并不大，我们更倾向于评估当 $n\to\infty$时 $T(n)$趋于无穷大的快慢，并以此来分析算法的时间复杂性。我们往往用几个定义在自然数集 **N** 上的正值函数 $\tilde{Y}(n)$：幂函数 n^k（k 为正整数），对数幂函数 $\lg^k n$（k 为正整数，底数为 2）和指数函数 a^n（a 为大于 1 的常数）作为“标准”，研究极限

$$\lim_{n\to\infty}\frac{T(n)}{Y(n)}=\lambda \tag{0-1}$$

若 λ 为一正常数，我们称 $\tilde{Y}(n)$是 $T(n)$的渐近表达式，或称 $T(n)$渐近等于 $\tilde{Y}(n)$，记为 $T(n)=\Theta(\tilde{Y}(n))$，这个记号称为算法运行时间的渐近 Θ-记号，简称为 Θ-记号。例如，算法 0-1 的运行时间为 $T(n)=2n^2+4n+3$，取 $\tilde{Y}(n)=n^2$，由于

$$\lim_{n\to\infty}\frac{T(n)}{Y(n)}=\lim_{n\to\infty}\frac{2n^2+4n+3}{n^2}=2\neq 0$$

所以，我们有 $T(n)=\Theta(n^2)$，即此 $T(n)$渐近等于 n^2。其实，在一个算法的运行时间 $T(n)$中省略最高次项以外的所有项，且忽略最高次项的常数系数，就可得到它的渐近表达式。例如，用此方法也能得到算法 0-1 的运行时间 $T(N)=3N^2/2+N/2+2=\Theta(N^2)$，算法 0-2 的运行时间 $T(N)=3N^2/2+N/2=\Theta(N^2)$。在这个意义上，我们可以再次断言——算法 0-1 和算法 0-2 是等价的。

如果两个算法的运行时间的渐近表达式相同，则将它们视为具有相同的时间复杂度的算法。显然，渐近时间为对数幂的算法优于渐近时间为幂函数的算法，而渐近时间为幂函数的算法则优于渐近时间为指数函数的算法。我们把渐近时间为幂函数的算法称为具有多项式时间的算法。渐近时间不超过多项式的算法我们称其为有效的算法。通常认为运行时间为指数式的算法不是有效的。

渐近记号除了 Θ 外，还有两个常用的记号 O 和Ω。它们的粗略意义如下：

考察定义域为自然数集 **N** 的正值函数 $\tilde{Y}(n)$和 $T(n)$构成的极限式 0-1 的值λ，若λ≤1 为一常数，则称函数 $T(n)$渐近不超过函数 $\tilde{Y}(n)$，记为 $T(n) = O(\tilde{Y}(n))$；若λ>1 为常数或为+∞，则称函数 $T(n)$渐近不小于函数 $\tilde{Y}(n)$，记为 $T(n)=\Omega(\tilde{Y}(n))$。例如 $\lg^k n=O(n^k)$，反之，$\lg^k n=\Omega(n^k)$。显然，$T(n)=\Theta(\tilde{Y}(n))$当且仅当 $T(n) = O(\tilde{Y}(n))$且 $T(n)=\Omega(\tilde{Y}(n))$。对算法运行时间的深入讨论读者可参考配书的短视频“算法的运行时间”。

下面我们用以上讨论过的概念、术语、记号和方法再讨论一个计算问题。

问题 0-2　移动电话

问题描述

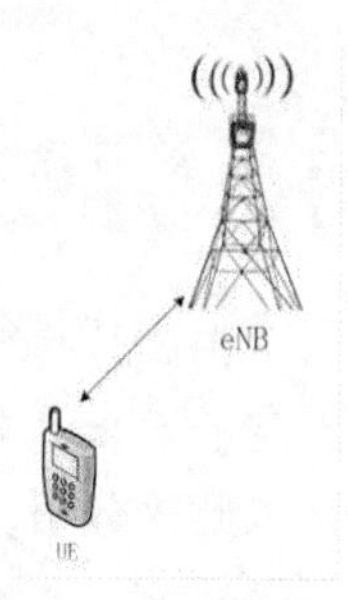

假定在坦佩雷〔芬兰城市〕地区的第四代移动电话基站如下述方式运行。该地区划分成很多四方块，这些四方形的小区域形成了 $S\times S$ 矩阵。该矩阵的行、列均从 0 开始编码至 S-1。每个方块区域包含一个基站。方块内活动的手机数量是会发生变化的，因为手机用户可能从一个方块区域进入到另一个方块区域，也有手机用户开机或关机。每个基站会报告所在区域内手机活动数的变化。

写一个程序，接收这些基站发来的报告，并应答关于指定矩形区域内的活动手机数的查询。

输入

输入从标准输入设备中读取表示查询的整数并向标准输出设备写入整数以应答查询。输

入数据的格式如下。每一行输入数据包含一个表示指令编号的整数及一些表示该指令的参数。指令编号及对应参数的意义如下表所示。

指令编号	参数	意义
0	S	创建一个的 $S\times S$ 矩阵并初始化为 0。该指令仅发送一次，且总是为第一条指令
1	$X\ Y\ A$	区域（X, Y）增加 A 个活动手机
2	$L\ B\ R\ T$	查询所有方块区域（X, Y）内活动手机数量之和。其中，$L\leqslant X\leqslant R, B\leqslant Y\leqslant T$
3		终止程序。该指令也仅发送一次，且必为最后一条指令

假定输入中的各整数值总是在合法范围内，无需对它们进行检验。具体说，例如 A 是一个负数，它不可能将某一方块区域中的手机数减小到 0 以下。下标都是从 0 开始的，即若矩阵规模为 4×4，必有 $0\leqslant X\leqslant 3$ 且 $0\ \leqslant Y\leqslant 3$。

我们假定：

矩阵规模：$1\times 1\leqslant S\times S\leqslant 1024\times 1024$。

任何时候方块区域内的活动手机数：$0\leqslant V\leqslant 32767$。

修改值：$-32768\leqslant A\leqslant 32767$。

不存在指令号：$3\leqslant U\leqslant 60002$。

整个区域内的最大活动手机数：$M= 2^{30}$。

输出

你的程序对除了编号为 2 以外的指令无需做任何应答。若指令编号为 2，程序须向标准输出设备写入一行应答的答案。

输入样例

```
0 4
1 1 2 3
2 0 0 2 2
1 1 1 2
1 1 2 -1
2 1 1 2 3
3
```

输出样例

```
3
4
```

解题思路

（1）数据的输入与输出

根据输入文件的格式，测试案例由若干条指令组成，每条指令占 1 行。依次读取各条指令存放于数组 *cmds* 中。指令 3 为结束标志。对指令序列 *cmds* 逐一执行，对指令 2 保存执行结果于数组 *result* 中。所有指令执行完毕后，将 *result* 中的数据逐行输出到输出文件。

```
1 打开输入文件 inputdata
2 创建输出文件 outputdata
3 创建指令序列 cmds←Ø
4 从 inputdata 中读取案例数据 cmd
5 while cmd≠3
6    do if cmd=0
7          then 从 inputdata 中读取 S
8               INSERT(cmds, (cmd, S))
9          else if cmd=1
10              then 从 inputdata 中读取 X, Y, A
11                   INSERT(cmds, (cmd, X, Y, A))
12              else 从 inputdata 中读取 L, B, R, T
13                   INSERT(cmds, (cmd, L, B, R, T))
14      从 inputdata 中读取 cmd
15 result←MOBIL-PHONE(cmds)
16 for each r∈result
17   do 将 r 作为一行写入 outputdata
18 关闭 inputdata
19 关闭 outputdata
```

其中，第 15 行调用计算指令序列 *cmds* 显示结果的过程 MOBIL-PHONE(*cmds*)是解决一个案例的关键。

（2）解决一个案例的算法过程

首先创建数组 *result* 用来存储查询指令（指令 2）的执行结果。*cmds*[1]是指令 0，它的参数 *s* 决定了坦佩雷地区移动通信网的规模。用 *S* 创建一个二维数组 *tampere*[0..*S*-1, 0..*S*-1]，并将所有元素初始化为 0。从 *i*=2 开始逐一执行指令 *cmds*[*i*]。若 *cmds*[*i*]是指令 1，则用其参数 *x*, *y*, *a* 在 *tampere*[*x*][*y*]累加 *a*。若 *cmds*[*i*]是指令 2，则在其参数 *l*，*b*，*r*，*t* 指定的（*l*, *b*）为左下角，（*r*, *t*）为右上角的范围内计算移动电话的数量，将计算结果加入数组 *result* 中。所有指令执行完毕后，返回 *result*。

```
MOBIL-PHONE(cmds)
1 n←length[cmds]
2 析取指令 cmds[1]的参数 S
3 创建二维数组 tampere[0..S-1, 0..S-1]并将元素初始化为 0
4 创建数组 result←Ø
5 for k←2 to n
6      do 从 cmds[k]中析取 cmd
7      if cmd=1
8           then 从 cmds[k]中析取参数 X, Y, A
9                tampere[X][Y] ← tampere[X][Y]+A
10               if tampere[X][Y]<0
11                 then tampere[X][Y]=0
12          else 从 cmds[k]中析取参数 L, B, R, T
13               count←0
14               for i←L to R
```

```
15                do for j←B to T
16                  do count←count+tampere[i][j]
17            INSERT(result, count)
18 return result
```

算法 0-3 解决“移动电话”问题的算法过程

这个算法的代码结构类似于算法 0-1，算法的结构主体是嵌套在一起的若干个循环。由于我们用渐近表达式表示算法的运行时间，所以对这种结构的算法，在算法分析时循环之外常数时间完成的操作可以不予考虑。例如，本算法中第 1～4 行及第 18 行的操作，分析时可忽略。我们把目光聚焦于第 5～17 行的 **for** 循环。这个循环共重复$\Theta(n)$（准确地说是 $n-1$，但作为渐近式与 n 等价）次。循环体中是一个分支结构，分支之一是处理指令 1 的第 8～11 行操作，耗时为常数$\Theta(1)$（准确地说是 4，渐进等价于 1）。另一分支是处理指令 2 的第 12～17 行，该分支中，除了第 12、13、17 行的常数时间操作外（第 17 行是在数组 *result* 的尾部添加新的元素，耗时亦为$\Theta(1)$），第 14～16 行是一个两重嵌套 **for** 循环。这两重循环分别重复 $r-l$ 和 $t-b$ 次。循环体内的操作耗时$\Theta(1)$（1 次赋值操作）。所以这两重循环的耗时为$\Theta((R-L)(T-B))$。这个结果看起来似乎很精致，但实际上我们并不知道 L，B，R，T 的具体值，但我们知道 $0\leqslant L$，B，R，$T\leqslant S$。也就是说必有 $0\leqslant R-L$, $T-B\leqslant S$。因此，用渐近表达式我们可以将这个嵌套循环的耗时记为 $O(S^2)$（意味着耗时不差过 S^2）。再由于它内嵌于第 5～17 行的最外层 **for** 循环之内，若 n 条指令中指令 2 数目 m 占有一定比例（即存在常数 c 使得 $n=cm$）则第 12～17 行的操作耗时可表为 $O(nS^2)$。于是，我们得出算法 0-3 的运行时间为 $O(nS^2)$。

0.7 算法的程序实现

有了解决问题的正确算法，就可以利用一种计算机程序设计语言将算法实现为可在计算机上运行的程序。本书选用业界使用最广泛、最成熟的 C++语言来实现解决每一个问题的算法。C++语言是面向对象的程序设计语言，它为程序员提供了一个庞大的标准库。有趣的是，C++脱胎于 C 语言。所以，读者若具有 C 语言某种程度的训练，对于理解本书提供的 C++代码一定是大有裨益的。闲话少说，让我们先来一睹 C++语言程序的“芳容”吧。

解决问题 0-1“计算逆序数”的 C++程序如下。

```
1 #include <fstream>
2 #include <iostream>
3 #include <vector>
4 using namespace std;
5 int getTheInversion(vector<int> A){
6   int N=int(A.size());
7   int count=0;
8   for (int j=N-1; j>0; j--)
```

```
9        for (int i=0; i<j; i++)
10         if(A[i]>A[j])
11           count++;
12     return count;
13 }
14 int main(){
15     ifstream inputdata("Get The Inversion/inputdata.txt");//输入文件流对象
16     ofstream outputdata("Get The Inversion/outputdata.txt");//输出文件流对象
17     int N=0;
18     inputdata>>N;
19     while (N>0) {
20        vector<int> A(N);
21        for (int i=0; i<N; i++)
22              inputdata>>A[i];
23        int result=getTheInversion(A);
24        cout<<result<<endl;
25        outputdata<<result<<endl;
26        inputdata>>N;
27     }
28    inputdata.close();
29    outputdata.close();
30    return 0;
31 }
```

程序 0-1 实现解决“计算逆序数”问题算法的 C++程序

关于 C++语言的各种细节（语言基础、支持语言的库、运用语言的各种技术等），我们将在本书的第 9 章，通过实现本书中算法的实际代码展开讨论。此处，我们仅仅借程序 0-1 做一个初步的认识。

我们可以把程序分成三部分观察。第一部分就是程序中的第 1～4 行，执行预编译指令。第二部分是第 5～13 行的函数 getTheInversion 定义。第三部分是第 14～31 行，程序的主函数。下面我们就这三个部分逐一加以简单说明。

① **#include** 指令用来为程序引入“库”——包含各种已定义的数据类型、类、函数等，实现优质代码的重用，以提高程序设计的工作效率和程序的质量——搭建一座方便之桥。由于 C++中任何运算成分（类型、变量、常量、函数……）均需先声明、后使用，所以头文件中就声明了一组程序所需的具有特殊意义的运算成分。用 **include** 指令将指定的头文件加载进来，程序员就可以方便地访问这些成分了。此处，首行指令 **#include** <fstream>意味着本程序可以使用系统提供的文件输入输出流类的对象，方便地输入、输出数据。本书中所有算法的实现代码涉及输入输出的操作都需要进行文件的读写操作，所以这条指令将出现在每一个程序文件的首要位置。后面的两条分别引入控制台输入输出对象（cin、cout）和向量类（vector，这是 C++标准模板库 STL 提供的可变长数组类模板）。这些类、对象的引入给大家带来了极大的方便。语句 **using namespace** std（语句以分号结尾）指出，以上引入的类或对象都是标准库中的，可按名称直接访问。

② 细心的读者可能已经发现，第 5～13 行定义的函数 **int** getTheInversion(vector<**int**> A)就是对算法 0-1 中伪代码过程 GET-THE-INVERSION(*A*)的实现。除了某些细节，程序代码与伪代码几乎是一样的。如果你也有这样的感觉，我们就有了一种默契：只要有了伪代码，我们就能很快地写出它的实现程序——算法伪代码就是程序开发的“施工蓝图”。

③ 第 14～31 行定义的 main 函数也就是我们在算法 0-1 之前描述的“计算逆序数”问题数据的输入与输出的伪代码的实现。如果了解到“>>”和“<<”是 C++数据流（文本文件就是一个数据流）的输出、输入操作符，则会感觉到这段代码几乎就是伪代码的翻版。

程序 0-1 存储为文件夹 Get The Inversion 的文件 Get The Inversion.cpp。读者要在计算机上运行这个程序，需要在你的计算机上安装一个 C++开发软件（譬如，在 PC 上安装一个 Visual C++软件，在 iMac 上安装一个 Xcode），然后创建一个项目，在其中加载文件 laboratory/Get The Inversion/Get The Inversion.cpp。

同样，解决问题 0-2“移动电话”的 C++程序是存于文件夹 laboratory/Mobil Phone 中的文件 Mobil Phone.cpp。

0.8 从这里开始

作为本书讨论的起点，本章通过解决一个典型的计算问题“计算逆序数”，明确了诸如算法、伪代码、算法分析、C++程序等概念、术语或名称。通过讨论问题“移动电话”给出了本书每个问题讨论的体例：描述问题——理解问题——设计算法——分析算法的效率。

如果你是一位编程初学者，在看了这两个例子后是否会有这样的问题：怎么会想到这样解这些问题？其实，这和你在学校里学习数学时解应用题很相像。首先，看看题目是归类于代数、几何还是微积分？如果是代数题，再看是用解方程方法还是用计算的方法？本书以后的六章将常见的计算问题分成计数问题、集合与查找问题、简单模拟问题、组合问题、组合优化问题和图的搜索问题，针对每一类问题深入讨论了各种问题的思路、方法和技术。所有这些，都是通过一个个有趣的计算问题的解答而展开的。本书的第 8 章还为喜欢独立思考的读者提供了几个待解的计算问题，读者可试着用前几章讨论过的方法解决这些问题，说不定会给你带来别样的快乐体验。第 9 章就本书所解决的诸多问题的程序代码，与读者分享了用 C++编程的乐趣。相信读者掩卷之时，必会对算法设计、程序运行等现代人应具有的计算思想有所认识，对解决这类问题的思路有所启发，这恰是笔者写这本书的愿望。

准备好了，我们就从这里开始吧。

Chapter 1

计数问题

人类的智力启蒙发端于计数。原始人在狩猎过程中为计数猎获物，手指、结绳等都是曾经使用过的计数工具。今天，我们所面对、思考的问题更加复杂、庞大，计数的任务需要强大的计算机来帮助我们完成。事实上，很多计算问题本身就是计数问题。

1.1 累积计数法

这样的问题在实际中往往要通过几个步骤来解决，每个步骤都会产生部分数据，问题的目标是计算出所有步骤产生数据的总和。对这样的问题通常设置一个计数器（变量），然后依步骤（往往可以通过循环实现各步骤的操作）将部分数据累加到计数器，最终得到数据总和。

问题 1-1 骑士的金币

问题描述

国王用金币赏赐忠于他的骑士。骑士在就职的第一天得到一枚金币。接下来的两天（第二天和第三天）每天得到两枚金币。接下来的三天（第四、五、六天）每天得到三枚金币。接下来的四天（第七、八、九、十天）每天得到四枚金币。这样的赏赐形式一直延续：即连续 N 天骑士每天都得到 N 枚金币后，连续 $N+1$ 天每天都将得到 $N+1$ 枚金币，其中 N 为任一正整数。

编写一个程序，对给定的天数计算出骑士得到的金币总数（从任职的第一天开始）。

输入

输入文件至少包含一行，至多包含 21 行。输入中的每一行（除最后一行）表示一个测试案例，其中仅含一个表示天数的正整数。天数的取值范围为 1～10000。输入的最后一行仅含整数 0，表示输入的结束。

输出

对输入中的每一个测试案例，恰好输出一行数据。其中包含两个用空格隔开的正整数，前者表示案例中的天数，后者表示骑士从第一天到指定的天数所得到的金币总数。

输入样例

```
10
6
7
11
15
16
```

```
100
10000
1000
21
22
0
```

输出样例

```
10 30
6 14
7 18
11 35
15 55
16 61
100 945
10000 942820
1000 29820
21 91
22 98
```

解题思路

（1）数据的输入与输出

根据题面对输入数据格式的描述，我们知道输入文件中包含多个测试案例，每个测试案例的数据仅占一行，且仅含一个表示骑士任职天数的正整数 N。N=0 是输入结束标志。对于每个案例，计算所得结果为国王赐予骑士的金币数，作为一行输出到文件。按此描述，我们可以用下列过程来读取数据，处理后输出数据。

```
1 打开输入文件 inputdata
2 创建输出文件 outputdata
3 从 inputdata 中读取案例数据 N
4 while N>0
5     do result←GOLDEN-COINS(N)
6        将"N result"作为一行写入 outputdata
7        从 inputdata 中读取案例数据 N
8 关闭 inputdata
9 关闭 outpudata
```

其中，第 5 行调用计算骑士执勤 N 天能得到金币数的过程 GOLDEN-COINS(N)是解决一个案例的关键。

（2）处理一个案例的算法过程

问题中的一个案例，是典型的累积计数问题。如果测试案例给出的天数 N 存在 k，使得和数 $\sum_{i=1}^{k} i$ 恰为 N，则骑士第 N 天总计所得金币数为 $\sum_{i=1}^{k} i^2$ 。例如题面中的第一个测试案例 N=10(=1+2+3+4)就是这样的情形，所得金币数为 $1^2+2^2+3^2+4^2=30$。一般地，有 $N=\sum_{i=1}^{k} i+j$，其中 $0\leqslant j\leqslant k$ 。此时，只要计算出 j，骑士所得金币就应是 $\sum_{i=1}^{k} i^2+(k+1)\times j$。例如，题面的第三个测试案例中的 7=(1+2+3)+1，所得金币数为 $1^2+2^2+3^2+4\times 1=18$。金币数中的 $\sum_{i=1}^{k} i^2$ 部分显然可以用循环累加而得（同时跟踪天数$\sum_{i=1}^{k} i$）。由于计算金币数中$\sum_{i=1}^{k} i^2$部分时所跟踪的天数$\sum_{i=1}^{k} i \leqslant N$，所以，$N-\sum_{i=1}^{k} i$就是$N=\sum_{i=1}^{k} i+j$中的$j$。这样，我们就可以将问题分成$k$个阶段，每个阶段的部分金币数为$i^2$（$1 \leqslant i \leqslant k$），必要时（$N>\sum_{i=1}^{k} i$）还有一个步骤。此时，设$j=N-\sum_{i=1}^{k} i$，这一步骤中所得金币数应为$j(k+1)$。将每一步骤中所得的部分金币数累加即为所求，可将其描述成如下伪代码过程。

```
GOLDEN-COINS(N)
1 coins←0, k←1, days←0
2 while days+k≤N
3  do coins←coins+k*k ▷coins=∑_{i=1}^{k} i^2
4     days←days+k        ▷days=∑_{i=1}^{k} i
5     k←k+1
6 j←N-days               ▷计算 N=∑_{i=1}^{k} i +j 中的 j
7 coins←coins+k*j
8 return coins
```

算法 1-1　对已知的天数 N，计算从第 1 天到第 N 天总共所得金币数的过程

算法 1-1 中设置了两个计数器 *days* 和 *coins*，分别表示骑士工作的天数和所得的金币数（在第 1 行初始化为 0）。k 是循环控制变量，第 2～5 行的 **while** 循环即实现 *coins* 的 k 步累加。第 6～7 行完成可能发生的第 $k+1$（$N>\sum_{i=1}^{k} i$ 时）步计算。

算法中第 1、6、7、8 行所需都是常数时间，分别为 3、2、3 和 1。第 2～5 行的 **while** 循环至多重复$\sqrt{N}$次（这是因为 $1+2+\cdots+k \leqslant N$ 当且仅当 $k^2+k \leqslant 2N$，当且仅当 $k<\sqrt{N}$），每次重复，循环体中的操作耗时为常数时间$\Theta(1)$，因此该循环的运行时间为$O(\sqrt{N})$。所以，GOLDEN-COINS 过程的运行时间[1]为$T(N)=9+\sqrt{N}$。利用运行时间的渐近表示方式[2]，省略低次项，$T(N)$为$O(\sqrt{N})$。其实，如在第 0 章中分析算法 0-2 那样，为了得到一个算法的运行时间的渐近表达式，可以忽略常数时间的操作，而着眼于诸如循环或过程调用这样的操作的耗时。例如，本算法中，忽略第 1、6、7、8 行操作的耗时，由于第 2～5 行的 **while** 循环耗时$\sqrt{N}$，所以算法的运行时间为$O(\sqrt{N})$。

解决本问题的算法的 C++实现代码存储于文件夹 laboratory/Golden Coins 中，读者可打开文件 GoldenCoins.cpp 研读，并试运行之。

问题 1-2　扑克牌魔术

问题描述

你能将一摞扑克牌在桌边悬挂多远？若有一张牌，你最多能将它的一半悬挂于桌边。若有两张牌，最上面的那

1 见本书 0.5 节。

2 见本书 0.6 节。

张最多有一半伸出下面的那张牌，而底下的那块牌最多伸出桌面三分之一。因此两张牌悬挂于桌边的总长度为 1/2 + 1/3 = 5/6。一般地，对 *n* 张牌伸出桌面的长度为 1/2 + 1/3 + 1/4 + … + 1/(*n* + 1)，其中最上面的那块牌伸出其下的牌 1/2，第二块牌伸出其下的那块牌 1/3，第三块牌伸出其下的那块牌 1/4，以此类推，最后那块牌伸出桌面 1/(*n*+1)。如图 1-1 所示。

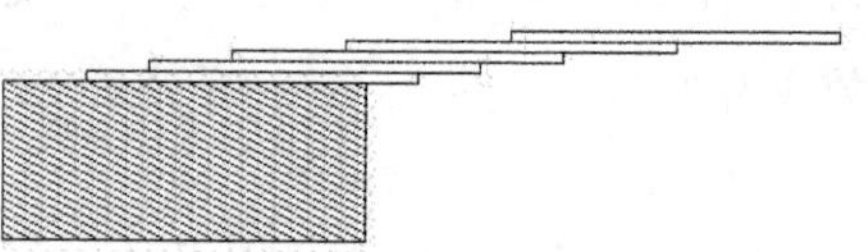

图 1-1　一摞悬挂于桌边的纸牌

输入

输入包含若干个测试案例，每个案例占一行。每行数据包含一个有两位小数的浮点数 *c*，取值于 [0.01, 5.20]。最后一行中 *c* 为 0.00，表示输入文件的结束。

输出

对每个测试案例，输出能达到悬挂长度为 *c* 的最少的牌的张数。需按输出样例的格式输出。

输入样例

```
1.00
3.71
0.04
5.19
0.00
```

输出样例

```
3 card(s)
61 card(s)
1 card(s)
273 card(s)
```

解题思路

（1）数据的输入与输出

根据题面描述，输入文件的格式与问题 1-1 的相似，含有多个测试案例，每个案例占一行数据，其中包含表示扑克牌悬挂于桌边的总长度的数据 *c*。*c*=0.0 是输入数据结束的标志。对每个案例数据 *c* 进行处理，计算所得的结果为能悬挂于桌边的总长度为 *c* 的扑克牌的张数，按格式“张数 card(s)”作为一行输出文件。

```
1 打开输入文件 inputdata
2 创建输出文件 outputdata
3 从 inputdata 中读取案例数据 c
4 while c≠0.0
5  do result← HANGOVER(c)
6       将"result card(s) "作为一行写入 outputdata
7       从 inputdata 中读取案例数据 c
8 关闭 inputdata
9 关闭 outpudata
```

其中，第 5 行调用计算能悬挂在桌边的长度为 c 的扑克牌张数的过程 HANGOVER(c)是解决一个案例的关键。

（2）处理一个案例的算法过程

对每一个测试案例的输入数据 c，根据题意就是要求出 $\max\{n \mid n \in N, \sum_{i=1}^{n} 1/(i+1)\, \Omega\, c\}$ 。写出伪代码过程如下。

```
HANGOVER(c)
1 n←1, length←0
2 while length<c
3   do length←length+1/(n+1)
4      n←n+1
5 if length>c
6   then n←n-1
7 return n
```

算法 1-2　对已知的纸牌悬挂长度 c，计算纸牌张数的过程

算法中，第 1 行设置了两个计数器：n（初始化为 1）和 *length*（初始化为 0）分别表示扑克牌张数和悬挂在桌边的长度。第 2～4 行的 **while** 循环的重复执行条件是 *length*<c，每次重复将 $1/(n+1)$累加到 *length*，且 n 自增 1。该循环结束时必有 *length*≥c（等价地，意味着 n 是第 1 个使得该条件成立的纸牌数）。若 *length*>c，则意味着 n 应当减少 1（这就是第 5～6 行的功能）。

算法的运行时间依赖于第 2～4 行的 **while** 循环重复次数 n。由于

$$
\begin{aligned}
&1/2+1/3+\cdots+1/n \\
&\leqslant 1+1/2+1/3+\cdots+1/(2\lceil n/2\rceil-1) \\
&=1+(1/2+1/3)+(1/2^2+1/(2^2+2)+1/(2^2+3))+\cdots \\
&+(1/2^i+1/(2^i+1)+\cdots+1/(2^i+2^i-1))+\cdots \\
&+(1/2^{\lg\lceil n/2\rceil}+1/(2^{\lg\lceil n/2\rceil}+1)+\cdots+1/(2^{\lg\lceil n/2\rceil}+2^{\lg\lceil n/2\rceil}-1)) \\
&<1+(1/2+1/2)+(1/2^2+1/2^2+1/2^2+1/2^2)+\cdots \\
&+(\underbrace{1/2^i+1/2^i+\ldots+1/2^i}_{2^i})+\cdots \\
&+(\underbrace{1/2^{\lg\lceil n/2\rceil}+1/2^{\lg\lceil n/2\rceil}+\ldots+1/2^{\lg\lceil n/2\rceil}}_{2^{\lg\lceil n/2\rceil}}) \\
&=\underbrace{1+1+\ldots+1}_{\lceil n/2\rceil}=\Theta(\lg n)
\end{aligned}
$$

即 $c=\Theta(\lg n)$，亦即 $n=\Theta(2^c)$。于是该算法的运行时间 $T(c)=n=\Theta(2^c)$。幸好 c 介于 0.01～5.20 之间，否则当 c 很大时，算法是极费时的。

解决本问题的算法的 C++实现代码存储于文件夹 laboratory/Hangover 中，读者可打开文件 Hangover.cpp 研读，并试运行之。C++代码的解析请阅读 9.1 节中程序 9-1 的说明。

问题 1-3　能量转换

问题描述

魔法师百小度也有遇到难题的时候——现在，百小度正在一个古老的石门面前，石门上有一段古老的魔法文字，读懂这种魔法文字需要耗费大量的能量和脑力。

过了许久，百小度终于读懂了魔法文字的含义：石门里面有一个石盘，魔法师需要通过魔法将这个石盘旋转 X 度，以使上面的刻纹与天相对应，才能打开石门。

但是，旋转石盘需要 N 点能量值，而为了解读密文，百小度的能量值只剩 M 点了！破坏石门是不可能的，因为那将需要更多的能量。不过，幸运的是，作为魔法师的百小度可以耗费 V 点能量，使得自己的能量变为现在剩余能量的 K 倍（魔法师的世界你永远不懂，谁也不知道他是怎么做到的）。例如，现在百小度有 A 点能量,那么他可以使自己的能量变为 $(A-V)\times K$ 点（能量在任何时候都不可以为负，即：如果 A 小于 V 的话，就不能够执行转换）。

然而，在解读密文的过程中，百小度预支了他的智商，所以他现在不知道自己是否能够旋转石盘并打开石门，你能帮帮他吗？

输入

输入数据第一行是一个整数 T，表示包含 T 组测试案例。

接下来是 T 行数据，每行有 4 个自然数 N, M, V, K（字符含义见题目描述）。

数据范围如下：

$T \leqslant 100$

$N, M, V, K \leqslant 10^8$

输出

对于每个测试案例，请输出最少做几次能量转换才能够有足够的能量点开门；如果无法做到，请直接输出“-1”。

输入样例

```
4
10 3 1 2
10 2 1 2
10 9 7 3
10 10 10000 0
```

输出样例

```
3
-1
-1
0
```

解题思路

（1）数据的输入与输出

题面告诉我们，输入文件的第一行给出了测试案例的个数 T，其后的 T 行数据，每行表示一个案例，读取每个案例的输入数据 N, M, V, K，处理后得到的结果是能量转换次数（若经过若干次能量转换能够打开石门）或–1（不可能打开石门），并将所得结果作为一行写入输出文件。表示成伪代码过程如下。

```
1 打开输入文件 inputdata
2 创建输出文件 outputdata
3 从 inputdata 中读取案例数 T
4 for t←1 to T
5     do 从 inputdata 中读取案例数据 N, M, V, K
6        result← ENERGY-CONVERSION(N, M, V, K)
7        将 result 作为一行写入 outputdata 中
8 关闭 inputdata
9 关闭 outpudata
```

其中，第 6 行调用计算百小度最少能量转换次数的过程 ENERGY-CONVERSION(N, M, V, K)是解决一个案例的关键。

（2）处理一个案例的算法过程

对于问题输入中的一个案例数据 N, M, V, K，需考虑两个特殊情况：

① $M \geqslant N$，即百小度一开始就具有足够的能量打开石门。此时，百小度立刻打开石门。

② $M<N$ 且 $M<V$ ，百小度必须增加能量才可能打开石门，但按题面，一开始就不可能进行能量转换。所以百小度不可能打开石门。

一般情况下，（即 $M<N$ 且 $M\geqslant V$），从 $A=M$ 开始，模拟百小度反复转换能量 $A\leftarrow(A-V)\times K$，设置跟踪转换能量的次数的计数器 *count*，直至能量足以打开石门为止（即 $A\geqslant N$），*count* 即为所求。在这一过程中，需要监测能量转换 $A\leftarrow(A-V)\times K$ 是否增大了能量 A，如果检测到某次转换后 $A\geqslant (A-V)\times K$，那意味着从此不可能增大能量，所以在这种情况下百小度也不能打开石门。

将上述思考写成伪代码如下。

```
ENERGY-CONVERSION(N, M, V, K)
1 A←M, count←0
2 if A≥N                    ▷情形①
3    then return 0
4 if A<V                    ▷情形②
5    then return -1;
6 repeat
7    if A≥(A-V)*K           ▷转换不能增大能量
8       then return -1;
9    A←(A-V)*K;
10   count ← count +1;
```

```
11 until A≥N
12 return count
```

算法 1-3　对一个案例数据 N, M, V, K，计算最少能量转换次数的过程

算法 1-3 中，第 1、12 行耗时为常数。第 2～3 行和第 4～5 行的 **if** 结构也都是常数时间的操作。第 6～11 行的 **repeat-until** 结构，A 从 M 开始，循环条件是 $A \geq N$，每次重复第 9 行将使 A 至少增加 1，所以至多重复 N-M 次。因此，过程 ENERGY-CONVERSION 的运行时间为 $O(N-M)$。

解决本问题的算法的 C++实现代码存储于文件夹 laboratory/Energy Conversion 中，读者可打开文件 Energy Conversion.cpp 研读，并试运行之。C++代码的解析请阅读第 9 章 9.1.2 节中程序 9-3 的说明。

问题 1-4　美丽的花园

描述

牛妞 Betsy 绕着谷仓闲逛时，发现农夫 John 建了一个秘密的暖房，里面培育了各种奇花异草，五彩缤纷。Betsy 惊喜万分，她的小牛脑瓜里顿时与暖房一样充满了各色的奇思妙想。

"我要沿着农场篱笆挖上一排共 $F(7 \leq F \leq 10000)$个种花的坑。" Betsy 心里想着。"我要每 3 个坑（每隔 2 个坑）种一株玫瑰，每 7 个坑（每隔 6 个坑）种一株秋海棠，每 4 个坑（每隔 3 个坑）种一株雏菊……并且让这些花儿永远开放。" Betsy 不知道如此栽种后还会留下多少个坑，但她知道这个数目取决于每种花从哪一个坑开始，每 N 个坑栽种一株。

我们来帮 Betsy 计算出会留下多少个坑可以栽种其他的花。共有 K $(1 \leq K \leq 100)$种花，每种花从第 L $(1 \leq L \leq F)$个坑开始，每隔 I-1 个坑占据一个坑。计算全部栽种完成后剩下的未曾占用的坑。

按 Betsy 的想法，她可以将种植计划描述如下：

30 3 [30 个坑；3 种不同的花]

1 3 [从第 1 个坑开始，每 3 个坑种一株玫瑰]

3 7 [从第 3 个坑开始，每 7 个坑种一株秋海棠]

1 4 [从第 1 个坑开始，每 4 个坑种一株雏菊]

于是，花园中篱笆前开始时那一排空的坑形状如下：

....

种上玫瑰后形状如下：

R . . R . . R . . R . . R . . R . . R . . R . . R . . R . .

种上秋海棠后形状如下：

R . B R . . R . . R . . R . . R B . R . . R . B R . . R . .

种上雏菊后形状如下：

R . B R D . R . D R . . R . . R B . R . D R . B R . . R D .

留下 13 个尚未栽种任何花的坑。

输入

*第 1 行：两个用空格隔开的整数 F 和 K。

第 2～K+1 行：每行包含两个用空格隔开的整数 L_j 和 I_j，表示一种花开始栽种的位置和间隔。

输出

*仅含一行，只有一个表示栽种完毕后剩下的空坑数目的整数。

输入样例

```
30 3
1 3
3 7
1 4
```

输出样例

```
13
```

解题思路

（1）数据的输入与输出

本问题的输入仅含一个测试案例。输入的开头是表示栽种花的坑数目和栽种花的种数的两个数 F 和 K。案例中还包含两个序列：每种花的栽种起始位置 L[1..K]和栽种间隔 I[1..K]。读取这些数据，处理计算出栽种完所有 K 种花后，F 个坑中还剩多少个是空的，并把结果作为一行数据写入输出文件中。

```
1 打开输入文件 inputdata
2 创建输出文件 outputdata
3 从 inputdata 中读取案例数 F, K
4 创建数组 L[1..K], I[1..K]
5 for i←1 to K
6   do 从 inputdata 中读取案例数据 L[i], I[i]
7     result← THE-FLOWER-GARDEN(F, K, L, I)
8     将 result 作为一行写入 outputdata 中
9 关闭 inputdata
10 关闭 outpudata
```

其中，第 7 行调用过程 THE-FLOWER-GARDEN(F, K, L, I)计算 Betsy 在篱笆前将 K 种

花按计划栽种完毕还剩下的空坑数目是解决这个案例的关键。

（2）处理这个案例的算法过程

对于一个测试案例，设 *K* 种花中开始栽种位置最小的坑的编号为 *i*，设置一个空坑计数器 *count*，初始化为 *i*-1，因为在 *i* 之前的坑必不会载上任何花。从当前位置开始依次考察每一个坑是否会栽上一株花。如果 *K* 种花按计划都不会占据这个坑，则 *count* 自增 1。所有的位置考察完毕，累加在 *count* 中的数据即为所求。

```
THE-FLOWER-GARDEN(F, K, L, I)
1 i←MIN-ELEMENT(L)                          ▷最先开始栽种花的坑
2 count←i-1                                  ▷之前的坑当然是空的
3 while i≤F                                  ▷逐一考察以后的每个坑
4    do for j←1 to K                         ▷逐一考察每一种花
5         do if i-1 Mod I[j]≡L[j]            ▷查看第 i 个坑是否栽上第 j 种花
6               then break this loop
7    if j>K                                  ▷若 i 号坑没有种上任何花
8         then count←count+1                 ▷空坑计数器增加 1
9    i ←i+1
10 return count
```

算法 1-4　对一个案例数据 *F*, *K*, *L*, *I*，计算剩下空坑数目的过程

算法 1-4 的运行时间取决于第 3～9 行的两重循环的最里层循环体（第 5～6 行的操作）的重复次数。由于外层的 **while** 循环最多重复 *F* 次，里层的 **for** 循环最多重复 *K* 次，所以时间复杂度为 *O*(*FK*)。

解决本问题算法的 C++实现代码存储于文件夹 laboratory/ The Flower Garden 中，读者可打开文件 The Flower Garden.cpp 研读，并试运行之。C++代码的解析请阅读第 9 章 9.4.1 节中程序 9-38、程序 9-39 的说明。

1.2 简单的数学计算

以上那样利用循环重复将部分数据简单地累加，可以解决很多计数问题。然而，如果计数问题可以通过数学计算直接得出结果，往往可以大大改善算法的时间效率，请看下列问题。

问题 1-5　小小度刷礼品

问题描述

一年一度的百度之星大赛又开始了，这次参赛人数创下了吉尼斯世界纪录。于是，百度之星决定奖励一部分人：所有资格赛提交 ID 以 x 结尾的参赛选手将得到精美礼品一份。

小小度同学非常想得到这份礼品，于是他就连续提交了很多次，提交的 ID 从 a 连续到 b。他想知道能得到多少份礼品，你能帮帮他吗？

输入

第一行一个正整数 T 表示测试案例数。

接下来 T 行，每行 3 个不含多余前置零的整数 x，a，b（$0 \leqslant x \leqslant 10^{18}$，$1 \leqslant a \leqslant b \leqslant 10^{18}$）。

输出

T 行。每行为对应的数据下，小小度得到的礼品数。

输入样例

```
2
88888 88888 88888
36 237 893
```

输出样例

```
1
6
```

解题思路

（1）数据的输入与输出

题面中告诉我们，输入文件的第一个数据指出了所含的测试案例数 T，每个案例的输入数据仅占一行，其中包含了 3 个分别表示 ID 尾数 x、ID 取值下界 a 和上界 b 的整数。计算所得结果为 a～b 内能够得到礼物的 ID（尾数为 x）个数，作为一行输出到文件中。表示成伪代码如下。

```
1 打开输入文件 inputdata
2 创建输出文件 outputdata
3 从 inputdata 中读取案例数 T
4 for t←1 to T
5     do 从 inputdata 中读取案例数据 x, a, b
6         result← GIFT(x, a, b)
7         将 result 作为一行写入 outputdata 中
8 关闭 inputdata
9 关闭 outpudata
```

其中，第 6 行调用过程 GIFT (x, a, b)计算能够得到的礼物数是解决一个案例的关键。

（2）处理一个案例的算法过程

对一个测试案例 x, a, b 而言，很容易想到用列举法穷尽 a～b 所有的整数，检测每一个的尾数是否与 x 相等。跟踪相等的个数：

```
GIFT (x, a, b)
```

```
1 t← x的10进制位数
2 m←10^t
3 count ←0
4 for i ←a to b
5    do if i Mod m=x
6          then count ←count+1
7 return count
```

算法 1-5　对一个测试案例数据 *x*, *a*, *b*，累加计算获得礼品数的算法过程

算法 1-5 中的第 1、2 行计算 $m=10^t$，其中 t 为 x 的 10 进制位数，可以用如下操作实现：

```
1 m←1
2 while m<x
3   do m←m*10
```

显然耗时为 $\log_{10}x$，若 a～b 之间有 n 个数，则上述算法中第 3～6 行代码的运行时间是 $\Theta(n)$，于是算法 1-5 的运行时间为$\Theta(\log_{10}x)+\Theta(n)$。借助数学计算，我们可以把解决这个问题的算法时间缩小为$\Theta(\log_{10}x)$。设 x 的 10 进制位数为 t，令 m 为 10^t。例如，若 $x=36$，$a=237$，$b=893$，则 $t=2$，$m=100$。设 $a_r=a$ Mod m，$a_q=a/m$ 。即 a_r 为 a 除以 m 的余数，a_q 为 a 除以 m 的商。相仿地，设 $b_r=b$ Mod m，$b_q=b/m$。对于 $x=36$，$a=237$，$b=893$，有 $a_r=37$，$a_q=2$，$b_r=93$，$b_q=8$。由于 $a_r=37>36=x$，所以 $a(=237)$之后最小的位数为 $x(=36)$的数应为 336。而由于 $b_r=93>36=x$，故在 $b=893$ 之前最大的尾数为 36 的数为 836。因此，介于 a，b 之间尾数为 x 的数为 336，436，536，636，736，836，一共有 $b_q-(a_q+1)+1=6$ 个。

上例说明，对于 x, a, b，若 $a\leqslant x\leqslant b$，计算出 $a_r=a$ Mod m，$a_q=a/m$ ，$b_r=b$ Mod m，$b_q=b/m$ 后，检测 a_r 是否大于 x。若是，则 a_q 增 1。相仿地，检测 b_r 是否小于 x，若是，则 b_q 减 1。b_q-a_q+1 即为所求。写成伪代码过程如下。

```
GET-GIFT(x, a, b)
1 t← x的10进制位数
2 m←10^t
3 a_r ←a Mod m, a_q←a/m
4 b_r ←b Mod m, b_q←b/m
5 if a_r>x
6     then a_q←a_q+1
7 if b_r<x
8     then b_q←b_q-1
9 return b_q-a_q+1
```

算法 1-6　对一个测试案例数据 *x*, *a*, *b*，直接计算获得礼品数的算法过程

算法 1-6 中的第 1～2 行与算法 1-5 中的一样，耗时$\Theta(\log_{10}x)$。而算法其余部分耗时为$\Theta(1)$。于是，算法 1-6 的运行时间为$\Theta(\log_{10}x)$。

解决本问题的算法的 C++实现代码存储于文件夹 laboratory/Get Gift 中，读者可打开文件 getgift.cpp 研读，并试运行之。

问题 1-6 找到牛妞

问题描述

农夫 John 养了一群牛妞。有些牛妞很任性，时常离家出走。一天，John 得知了他的一头在外流浪的牛妞出后想立刻去把她领回家。John 从数轴上的点 N ($0 \leqslant N \leqslant 100\,000$)处出发，牛妞出没于同一数轴上点 K ($0 \leqslant K \leqslant 100\,000$)处。John 有两种移动方式：走路或远距飞跃。

- 走路：John 在一分钟内可从点 X 走到点 X-1 或点 X+1 处。
- 远距飞跃：John 可以在一分钟内从任意点 X 处飞跃到点 $2X$ 处。

假定牛妞对自身的危险一无所知，一直在原地溜达，John 最少要花多少时间才能够抓到她？

输入

输入文件的第一行仅含一个表示测试案例个数的整数 T。其后跟着 T 行数据，每行数据描述一个测试案例，包括两个用空格隔开的整数：N 和 K。

输出

每个案例只有一行输出：John 抓到牛妞的最少时间（分钟）。

输入样例

```
2
5 17
3 21
```

输出样例

```
4
6
```

解题思路

（1）数据的输入与输出

根据题面中对输入、输出数据的格式描述，我们可以将处理所有案例的过程表示如下。

```
1 打开输入文件 inputdata
2 创建输出文件 outputdata
3 从 inputdata 中读取案例数 T
4 for t←1 to T
5     do 从 inputdata 中读取案例数据 N, K
6         result←CATCH-THAT-COW(N, K)
7         将 result 作为一行写入 outputdata 中
8 关闭 inputdata
9 关闭 outpudata
```

其中，第 6 行调用过程 CATCH-THAT-COW(*N*, *K*)计算 John 从 *N* 出发抓到位于 *K* 的牛妞要用的最短时间是解决一个案例的关键。

（2）处理一个案例的算法过程

John 要想最快地从点 *N* 到达点 *K* 处，就要充分利用他的飞跃能力。需要注意的是，John 步行时可来回走，而飞越只能是单向的。所以，当 $N \geqslant K$ 时，John 只能从 *N* 步行到 *K*（见图 1-2（a））。此时，需要走 $N-K$ 分钟。

考虑 $N<K$ 的情形。直观地看，从 *N* 通过飞跃 *i* 次，到达 2^iN。设 John 从 *N* 飞跃 *q* 次后 $N2^q \leqslant K$ 而 $N2^{q+1}>K$（见图 1-2（b））。最理想的情况是 $N2^q=K$，此时 *q* 即为所求。否则 John 有两个可能的走法：

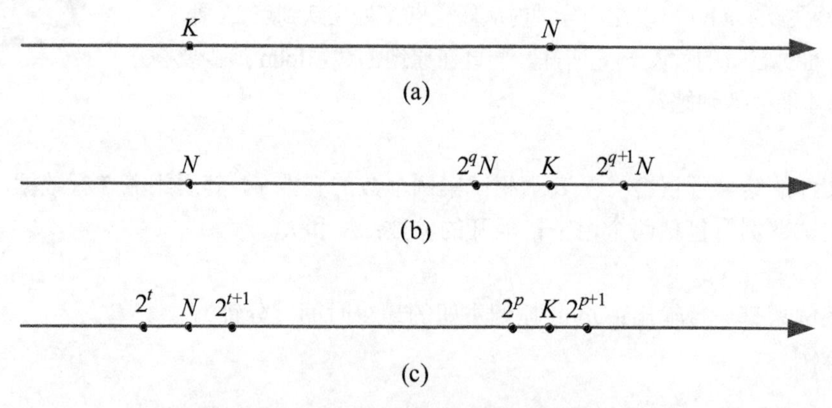

图 1-2 John 从 *N* 出发到 *K* 处的走法

① 从 *N* 飞跃 *q* 次到达 $N2^q$，再往前走 $K-N2^q$ 分钟到达 *K*，即用时为 $q+K-N2^q$ 分钟。

② 从 *N* 飞跃 $q+1$ 次到达 $N2^{q+1}$，再往回走 $N2^{q+1}-K$ 分钟到达 *K*，即用时为 $q+1+N2^{q+1}-K$ 分钟。

取两者较小者可能是最优解。然而这并不全面，因为还有更加微妙的情况会出现。以题面的输入样例 $N=5$，$K=17$ 为例。$2\times5<17$，且 $2^2\times5>17$。按第①种方案，需用 $1+7=8$ 分钟，而用第（2）种方案需用 $2+3=5$ 分钟。但是，如果 John 先从 $N=5$ 往回走 1 分钟，来到 $4(=2^2)$ 处，然后从 2^2 处飞跃 2 次来到 $2^4(=16)$处，再从 2^4 向前走 1 分钟就可到达 $K=17$，这样所用的时间为 4 分钟，更短。

形式化地说，设不超过 *N* 的 2 的幂之最大者为 2^t，而不超过 *K* 的 2 的幂之最大者为 2^p。于是必有 $2^t \leqslant N<2^{t+1}$ 及 $2^p \leqslant K<2^{p+1}$（见图 1（c））。此时，John 可以有 4 种不同的走法：

① 从 *N* 步行到 2^t，从 2^t 飞跃到 2^p，再从 2^p 走到 *K*。用时：$(N-2^t)+(p-t)+(K-2^p)$。

② 从 *N* 步行到 2^t，从 2^t 飞跃到 2^{p+1}，再从 2^{p+1} 走到 *K*。用时：$(N-2^t)+(p-t+1)+(2^{p+1}-K)$。

③ 从 *N* 步行到 2^{t+1}，从 2^{t+1} 飞跃到 2^p，再从 2^p 走到 *K*。用时：$(2^{t+1}-N)+(p-t+1)+(K-2^p)$。

④ 从 *N* 步行到 2^{t+1}，从 2^{t+1} 飞跃到 2^{p+1}，再从 2^{p+1} 走到 *K*。用时：$(2^{t+1}-N)+(p-t)+(2^{p+1}-K)$。

所以，若令 $a=q+K-2^qN$, $b=q+1+2^{q+1}N-K$, $c=(N-2^t)+(p-t)+(K-2^p)$, $d=(N-2^t)+(p-t+1)+(2^{p+1}-K)$, $e=(2^{t+1}-N)+(p-t+1)+(K-2^p)$，$f=(2^{t+1}-N)+(p-t)+(2^{p+1}-K)$，则 $\min\{a, b, c, d, e, f\}$ 即为所求。上述算法可写成如下的伪代码。

```
CATCH-THAT-COW(N, K)
1 if N≥K
2    then return N-K
3 p←max{i|2^i≤K}, q←max{i|2^iN≤K}, t←max{i|2^i≤N}
4 if N2^q=K
5     then return q
6 a← q+K-N2^q , b← q+1+ N2^(q+1)-K,  c←(N-2^t)+(p-t)+(K-2^p)
7 d←(N-2^t)+(p-t+1)+(2^(p+1)-K), e←(2^(t+1)-N)+(p-t+1)+(K-2^p), f ←(2^(t+1)-N)+(p-t)+(2^(p+1)-K)
8 return min{a, b, c, d, e, f}
```

算法 1-7 计算农夫 John 从 N 到 K 最少时间的算法过程

算法 1-7 中，第 3 行计算不超过某整数 x 的最大的 2 的整幂指数，可以通过如下过程进行。

```
CALCULATE(x)
1 p←1, t←0
2 while p<x
3    do p←p*2
4       t←t+1
5 if p>x
6    then t←t-1
7 return t and 2^t
```

算法 1-8 计算不超过最大的 2 的整幂指数的整数 x 的算法过程

由于 $t\leqslant\lg x$，而第 2～4 行的 **while** 循环每次重复 t（从 0 开始）都会增加 1，所以该循环至多重复 $\lg x$ 次。于是算法 1-8 的运行时间为$\Theta(\lg x)$。算法 1-7 的第 3 行调用三次 CALCULATE 过程就可完成指数 p，2^p，q，$N2^q$，t，2^t 的计算，而算法的其他部分均在常数时间内完成，所以算法 1-7 的运行时间为 $O(\lg K)$。

解决本问题的算法的 C++实现代码存储于文件夹 laboratory/Catch The Cow 中，读者可打开文件 Catch The Cow.cpp 研读，并试运行之。

有些问题需要综合地使用数学计算和累加和方法加以解决。

问题 1-7 糟糕的公交调度

描述

你是个暴脾气，最讨厌等待。你打算去新奥尔良拜访一位朋友。来到公交站你才发现这里的调度表是世界上最糟糕的。这个车站并没有列出各路公交车班车到达与出发的时间表，只列出各相邻班车的发车间隔时长。

暴躁的你从包中抓出平板电脑，试图写一段程序以计算最近来到的班车还需要等待多久。嘿，看来你只能这样了，不是吗？

输入

本问题的输入包含不超过 100 个测试案例。每个案例的输入数据格式如下。

一个测试案例的数据包括四个部分：

开头行——只有一行，“START *N*”，其中的 *N* 表示公交车路数（$1\leqslant N\leqslant 20$）。

路线发车间隔区间行——共有 *N* 行。每行由 *M*（$1\leqslant M\leqslant 10$）个发车间隔时长组成，这些数据表示这一路线的各班车上一班发车起到本班车出发时刻的间隔时间长度。每个间隔时长是一个介于 1～1000 之间的整数。

到达时间——仅一行。该行数据表示你到达车站开始等待的时间。这个数据表示的是从当天车站开始运行到你来到车站的时间单位数（所有的线路的车都是从时间 0 开始运行的）。这是一个非负整数（若为 0，意味着班车在你到站时起步）。

结束行——单一的一行，“END”。

最后一个测试案例后有一行“ENDOFINPUT”，作为输入结束标志。

输出

对每一个测试案例，恰有一行输出。这一行仅包含一个表示你在下一趟班车到来之前需要等待的时间单位数。我们希望你等来的这班车是去往新奥尔良的！

注意

每班公交连续不断地循环运行于它的线路上。

若乘客在班车离开时刻到达，他/她将搭上这班车。

输入样例

```
START 3
100 200 300
400 500 600
700 800 900
1000
END
START 3
100 200 300 4 3 2 4 2 22
800
10 1000
32767
END
ENDOFINPUT
```

输出样例

```
200
20
```

解题思路

（1）数据的输入与输出

按题面对输入文件的格式描述，输入包含多个测试案例，每个案例的第一行包含两个部分：开头标志“START”和表示本案例中公交车的路数 *N*。案例数据接下来的 *N* 行数据表示每一路车各相邻班车的发车间隔。接着一行仅含一个表示乘客到达时间的整数。最后一行是案例结束标志“END”。例如，输入样例中第一个案例的第 1 行数据 START 3 表示该案例有 3 路公交车。后面 3 行数据表示各路公交的各班车的发车间隔，例如第 1 行的数据 100 200 300 表示 1 路车的第 1、2 班车的发车间隔为 100，第 2、3 班车的发车间隔为 200，第 3、1 班车的发车间隔为 300。以此类推。最后一行数据 1000 表示乘客到来的时刻。

文件的结束标志是一行“ENDOFINPUT”。

依次读取每个案例的数据，将发车间隔数据组织成一个表 *durations*，到达时间记为 *arrival*，对案例数据进行处理，计算得到乘客最小等待时间，并将结果作为一行写入输出文件。描述成伪代码如下：

```
1 打开输入文件 inputdata
2 创建输出文件 outputdata
3 从 inputdata 中读取一行到 s
4 while s≠"ENDOFINPUT"
5   do 略过 s 中的"START"，并读取 N
6      创建数组 durations[1..N]
7      for i←1 to N
8          do 从 inputdata 中读取一行到 s
9             将 s 中的每一个整数数据添加到 durations[i]中
10      从 inputdata 中读取 arrival
11      result←WORLD-WORST-BUS-SCHEDULE(durations, arrival)
12      将 result 作为一行写入 outputdata
13      在 inputdata 中略过一行"END"
14      从 inputdata 中读取一行到 s
15 关闭 inputdata
16 关闭 outpudata
```

其中，第 11 行调用过程 WORLD-WORST-BUS-SCHEDULE(*durations*, *arrival*)计算乘客最小的等车时间，是解决一个案例的关键。

（2）处理一个案例的算法过程

对一个案例而言，将各路车的出发间隔时长记录在一组数组 *durations* 中，*durations*[*i*][*j*] 表示第 *i* 路车第 *j* 次发车距第 *j*-1 次发车的时间间隔。$T_i=\sum_{j=1}^{m_i} durations[i][j]$ 表示第 *i* 路各班车运行一个循环所用的时间（i=1, 2,⋯,n）。若设本案例中乘客的到达时间为 *arrival*，则 R_i=*arrival* MOD T_i 表示乘客来到车站时，第 *i* 路车运行完若干个循环周期后处于最新运行周期内的时间。例如，输入样例中的案例 1 中 1 路车 3 班车的一个运行周期 T_1 为 100+200+

300=600，乘客到达时间 *arrival*=1000，R_1=*arrival* MOD T_1=1000 MOD 600=400。这意味着 1 路车的 3 班车已经运行了一个循环后 400 时乘客到达车站。于是，乘客需要等待的应该是当前周期内从开始到最近发车时间超过 400 的那班车。等待的时间自然就是从第一个使得差 $\sum_{j=1}^{m_i} durations[i][j]-R_i \geq 0$（$1 \leq k \leq m_i$）的值。本例中此值为(100+200+300) −400 = 600 − 400=200。所有 *n* 路的等待时间中的最小值即为所求。以上算法思想写成伪代码过程如下。

```
WORLD-WORST-BUS-SCHEDULE(durations, arrival)
1 n←length[durations]
2 for i←1 to n
3     do mi←length[durations[i]]
4       Ti← ∑_{j=1}^{mi} durations[i][j]
5       Ri← arrival MOD Ti
6       k←1
7       while ∑_{j=1}^{k} durations[i][j]-Ri <0
8         do k←k+1
9       time[i] ←∑_{j=1}^{k} durations[i][j]-Ri
10 return min(time)
```

算法 1-9　计算乘客最小等待时间的算法过程

设案例中有 *n* 路公交，其中班次最多的班数为 *m*。算法的运行时间取决于第 2～9 行的两层嵌套循环重复次数。外层 **for** 循环重复 *n* 次，里层的第 4 行实际上也是一个循环（计算累加和），重复次数最多为 *m*。同样，第 7～8 行的 **while** 循环也至多重复 *m* 次。这两个内层的循环是并列的，所以运行时间为 $O(nm)$。

解决本问题的算法的 C++实现代码存储于文件夹 laboratory/ World's Worst Bus Schedule 中，读者可打开文件 World's Worst Bus Schedule.cpp 研读，并试运行之。

1.3 加法原理和乘法原理

组合数学中有两条著名的原理——加法原理和乘法原理。利用这两条原理可以快速地解决一些计数问题。

加法原理：做一件事，完成它可以有 *n* 类办法，在第一类办法中有 m_1 种不同的方法，在第二类办法中有 m_2 种不同的方法，……，在第 *n* 类办法中有 m_n 种不同的方法，那么完成这件事共有 $N=m_1+m_2+m_3+\cdots+m_n$ 种不同方法。

乘法原理：做一件事，完成它需要分成 *n* 个步骤，做第一步有 m_1 种不同的方法，做第二步有 m_2 种不同的方法，……，做第 *n* 步有 m_n 种不同的方法，那么完成这件事共有 $N=$

$m_1 \times m_2 \times m_3 \times \cdots \times m_n$ 种不同的方法。

问题 1-8　冒泡排序

问题描述

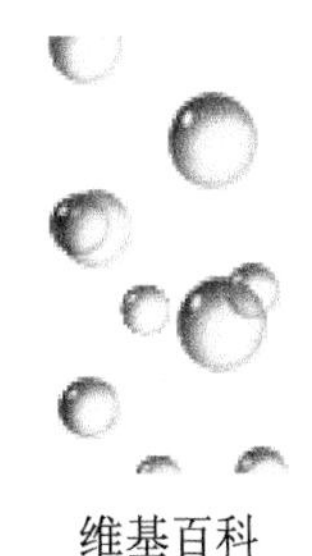

维基百科

冒泡排序是一种简单的排序算法。该算法反复扫描欲排序的列表，比较相邻元素对，若两者顺序不对，就将它们交换。这样对列表的扫描反复进行直至列表中不存在需要交换的元素为止，这意味着列表已经排好序。算法之所以叫此名字，是缘于最小的元素就像“泡泡”一样冒到列表的顶端，这是一种基于比较的排序算法。

冒泡排序是一种非常简单的排序算法，其运行时间为 $O(n^2)$。每趟操作从列表首开始，以此比较相邻项，需要时交换两者。重复进行若干趟这样的操作直至无需再做任何交换操作为止。假定恰好做了 T 趟操作，序列就按升序排列，我们就说 T 为对此序列的冒泡排序趟数。下面是一个例子。序列为“5 1 4 2 8”，对其施行的冒泡排序如下所示。

第一趟操作：

(**5 1** 4 2 8) -> (**1 5** 4 2 8)，比较头两个元素，并将其交换。

(1 **5 4** 2 8) -> (1 **4 5** 2 8)，交换，因为 5 > 4。

(1 4 **5 2** 8) -> (1 4 **2 5** 8)，交换，因为 5 > 2。

(1 4 2 **5 8**) -> (1 4 2 **5 8**)由于这两个元素已经保持顺序（8>5），算法不对它们进行交换。

第二趟操作：

(**1 4** 2 5 8) -> (**1 4** 2 5 8)

(1 **4 2** 5 8) -> (1 **2 4** 5 8)，交换，因为 4 > 2。

(1 2 **4 5** 8) -> (1 2 **4 5** 8)

(1 2 4 **5 8**) -> (1 2 4 **5 8**)

在 $T = 2$ 趟后，序列已经排好序，所以我们说对此序列冒泡排序的趟数为 2。

ZX 在算法课中学习冒泡排序，他的老师给他留了一个作业。老师给了 ZX 一个具有 N 个两两不等的元素的数组 A，并且已经排成升序。老师告诉 ZX，该数组是经过了 K 趟的冒泡排序得来的。问题是：A 有多少种初始状态，使得对其进行冒泡排序，趟数恰为 K？结果可能是一个很大的数值，你只需输出该数相对于模 20100713 的剩余。

输入

输入包含若干个测试案例。

第一行含有一个表示案例数的整数 T ($T \leqslant 100\,000$)。

跟着的是 T 行表示各案例的数据。每行包含两个整数 N 和 K($1 \leqslant N \leqslant 1{,}000{,}000,\ 0 \leqslant K \leqslant N-1$)，

其中 N 表示序列长度而 K 表示对序列进行冒泡排序的趟数。

输出

对每个案例，输出序列的初始情形数对模 20100713 的剩余，每个一行。

输入样例

```
3
3 0
3 1
3 2
```

输出样例

```
1
3
2
```

解题思路

（1）数据的输入与输出

根据输入文件格式的描述，首先在其中读出测试案例个数 T。然后依次读取案例数据 N 和 K。对每个案例计算进行 K 趟处理就能实现冒泡排序的数组 $A[1..N]$有多少种可能的初始状态，并将所得结果作为一行写入输出文件。

```
1 打开输入文件 inputdata
2 创建输出文件 outputdata
3 从 inputdata 中读取案例数 T
4 for t←1 to T
5   do 从 inputdata 中读取案例数据 N, K
6      BUBLLE-SORT-ROUNDS(N, K, k, x, count)
7      将 count 作为一行写入 outputdata 中
8 关闭 inputdata
9 关闭 outpudata
```

其中，第 6 行调用过程 BUBLLE-SORT-ROUNDS(N, K, k, x, *count*)计算进行 K 趟处理就能实现冒泡排序的数组 $A[1..N]$有多少种可能的初始状态，是解决一个案例的关键。

（2）处理一个案例的算法过程

为方便计，我们假定序列 A 中的 N 个数为 0，1，…，N-1。注意，冒泡排序的第 k 趟操作，总是将当前范围（$A[0..k-1]$）内的最大的元素推至当前范围的最后位置 $A[k-1]$。

除了针对趟数 K=0 的唯一初始状态 $A[0..N-1]$已经有序外，我们归纳 $K=k(1\leqslant k<N)$的各种情形。

K=1 时，初始状态只能是 1，…， $N-1$ 中的一个元素不出现在自己应有的位置上，而其他元素均处于相对顺序的位置上。对于 1 而言，它要出现在 $A[0]$处；对于 2 而言，它可以出现在 $A[0]$、$A[1]$处之一；…一般地，对于 i（$0<i<N$），可以出现在 $A[0..i-1]$中的任一位置

处。根据加法原理，我们有初始状态共有 1+2+…+N−1 种。

K=2 时，初始状态可以是 1，…， N−1 中的两个元素不出现在应有的位置上，而其他元素均处于相对顺序的位置上。对于 $0<i_1<i_2<N-1$，i_1 有 i_1 种可行的位置，i_2 有 i_2 种可行的位置，根据乘法原理共有 $i_1 \cdot i_2$ 种初始状态。再根据加法原理 K=2 时序列 A 共有 $\sum_{0}<i_1<i_2<N<i_1 i_2$ 种初始状态，使得对其进行冒泡排序恰要进行 K=2 趟操作。

一般地，K=k($1 \leqslant k<N$)时，序列 A 共有 $\sum_{0}<i_1<i_R<N<i_1 i_2$ 种初始状态，使得对其进行冒泡排序恰要进行 K=k 趟操作。注意，该和式中的每一项恰为 K 个因子之积。

若将 1～N-1 中的 K 个数 $0<i_1<i_2<\cdots<i_K<N$ 保存在数组 x[0..K-1]中，数组 A[0..N-1]的初始状态数保存在变量 *count* 中，则上述的算法可写成如下的递归过程。

```
BUBLLE-SORT-ROUNDS(N, K, k, x, count) ▷k 表示递归层次
1 if k≥K                                ▷得到一个积
2   then item←1
3        for i←1 to K
4          do item←(item·xi) MOD 20100713
5        count←(count+item) MOD 20100713
6        return
7 if k=0
8    then begin←N-1, end← K             ▷顶层，x[0]的取值范围
9    else begin←xk-1-1, end← K-k        ▷k>1 时，x[k]的取值范围
10 for p←begin downto end               ▷确定第 k 个因子
11    do xk ← p
12       BUBLLE-SORT-ROUNDS(N, K, k+1)
```

算法 1-10 计算具有 N 个不同元素恰做 K 趟操作完成排序的序列初始状态数的过程

对测试案例数据 N 和 K，上述过程运行如下。这是一个递归过程。递归层次由参数 k 表示，表示计算一个积中第 k 个因子。最顶层的调用应该是 BUBLLE-SORT-ROUNDS(N, K, 0, x, *count*)，即 k=0。

第 1～7 行当检测到 k>K 时，意味着得到一个积的所有因子。由于 20100713 是一个素数，以它为模的剩余类[3]对加法和乘法运算是封闭的，所以，可以对每一步乘法运算求关于模 20100713 的剩余，也可以在将积累加到 *count* 时进行求关于模 20100713 的剩余。

第 7～8 行 **if-then-else** 结构针对 k 是否为 1 决定第 k 个因子的取值范围 *begin*～*end*。

第 9～12 行的 **for** 循环完成对第 k 个因子 x_k 的确定后，调用自身确定 x_{k+1}。

由于 $\sum_{1<i_1<\cdots<i_k \leqslant N} \prod_{t=1}^{k} i_t$ 中每个项 $\prod_{t=1}^{k} i_t$ 中构成各因子（i_t−1）的 i_t 满足 $0<i_1 \cdots i_k<N-1$，即 i_1，…，i_k 取自于 2，3，…，N。共有 $\binom{N-1}{K}$[4]种不同的组合方式，每种方式要进行第 3～4 行

---

3 参阅本书第 7 章节 7.3。

4 $\xi\binom{n}{k}=\dfrac{n!}{k!(n-k)!}$。

的累积计算，所以第 5 行要被执行$\binom{N-1}{K}$次。算法 1-10 的运行时间为$\binom{N-1}{K}*K$。

解决本问题的算法的 C++实现代码存储于文件夹 laboratory/Bubble Sort 中，读者可打开文件 BubbleSort.cpp 研读，并试运行之。

1.4 图的性质

有的计数问题所涉及的事物间存在着某种关系，这样的问题往往可以表示成一个**图**（Graph）：问题中的每个事物视为一个**顶点**，两个顶点之间如果存在这关系，就在这两个顶点之间做一条称为**边**的弧。形式化描述为由问题中的各事物构成的集合，记为顶点集 $V=\{v_1,v_2,\ldots,v_n\}$，边集 $E=\{(v_i, v_j)|\ v_i, v_j \in V$ 且 v_i 和 v_j 具有关系$\}$。

例如，图 1-3 将五个人 Adward、John、Philips、Robin 和 Smith 之间的朋友关系表示成了一个图。其中，Adward 与 Robin 和 Smith 是朋友，John 与 Philips 和 Robin 是朋友，Philips 与 John、Robin 和 Smith 是朋友，Smith 与 Adward、Philips 和 Robin 是朋友，Robin 与其他所有人都是朋友。

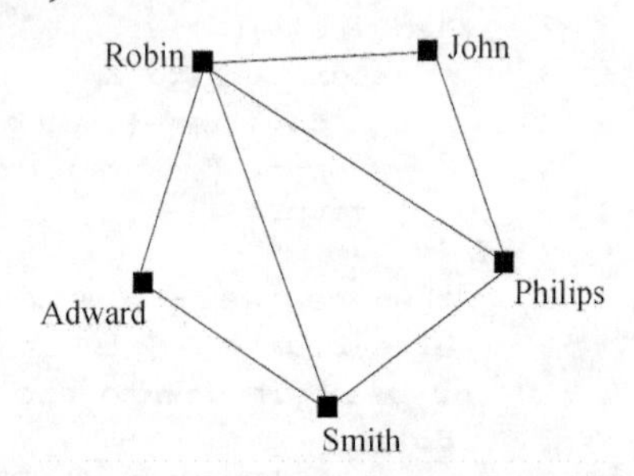

图 1-3 表示五个人之间朋友关系的图

图 G 记为$<V, E>$。数学家们对图的研究已经有了百年的历史，有很多很好用的性质能帮助我们轻松地解决计数问题。例如，图论中有一个著名的“握手”定理。

定义 1-1

设 $G=<V, E>$为一无向图，$v\in V$，称 v 作为边的端点次数之和为 v 的度数，简称为度，记为 $d(v)$。

对图中所有顶点的度数有如下所述的结论。

定理 1-1（握手定理）

设 $G=<V, E>$为任意无向图，$V=\{v_1,v_2,\ldots,v_n\}$，$|E|=m$，则

$$\sum_{i=1}^{n} d(v_i) = 2m$$

即所有顶点的度数之和为边数的 2 倍。

证 G 中每条边（包括环）均有两个端点，所以在计算 G 中各顶点度数之和时，每条边均提供 2 度，当然，m 条边，共提供 $2m$ 度。

握手定理说明，图中各顶点的度数之和必为偶数。

问题 1-9 聚会游戏

问题描述

百度之星总决赛既是一群编程大牛一决高下的赛场，也是圈内众多网友难得的联欢，在为期一周的聚会中，总少不了各种有趣的游戏。

某年的总决赛聚会中，一个有趣的游戏是这样的：

游戏由 Robin 主持，一共有 N 个人参加（包括主持人），Robin 让每个人说出自己在现场认识的人数（如果 A 认识 B，则默认 B 也认识 A），在收到所有选手报出的数据后，他来判断是否有人说谎。Robin 说，如果他能判断正确，希望每位选手都能在毕业后来百度工作。

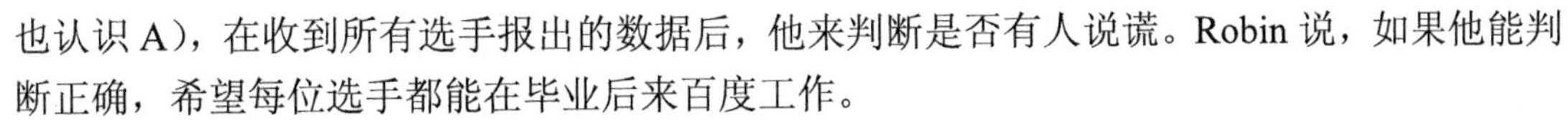

为了帮 Robin 留住这些天才，现在请您帮他出出主意吧。

特别说明：

1. 每个人都认识 Robin。
2. 认识的人中不包括自己。

输入

输入数据包含多组测试用例，每组测试用例有 2 行，首先一行是一个整数 N ($1<N\leqslant 100$)，表示参加游戏的全部人数，接下来一行包括 N-1 个整数，表示除主持人以外的其余人员报出的认识人数。

N 为 0 的时候结束输入。

输出

请根据每组输入数据，帮助主持人 Robin 进行判断：如果确定有人说谎，请输出“Lie absolutely”；否则，请输出“Maybe truth”。

每组数据的输出占一行。

输入样例

```
7
5 4 2 3 2 5
7
3 4 2 2 2 3
0
```

输出样例

```
Lie absolutely
Maybe truth
```

解题思路

（1）数据的输入与输出

根据题面中对输入文件格式的描述，文件中有若干个测试案例，每个案例的数据以表示人数的整数 N 开头，然后有 N-1 个整数表示除主持人以外的每个人所报告的相识人数。对案例判断其中是否有人说谎，根据计算结果输出一行“Maybe truth”（无人说谎）或“Lie absolutely”（有人说谎）。N=0 是输入结束的标志。

```
1 打开输入文件 inputdata
2 创建输出文件 outputdata
3 从 inputdata 中读取人数 N
4 while N≠0
5   do 创建数组 a[1..N]
6     for i←1 to N-1
7         do 从 inputdata 中读取 a[i]
8     a[N] ←N-1 ▷Robin 认识每个人
9     result← PARTY-GAME(a)
10    if result=true
11        then 将"Maybe truth"作为一行写入 outputdata
12        else 将"Lie absolutely"作为一行写入 outputdata
13    从 inputdata 中读取案例数据 N
14 关闭 inputdata
15 关闭 outpudata
```

其中，第 9 行调用过程 PARTY-GAME(a)判断 N 个人中是否有人说谎，是解决一个案例的关键。

（2）处理一个案例的算法过程

在一个案例中，把两个人相互认识看成一种关系，n 个人之间的认识关系将可表示成一个无向图 $G=\langle V, E\rangle$。其中，顶点集 $V=\{v_1,v_2,\cdots,v_n\}$表示这 n 个人，边集 E 中元素表示两个人之间的认识关系。

利用握手定理，我们将问题中的每一个案例的所有人所报的认识的人数（包括主持人报的 $n-1$）相加，考察和数的奇偶性，若为奇数，则肯定有人撒谎。等价地，设置一个计数器 *count*（初始为 0），检测每个人（包括主持人）所报的认识的人数，若是奇数则 *count* 增加 1，根据 *count* 的奇偶性进行判断。伪代码过程表示为如下：

```
PARTY-GAME(a)
1 n←length[a]
2 count←0
3 for i←1 to n  ▷检测每一个人报告的认识人数
4     do if a[i] is odd
5           then count←count+1
6 return count is even
```

算法 1-11　利用握手定理判断晚会中是否有客人说谎的过程

对一个案例而言，假定包括主持人在内，晚会上有 n 个人，则第 3～5 行的 **for** 循环将重复 n 次。所以算法对一个案例的运行时间是$\Theta(n)$。

解决本问题的算法的 C++实现代码存储于文件夹 laboratory/Party Game 中，读者可打开文件 partygame.cpp 研读，并试运行之。

1.5 置换与轮换

设有 n 个两两不等的元素 $a_1, a_2, \cdots, a_n$ 构成的集合 A，考虑 A 到自身的一个 1-1 变换σ：$a'_1=\sigma(a_1)$，$a'_2=\sigma(a_2)$，…，$a'_n=\sigma(a_n)$。换句话说，a'_1，a'_2，…，a'_n 是 $a_1, a_2, \cdots, a_n$ 的一个重排。数学中，称这样的对应关系σ为 A 的一个**置换**。

【例 1】集合 $A=\{2，4，3，1\}$，$\sigma(2)=1$，$\sigma(4)=2$，$\sigma(3)=3$，$\sigma(1)=4$ 就是 A 上的一个置换。

设σ为 $A=\{a_1, a_2, \cdots, a_n\}$的一个置换：$a_2=\sigma(a_1)$，$a_3=\sigma(a_2)$，…，$a_n=\sigma(a_{n-1})$，则称$\sigma$为 A 上的一个**轮换**。

【例 2】例 1 中，由于$\sigma(2)=1$，$\sigma(1)=4$，$\sigma(4)=2$，故σ可视为 A 的子集合 $A_1=\{2，1，4\}$上的一个轮换σ_1。

【例 3】单元素集合 $A=\{a\}$上的恒等变换$\sigma(a)=a$ 视为轮换。

置换与轮换之间有如下的重要命题。

定理 1-2

集合 $A=\{a_1, a_2, \cdots, a_n\}$上的任何一个置换$\sigma$，均可唯一[5]地分解成 A 的若干个两两不相交的子集上的轮换，且这些子集的并即为 A。

【例 4】例 1 中 $A=\{2，4，3，1\}$上的置换σ可以分解成例 2 中 A_1 上的σ_1：$2\rightarrow1$，$1\rightarrow4$，$4\rightarrow2$ 和 $A_2=\{3\}$上的恒等变换σ_2：$3\rightarrow3$，且 $A= A_1\quad A_2$，$A_1\quad A_2=\varnothing$。

定理 1-2 的证明如下。

对集合 A 所含的元素个数 n 做数学归纳。当 $n=1$ 时，A 上的任何变换就是恒等变换，所以本身就是一个轮换。对 $n>1$，假定对元素个数 $k<n$ 的集合，命题为真。下证元素个数为 n 的集合，命题亦为真。任取 $a_{i1}\in A$，设 $a_{i2}=\sigma(a_{i1})$，$a_{i3}=\sigma(a_{i2})$，……，由于变换σ是单射，且 A 是有限集，因此这个首尾相接的映射链必存在 $1\leqslant k\leqslant n$，使得 $a_{i1}=\sigma(a_{ik})$。这就得到了一个$\{a_{i1}, a_{i2}, \cdots, a_{ik}\}=A_1\subseteq A$ 上的一个轮换。若 $k=n$，则σ本身就是一个轮换，命题为真。今设 $1\leqslant k<n$，将上述 A_1 上的轮换记为σ_1。记 $A_2=A-A_1$，则 A_2 的元素个数为 $n-k<n$。根据归纳假设，σ限制在 A_2 上必可分解成若干个轮换。连同σ_1，我们得到σ的分解。由于将σ限制在 A_1 上得到变换是唯一的，根据归纳假设，A_2 上的分解也是唯一的，于是连同σ_1，我们得到σ在 A 上的分解

5 此处的唯一性指的是将轮换作为元素构成的集合是唯一的。

是唯一的。

问题 1-10　牛妞排队

问题描述

农夫 John 有 N（$1 \leqslant N \leqslant 10\,000$）头牛妞，晚上她们要排成一排挤奶。每个牛妞拥有唯一的一个值介于 1～100000 的表示其暴脾气程度的指标。由于暴脾气的牛妞更容易损坏 John 的挤奶设备，所以 John 想把牛妞们按暴脾气指数的升序（从小到大）重排牛妞们。在此过程中，两个牛妞（不必相邻）的位置可能被交换，交换两头暴脾气指数为 X、Y 的牛妞的位置要花费 $X+Y$ 个时间单位。

请你帮助 John 计算出重排牛妞所需的最短时间。

输入

输入文件中包含若干个测试案例数据。每个测试案例由两行数据组成：

第 1 行是一个表示牛妞个数的整数 N。

第 2 行含 N 个用空格隔开的整数，表示每个牛妞的暴脾气指数。

N=0 是输入数据结束的标志。对此案例无需做任何处理。

输出

对每一个测试案例输出一行包含一个表示按暴脾气指数升序重排牛妞所需的最少时间的整数。

输入样例

```
3
2 3 1
6
4 3 1 5 2 6
0
```

输出样例

```
7
18
```

解题思路

（1）数据的输入与输出

本问题输入文件包含若干个测试案例，每个案例的输入数据有两行：第 1 行含有 1 个表示牛妞个数的整数 N，第 2 行含有 N 个表示诸牛妞脾气指数的整数。N=0 为输入数据结束标志。可以将案例中牛妞脾气指数组织成一个数组，对此数组计算按脾气指数升序排列重排牛妞的最小代价。将计算所得结果作为 1 行写入输出文件。

```
1 打开输入文件 inputdata
2 创建输出文件 outputdata
3 从 inputdata 中读取人数 N
4 while N≠0
5   do 创建数组 a[1..N]
6      for i←1 to N
7          do 从 inputdata 中读取 a[i]
8      result←COW-SORTING(a)
9      将 result 作为一行写入 outputdata
10     从 inputdata 中读取案例数据 N
11 关闭 inputdata
12 关闭 outpudata
```

其中，第 8 行调用过程 COW-SORTING(*a*)计算将牛妞们按脾气指数升序排序所花的最小代价，是解决一个案例的关键。

（2）处理一个案例的算法过程

对于一个案例，设置计数器 *count*，初始化为 0。设 n 个牛妞的脾气指数为 $a_1, a_2, \cdots, a_n$，按升序排列为 $a'_1, a'_2, \cdots, a'_n$。这实际上就是集合 $A=\{a_1, a_2, \cdots, a_n\}$上的一个置换σ。按定理 1-2 知，该置换可表示为 A 的 m（$1 \leqslant m \leqslant n$）个两两不相交子集 $A_1, A_2, \cdots, A_m$（且 $\xi_{i=1}^{m} A_i = A$）上的轮换$\sigma_1, \sigma_2, \cdots, \sigma_m$。利用定理 1-2 的证明中的构造方法，依次分解出每个子集 $A_i=\{a_{i1}, a_{i2}, \cdots, a_{ik}\}$（$1 \leqslant i \leqslant m$），若 A_i 是单元素集合，则定义在其上的轮换就是恒等变换，不发生任何代价。今设 $k>0$，直接完成轮换即 $a_{i1} \to a_{i2} \to \cdots \to a_{ik} \to a_{i1}$。每个元素都参加 2 次交换，故代价为$\sum_{t=1}^{k} 2a_{i_t}$。设$\{a_{i1}, a_{i2}, \cdots, a_{ik}\}$中的最小者为 t_i，利用该元素做如下的对换：将 t_i 与应该在其位置上元素交换。这样，除了 t_i 本身，每个元素都按这样的方式做了一次交换，从而到达了合适的位置，而 t_i 做了 $k-1$ 次交换，故代价为$\sum_{t=1}^{k} 2a_{i_t} + (k-2)t_i$。这显然比$\sum_{t=1}^{k} 2a_{i_t}$优越，但是有一种情况也许比这更好：将 $A=\{a_1, a_2, \cdots, a_n\}$中的最小值元素 a_{min} 先与上述$\{a_{i1}, a_{i2}, \cdots, a_{ik}\}$中的最小元素 t_i 交换，产生代价 $a_{min}+t_i$。然后按上述方式进行操作，产生代价$\sum_{t=1}^{k} a_{i_t} + (k-1)a_{\min}$。最后再 a_{min} 将与 t_i 交换，产生代价 $a_{min}+t_i$。将三者相加得到此方式的总代价：$\sum_{t=1}^{k} a_{i_t} + (k+1)a_{\min} + t_i$。这样，我们只需选取 $\min\{\sum_{t=1}^{k} 2a_{i_t} + (k-2)t_i, \sum_{t=1}^{k} 2a_{i_t} + (k+1)a_{\min} + t_i\}$ 即为完成子集$\{a_{i1}, a_{i2}, \cdots, a_{ik}\}$对换的最小代价。按此方法将每个子集对换的最小代价累加到计数器 *count* 中，即为案例所求。将算法思想表达为伪代码过程如下。

```
COW-SORTING(a)
1 n←length[a], count←0
2 copy a to b
3 SORT(b)
4 a_min←b[1]
5 while n>0
```

```
6   do j←a 中首个非 0 元素下标
7      t_i←∞, sum←a[j]
8      k←1, a_i←a[j]
9      a[j]←0, n←n-1
10     while b[j]≠a_i
11       do k←k+1
12          sum←sum+b[j]
13          if t_i>b[j]
14             then t_i←b[j]
15          j←FIND(a, b[j])
16          a[j]←0, n←n-1
17     if k>1
18       then count←count+sum+min{(k-2)*t_i, (k+1)*a_min}
19 return count
```

算法 1-12 计算将牛妞们按脾气指数升序重排的最小代价的算法过程

算法中设置 b 为数组 a 按升序排序的结果（第 2～3 行）。a、b 元素之间的对应关系是根据对应下标确定的，即 $a[i]\ \sigma\ b[i]$（$1\leqslant i\leqslant n$）。第 5～18 行的 **while** 循环每次重复构造 A 的一个轮换子集，并计算完成该子集元素交换的最小代价，累加到计数器 *count*（第 1 行初始化为 0）中。具体地说，第 6 行取 a 中未曾访问过的元素（a 中访问过的元素置为 0）下标为 j，设新的子集上轮换的首元素 a_i。第 10～15 行的 **while** 循环按条件 $b[j]\neq a_i$ 重复，构造一个轮换子集。一旦该条件为假（$b[j]=a_i$）意味着轮换完成。在构造过程中，第 11 行子集元素个数 k 自增 1，第 12 行将新发现的元素添加到和 *sum*（第 7 行初始化为该子集的首元素 a_i）中，第 13～14 行跟踪该子集的最小元素 t_i（第 7 行初始化为∞）。第 15 行找出下一个对应元素下标 j，第 16 行将已经完成访问的 $a[j]$置为 0，且将尚未访问过的元素个数 n（第 1 行初始化为 a 的元素个数）自减 1。一旦完成一个轮换子集的构造（第 10～16 行的 **while** 循环结束），第 17～18 行根据子集元素个数 k 是否大于 1，按此前讨论的公式决定 *count* 的增加值。

算法的运行时间取决于第 11～16 行操作被重复的次数。由于每次重复 a 中的一个元素值被值为 0，而外层循环条件为 a 中非 0 元素个数 $n>0$，所以第 11～16 行的操作一定被重复 a 的元素个数次 N（即牛妞的个数）。在 11～16 行的各条操作中，第 15 行调用 FIND 过程在 a 中查找值为 $b[j]$的元素下标，这将花费 $O(N)$时间，所以整个算法的运行时间是 $O(N^2)$。

解决本问题的算法的 C++实现代码存储于文件夹 laboratory/Cow Sorting 中，读者可打开文件 CowSorting.cpp 研读，并试运行之。C++代码的解析请阅读第 9 章 9.4.2 节中程序 9-53 的说明。

计数问题是最基本、最常见的计算问题。本章通过解决 10 个计算问题讨论了解决计数问题的几个常用的算法设计方法，包括累积法（问题 1-1、问题 1-2、问题 1-3 和问题 1-4）、数学计算法（问题 1-5、问题 1-6 和问题 1-7）、加法原理和乘法原理（问题 1-8）、图的性质（问题 1-9）和置换与轮换（问题 1-10）。

Chapter 2

数据集合与信息查找

计算机的处理对象是数据。要描述现实世界中的一个事物，往往需要众多的数据。即使可以用单一数值表述一个简单事物，问题仍可能涉及多个这样的简单事物。也就是说，在计算机里处理的往往是一组数据。在数学中，把一组相关的数据看成一个整体，称为集合。因此，用计算机解决现实问题，就需要在计算机里表示集合，并且设法方便地使用集合。本章就来探讨这一基础话题。

2.1 集合及其字典操作

信息技术中最基本的操作就是在数据集合中查找特定的信息。很多应用问题中，在指定集合中查找具有特定值的元素往往是需要做出进一步操作的前提，下面就是这样的一个应用问题。

问题 2-1 开源项目

问题描述

开放资源研讨会在一所著名高校举行，各开源项目负责人将项目报名签单贴在墙上，项目的名称以大写形式位于签单的顶部，作为项目的标识。

要加入一个项目的学生用自己的用户标识在该项目名下签到。用户标识是以小写字母开头后跟小写字母或数字的字符串。

然后组织者将所有的签单从墙上取下来，并将信息录入系统。

你的任务是对每张项目签到表上的学生进行汇总。有些学生过于热情，多次将其名字签在项目签单上。这没关系，这样的情况该学生仅算一次就可以了。要求每个学生只能在一个项目报名，任何在多个项目报名的学生都将被取消资格。

学校里最多有 10000 个学生，最多有 100 个项目贴出报名签单。

输入

输入包含若干个测试案例，每个案例以仅含 1 的一行作为结束标志，以仅含 0 的一行为输入结束的标志。

每个测试案例含有一个或多个项目签单。一个项目签单行有一行作为项目名称，后跟若干个学生的用户标识，每行一个。

输出

对于每一个测试案例，输出对每一个项目的汇总。汇总数据为每行一个项目名后跟报名的学生数。这些数据行应按报名学生数的升序进行输出。若有两个或两个以上的项目报名学生数相同，则按项目名的字典顺序排列。

输入样例

```
UBQTS TXT
tthumb
LIVESPACE BLOGJAM
hilton
paeinstein
YOUBOOK
j97lee
sswxyzy
j97lee
paeinstein
SKINUX
1
0
```

输出样例

```
YOUBOOK 2
LIVESPACE BLOGJAM 1
UBQTS TXT 1
SKINUX 0
```

解题思路

（1）数据的输入与输出

根据输入文件的格式：含有若干个测试案例，以“0”作为输入结束标志。每个案例的输入数据包含若干行描述多个项目的数据。每个项目的第一行是大写的项目名称，后跟若干行该项目下的学生签名。以“1”作为案例数据结束标志。从头开始，依次读取输入文件中的每一行，存入数组 *a* 中。遇到“1”则结束本案例数据输入，计算案例中每个项目最终合法的学生签名数，并按输出格式要求将计算所得数据写入输出文件。循环往复，直至读到“0”。

```
1 打开输入文件 inputdata
2 创建输出文件 outputdata
3 从 inputdata 中读取一行到 s
4 while s≠"0"
5   do 创建空集合 a
6      while s≠"1"
7         do APPEND(a, s)
8            从 inputdata 中读取一行到 s
9      p←OPEN-SOURCE(a)
10     for each project∈p
11        do 将"name[project] number[project] "作为一行写入 outputdata
12     从 inputdata 中读取一行到 s
13 关闭 inputdata
14 关闭 outputdata
```

其中，第 9 行调用计算各开源项目下学生人数的过程 OPEN-SOURCE(*a*)，是解决一个案例的关键。

（2）处理一个案例的算法过程

就一个测试案例而言，每一个开源项目除了标识该项目的名称以外，还对应若干个学生签名。如果一个学生在一个项目中有多个签名，只算一次。对每个学生，只能在一个项目中签名，若输入数据中一个学生的签名出现在多个项目中，则在所有含有该学生签名的项目中删除该签名。最后汇总的就是每个项目的学生个数。

为解决一个案例，可以设置两个集合：*Projects* 和 *Students*。集合 *Projects* 用来存放各项目的信息，包括项目名称 *name* 和项目的学生签名数 *number*。即，*Projects* 中的每个元素 *project* 是序偶<*name*, *number*>。其中，*name* 是主键，即 *Projects* 中没有两个元素的 *name* 是相同的。集合 *Students* 存放的元素是 *student*，包含学生的签名 *userid* 和他所签属的项目名称 *pname* 以及是否被删除的标志 *deleted* 构成的三元组<*userid*, *pname*, *deleted*>。其中，*userid* 是其主键。可以在扫描数组 *a* 的过程维护这些集合。具体地说，扫描到一个项目名 *project-name* 就创建一个序偶 *project*=<*project-name*, 0>。对接下来扫描到到的每一个学生标识 *suerid*，检测 *Students* 中是否已经有三元组<*userid*, *pname*, *deleted*>=*student* 存在。若不存在，说明该学生是首次签名，将<*userid*, *name*[*project*], false>加入到 *Students* 中去，并将 *number* [*project*]自增 1。若 *Students* 中已有 *student* 且 *pname*[*student*]≠*name*[*project*]，*deleted* [*student*]=false 说明该学生已经在其他项目中签过名，并第一次检测到，则将 *Projects* 中 *name* 属性值为 *pname*[*student*]的元素之 *number* 属性值减 1（表示从中删掉该学生的签名），并将 *deleted*[*student*]改为 true。其他情况，包括 *pname*[*student*] = *name*[*project*]（在同一项目中重复签名）或 *pname*[*student*]≠ *name*[*project*]且 *deleted*[*student*] =true（在多个项目重复签名，已查处）的情形，则忽略该学生签名。循环往复，直至扫描完整个 *a*。最后按 *Projects* 中元素的 *number* 属性值的降序排序并作为返回值返回。写成伪代码过程如下。

```
OPEN-SOURCE(a) ▷处理一个案例
1 Projects←∅, Students←∅
2 n←length[a], i←1
3 while i≤n
4     do project←<a[i], 0>
5         i←i+1
6         while a[i]为学生签名                    ▷处理 1 个项目
7             do userid←a[i]
8                 student←FIND(Students, userid)
9                 if student∉Students            ▷签名为 userid 的学生是第一次出现
10                   then INSERT(Students, < userid, project.name, false>)
11                        number[project]←number [project] +1
12                   else if pname[student] ≠ name[project] and deleted [student]=false
13                           then deleted[student]←true
14                                p←FIND(Projects, pname[student])
15                                DELETE(Projects, p) ▷在 projects 中删除元素
16                                number[p]← number [p]-1▷修改人数
17                                INSERT(Projects, p)     ▷重新加入
```

```
18            i←i+1
19        INSERT(Projects, project)
20 SORT(Projects)
21 return Projects
```

算法 2-1　汇总各开源项目报名人数的过程

考察算法 2-1，其中有 2 个集合：第 1 行创建的项目组集合 *Projects* 和学生的签名集合 *Students*。算法中对这些集合有如下操作：

① 将元素插入（添加）到集合中。第 10 行调用过程 INSERT(*Students*, <*userid*, *project.name*, false>)将三元组<*userid*, *project.name*, false>加入到学生签名集合 *Students* 中，第 17 行 INSERT(*Projects*, *p*)将 *p* 加入到项目 *Projects* 中，第 19 行 INSERT(*Projects*, *project*)将当前项目 *project* 加入到项目集合 *Projects* 中。

② 从集合中将指定元素删除。第 15 行调用过程 DELETE(*Projects*, *p*)将项目 *p* 从项目集合 *Projects* 中删除。

③ 在集合中查找特定值元素。第 8 行调用过程 FIND(*Students*, *userid*)在学生集合 *students* 中查找签名为 *userid* 的元素，第 14 行中 FIND(*Projects*, *pname*[*student*])在 *Projects* 中查找项目名为 *pname*[*student*]的元素。

④ 将集合中元素按顺序排列。第 20 行 SORT(*Projects*)对 *Projects* 中的元素按项目的人数降序排列，若两个或两个以上的项目人数相同则按项目名的字典顺序排列。

通常将集合的①、②、③三种操作 INSERT、DELETE 和 FIND 称为**字典操作**，实现了字典操作的集合称为一个**字典**。按此概念，*Projects* 和 *Students* 都是字典。第④种 SORT 操作称为**排序**。排序操作只能对全序集[1]进行。

若一个案例中有 *n* 个项目，每个项目的平均报名学生数为 *m*，则第 7～18 行的操作就要被重复 *nm* 次。然而，我们并不能就此而断言算法 1 的运行时间为$\Theta(nm)$，因为这其中含有对各集合的字典操作。此外，我们还需考虑第 20 行对 *Projects* 的排序操作所需的时间。

在计算机中，集合有各种表示方式，对应不同的表示方式，上述的 4 种操作方法有所不同，当然也就影响了各操作所需的时间。

集合的线性表表示

把集合中的元素一字排开，每个元素用所在位置（下标）检索——表示成一个线性表，如图 2-1 所示。

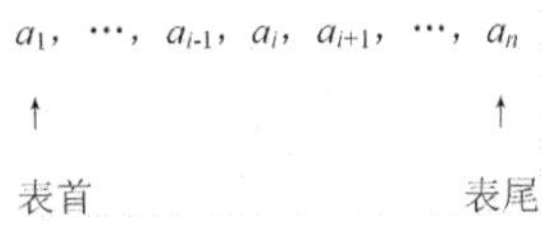

a_1, …, a_{i-1}, a_i, a_{i+1}, …, a_n

↑ 表首　　　　↑ 表尾

图 2-1　一个线性表。a_{i-1} 是 a_i 的前驱，a_{i+1} 是 a_i 的后继。a_0 无前驱，是表头。a_{n-1} 无后继，是表尾

由于线性表中的元素是用其所在位置检索的，所以可以用来表示可重元素集合（集合中

1 集合 *A* 是全序集当且仅当$\forall x, y\in A$，均有 $x=y$、$x<y$ 或 $x>y$ 之一关系成立。

可以存在多个值相同的元素）。在一个线性表 $A=\{a_1, a_2, \cdots, a_n\}$中查找特定值为 x 的元素操作 FIND(A, x)，算法从 A 中 a_1 开始逐一地检测每一个元素，直至首次遇到某个 $a_i=x$，或检测完整个线性表没有发现满足条件的元素为止。

图 2-2 展示了对线性表 $A=\{4, 6, 1, 8, 3, 0, 9, 2, 5, 7\}$，查找值 $x=3$、$x=11$ 和 $x=4$ 的元素时运行 FIND(A, x)的各种情形。图中带箭头的弧线表示依次检测。图（a）是当 $x=3$ 时，查找到特定值元素进行了 5 次检测；图（b）是当 $x=11$ 时查找没有发现特定值元素，检测了 11 次，这是最坏情形；图（c）是当 $x=4$ 时，检测 1 次便找到了特定值元素，这是最好情形。由此可见，在一个具有 n 个元素的线性表中查找特定值为 x 的元素的算法运行时间为 $O(n)$。

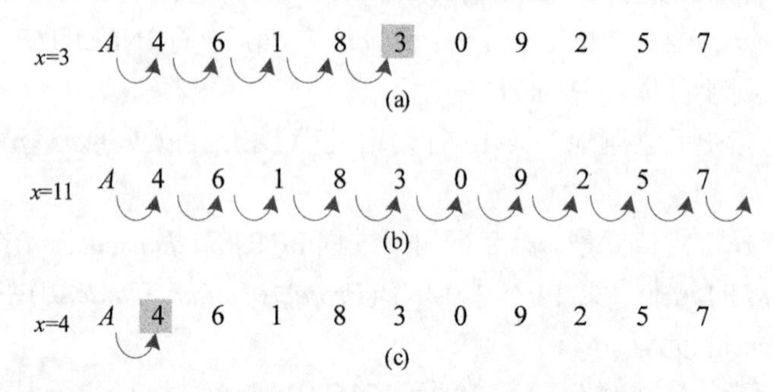

图 2-2 在线性表 $A[0..9]=\{4, 6, 1, 8, 3, 0, 9, 2, 5, 7\}$中查找值 $x=3$、$x=11$ 和 $x=4$ 的元素

在线性表中进行插入元素操作 INSERT 和删除元素操作 DELETE 的运行时间效率视线性表在内存中的存储方式而有所区别。线性表在内存中常表示为数组（连续存储）或链表（通过指针将相邻元素连接）。

图 2-3（a）展示了要将数据 8 插入到数组的第 3、4 个元素（即值为 1、3 的元素）中间的操作。这需要把第 3 个元素以后（连同第 3 个元素）的所有元素都向后移动一个位置。图 2-3（b）展示了要将数组中的第 3 个元素（即值为 1 的元素）从数组中删除的操作。这需要把第 4 个元素以后（连同第 3 个元素）的所有元素向前移动一个位置。由此可见对于数组，无论 INSERT 是还是 DELETE 操作，所需要的运行时间均为 $O(n)$。

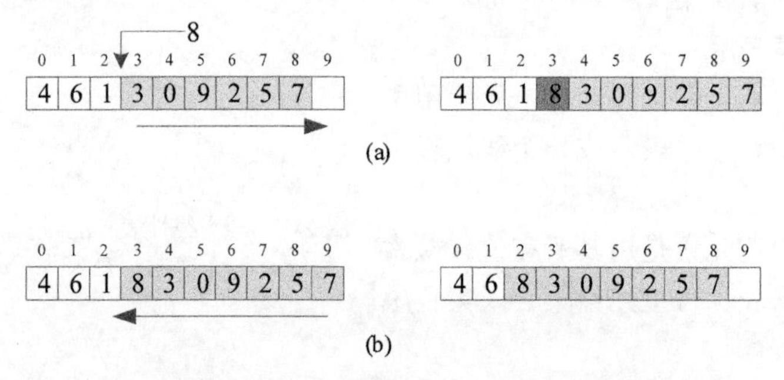

图 2-3 在表示成数组的线性表中插入和删除元素

图 2-4（a）展示了将值为 8 的元素插入到链表中两个相邻节点（即值为 1、3 的节点）之间的操作。这只需将值为 1 的节点中指向下一个节点的指针指向新节点，并将新节点中指向下一个节点的指针指向值为 3 的节点就可以了。图 2-4（b）展示了将链表中值为 6、8 的节点之间，值为 1 的节点删除的操作。这只需要将值为 6 的节点的指针域指向值为 8 的节点就可以了。由此可见，对链表的 INSERT 和 DELETE 操作都只需花费常数时间。

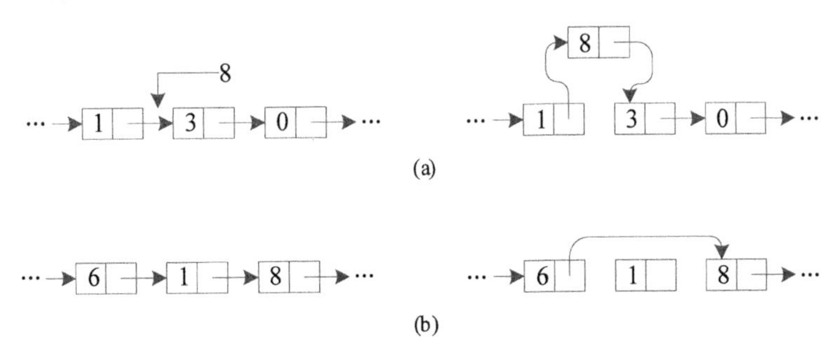

图 2-4 在表示成链表的线性表中插入和删除元素

对于线性表（无论是数组还是链表）表示的全序集的排序操作，有很多各有特色的算法，如冒泡排序、插入排序、归并排序、快速排序，等等。理论已经证明，只要是基于元素间比较的排序算法，运行时间一定不会小于 $n\lg n$[2]。

全序集的二叉搜索树[3]表示

全序数据集合还可以表示成二叉搜索树。在这棵二叉树中，左孩子的值不超过父亲的值，而父亲的值小于右孩子的值。

由于二叉搜索树中节点是根据元素的值检索的，所以二叉搜索树只能表示无重元素集合（集合中元素值两两不等）。

为了在表示成二叉搜索树 T 的集合中查找等于特定值 x 的节点，从树根开始将 x 与节点值比较，若相等则查找成功。若 x 小于节点值，则在节点的左子树中继续查找；若 x 大于节点值，则在节点的右子树中继续查找，直至找到或无法继续（当前节点无可继续查找的子树）为止。如图 2-5 所示。

查找过程的运行时间最坏情形是在树中无指定值节点，这需要从树根一直查询到一片叶子（没有孩子的节点）。所花费的时间不会超过树 T 的高度。如果含有 n 个节点的二叉搜索树 T 是平衡的(左右孩子的高度一致)，则其高度为 $\lg n$。所以 FIND(T, x)的运行时间为 $O(\lg n)$。

要在二叉搜索树中插入值为 x 的节点，使其保持为一棵二叉搜索树，如同查找方法那样，先找到插入位置，然后将父节点的孩子指针指向新节点就可以了，所需时间也是 $O(\lg n)$。如图 2-6 所示。

---

2 关于线性表排序算法的研究详见配书视频“比较型排序”。

3 关于二叉搜索树详见配书视频“二叉搜索树”。

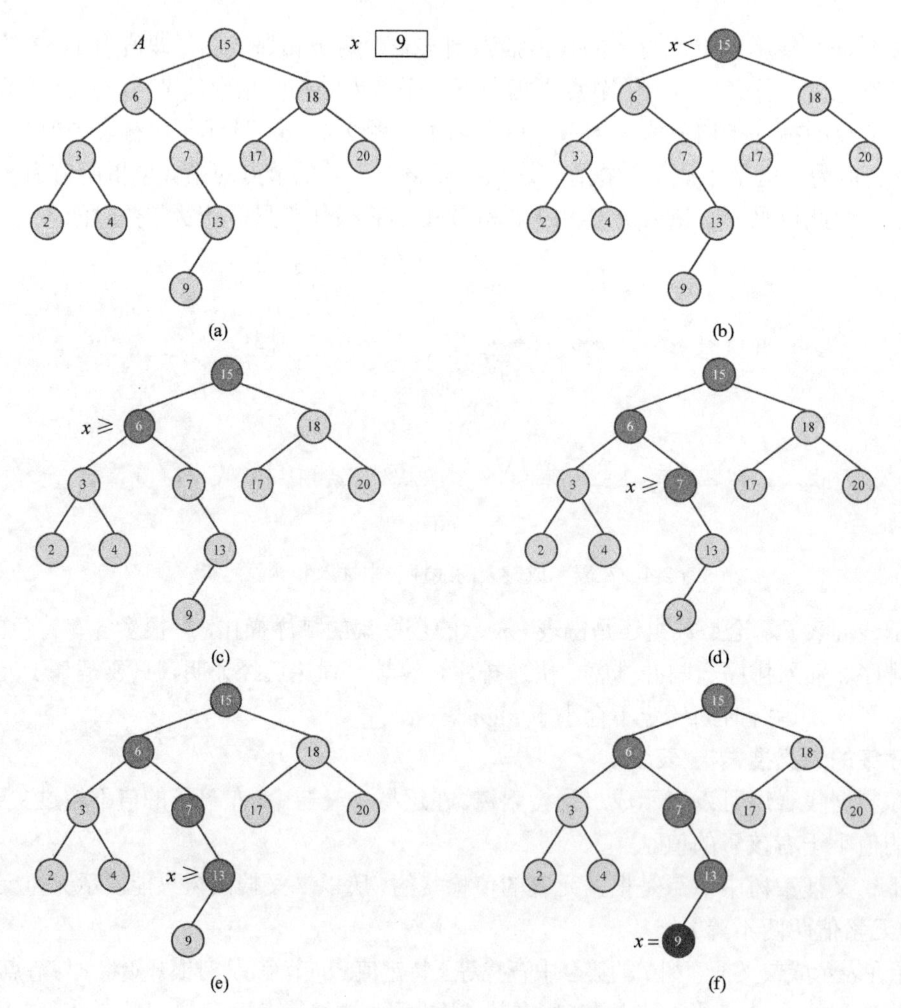

图 2-5 在二叉搜索树中查找特定值力

类似地，我们可以在 $O(\lg n)$时间内将二叉搜索树中的一个节点删除，使其仍保持为一棵二叉搜索树[4]。

对表示为二叉搜索树的集合，进行一次“中序遍历”，就可以得到该集合的一个排序。所谓中序遍历就是从根开始，先罗列左子树中的每个节点，然后将根列于这些节点尾部，再接着罗列右子树的每个节点。这样每个节点被访问一次，故 SORT(T)耗时$\Theta(n)$。

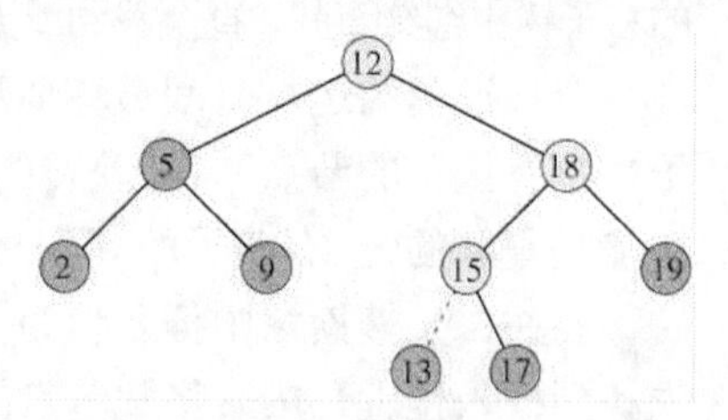

图 2-6 在二叉搜索树中插入新的节点或删除一个节点

4 关于平衡二叉搜索树的字典操作算法详见配书视频“红-黑树”。

整数集合的散列表表示

元素值为非负整数或可以转换为非负整数的集合 A，还可以表示成散列表。所谓散列表主体是一个数组 $H[0..m-1]$，其中的每个元素为一个链表。集合 A 中的每个元素 x 通过一个 hash 函数将其值映射为 $0\sim m-1$ 中的一个整数 i，即 $hash(x)=i$, $0\leqslant i<m$。并将该元素存放在 $H[i]$表示的链表中，如图 2-7 所示。如果 hash 函数能将 A 中的元素均匀地分布于 H 的 m 个链表，则可保证将 hash 表作为一个数据字典，其三个字典操作都是常数时间的。由散列表的结构可知，表示成散列表的数据集合是不能进行排序操作的。

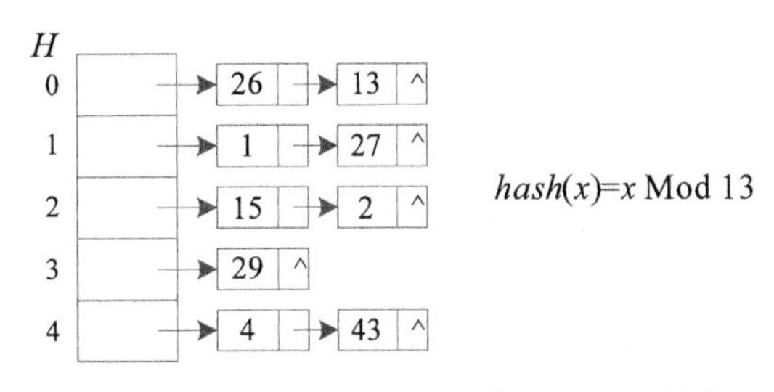

图 2-7 以 $hash(x)=x$ Mod 13 作为 hash 函数将整数集合{26, 13, 1, 27, 15, 2, 29, 4, 43}创建成一个散列表

将上述讨论过的表示字典的数组、链表、二叉搜索树和散列表对字典操作和排序操作的运行时间加以比较，归纳为表 2-1。

表 2-1 各种数据结构的字典操作和排序算法运行时间的比较

	FIND	INSERT	DELETE	SORT	
数组	$O(n)$	$O(n)$	$O(n)$	$\Omega(n\lg n)$	允许元素值重复
链表	$O(n)$	$\Theta(1)$	$\Theta(1)$	$\Omega(n\lg n)$	
二叉搜索树	$O(\lg n)$	$O(\lg n)$	$O(\lg n)$	$\Theta(n)$	不允许元素值重复
散列表	$\Theta(1)$	$\Theta(1)$	$\Theta(1)$	unable	

回到算法 2-1。如果把集合 *Students* 表示为散列表，则第 8 行中的 FIND(*Students*, *userid*)和第 10 行的 INSERT(*Students*, <*userid*, *name*[*project*], false>)根据表 2-1 知耗时均为$\Theta(1)$。由于它们位于内层循环，故这些操作的总耗时为 $O(nm)$。由于在第 20 行要对集合 *Projects* 排序，所以将其表示为二叉搜索树比较合适。这样，第 14 行的 FIND(*Projects*, *pname*[*student*])，第 15 行的 DELETE(*Projects*, *p*)和第 17 行的 INSERT(*Projects*, *p*)根据表 2-1 知均耗时 $O(\lg n)$。同样，由于这些操作位于内层循环中，故总耗时为 $O(nm\lg n)$。第 19 行的 INSERT(*Projects*, *project*)由于位于外层循环中，故总耗时为 $O(n\lg n)$。第 20 行的 SORT(*Projects*)，根据表 2-1 知耗时为$\Theta(n)$。据此，我们得出将集合 *Projects* 表为二叉搜索树，集合 *students* 表为散列表，算法 2-1 的运行时间为 $O(nm\lg n)$。

解决本问题的算法的 C++实现代码存储于文件夹 laboratory/Open Source 中，读者可打开文件 OpenSource.cpp 研读，并试运行之。

问题 2-2 王子的难题

问题描述

王子 Ray 很想与他美丽的女朋友 Amy 公主结婚。Amy 很爱 Ray，也非常愿意嫁给他。然而，Amy 的父王 StreamSpeed 是一个很坚持的人。他认为他的女婿应当聪敏过人，才能在自己退休后让他女婿来做国王。于是，他要对 Ray 进行一次测验。

国王给了 Ray 一个尺寸为 $n \times n \times n$ 的魔方，其中包含 $n \times n \times n$ 个小格子，每个格子可以表示成一个三元组(x, y, z) $(1 \leqslant x, y, z \leqslant n)$，每个格子中均有一个数。初始时，所有格子中的数置为零。

StreamSpeed 国王会对魔方做下列三种操作。

① 对指定的小格加入一数。

② 对指定的小格减去一数。

③ 查询从格子（x_1,y_1,z_1）到格子（x_2,y_2,z_2）所有数的和。

$$(x_1 \leqslant x_2, y_1 \leqslant y_2, z_1 \leqslant z_2)$$

作为 Ray 的好朋友，又是一个优秀的程序员，你要为 Ray 写一个程序应答所有的查询，帮助 Ray 与他的梦中情人喜结良缘。

输入

输入的第一行包含一个整数 $n(1 \leqslant n \leqslant 100)$，表示魔方的尺寸。然后有若干行格式如下的数据：

A *x y z num*：表示在格子（x, y, z）加入一数 *num*。

S *x y z num*：表示在格子（x, y, z）减去一数 *num*。

Q $x_1\ y_1\ z_1\ x_2\ y_2\ z_2$：表示查询从（$x_1, y_1, z_1$）到（$x_2, y_2, z_2$）的格子中数的总和。

所有查询中涉及的数均不会超过 1000000。输入文件以一行仅含 0 的数据结束，对这个 0 不需要做任何处理。

输出

对输入文件中的每一个查询，程序应当输出对应的结果——范围（x_1, y_1, z_1）～（x_2, y_2, z_2）中数的总和。所有的结果不超过 10^9。

输入样例

```
10
A 1 1 4 5
A 2 5 4 5
Q 1 1 1 10 10 10
S 3 4 5 34
Q 1 1 1 10 10 10
0
```

输出样例

```
10
-24
```

解题思路

（1）数据的输入与输出

按本题输入文件格式描述，需先从输入文件读取魔方规模 n。然后读取各行指令，将指

令存储于串数组 *a* 中，直至读到仅含“0”的一行为止。计算执行 *a* 中各条指令对魔方中各格子中数据的影响，并将执行查询指令的查询结果记录于数组 *result* 中。将 *result* 中的元素按每行一个写入输出文件中。

```
1 打开输入文件 inputdata
2 创建输出文件 outputdata
3 从 inputdata 中读取 n
4 从 inputdata 中读取一行 s
5 创建数组 a
6 while s≠"0"
7    do APPEND(a, s)
8       从 inputdata 读出一行 s
9 result←PRINCE-RAY-PUZZELE(a)
10 for each x∈result
11     do 将 x 作为一行写入 outputdata
12 关闭 inputdata
13 关闭 outputdata
```

其中，第 9 行调用计算执行指令序列后魔方状态变化并返回查询指令执行结果的过程 PRINCE-RAY-PUZZELE(*a*)，是解决一个案例的关键。

（2）处理一个案例的算法过程

这个题目最直观的想法是借鉴解决问题 0-2 的方法，使用一个三维数组 *BRICK*[1..*n*, 1..*n*, 1..*n*]表示这个大魔方，并将其中每个元素初始化为 0。对每一个 A 操作，做加法：*BRICK*[*x*, *y*, *z*]← *BRICK*[*x*, *y*, *z*]+*num*；对每个 S 操作，做减法：*BRICK*[*x*, *y*, *z*]← *BRICK*[*x*, *y*, *z*]+*num*；对每个 Q 操作，遍历由对角（x_1, y_1, z_1）－（x_2, y_2, z_2）决定的三维区域，累加其中每一个方格 *BRICK*[*x*, *y*, *z*]的数据并输出：

```
sum←0
for x←x1 to x2
   do for y←y1 to y2
          do for z←z1 to z2
                 do sum←sum+BRICK[x, y, z]
output sum
```

假定指令数与 *n* 相当，指令类型均衡（A、S、Q 指令数目相当），则解决该问题的耗时为 $O(n^4)$。为了提高时间效率，我们做如下变通。将魔方中的每个小格视为一个四元组<*x*, *y*, *z*, *number*>，维护一个元素类型为这样的四元组的序列 *BRICK*（初始化为空集）。对每一个 A 或 S 操作，若表示方格位置的（*x*, *y*, *z*）第一次出现，则做插入操作 INSERT(*BRICK*, <*x*, *y*, *z*, *num*>)，否则，做加法或减法。而对于 Q 操作，遍历序列 BRICK，累加满足条件：$x_1 \leqslant x \leqslant x_2$，$y_1 \leqslant y \leqslant y_2$，$z_1 \leqslant z \leqslant z_2$ 的元素<*x*, *y*, *z*, *number*>的 *number* 属性，并输出。描述为如下的伪代码过程。

```
PRINCE-RAY-PUZZELE(a)
1 BRICK←∅, result←∅
2 m←length[a]
3 for i←1 to m
4     do read command from a[i]
```

```
5        if command="A" or "S"              ▷加指令或减指令
6          then read <x, y, z, num> from a[i]
7               cell←FIND(BRICK, <x, y, z >)
8               if cell∉BRICK
9                 then if command ="A"
10                       then APPEND(BRICK, <x, y, z, num>)
11                       else APPEND(BRICK, <x, y, z, - num>)
12                else if command ="A"
13                       then number[cell] ← number[cell] +num
14                       else number[cell] ← number[cell] -num
15       else read x1, y1, z1, x2, y2, z2 from a[i]  ▷查询指令Q
16             sum←0
17             for each <x, y, z, number> ∈BRICK   ▷遍历BRICK
18                do if x1≤x≤x2 and y1≤y≤y2 and z1≤z≤z2
19                     then sum←sum+number
20             APPEND(result, sum)
21 return result
```

算法 2-2　解决“王子的难题”问题的算法过程

仍然假定指令数 m 与 n 相当，则第 3～20 行的 **for** 循环将重复$\Theta(n)$次。每次重复中第 4～14 行的操作，耗时可视为$\Theta(n)$。这是因为第 6 行执行在 *BRICK* 中的查找操作，按表 2-1，这需要$\Theta(n)$时间。而第 10 或 11 行的在 *BRICK* 中所做的插入操作，若将元素追加到序列尾部，则耗时为常量。第 17～19 行中对 *BRICK* 的遍历耗时$\Theta(n)$。总之，算法 2-2 的运行时间为$\Theta(n^2)$。

解决本问题的算法的 C++实现代码存储于文件夹 laboratory/ Prince Rays Puzzle 中，读者可打开文件 PrinceRaysPuzzle.cpp 研读，并试运行之。

问题 2-3　度度熊就是要第一个出场

问题描述

Baidu 年会安排了一场时装秀节目。N 名员工将依次身穿盛装上台表演。表演的顺序是通过一种“画线”抽签的方式决定的。

首先，员工们在一张白纸上画下 N 条平行的竖线。在竖线的上方从左到右依次写下 1 至 N 代表员工的编号；在竖线的下方也从左到右写下 1 至 N 代表出场表演的次序。

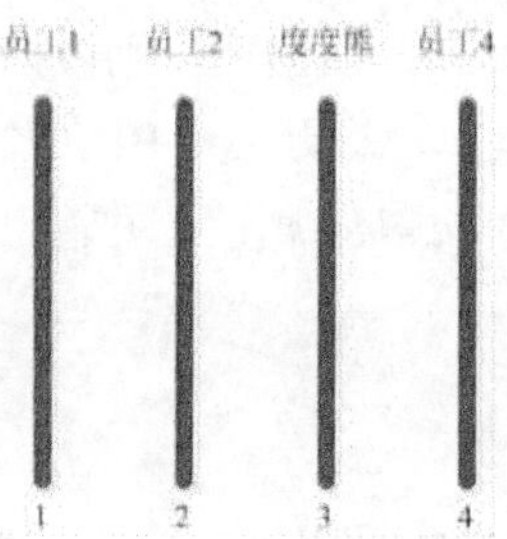

接着，员工们随意在两条相邻的竖线间添加垂直于竖线的横线段。

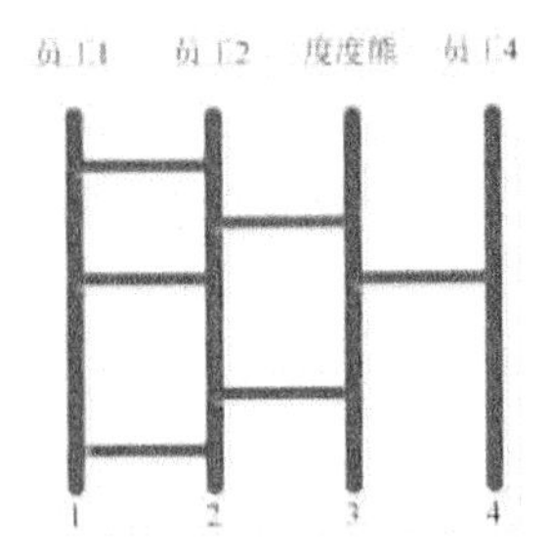

最后，每位员工的出场顺序是按如下规则决定的：每位员工从自己的编号开始用手指沿竖线向下划，每当遇到横线就移动到相邻的竖线上去，直到手指到达竖线下方的出场次序编号。这时，手指指向的编号就是该员工的出场次序。例如在下图所示的例子中，度度熊将第二个出场，第一个出场的是员工 4。

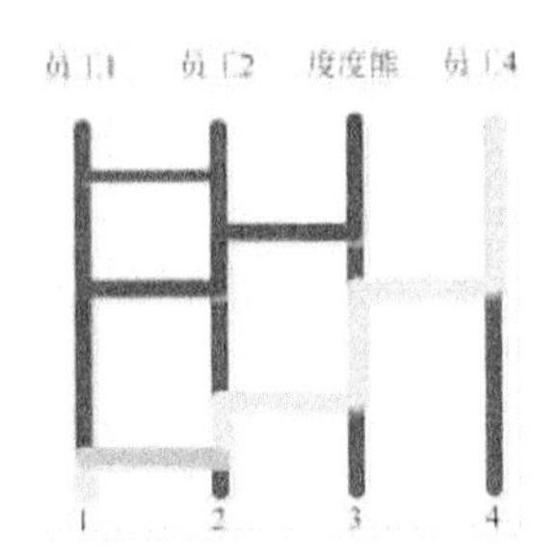

员工在画横线时，会避免在同一位置重复画线，并且避免两条相邻的横线连在一起，即下图所示的情况是不会出现的。

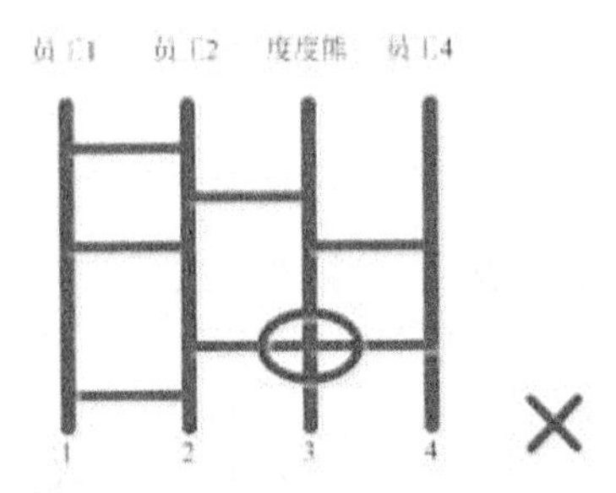

给定一种画线的方案，员工编号为 K 的度度熊想知道自己是不是第一位出场表演的。如果不是，度度熊想知道能不能通过增加一条横线段来使自己变成第一位出场表演。

输入

为了描述方便，我们规定写有员工编号的方向是 Y 轴正方向（即上文中的竖线上方），写有出场次序的方向是 Y 轴的负方向（即上文中的竖线下方）。竖线沿 X 轴正方向（即上文中从左到右）依次编号为 1 至 N。于是，每条横线的位置都可以由一个三元组（x_l, x_r, y）确定，其中 x_l, x_r 是横线左右两个端点所在竖线的编号，y 是横线的高度。

输入的第一行是一个整数 $T(T \leqslant 50)$，代表测试数据的组数。

每组数据的第一行包含三个整数 N，M，$K(1 \leqslant N \leqslant 100，0 \leqslant M \leqslant 1000，1 \leqslant K \leqslant N)$，分别代表参与表演的员工人数、画下的横线数目以及度度熊的员工编号。

每组数据的第 2～M+1 行每行包含 3 个整数 x_l，x_r，$y(1 \leqslant x_l \leqslant N，x_r = x_l + 1，0 \leqslant y \leqslant 1000000)$，它们描述了一条横线的位置。

输出

对于每组数据输出一行 Yes 或 No，表示度度熊能否通过增加一条横线段来使得自己变成第一位出场表演。如果度度熊已经是第一位出场表演，也输出 Yes。注意，尽管输入数据中员工画的横线高度都是整数，但是度度熊可以在任意实数高度画横线。此外，度度熊和员工一样，在画横线时需要避免在同一位置重复划线，也要避免两条相邻的横线连接在一起。

输入样例

```
2
4 6 3
1 2 1
1 2 4
1 2 6
2 3 2
2 3 5
3 4 4
4 0 3
```

输出样例

```
Yes
No
```

解题思路

（1）数据的输入与输出

按输入文件的格式，首先从中读取案例数 T，然后依次读取每个案例的数据。对一个案例，先读取表示员工数、横线数和度度熊编号的整数 N，M，K，然后依次读取每条横线的数据 x_l，x_r，y，置于数组 a 中。对案例的输入数据 N，M，K 及 a，计算判断度度熊是否能通过添加一条横线而第一个出场，最后将判断结果（Yes/No）作为一行写入输出文件。描述成伪代码如下。

```
1 打开输入文件 inputdata
2 创建输出文件 outputdata
3 从 inputdata 中读取 T
4 for i←1 to T
5   do 从 inputdata 中读取 N, M, K
```

```
6       创建数组 a
7       for j←1 to M
8           do 从 inputdata 中读取 x_l, x_r, y
9               APPEND(a, <x_l, x_r, y>)
10        result←TO-BE-FIRST(a, N, K)
11        将 result 作为一行写入 outpudata
12 关闭 inputdata
13 关闭 outputdata
```

其中，第 10 行调用计算并判断度度熊能否通过添加一条横线第一个出场的过程 TO-BE-FIRST(a, N, K)，是解决一个案例的关键。

（2）处理一个案例的算法过程

设所画的最高处的横线高度为 L。则刻画本问题的数据模型是一个二维矩阵 $A_{L+2\times N}$：A[0..L, 1..N]。其中每列表示一条竖线，若在两条相邻竖线 j 和 j+1 之间高度为 i 处有一条横线段，则 $A[i, j]$=right（→），$A[i, j+1]$=left（←），否则对应元素为 down（↓）。为了与题中图示方向一致，我们对矩阵的行的编号与自上而下的普通矩阵顺序相反（自下而上）。例如，测试案例 1 数据可表示为图 2-8 所示的 8×4 矩阵。

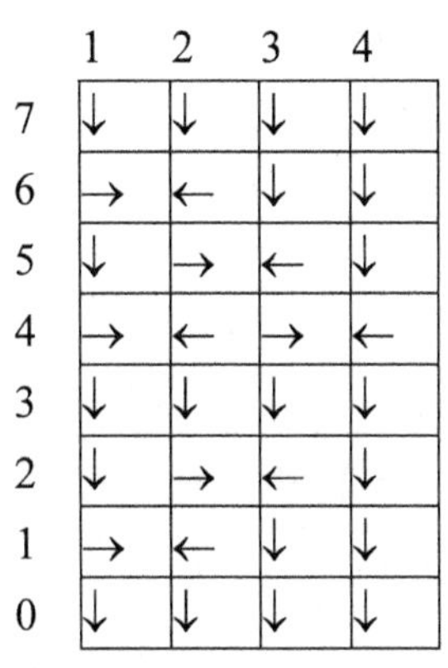

	1	2	3	4
7	↓	↓	↓	↓
6	→	←	↓	↓
5	↓	→	←	↓
4	→	←	→	←
3	↓	↓	↓	↓
2	↓	→	←	↓
1	→	←	↓	↓
0	↓	↓	↓	↓

图 2-8　表示测试案例 1 的符号矩阵

利用这个矩阵，我们可以找出任何一个员工自上而下划线的路径：从与员工的编号 j 相同的竖线顶端向下——对应矩阵 A 的第 j 列从 $A[L+1, j]$开始向下搜索，假定在 i 处搜索第一个非 down，若 $A[i, j]$为 right 则下一步搜索应从 $A[i, j+1]$开始往下进行，否则从 $A[i, j-1]$开始往下搜索。如此循环往复，直至到达某一条竖线的底端之下，此时的列编号就是 j 号员工出场的顺序号。将划线过程中经过的竖线段表示成三元组（y_l, y_u, x），其中 y_l 表示竖直线段的下端位置，y_u 表示该线段的上端位置，即（y_l, y_u）表示线段高度区间，x 表示该竖线段所在竖线的编号，则 j 号员工的划线路径就可表示成这些三元组的集合 $path_j$。特殊地，可以找到度度熊的划线路径 $path_K$。

其中，底部的第一行全为 down，表示虚拟的出口；顶部第八行全为 down，表示虚拟的入口。

例如，在上述的案例 1 中，考虑 3 号的度度熊。从 A[7, 3]起，竖直搜索到 A[5, 3]= ←，故切换到 A[5, 2]。从 A[5, 2]竖直搜索到 A[4, 2]= ←，切换到 A[4, 1]。从 A[4, 1]起，竖直搜索到 A[1, 1] =→，故切换到 A[1, 2]。从 A[1, 2]竖直搜索到出口 A[0, 2]。这样，度度熊的路径可表示成 $path_3$={(0, 1, 2)，(1, 4, 1)，(4, 5, 2)，(5, 7, 3) }。

相反方向的搜索过程，可以确定每一个出场顺序对应的员工的划线路径。特殊地，可以找到第一个出场的员工的划线路径 $backpath_1$。例如，在案例 1 中，从 A[0, 1]开始竖直向上

搜索到 $A[1, 1]=\rightarrow$，故切换到 $A[1, 2]$，继续竖直向上搜索到 $A[2, 2]=\rightarrow$，切换到 $A[2, 3]$。从 $A[2, 3]$竖直搜索到 $A[4, 3]=\rightarrow$，切换到 $A[4, 4]$。从 $A[4, 4]$ 继续竖直向上搜索，直至入口 $A[7, 4]$ 均为 0。这样，第一个出场员工的划线路径为 $backpath_1$={(0, 1, 1)，(1, 2, 2)，(2, 4, 3)，(4, 7, 4)}。

将度度熊的划线路径与 1 号出场员工的划线路径进行比较，若两者各有一条竖线相邻且高度有相交，则在相交部分任一点处划横线，度度熊就能第一个出场。否则，不行。例如，上例中度度熊划线路径中的（5, 7, 3）和 1 号出场员工划线路径中的（4, 7, 4）相邻，且(5, 7)　(4, 7)=(5, 7)。故度度熊可以通过从第 3 条竖线到第 4 条竖线之间再画一条横线（高度介于 5～7），使自己第一个出场。当然，度度熊也可以在出口前（第 2 条直线底端（0.1）向左划一条横线，到第一个出口出场。）

用矩阵表示划线模型，实现起来会遇到两个问题：其一，由于设计时并不确切知道最高横线高度为几何，为适应所有可能的案例数据，矩阵的行数必须定义成题面中说明的最大值 1000000。其二，当员工数 N 达到最大值 100 时，矩阵的规模达到 1000×1000000，这个开销是很大的。并且，在搜索划线路径时，算法的运行时间也很奢侈。为提高算法的时空效率，我们将矩阵中表示第 i 条竖线的第 i 列，表示成一个集合 $line_i$，其中的元素为二元组<*height*, *direction*>，表示一条横线的端点信息：横线的高度和方向（left 或 right）。$line_i$ 中的元素按高度 *height* 降序排列。一个案例中的 M 条横线，对应分布在集合 $line_1$，$line_2$，…，$line_N$ 中的 2M 个这样的二元组。省掉了方向为 down 的那些数据表示，从而减少了时空开销。对于输入文件中的一个案例数据，形成这样的数据存储的过程可描述如下。

```
MAKE-MATRIX(a, N)
1 M← length[a]
2 allocate line[1..N]                    ▷创建 N 列
3 for j←1 to N                           ▷每一列初始化为一个空集合
4    do line[j]← ∅
5 for i←1 to M                           ▷处理每一条横线段
6    do <x_l, x_r, y>←a[i]
7       INSERT(line[x_l], <y, right>)     ▷记录左端点
8       INSERT(line[x_r], <y, left>)      ▷记录右端点
9 return line
```

算法 2-3　用输入数据构造矩阵的过程

算法 2-3 将一个案例中的 M 段横线的每一段数据$<x_l, x_r, y>$表示成 N 列矩阵 *line* 中的两个元素：第 x_l 列 $line[x_l]$中的$<y, right>$和第 x_r 列 $line[x_r]$中的$<y, left>$，表示横线的两端及其高度（第 5～8 行的 **for** 循环）。如果 $line[i]$（$1\leqslant i\leqslant n$）表示成数组，且将新的元素追加到尾部，则第 5～8 行的循环耗时为$\Theta(M)$；而若将 $line[i]$表示成二叉搜索树，则第 5～8 行的循环耗时为$\Theta(M\lg M)$。为后续的计算更方便，要求每个 $line[i]$（$1\leqslant i\leqslant n$）关于元素的属性 y 是有序的。若 $line[i]$表示成数组，则需对其排序，这将耗时$\Omega(M^2\lg M)$。若将 $line[i]$表示成二叉搜索树，由于二叉搜索树结点的中序遍历就是一个有序序列。综上所述，无论将 $line[i]$表示成线性表还是二叉搜索树，过程 MAKE-MATRIX 的运行时间为$\Theta(M\lg M)$。

假定我们将一个测试案例中 M 条横线的信息以这样的方式存储在 *line*[1..*N*]中。则搜索度度熊划线路径的过程 PATH 可描述如下。

```
PATH(line, K)
1 path_K←∅
2 j←K                                    ▷入口竖线编号
3 y_u←1000000                           ▷首条竖线段高端
4 current←line[j]的首元素                ▷遇到的第一个横线的端点
5 while current∈line[j]                  ▷只要未达到出口
6    do y_l←height[current]              ▷竖线段低端
7       INSERT(path_K, <y_l, y_u, j>)     ▷第 j 号竖线上经过的一条线段
8       if direction[current] =right     ▷根据当前端点的方向确定下一条竖线编号
9          then j←j+1                    ▷切换到右边
10          else j←j -1                   ▷切换到左边
11      current←FIND(line[j], y_l)        ▷在新的竖线找到登高的横线端点
12      y_u←y_l                           ▷本段竖线的低端为下一段竖线的高端
13      current←next[current]            ▷下一段竖线起点
14 INSERT(path_K, <0, y_u, j>)            ▷出口
15 return path_K
```

算法 2-4　在矩阵 *line*[1..*N*]中搜索划线路径的过程

将搜索到的划线路径表示成三元组 $<y_l, y_u, x>$ 的序列，算法 2-4 的过程耗时取决于第 4～12 行的 **while** 循环的重复次数，最多为 M 次。每次重复，第 6 行在序列 $path_K$ 中添加一个元素，若是在序列尾部追加，耗时为 $\Theta(1)$。第 10 行在集合 *line*[*j*]中查找特定值元素，若 *line*[*j*]为线性表，耗时为 $\Theta(M)$，若表示为二叉搜索树，则耗时为 $\Theta(\lg M)$。因此，*line*[*j*]的线性表表示下，过程 PATH 的运行时间为 $\Theta(M^2)$；若 *line*[*j*]表为二叉搜索树，运行时间则为 $\Theta(M\lg M)$。

从 1 号竖线的出口，相反的搜索过程 BACK-PATH 可构造出 1 号出场员工的划线路径 *backpath*。为节省篇幅和避免重复，此处并不罗列 BACK-PATH 的伪代码过程，读者可仿照算法 2-4，试着写出该过程。

如果 $path_K$ 就是以 1 号竖线为出口，则结论为 Yes。下面考虑 $path_K$ 的出口不是 1 号竖线的情况。如前讨论，若存在相邻竖线段且高度区间相交，则在相交部分任一点处画横线度度熊就可第一个出场，否则结论为 No。写成如下的 OK 过程。

```
OK(path_K, backpath_1)
1 for each (y_l1, y_u1, x_1)∈path_K
2    do for each (y_l2, y_u2, x_2)∈backpath_1
3          do if |x_1-x_2|=1 and (y_l1, y_u1)∩(y_l2, y_u2)≠∅
4                then return true
5 return false
```

算法 2-5　判断度度熊的划线路径和 1 号出场员工划线路径是否相邻相交过程

路径 $path_K$ 和 $backpath_1$（都是线性表）中至多有 M 个元素，故算法 2-5 的运行时间为 $\Theta(M^2)$。

对一个案例数据 N, M, K 和 a，利用算法 2-3、算法 2-4 和算法 2-5 中的过程，解决输入

中的一个案例的伪代码过程如下。

```
TO-BE-FIRST(a, N, K)
1 line← MAKE-MATRIX(a, N)
2 pathK← PATH(line, K)
3 if pathK的出口为1
4    then return"Yes"
5 bPath← BACK-PATH(line)
6 if OK(pathK, bPath)
7    then return "Yes"
8    else return "No"
```

算法 2-6 解决“度度熊就是要第一个出场”问题一个案例的过程

根据算法 2-3、算法 2-4、算法 2-5 的分析知，若将 *line*[*i*]（i=1，2，…，N）表示为二叉搜索树，则算法 2-6 的运行时间为$\Theta(M^2)$。

解决本问题的算法的 C++实现代码存储于文件夹 laboratory/To be First 中，读者可打开文件 To be First.cpp 研读，并试运行之。

问题 2-4 寻找克隆人

问题描述

德州小镇达布威利受到外星人的攻击。外星人挟持了小镇的一些居民，押解到他们绕地球环行的飞船里。过了一段难熬的时间，外星人克隆了一批被俘者，并将这些人连同他们的多个复制品放回了小镇达布威利。于是，小镇里可能有 6 个相同的名叫 Hugh F. Bumblebee 的人：Hugh F. Bumblebee 本人及其 5 个复制品。联邦调查局责成你查清小镇里的每个人有多少个复制品。为了帮助你完成任务，调查局已经收集了每个人的 DNA 样本，同一个人的所有复制品具有相同的 DNA 序列，而不同的人的 DNA 序列一定是不同的（已知小镇里从来没有过双胞胎）。

输入

输入文件包含若干个测试案例。每个案例的首行数据包含两个整数 $1\leqslant n\leqslant 20000$ 和 $1\leqslant m\leqslant 20$，分别表示小镇人数和每个 DNA 序列的长度。接下来的 n 行表示这 n 个人的 DNA 序列：每行含有由字符'A', 'C', 'G'或'T'构成的长度为 m 的字符串。

数据中 n=m=0 的案例是输入数据的结束标志。

输出

对每个案例，程序输出 n 行，每行含有 1 个整数。第一行表示没有复制品的人数，第二行表示有一个复制品的人数。第三行表示有两个复制品的人数，依此类推：第 i 行表示有 i-1 个复制品的人数。例如，一共 11 份样本，其中 1 份来自 John Smith，其余 10 份来自 Joe Foobar，则输出的第 1 行和第 10 行为 1，其余所有各行均为 0。

输入样例

```
9 6
AAAAAA
ACACAC
GTTTTG
ACACAC
GTTTTG
ACACAC
ACACAC
TCCCCC
TCCCCC
0 0
```

输出样例

```
1
2
0
1
0
0
0
0
0
```

解题思路

（1）数据的输入与输出

按本题输入文件格式的描述，每个测试案例的第一行含两个分别表示 DNA 串个数和每个 DNA 串长度的整数 n 和 m。后面跟 n 行，每行一个 DNA 串。$n=0$ 且 $m=0$ 为输入结束标志。依次读取案例中的 DNA 串。由于 DNA 串有重复情形，所以将这些串组成的集合 a 表示成数组是合适的。对 a 处理计算出每一个 DNA 样本的克隆数，同样由于不同克隆数的 DNA 样本数有可能相同，所以将这些数据组织成数组 *solution* 也是合适的。将 *solution* 的每一项数据作为一行写入输出文件。表示成伪代码过程如下。

```
1 打开输入文件 inputdata
2 创建输出文件 outputdata
3 从 inputdata 中读取 n 和 m
4 while n>0 and m>0
5   do 创建数组 a[1..n]
6      for i←1 to n
7         do 从 inputdata 中读取 a[i]
8   solution←FIND-THE-CLONES(a)
9   for each s∈solution
10     do 将 s 作为一行写入 outputdata 中
11  从 inputdata 中读取 n 和 m
12 关闭 inputdata
13 关闭 outputdata
```

其中，第 8 行调用计算不同克隆数的 DNA 串数目的过程 FIND-THE-CLONES(*a*)，是解决一个案例的关键。

（2）处理一个案例的算法过程

解决一个给定了输入 *a* 的测试案例要用到两个集合：其一是由 *n* 个 DNA 串构成的样本集合 *DNAS*，其中的元素可视为表示 DNA 串的 *dna* 及表示这个串的复制份数的 *copies* 构成的序偶<*dna*, *copies*>。另一个是表示解的集合 *solution*，其中的元素也可视为序偶<*copies*, *number*>，用来表示具有 *copies* 个副本数的样本个数 *number*。值得注意的是 *solution* 的元素的属性 *copies* 的值也是该元素输出时的序号。集合 *DNAS* 可通过扫描输入数组 *a*[1..*n*]动态生成：对当前的 DNA 串 *a*[*i*]，若 *DNAS* 中没有样本的 DNA 串为 *a*[*i*]，则将< *a*[*i*], 1>加入 *DNAS*；否则将 *DNAS* 中的元素 *sample*=<*a*[*i*], *copies*>的 *copies* 属性值增加 1。而 *solution* 中的元素个数必为 *n*，元素的值可根据 *DNAS* 中的元素属性 *copies* 决定。具体过程如下列伪代码所描述。

```
FIND-THE-CLONES(a)
1 n←length[a], DNAS←∅
2 for i←1 to n
3     do dna←a[i]
4        sample←FIND(DNAS, dna)
5        if sample ∉DNAS
6            then INSERT(DNAS, <dna, 1>)
7            else copies[sample]←copies[sample]+1
8 solution[1..n]←{0, 0, …, 0}
9 for each sample∈DNAS
10   do solution[copies[sample]]←solution[copies[sample]]+1
11 return solution
```

算法 2-7 解决“寻找克隆人”问题一个案例的算法过程

由于对集合 *DNAS* 的操作仅限于查找和插入，故将其表示为散列表是合适的，而 *solution* 中元素的第一个属性 *copies* 也是该元素的输出顺序，因此这个属性的值可以作为该元素存储在数组中的下标。换句话说，将 *solution* 表示成元素类型为整数（*solution*[*i*]表示有 *i* 个副本的 DNA 串的个数）的数组是合适的，在算法 2-2 中也是这样体现的。如此，该算法的运行时间为$\Theta(n)$，这是因为第 2～7 行的 **for** 循环重复 *n* 次，每次重复对 Hash 表 *DNAS* 的查找与插入操作耗时为常数，第 9～10 行的 **for** 循环至多重复 *n* 次，循环体中的算术运算和赋值运算耗时亦为常数。

解决本问题的算法的 C++实现代码存储于文件夹 laboratory/Find the Clones 中，读者可打开文件 Find the Clones.cpp 研读，并试运行之。C++代码的解析请阅读第 9 章 9.4.1 节中程序 9-43 的说明。

问题 2-5 疯狂搜索

问题描述

很多人热衷于猜谜，并不时地为谜题而抓狂。有一个这样的谜题，要在一段给定的文本中找出与之相关的一个素数。这个素数可能是文本中指定长度的不同子串个数。要解决这个难题看来需要求助于一台计算机和一个好的算法。

你的任务是对给定文本和构成文本的字符数 *NC*，写一段程序确定文本中长度为 *N* 的不同的子串个数。

例如，对文本“daababac”已知 *NC*=4，文本中长度 *N*=3 的不同子串分别为：“daa”“aab”“aba”“bab”“bac”。所以，答案为 5。

输入

输入包含若干个测试案例，每个案例包含两行数据：第一行含有两个用一个空格隔开的整数，*N* 和 *NC*。第 2 行是一段作为搜索对象的文本。假定这段由 *NC* 字符组成的文本中，长度为 *N* 的子串个数不超过 16000000。*N*=0，*NC*=0 为输入数据结束的标志。

输出

程序对每个测试案例仅输出一行仅含一个表示文本中长度为 *N* 的不同子串个数的整数的数据。

输入样例

```
3 4
daababac
0 0
```

输出样例

```
5
```

解题思路

（1）数据的输入与输出

按题面对输入文件格式的描述，依次对每个测试案例先从输入文件中读取 *N* 和 *NC*，然后读取文本行 *text*。计算 *text* 中长度为 *N* 的不同子串个数，将计算结果作为一行写入输出文件。直至从输入文件中读到 *N*=0 且 *NC*=0。表示成为代码过程如下。

```
1 打开输入文件 inputdata
2 创建输出文件 outputdata
3 从 inputdata 中读取 N 和 NC
4 while N>0 or NC>0
5   do 从 inputdata 中读取文本行 text
6     result← CRAZY-SEARCH(text, N)
7     将 result 作为一行写入 outputdata
8     从 inputdata 中读取 N 和 NC
9 关闭 inputdata
10 关闭 outputdata
```

其中，第 6 行调用计算文本行中所含给定长度的不同子串个数的过程，是解决一个测试案例的关键。

CRAZY-SEARCH (*text*, *N*)

（2）处理一个案例的算法过程

本题的实质是要计算出文本 *text*[1...*length*]中所有长度为 *N* 的子串构成的集合，统计出该集合的元素个数（相同的子串仅计数 1 次）。动态维护 *text* 的子串集合 *S*（初始化为∅），对每一个长度为 *N* 的子串 *s*=*text*[*i*…*i*+*N*]（*i*=1，…，*length*-*N*），检测是否 *s*∈*S* 中出现过。若否，则将 *s* 加入 *S*。具体过程可表示为如下的伪代码。

```
CRAZY-SEARCH(text, N)
1 length←text 的长度
2 S←∅
3 for i←0 to length-N
4   do s←text[i…i+N-1]
5      t←FIND(S, s)
6      if t∉S
7         then INSERT(S, s)
8 return S 的元素个数
```

算法 2-8 解决“疯狂搜索”问题一个案例的算法过程

这里，对集合 *S* 只有查找“FIND(*S*, *s*)”和加入“INSERT(*S*, *s*)”两种操作。因此，*S* 可以是任何一种字典。对字典操作而言，根据表 2-1 知，散列表是最省时的。但是，存入散列表中的元素必须是非负整数。本题中，如果将动态集合 *S* 表示为散列表，则需要将加入其中的字符串转换为非负整数。输入中的 *NC* 表示构成文本 *text* 的字符个数，例如输入样例中 *text*=“daababac”，它是由 a，b，c，d 这 4 个字母构成的。若将 a 对应 0，b 对应 1，c 对应 2，d 对应 3，则 text 的任何一个子串，可以唯一地对应一个 4 进制整数。例如，子串 daa 对应 $3\times 4^2+0\times 4+0=48$，而 aab 则对应 $0\times 4^2+0\times 4+1=1$，……

如此，过程的运行时间为Θ(*length*)，即 *text* 的长度。

解决本问题的算法的 C++实现代码存储于文件夹 laboratory/Crazy Search 中，读者可打开文件 Crazy Search.cpp 研读，并试运行之。C++代码的解析请阅读第 9 章 9.4.1 节中程序 9-42 的说明。

2.2 文本串的查找

在信息处理中，时常出现在一个文本串中查找一个模式的发生位置的问题。例如，文本是正在编辑的一个文档，要查找的模式是用户提供的一个具体单词。如图 2-9 所示，要在文本串 *T* = “ABCABAABCABAC”中查找模式 *P* = “ABAA”的首次发生。该模式在文本中仅出现了一次，偏移量为 *s* = 3。模式中的每一个字符通过一根竖线与文本中匹配的字符连接，所有匹配的字符显示有阴影。这一问题称为**串匹配**问题。设所有合法字符构成的集合 Σ 是一个有限集，称为字母表。Σ*表示用字母表 Σ 中的字符构成的所有有限长度的串的集合。零长度**空串**，用 ε 表示，也属于 Σ*。我们将文本搜索中的文本和模式均视为 Σ*中的字符串。

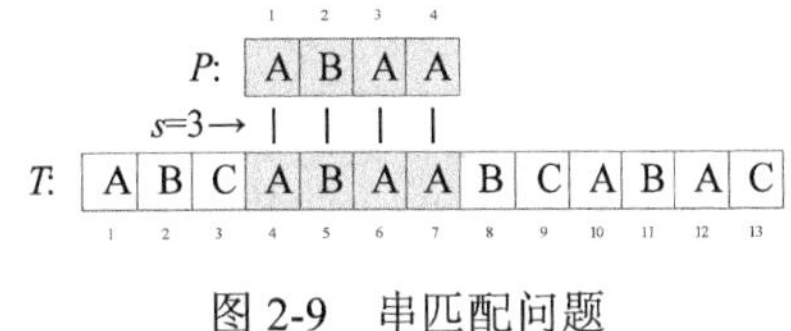

图 2-9　串匹配问题

对文本 T [1…n]和模式 P[1…m]解决串匹配问题最直观的算法是利用一个循环对 $n-m+1$ 个可能的 s 值的每一个，检测条件 $P[1…m] = T[s+1…s+m]$是否成立，来查找首个有效偏移量，如图 2-10 所示。

图 2-10（a）中，偏移量 s=0，P[1]与 T[1]匹配（用竖线相连），但是 $P[2]≠T[2]$遇到一个失配（用一个叉表示），s 自增 1 进入图 2-10（b）。在图 2-10（b）中 s=1，$P[1]≠T[2]$又遇到一个失配，s 自增 1，进入图 2-10（c）。在图 2-10（c）中 s=2，$P[1]=T[3]$，$P[2]=T[4]$，$P[3]=T[5]$，得到一个完整的匹配。

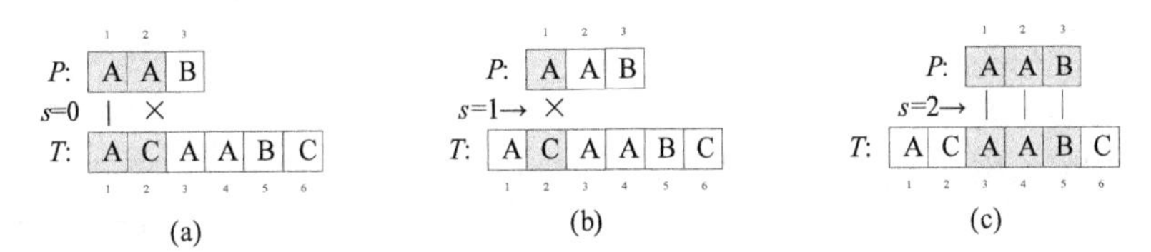

图 2-10　强力串匹配算法对模式 P = AAB 和文本 T = ACAABC 的操作

将此想法描述成伪代码过程如下。

```
STRING-MATCHER(T, P)
1 n ← length[T]
2 m ← length[P]
3 for s ← 0 to n - m
4   do k←1
5       while P[k] = T[s + k]
6         do k←k+1
7            if k>m
8             then return s
9 return -1
```

算法 2-9　计算文本为 T[1…n]，模式为 P[1…m]的串匹配的强力算法

STRING-MATCHER 过程的运行时间主要在于第 5 行的比较运算 $T[s+i]=P[i]$的执行次数，最坏情形是每次失配都发生在 $P[m]$与 $T[s+m]$处，即 s 从 0 到 $n-m$ 的 $n-m+1$ 个取值匹配都需做 m 次比较。因此运行时间是 $O((n-m+1)m)$（见图 2-11）。

图 2-11 展示了强力匹配算法对 n=9，m=4 的一个最坏情形 T=“AAAAAAAAAB”，P=“AAB”的执行过程：图（a）～图（f）中对 s 的每一种合法取值（共有 6=$n-m$+1 个值：0，1，2，3，4，5），模式的每个元素（共有 4 个带有阴影的元素）都要与对应的文本元素（带

有阴影的元素）进行比较，比较次数为 6×4=24。

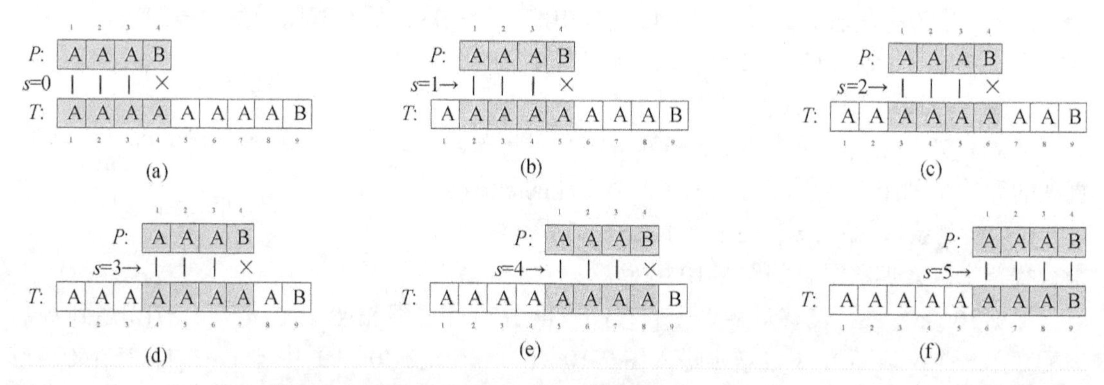

图 2-11　STRING-MATCHER 过程面对的一个最坏情形

事实上，就上例而言，不是每次匹配都要比较 4 对元素。因为除了第一次匹配时比较了 4 对元素外，每得到一个失配（第一次出现在 s=0，i=4 处，最后一次出现在 s=4，i=4 处），我们观察到，模式中的 P[1..3]是与文本中的 T[s+1..s+3]匹配的，并且 P[1..3]的前缀 P[1..2]恰为 T[s+1..s+3]的后缀。这样，当我们将偏移量 s 自增 1 后，就知道 T[s+1..s+2]与 P[1..2]是匹配的，所以比较可以从 i=3 开始进行。这样，就只需比较两对元素（P[3]、T[s+3]和 P[4]、T[s+4]），从而大大减小了比较的次数（见图 2-12）。

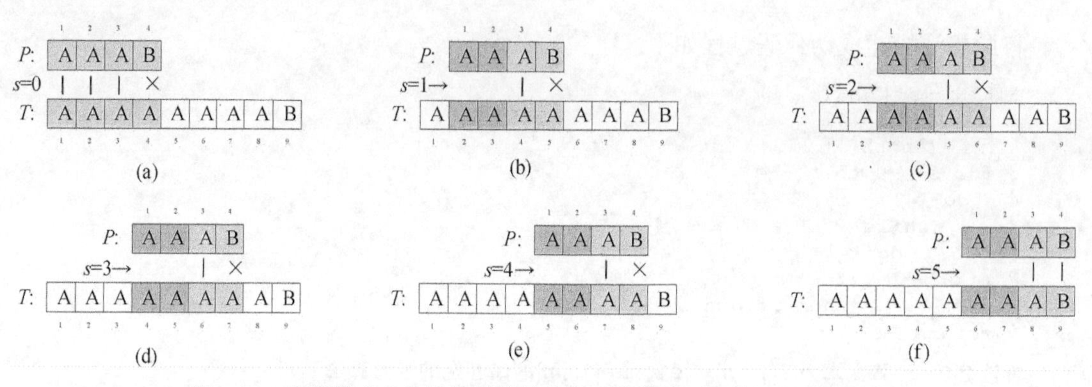

图 2-12　利用模式自身结构提供的信息改善模式匹配的运行时间效率

利用模式 P 的结构特点加速串匹配的过程，最著名的当属 KMP 算法[5]（该算法是由 Knuth、Pratt 和 Morris 各自独立发明的），它的运行时间可从算法 2-9 的$\Theta(n-m+1)$减少到线性的$\Theta(n+m)$。

5 对 KMP 算法的讨论详见配书视频。

问题 2-6 Pandora 星球上的计算机病毒

问题描述

Pandora 星球上的人们也和我们一样要编写计算机程序。他们向地球偷学的程序由大写字母（'A' 到 'Z'）组成。在 Pandora 星球上，黑客们也制造了一些计算机病毒，所以 Pandora 星球人也向地球人偷学了病毒扫描算法。每一种病毒都有一个由大写字母组成的模式串，若一个病毒的模式串是某个程序的一个子串，或模式串是程序逆向串的一个子串，他们就认为该程序被病毒感染了。给定一个程序以及一系列病毒模式串，请编写一个程序确定给定的程序感染了多少个病毒。

输入

对每个测试案例，输入含有若干个测试案例。输入的首行是一个表示测试案例数的整数 T（$T \leqslant 10$）。

第二行是一个表示病毒模式串数目的整数 n（$0 < n \leqslant 250$）。

后跟 n 行，每一行表示一个病毒模式串。每一个模式串表示一种病毒，这 n 个串两两不同，因此表示有 n 种不同的病毒。每个模式串至少包含一个字符，且长度不超过 1000。测试案例的最后一行是表示一个程序的串。程序可能表示为压缩格式，压缩格式由大写字母和"压缩符"组成。压缩符的形式为

$$[qx]$$

其中，q 是一个整数（$0 < q \leqslant 5\,000\,000$）；而 x 是一个大写字母。它的意义是在原程序中有 q 个连续的字母 x。例如，[6K]意为原程序中此处为"KKKKKK"。于是，若压缩程序形为

AB[2D]E[7K]G

则程序还原为 ABDDEKKKKKKKG。

程序无论是否压缩，其长度至少为 1，至多为 5 100 000。

输出

对每一个测试案例，输出一行表示该程序被感染的病毒数目的整数 K。

输入样例

```
3
2
AB
DCB
DACB
3
ABC
CDE
```

```
GHI
ABCCDEFIHG
4
ABB
ACDEE
BBB
FEEE
A[2B]CD[4E]F
```

输出样例

```
0
3
2
```

解题思路

（1）数据的输入与输出

按输入的文件格式，首先从中读取案例数 *T*，然后依次读取各个测试案例。对每个案例，先从输入文件中读取病毒种数 *n*，然后读取 *n* 个表示病毒的文本行，组成数组 *virus*。最后读取表示程序的文本串 *program*。对案例数据 *virus* 和 *program*，计算 *program* 中所含病毒数，将计算结果作为一行写入输出文件。

```
1 打开输入文件 inputdata
2 创建输出文件 outputdata
3 从 inputdata 中读取 T
4 for t←1 to T
5     do 从 inputdata 中读取 n
6        创建数组 virus[1..n]
7        for i←1 to n
8            do 从 inputdata 中读取 virus[i]
9        从 inputdata 中读取 program
10       result←COMPUTER-VIRUS-ON-PLANET-PANDORA(virus, program)
11       将 result 作为一行写入 outputdata
12 关闭 inputdata
13 关闭 outputdata
```

其中，第 10 行调用 COMPUTER- VIRUS-ON-PLANET-PANDORA(*virus*, *program*) 计算文本行中所含给定长度的不同子串个数的过程，是解决一个测试案例的关键。

（2）处理一个案例的算法过程

对于一个案例数据 *virus* 和 *program*，设置一个计数器 *count*（初始化为 0），依次检测中的每一个病毒模式 *virus*[*i*]及其逆向串是否为 *program*（必要时需解压缩）的子串（即 *virus*[*i*]及其逆向串是否与 *program* 串匹配）。若是，则 *count* 自增 1。检测完整个数组 *virus*，*count* 即为所求。

```
COMPUTER-VIRUS-ON-PLANET-PANDORA(virus, program)
1 n←length[virus]
```

```
2 count←0
3 program1← EXTRACT(program)
4 for i←1 to n
5     do virus1←virus[i]的逆串
6       if STRING-MATCHER(program1, virus[i])>-1 or STRING-MATCHER(program1, virus1)
7          then count←count+1
8 return count
```

算法 2-10　解决“Pandora 星球上的计算机病毒”问题一个案例的过程

算法中第 3 行调用的 EXTRACT 过程，完成对程序串的解压缩操作。具体操作如下。

```
EXTRACT(program)
1 program1←∅, i←1
2 N←length[program]
3 while i≤N                                    ▷扫描 program
4   do while i≤N and program[i]≠'['             ▷复制非压缩内容
5         do APPEND(program1, program[i])
6            i←i+1
7      if i>N
8         then return program1
9      i←i+1, q←0                               ▷遇到压缩符
10     while program[i]为数字 a
11        do q←q*10+a                           ▷析取整数值 q
12           i←i+1
13      x←program[i]                            ▷析取字母 x
14      str←q个 x 组成串                          ▷压缩符解释为串 str
15      APPEND(program1, str)
16      i←i+1
17 return program1
```

算法 2-11　对程序串解压缩的算法过程

算法 2-11 中，虽然第 4～6 行及第 10～12 行是内嵌的循环，但与外层循环用了同一个循环变量 i，所以运行时间为$\Theta(N)$。算法 2-10 的第 6 行调用的是算法 2-9 的 STRING-MATCHER 过程。设 *program* 的长度为 N，*virus* 中的最长模式为 M，则该算法的运行时间为 $O(nNM)$。

解决本问题的算法的 C++实现代码存储于文件夹 laboratory/Computer Virus on Planet Pandora 中，读者可打开文件 Computer Virus on Planet Pandora.cpp 研读，并试运行之。C++代码的解析请阅读第 9 章 9.4.1 节中程序 9-45、程序 9-46 的说明。

2.3 全序集序列的排序

我们在前面的表 2-1 中罗列出了集合的各种表示对字典操作的效率的影响，在其中我们还给出了全序集在这些表示方式下的一个重要操作——排序的可行与否。这是因为对于全序集而言，所有元素按一定顺序（升序或降序）罗列出来，本身就为集合增添了更多有用的信

息。例如，对一个升序排列的序列 a_1，a_2，…，a_n，我们可以用“二分查找”法快速地在其中查询特定值 x 元素的存储位置：设 $q=(1+n)/2$，若 $a_q=x$ 则找到这样的元素位置 q。若否，则或 $x<a_q$，或 $x>a_q$。对于前者，根据序列 a_1，a_2，…，a_n 的有序性知，如果序列中有值为 x 的元素，必位于子序列 a_1，…，a_{q-1} 中。相仿地，若后者发生则 x 应位于 a_{q+1}，…，a_n 中。这样，我们可以把问题归结为在长度减半了的有序子序列中查找 x 的问题。用同样的方法，取子序列的中间值，对比判定是否找到，若否，问题规模进一步减半。这样，“二分查找”法可以在 $O(\lg n)$时间内完成在有序序列中查找特定值元素，这将比此前介绍的在序列中的线性查找法的运行速度快得多。

出于科学和现实的需要，人们对序列排序的研究已有很长的历史。例如，第 1 章中问题 1-8 的“冒泡排序”和所谓的“归并排序”都是著名的排序算法。

归并排序过程需要有一个辅助操作——把两个有序序列合并成一个有序序列，其思想是这样的：设 $L[1..n_1]$和 $R[1..n_2]$是有序（升序）序列，我们要把这两个序列中的 $n=n_1+n_2$ 个元素合并成序列 $A[1..n]$。为此，我们从 L 和 R 的第 1 个元素开始，比较 $L[1]$和 $R[1]$的大小，将较小者置于 $A[1]$。剩下的 L 或 R 之一比比较前少了一个元素。重复上述的元素比较、迁移操作得到 $A[2]$……，以此类推，我们就可将 $L[1..n_1]$、$R[1..n_2]$合并成有序序列 $A[1..n]$。不难看出，这个过程耗时为$\Theta(n)$。如果 $L[1..n_1]=A[p..q]$和 $R[1..n_2]=A[q+1..r]$，并将上述过程命名为 MERGE(A, p, q, r)，则所谓对 $A[1..n]$ 的归并排序过程可如下描述：设 $q=(1+n)/2$，对 $A[1..q]$和 $A[q+1..n]$递归地做同样的操作得到有序子序列 $A[p..q]$和 $A[q+1..r]$，调用 MERGE($A, 1, q, n$)即可得到有序序列 $A[1..n]$（见图 2-13）。

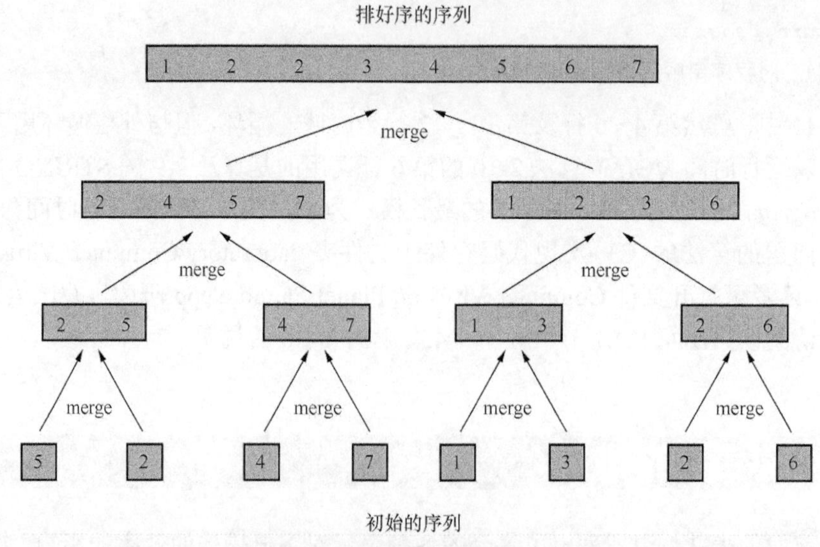

图 2-13　序列的归并排序

假设对 $A[1..n]$的归并排序的运行时间为 $T(n)$，则对 $A[p..q]$和 $A[q+1..r]$的归并排序各自都

耗时 $T(n/2)$，加上调用 MERGE(A, 1, q, n)的耗时$\Theta(n)$，我们得到

$$T(n)=2T(n/2)+\Theta(n)$$

在上式中，将$\Theta(n)$简化为 n，并不影响 $T(n)$渐进式的表示。即上式可表示成

$$T(n)=2T(n/2)+n \tag{2-1}$$

若对式(2-1)中 $T(n/2)$的 $n/2$ 做变量替换 $n'=n/2$，则 $T(n/2)=T(n')=2T(n'/2)+n'=2T(n/2^2)+n/2$。带入式（2-1），得

$$\begin{aligned}T(n)&=2T(n/2)+n\\&=2(2T(n/2^2)+n/2)+n\\&=2^2T(n/2^2)+2n\\&=2^2(2T(n/2^3)+n/2^2)+2n=2^3T(n/2^3)+3n\\&\cdots\cdots\\&=2^{\lg n}+n\lg n\\&=\Theta(n\lg n)\end{aligned}$$

我们知道，对 n 个元素的序列做冒泡排序，可能要进行 n 趟相邻元素的依次比较、交换操作。每趟这样的依次操作比较，交换的范围比上一次要少 1 个元素。各趟耗时的总和至多为

$$(n-1)+(n-2)+\cdots+1=n(n-1)/2=\Theta(n^2)$$

也就是说，冒泡排序的运行时间是$\Theta(n^2)$。这意味着归并排序比冒泡排序的运行时间更短。

自然会有这样的问题：有没有运行时间比归并排序所用的时间更短的序列排序算法？深入的研究结果告诉我们，对 n 个元素构成的序列做基于元素间大小比较的排序算法（冒泡排序、插入排序、归并排序……），$n\lg n$ 是运行时间的下限[6]。换句话说，这样的排序算法，运行时间 $T(n)$的渐近表达式不会小于$\Theta(n\lg n)$，亦即 $T(n)=\Theta(n\lg n)$。

排序算法也是很多应用问题中必须进行的基本操作。

问题 2-7 DNA 排序

问题描述

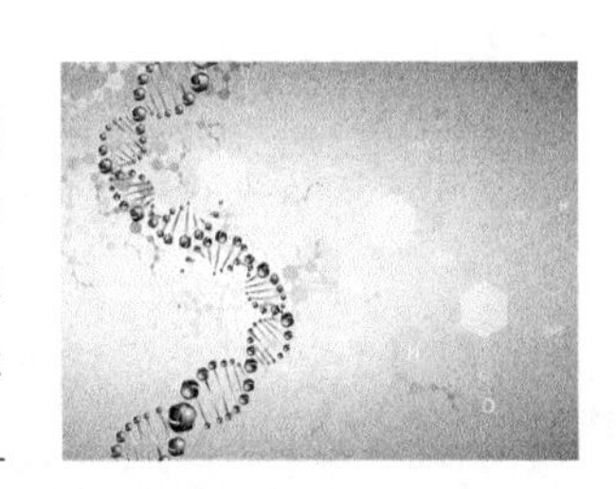

对一个序列度量其“杂乱”程度的方法之一是，计数序列中不符合从小到大的顺序的元素对数。例如，按此方法，字母序列“DAABEC”的度量为 5。因为 D 比排在其右边的 4 个字母大，而 E 排列在其右边的 1 个字母大。这种度量方法称为序列的逆序数。序列“AACEDGG”仅有一个逆序（E 和 D）——

6 详见配书视频“比较型排序”。

它几乎是排好序的。而序列“ZWQM”有 6 个逆序（这是一个最“杂乱”的序列——反向的序列）。

请你对一个由 DNA 串（串中仅含四个字母 A，C，G 和 T）组成的序列进行排序。排序规则并非字典顺序，而是按它们的逆序数从小到大的顺序。

输入

输入文件的第一行含两个整数 n（$0<n\leqslant 50$）和 m（$0<m\leqslant 100$），分别表示每个串的长度及串的个数。后面跟着的 m 行表示 m 个长度为 n 的 DNA 串。

输出

将输入文件中的 m 个串按逆序数从小到大的顺序，每个一行输出到输出文件。

输入样例

```
10 6
AACATGAAGG
TTTTGGCCAA
TTTGGCCAAA
GATCAGATTT
CCCGGGGGGA
ATCGATGCAT
```

输出样例

```
CCCGGGGGGA
AACATGAAGG
GATCAGATTT
ATCGATGCAT
TTTTGGCCAA
TTTGGCCAAA
```

解题思路

（1）数据的输入与输出

根据输入文件格式，先从输入文件中读取表示串长和串数的 n 和 m。而后读取 m 行，每行一个串，组织成数组 *DNAS*[1..*m*]。对 *DNAS* 按各个串的逆序数升序排序。把排好序的 *DNAS* 每行一个串写入输出文件中。

```
1 打开输入文件 inputdata
2 创建输出文件 outputdata
3 从 inputdata 中读取 n 和 m
4 for i←1 to m
5     do 创建数组 DNAS[1..m]
6        从 inputdata 中读取一行到 DNAS[i]
7 DNA-SORTING(DNAS)
8 for i←1 to m
9     do 将 DNAS[i]作为一行写入 outpudata
10 关闭 inputdata
11 关闭 outputdata
```

其中，第 7 行调用的计算 *DNAS* 中每个串的逆序数，并按逆序数的升序对 *DNAS* 排序的过程 DNA-SORTING(*DNAS*)，是解决本问题的关键。

（2）处理一个案例的算法过程

首先，我们需要有一个对由 4 个符号（A，C，G，T）组成的 DNA 串 *dna* 计算逆序数的算法。设置一个计数器 *count*（初始化为 0），按逆序的意义，对串进行扫描，第 *i* 个元素 *dna*[*i*]计算排在其之前大于它的元素个数，将其累加到 *count* 中。扫描完毕后所得 *count* 即为所求。为了计算 *dna*[*i*]之前大于它的元素个数，我们对符号 C、G、T 各设置一个计数器 c_C、c_G、c_T（均初始化为 0），它们各自跟踪第 *i* 个元素之前 C、G、T 的个数。对于 *dna*[*i*]，若为 A，则它将与之前的 C、G、T 均构成逆序，所以逆序数为 $c_C + c_G + c_T$。相仿地，若 *dna*[*i*]为 C，则其逆序数为 $c_G + c_T$，c_C 自增 1。若 *dna*[*i*]为 G，逆序数为 c_T，c_G 自增 1。若 *dna*[*i*]为 T，则它之前没有更大的元素，所以没有逆序数，但 c_T 需自增 1。将上述想法写成伪代码过程如下。

```
INVERSION(dna)
1 n←length[dna], count←0
2 cC←0, cG←0, cT←0
3 for i←1 to n
4    do if dna[i]= "A"
5       then count←count+(cC + cG + cT)
6       else if dna[i]= "C"
7             then count←count+(cG + cT)
8                  cC←cC+1
9            else if dna[i]= "G"
10                  then count←count+ cT
11                       cG ← cG +1
12                  else cT ← cT +1
13 return count
```

算法 2-12 计算 DNA 串逆序数的算法过程

这个算法的运行时间取决于第 3～13 行的 **for** 循环的重复次数 *n*。每次重复，循环体内的操作耗时为Θ(1)。于是算法的运行时间为Θ(*n*)。

利用 INVERSION 过程，我们来解决 DNA 排序问题。创建临时序列 *a*，将 *DNAS*[1..*m*]中每个串连同其逆序数 *inv* 构成的二元组（*dna*, *inv*）加入 *a*。然后对 *a* 按元素的 *inv* 属性的升序排序，将排好序的 *a* 中元素的 *dna* 属性依次复制回 *DNAS*。将其具体过程写成伪代码如下。

```
DNA-SORTING(DNAS)
1 m ←length[DNAS]
2 创建集合 a
3 for i←1 to m
4    do inv[DNAS [i]]←INVERSION(string[DNAS [i]])
5 SORT(DNAS)
```

算法 2-13 解决“DNA 排序”问题的算法过程

若 *DNAS* 表示成线性表，则第 5 行对其进行排序耗时$\Omega(m\lg m)$。第 3～5 行的 **for** 循环重复 m 次，循环体中第 4 行调用 INVERSION 过程耗时$\Theta(m)$，这样这个循环的总耗时为$\Theta(m^2)$，这也是整个算法的运行时间。

解决本问题的算法的 C++实现代码存储于文件夹 laboratory/DNA Sorting 中，读者可打开文件 DNA Sorting.cpp 研读，并试运行之。

问题 2-8　度度熊的礼物

问题描述

度度熊拥有一个自己的 Baidu 空间。度度熊时不时会给空间朋友赠送礼物，以增加度度熊与朋友之间的友谊值。度度熊在偶然的机会下得到了两种超级礼物，于是决定给每位朋友赠送一件超级礼物。不同类型的朋友在收到不同的礼物时所能达到的开心值是不一样的。开心值衡量标准是这样的：每种超级礼物都拥有两个属性（A, B），每个朋友也有两种属性（X, Y），如果该朋友收到这个超级礼物，则这个朋友得到的开心值为 $AX+BY$。

由于拥有超级礼物的个数有限，度度熊很好奇：如何分配这些礼物，才能使好友的开心值总和最大呢？

输入

第一行 n 表示度度熊的好友个数。

接下来 n 行每行两个整数表示度度熊好朋友的两种属性 X_i，Y_i。

接下来两行，每行三个整数 k_i，A_i 和 B_i，表示度度熊拥有第 i 种超级礼物的个数与属性值。$1 \leqslant n \leqslant 1000$，$0 \leqslant X_i$，$Y_i$，$A_i$，$B_i \leqslant 1000$，$0 \leqslant k_i \leqslant n$，保证 $k_1+k_2 \geqslant n$。

输出

输出一行一个值表示好友开心值总和的最大值。

输入样例

```
4
3 6
7 4
1 5
2 4
3 3 4
3 4 3
```

输出样例

```
118
```

解题思路

（1）数据的输入与输出

根据输入文件格式的描述，首先需要从输入文件中读取朋友个数 n，然后读取 n 个朋友的属性数据，组织成两个数组 $X[1..n]$及 $Y[1..n]$。最后从输入文件中读取两种礼物的属性及个数：A_1，B_1，k_1 和 A_2，B_2，k_2。对输入数据计算给各位朋友的礼物分配，以及朋友们的最大开心值总数。将所得结果作为一行写入输出文件。

```
1 打开输入文件 inputdata
2 创建输出文件 outputdata
3 从 inputdata 中读取 n
4 创建数组 X[1..n]和 Y[1..n]
5 for i←1 to n
6      do 从 inputdata 中读取 X[i]和 Y[i]
7 从 inputdata 中读取 k1，A1，B1
8 从 inputdata 中读取 k2，A2，B2
9 result←GIFTS(X, Y, k1, A1, B1, k2, A2, B2)
10 将 result 作为一行写入 outputdata
11 关闭 inputdata
12 关闭 outputdata
```

其中，第 9 行调用计算朋友们最大开心值的过程 GIFTS($X, Y, A_1, B_1, k_1, A_2, B_2, k_2$)，是解决问题的关键。

（2）处理一个案例的算法过程

由于第 i 个朋友对两种礼物的开心程度都可以算出来，分别为 $A_iX_1+B_iY_1$、$A_iX_2+B_iY_2$（i=1, 2, …, n）。可以根据这两个值的大小，决定送给第 i 个朋友的礼物种类。可以维护两个集合 S_1，S_2，前者存放送给第 1 种礼物的朋友编号及该朋友得到礼物的开心值，后者存放送给第 2 种礼物的朋友的同样信息。如果 S_1 的元素个数 n_1 超过 k_1，则将 n_1-k_1 个开心值最小的朋友的编号连同他们接受第 2 种礼物的开心值转移到 S_2 中。若 S_2 的元素个数 n_2 超过 k_2，对 S_2 做同样的操作。最后，将 S_1 中各元素的开心值之和与 S_2 中各元素开心值之和相加即为所求。

```
GIFTS(X, Y, k1, A1, B1, k2, A2, B2)
1 n←length[X]
2 S1←Ø, S2←Ø
3 for i←1 to n
4     do if A1X[i]+B1Y[i]>A2X[i]+B2Y[i]
5            then INSERT(S1, <A1X[i]+B1Y[i], i>)
6                 INSERT(S2, <A2X[i]+B2Y[i], i>)
7 n1←length[S1], n2←length[S2]
8 if n1>k1
9    then SORT(S1)
10        将 S1 中末尾的 n1-k1 个元素移除并将这些元素对应的第 2 种礼物开心值加入 S2
11   else if n2>k2
```

```
12          then SORT(S2)
13                  将 S2 中末尾的 n2-k2 个元素移除并将对应的第 1 种礼物开心值加入 S1
14 return S1 中的开心值之和+S2 中的开心值之和
```

算法 2-14 解决“度度熊的礼物”问题的过程

若将和表示成线性表（数组），且将新加入的元素置于尾部，则第 3～6 行的 **for** 循环耗时Θ(n)。第 8～13 行中对线性表进行排序的过程 SORT 的调用至多被执行一次，理论上耗时Θ($n$lg$n$)。第 14 行需要计算 S_1 和 S_2 中元素值得和，耗时Θ(n)。因此，算法至多耗时Θ($n$lg$n$)。

解决本问题的算法的 C++实现代码存储于文件夹 laboratory/Gifts 中，读者可打开文件 Gifts.cpp 研读，并试运行之。

问题 2-9 通信系统

问题描述

我们刚接到 Pizoor 通信公司的关于一个特殊系统的订单。该系统由若干设备组成。每一种设备我们可以从若干个厂商中挑选。同一种设备，不同厂商的最大带宽与价格有所不同。将系统所有设备带宽的最小者称为全局带宽（B），所选构成通信系统的各个设备的价格之和称为总价格（P）。我们的目标是对每一种设备选择一个厂商，使得 B/P 最大。

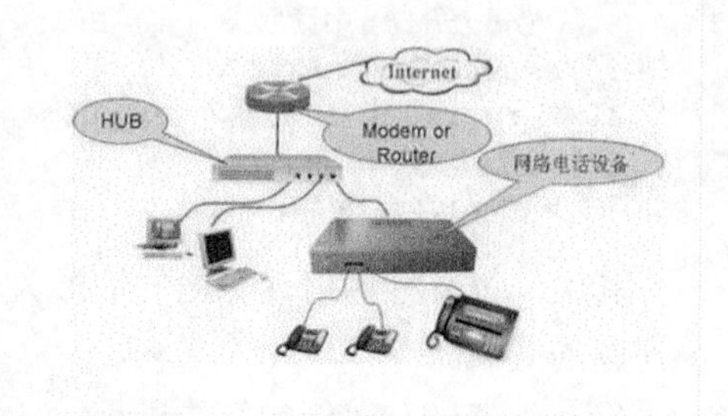

输入

输入文件的第一行包含一个整数 T (1≤T≤10)，表示案例数。接着输入各个案例的数据。每个案例的第一行包含一个整数 n (1≤n≤100)，表示通信系统中的设备数，后跟表示各个设备的 n 行数据，每行以表示生产厂家数的 m_i 开头，后跟 m_i 对表示每个厂商所供设备带宽与价格的正整数。

输出

你的程序对每个输入案例产生并输出一行仅含一个表示最大可能 B/P 的数据，该数据舍入为小数点后 3 位。

输入样例

```
1
3
3 100 25 150 35 80 25
2 120 80 155 40
2 100 100 120 110
```

输出样例

```
0.649
```

解题思路

（1）数据的输入与输出

按输入文件格式，先从其中读取案例数 *t*，然后依次读取每个案例的数据。案例的第一行仅含表示设备种数的 *n*，其后的 *n* 行每行开头的整数 *m* 表示一种设备的提供商个数，然后是 m_i 对表示一个商家提供的设备的带宽 *b* 和价格 *p*。将 *n* 种设备的供货数据组织成嵌套数组：*devices*[1..*n*]，其中的 *devices*[*i*]是一个具有 m_i 个元素的数组 *devices*[*i*][1..m_i]，其每个元素 *devices*[*i*][*j*]为表示第 *i* 种设备的第 *j* 个供货商给出的带宽、价钱的二元组（*b*, *p*）。将所有品牌的各种设备的不同带宽组成集合 *bands*。对 *devices* 和 *bands* 计算配置所有设备的最大性价比 *B*/*P*，将计算所得精度为 3 位小数的结果作为一行写入输出文件。

```
1 打开输入文件 inputdata
2 创建输出文件 outputdata
3 从 inputdata 中读取 T
4 for t←1 to T
5     do 从 inputdata 中读取 n
6        创建数组 devices[1..n]，并对每一个 k，创建 devices[k]←∅
7        创建集合 bands←∅
8        for i←1 to n
9            do 从 inputdata 中读取 mi
10              for j←1 to mi
11                  do 从 inputdata 中读取(b, p)
12                     INSERT(devices[i], (b, p))
13                     INSERT(bands, b)
14    result←COMMUNICATION-SYSTEM(devices, bands)
15    将 result 以小数点三位的精度按一行写入 outputdata
16 关闭 inputdata
17 关闭 outputdata
```

其中，第 14 行调用计算配置所有设备的最大性价比的过程 COMMUNICATION-SYSTEM(*devices*, *bands*)，是解决一个测试案例的关键。

（2）处理一个案例的算法过程

对一个案例的数据 *devices* 和 *bands*，由于目标是计算最大的 *B*/*P*，其中 *B* 是所选设备中的最小带宽，*P* 是所选取的价格之和。为此，我们考察 *bands* 中的每一个值 *B*，它能充当最优解中 *B* 的角色必须满足对每一种设备，至少存在一个供应商，其提供的设备带宽 $b \geqslant B$。对特定的 *B*，还需考虑使得所选设备的总价 *P* 较小。这可以通过在每种设备中选取在 *B* 满足要求的前提下（$b \geqslant B$），最小的价格 *p* 来达到。为快速地在 *devices*[*i*]中选取合适的设备约束（*b*, *p*），我们可以事先将 *devices*[*i*]按 *b* 属性的降序排序，从头开始依次检测(*b*, *p*) ∈*devices*[*i*]的 *b* 是否不小于 *B*，在满足此条件的设备中选取较小的 p_{min} 并累加到 *P*。一旦检测到 $b>B$ 则可立即停止在 *devices*[*i*]的搜索（如果 *devices*[*i*]未排序，则需对其进行全盘搜索）。若 *devices*[*i*]中没有带宽 *b* 不小于 *B* 的设备，则放弃此 *B*，检测 *bands* 中下一个元素。以此提高扫描效率。

对 *bands* 的元素 *B* 跟踪按上述方法确定的 *P*，跟踪最大的 *B*/*P* 即为所求。上述算法思想写成伪代码过程如下。

```
COMMUNICATION-SYSTEM(devices, bands)
1 n←length[devices], r←0
2 for i←1 to n
3     do SORT(devices[i])
4 for each B∈bands                             ▷考察每一个可能的带宽
5     do P←0
6        for i←1 to n                          ▷考察每一种设备
7            do pmin←∞
8               for each (b, p) ∈devices[i]▷对第 i 种设备的带宽不小于 B 的供应商的数据
9                   do if b<B        ▷由 devices[i]的降序排列，无需再考虑后面的数据
10                         then break this loop
11                      if p<pmin                ▷跟踪符合条件的最小价格
12                         then pmin←p
13              if pmin=∞                      ▷没有符合带宽不小于 B 这一条件的设备
14                  then break this loop
15              P←P+pmin
16       if i≤n                                ▷没有符合带宽不小于 B 这一条件的设备
17           then continue this loop
18       if r<B/P
19           then r←B/P
20 return r
```

算法 2-15 解决“通信系统”问题一个案例的算法过程

算法中，第 2～3 行对每个 *devices*[*i*]($1\leqslant i\leqslant n$)按元素的 *b* 属性的降序排序，耗时$\Omega(n^2\lg n)$。假设 $m=\max\{m_1, m_2, \cdots, m_n\}$，第 4～19 行的三重嵌套循环中，第一层重复 $O(nm)$，第二层重复 *n* 次，第三层重复 $O(m)$。于是算法的运行时间为 $O(n^2m^2)$。

解决本问题的算法的 C++实现代码存储于文件夹 laboratory/Communication System 中，读者可打开文件 Communication System.cpp 研读，并试运行之。

2.4 集合的并、交、差运算

在很多应用问题中，还会涉及同质集合（集合中元素类型相同）间的并、交、差运算。实现这些运算通常需要对集合的元素进行扫描。

```
INTERSECTION(A, B)        ▷集合 A 与 B 的交
1 C←∅
2 for each x∈A
3     do if x∈B
4           then INSERT(C, x)
5 return C
```

```
DIFFERENCE(A, B)        ▷集合 A 与 B 的差
1 C←∅, T←INTERSECTION(A, B)
2 for each x∈A
3     do if x∉T
4          then INSERT(C, x)
5 return C
UNIN(A, B)              ▷集合 A 与 B 的并
1 T←INTERSECTION(A, B) , C←DIFFERENCE(B, T)
2 for each x∈A
3      do INSERT(C, x)
4 return C
```

算法 2-16 计算集合并、交、差的算法过程

显然，每个操作过程都要对集合做扫描、查询、插入操作。集合在计算机中的不同表示，也会影响集合的这些操作的运行效率。如果将集合表示为线性表，并假设 A 与 B 的元素个数相当（设为 n），则实现这三个算法的运行时间均为$\Theta(n^2)$。

下面这个问题就涉及集合的并、交、差运算。

问题 2-10 计算机调度

问题描述

众所周知，计算机调度是计算机科学的一个经典问题，对这个问题的研究由来已久。机器调度问题与通常在满足约束条件下的调度问题不尽相同，此处我们考虑 2 机调度问题。

设有两台计算机 A 与 B。A 机有 n 种工作模式，分别记为 *mode*_0，*mode*_1，…，*mode*_n−1。相仿地，B 机有 m 种工作模式，记为 *mode*_0，*mode*_1，...，*mode*_m−1。它们总是从 *mode*_0 开始工作。

有 k 个任务，对每个任务而言均可在两台机器的特定模式下处理。例如，*job* 0 可以在 A 机的 *mode*_3 或 B 机的 *mode*_4 下处理，*job* 1 可以在 A 机的 *mode*_2 或 B 机的 *mode*_4 下处理，等等。于是，*job* i 连同其所受约束可表示为三元组（i, x, y），意为其可在 A 机的 *mode*_x 或 B 机的 *mode*_y 下处理。

显然，要完成所有任务的处理，需要时时变换计算机的工作模式。不幸的是，计算机从一种工作模式变换到另一种工作模式必须先关机，然后再启动才能切换。写一个程序，通过变换任务的处理顺序，并指定任务合适的机器，使得重启计算机的次数最小。

输入

输入文件包含若干个测试案例。每个案例的第一行包含三个整数：n，m (n，m < 100) 及 k (k < 1000)。接着 k 行给出 k 个任务的约束条件，每行表示成一个三元组：i，x，y。

输入文件以一行仅含 0 的数据作为结束标志。

输出

每个案例输出一行包含表示最小重启机器次数的整数。

输入样例

```
5 5 10
0 0 0
1 0 1
2 0 2
3 0 3
4 1 0
5 1 1
6 1 2
7 1 3
8 2 2
9 3 2
0
```

输出样例

```
3
```

解题思路

（1）数据的输入与输出

根据输入文件的格式描述，每个案例的第一个数据是表示 A 机模式数的 *n*，*n*=0 是输入文件结束标志。对每个 *n*>0 的案例，接下来需要读取表示 B 机模式数和任务数的 *m* 和 *k*。接下来是描述各任务约束的 *k* 组数据（*i*，*x*，*y*）。把这 *k* 组数据组织成三个数组 *i*[1..*k*]，*x*[1..*k*]和 *y*[1..*k*]。对案例数据 *n*，*m*，*i*，*x*，*y* 计算完成所有任务的最小开机次数，将计算所得结果作为一行写入输出文件。直至从输入文件中读出的 *n* 为 0。

```
1 打开输入文件 inputdata
2 创建输出文件 outputdata
3 从 inputdata 中读取 n
4 while n≠0
5   do 从 inputdata 中读取 m 和 k
6      创建数组 i[1..k]，x[1..k]，y[1..k]
7      for j←1 to k
8        do 从 inputdata 中读取 i[j]，x[j]，y[j]
9      result←MACHINE-SCHEDULE(n, m, i, x, y)
10     将 result 作为一行写入 outputdata
11     从 inputdata 中读取 n
12 关闭 inputdata
13 关闭 outputdata
```

其中，第 9 行调用计算完成所有任务所需最小开机次数的过程 MACHINE-SCHEDULE(*n*，*m*，*i*，*x*，*y*)是解决一个测试案例的关键。

（2）处理一个案例的算法过程

将 $n+m$ 个模式表示为 $n+m$ 个集合，为方便计组织成数组 $mode[0..n+m-1]$：A 机模式 mode_0，mode_1，…，mode_n−1 为 $mode[0..n-1]$，B 机模式 mode_0，mode_1，…，mode_m−1 为 $mode[n..n+m-1]$。

将输入中每个任务的约束数据（i, x, y）按其能运行的模式分别加入到集合 $mode[x]$、$mode[n+y]$中。例如输入样例可表示为：

$mode[0]=\{0, 1, 2, 3\}$，$mode[1]=\{4, 5, 6, 7\}$，$mode[2]=\{8\}$，$mode[3]=\{9\}$，$mode[4]=\varnothing$，$mode[5]=\{0, 4\}$，$mode[6]=\{1, 5\}$，$mode[7]=\{2, 6, 8, 9\}$，$mode[8]=\{3, 7\}$，$mode[9]=\varnothing$。

为解决此问题，我们采取如下的"贪婪"策略：每次都选取可运行最多任务的模式开机。这样就可以在最少次启动机器后就能完成所有任务的运行。例如，在输入样例中，所有的任务为$\{0, 1, \cdots, 9\}$。先选取欲运行的任务集合为 $mode[0]=\{0, 1, 2, 3\}$，其基数为 4（最大之一），且符合 A 首次开机所处模式。记录开机次数为 1。在所有模式中去除$\{0, 1, 2, 3\}$（意味着运行这些任务）后，各模式状态为：

$mode[0]=\varnothing$，$mode[1]=\{4, 5, 6, 7\}$，$mode[2]=\{8\}$，$mode[3]=\{9\}$，$mode[4]=\varnothing$，$mode[5]=\{4\}$，$mode[6]=\{5\}$，$mode[7]=\{6, 8, 9\}$，$mode[8]=\{7\}$，$mode[9]=\varnothing$。

当前尚未运行的任务变成了$\{4, 5, 6, 7, 8, 9\}$。接着选取欲运行的任务集合为 $mode[1]=\{4, 5, 6, 7\}$，基数为 4（最大者），开机次数增加 1 为 2。运行任务$\{4, 5, 6, 7\}$，则所有模式的状态为：

$mode[0]=\varnothing$，$mode[1]=\varnothing$，$mode[2]=\{8\}$，$mode[3]=\{9\}$，$mode[4]=\varnothing$，$mode[5]=\varnothing$，$mode[6]=\varnothing$，$mode[7]=\{8, 9\}$，$mode[8]=\varnothing$，$mode[9]=\varnothing$。

尚存任务为$\{8, 9\}$。选取基数最大的模式 $mode[7]=\{8, 9\}$为欲运行任务，运行之，开机次数增加为 3。在各模式中去除$\{8, 9\}$后完成所有任务的运行。开机次数 3 即为所求。

一般地，设置当前尚未运行的任务集合 *jobs*，初始化为全体任务$\{0, 1, \cdots, n+m-1\}$。设置当前准备运行的任务集合为 R，由于两台机器首次开机总是处于 $mode[0]$及 $mode[n]$，所以 R 初始化为 $mode[0]$及 $mode[n]$中基数较大者。设置一个计数器 *num* 用来跟踪开机次数，初始化为 0。每次从所有模式中去除 R 中的任务，同时从 *jobs* 中去除 R（意味着这些任务已经完成运行），*num* 增加 1（意味着增加一次开机）。将 R 置为当前各模式中基数最大者，准备下一次开机。循环往复，直至 *jobs* 为空。写成伪代码过程如下。

```
MACHINE-SCHEDULE(n, m, i, x, y)
1 创建数组 mode[0..n+m-1]←{∅, ∅, …, ∅}
2 k←length[x], jobs←∅
3 for j←0 to k-1
4     do INSERT(mode[x[j]], i[j])
5        INSERT(mode[n+y[j]], i[j])
6        INSERT(jobs, j)
7 R←mode[0], mode[n]中基数较大者
8 num←0
```

```
9 while jobs≠∅
10   do num←num+1
11      jobs←jobs-R
12      for j←0 to n+m-1
13           do mode[j]←mode[j]-R
14      R←mode[0..n+m-1]中基数最大者
15 return num
```

算法 2-17　解决“计算机调度”问题的算法过程

粗略地看，若假定集合的并、交、差运算的运行时间为$\Theta(n^2)$，第 9～14 行的两重循环外层至多重复 k 次，第 11～12 行内嵌的循环重复 $n+m$ 次，每次重复第 12 行计算集合的差耗时$\Theta(k^2)$，所以算法的运行时间为$\Theta((n+m)k^3)$。

解决本问题的算法的 C++实现代码存储于文件夹 laboratory/Machine Schedule 中，读者可打开文件 Machine Schedule.cpp 研读，并试运行之。C++代码的解析请阅读第 9 章 9.4.2 节中程序 9-54、程序 9-55 的说明。

数据结构是设计解决计算问题的算法时，如何组织作为集合的输入、输出数据使得算法能更有效地处理这些数据的基本方法和技术。本章通过解决 6 个计算问题（问题 2-1～问题 2-6），讨论了最常用的几种集合表示方法，包括线性表、二叉搜索树、散列表及其之上的字典操作和在串中计算模式匹配。如果集合中的元素之间有可比性（称为全序集），则将所有元素按前后顺序排列将会给集合带来更多有用的信息，这就是所谓的排序问题。问题 2-7～问题 2-9 展示了排序操作的应用。问题 2-10 还讨论了集合的并、交、差运算。

Chapter 3

现实模拟

有些计算问题反映的是现实世界中某事物的发展过程。很多情况下，模拟事物发展过程，跟踪反映事物属性的数据变化规律，往往可以得到问题的解。

3.1 简单模拟

如果事物的发展是有节律地重复某些步骤，在重复过程中遵循一定的规律发展，我们往往可以通过循环、条件分支等模拟出事物的发展过程。我们在第 1～2 章已经看到过多个这样的事物例子。作为简单模拟方法的运用，这里我们再来看两个这样的问题。

问题 3-1 对称排序

问题描述

你供职于由一群丑星作为台柱的信天翁马戏团。你刚完成了一个程序编写，它按明星们姓名字符串的长度非降序（即当前姓名的长度至少与前一个姓名长度一样）顺序输出他们的名单。然而，你的老板不喜欢这种输出格式，提议输出的首、尾名字长度较短，而中间部分长度稍长，显得有对称性。老板说的具体办法是对已按长度排好序的名单逐对处理，将前者放于当前序列的首部，后者放在尾部。如输入样例中的第一个案例，Bo 和 Pat 是首对名字，Jean 和 Kevin 是第二对，余此类推。

输入

输入包含若干个测试案例。每个案例的第一行含一个整数 n（$n \geq 1$），表示名字串个数。接下来 n 行每行为一个名字串，这些串是按长度排列的。名字串中不包含空格，每个串至少包含一个字符。n=0 为输入结束的标志。

输出

对每一个测试案例，先输出一行“SET n”，其中 n 从 1 开始取值，表示案例序号。接着是 n 行名字输出，如输出样例所示。

输入样例

```
7
Bo
Pat
Jean
Kevin
Claude
William
Marybeth
6
```

```
Jim
Ben
Zoe
Joey
Frederick
Annabelle
5
John
Bill
Fran
Stan
Cece
0
```

输出样例

```
SET 1
Bo
Jean
Claude
Marybeth
William
Kevin
Pat
SET 2
Jim
Zoe
Frederick
Annabelle
Joey
Ben
SET 3
John
Fran
Cece
Stan
Bill
```

解题思路

（1）数据的输入与输出

按输入文件格式，读取每个测试案例第一行中的整数 *n*，然后读取案例中已经按长度排好序的 *n* 个丑角的名单，组织成一个序列 *names*。将 *names* 中的名字串按老板的意见重排，然后逐一写入输出文件。案例数据 *n*=0 为输入文件结束标志。

```
1 打开输入文件 inputdata
2 创建输出文件 outputdata
3 从 inputdata 中读取 n
4 num←1
5 while n>0
6   do 创建序列 names←Ø
7       for i←1 to n
```

```
8        do 从 inputdata 中读取一行到 name
9           INSERT(names, name)
10     SYMMETRIC-ORDER(names)
11     将"SET num"作为一行写入 outputdata
12     for each name in names
13       do 将 name 作为一行写入 outputdata
14     从 inputdata 中读取 n
15 关闭 inputdata
16 关闭 outpudata
```

其中，第 10 行调用按老板意见重排名单 *names* 的过程 SYMMETRIC-ORDER(*names*)是解决一个案例的关键。

（2）处理一个案例的算法过程

对于存储于序列中按长度升序排列的名单 *names*，要按老板的意见重排，我们需要为 *names* 设置两个位置指针 *i* 和 *j*，分别初始化为 2 和 *n*+1。将 *names*[*i*]移到 *names*[*j*]之前，且 *i* 自增 1，*j* 自减 1。重复此操作，直至 $i>\lfloor n/2\rfloor$[1]（*n* 为偶数）或 $i>\lfloor n/2\rfloor+1$（*n* 为奇数）。

例如，对输入样例中的案例 1 的数据，重排过程如图 3-1 所示。

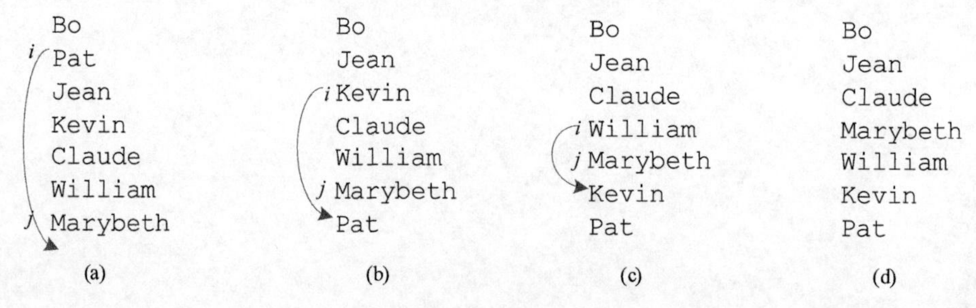

图 3-1 对输入样例中案例 1 的名单的重排

输入样例中的案例 1 中，名单中共有 *n*=7 个名字。图 3-1（a）表示的初始状态，*i* 为 2，*j* 为 8（=*n*+1）。将 Pat（=*names*[*i*]）移到 Marybeth 之后（*names*[*j*]之前），如图 3-1（a）中的箭头弧所示，且 *i* 自增 1 为 3，*j* 自减 1 为 7 得到图 3-1（b）所示的状态。对（b）状态重复将 *names*[*i*]移到 *names*[*j*]之前，且 *i* 自增 1、*j* 自减 1 的操作，得到状态（c）。此时，$i=4=3+1=\lfloor n/2\rfloor+1$ 达到临界点。做最后一次将 *names*[*i*]插入到 *names*[*j*]之前，且 *i* 自增 1、*j* 自减 1 的操作，达到最终状态（d）。将这样的模拟重排过程表示为处理一般情况下名单的伪代码如下。

```
SYMMETRIC-ORDER(names)
1 n←length[names]
2 if n 为偶数
3     then m←⌊n/2⌋
4     else m←⌊n/2⌋+1
```

1 对于实数 *x*，$\lfloor x\rfloor$表示不超过 *x* 的最大整数。

```
5 i←2, j←n+1
6 while i≤m
7   do name←names[i]
8      将 name 插入到 names[j]之前
9      DELETE(names, name)
10     i←i+1, j←j-1
```

算法 3-1　解决“对称排序”问题一个案例的算法过程

算法的运行时间取决于第 6～10 行的 **while** 循环重复次数。显然该循环重复 $m=\Theta(n/2)=\Theta(n)$次。每次重复除了第 7、10 行的常数时间操作外，第 8 行要在序列 *names* 中插入元素，而第 9 行要在其中删除元素。如果把 *names* 表示成数组，对照表 2-1 知，这两个操作都将耗时$\Theta(n)$。这样，算法 3-1 的运行时间为$\Theta(n^2)$。如果将 *names* 表示为链表，对照表 2-1 知，在其中插入和删除元素耗时均为$\Theta(1)$。这样算法 3-1 的运行时间为$\Theta(n)$。

解决本问题的算法的 C++实现代码存储于文件夹 laboratory/Symmetric Order 中，读者可打开文件 Symmetric Order.cpp 研读，并试运行之。C++代码的解析请阅读第 9 章 9.4.1 节中程序 9-40 和程序 9-41 的说明。

问题 3-2　边界

问题描述

需要编写一个程序，用来为如同图 3-1 中表示的位图中的一个封闭路径描绘出其边界。

封闭路径沿栅格线逆时针行进，即总是行进于栅格之间（图中粗线条）。于是，循着路径，像素上的边界就位于路径的“右”边。位图的规模是 32×32，并以左下角的坐标定为（0, 0）。位图中的封闭路径一定不会经过位图的边缘，也不会出现自身的交叉。

输入

输入文件的第一行包含一个表示测试案例数的整数。每一个测试案例包含两行数据。案例的第一行数据是表示封闭路径起止点坐标的两个整数 *x* 和 *y*。第二行是一个字符串。串中的每一个字符表示在封闭路径中的一步行进，其中“W”表示向西，“E”表示向东，“N”表示向北，“S”表示向南而“.”表示终止。

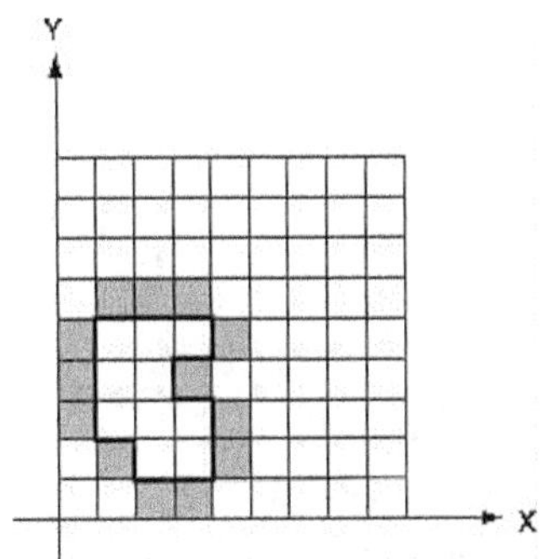

图 3-2　位图封闭路径边界

输出

对每一个测试案例，输出一行表示案例编号的信息（“Bitmap #1”“Bitmap #2” 等）。接下来输出表示位图中 32 行像素的数据。每行表示成一个有 32 个字符的字符串，每个字符表示这一行中的一个像素点。“X”表示路径边界上的像素，“.”表示非路径边界上的像素。

输入样例

```
1
2 1
EENNWNENWWWSSSES.
```

输出样例

```
Bitmap #1
................................
................................
................................
................................
................................
................................
................................
................................
................................
................................
................................
................................
................................
................................
................................
................................
................................
................................
................................
................................
................................
................................
................................
................................
................................
................................
.XXX............................
X...X...........................
X..X............................
X...X...........................
.X..X...........................
..XX............................
```

解题思路

（1）数据的输入与输出

按输入文件格式的描述，首先应当从输入文件中读取案例数 *T*。然后依次读取每个案例数：第一行包含表示起点坐标的 *x* 和 *y*，第二行是一个表示封闭路径从起点开始逆时针行进每一步方向的字符串（以“.”作为结束标志）*path*。对此路径，模拟从起点（*x*, *y*）逆时针方向沿路径行进，画出边界（路径外围的像素点）。把画有路径外围边界的位图数据（二维数组）作为计算结果，将此结果按输出格式（二维数组中的一行数据亦作为一行）逐行写到输出文件中。

```
1 打开输入文件 inputdata
2 创建输出文件 outputdata
3 从 inputdata 中读取 T
4 for t←1 to T
5    do 从 inputdata 中读取 x, y
6       从 inputdata 中读取一行到 path
7       bitmap←BORDER(path, x, y)
8       将"Bitmap # i"作为一行写入 outpudata
9       for i←1 to 32
10          do 将 bitmap[i]作为一行写入 outputdata
11 关闭 inputdata
12 关闭 outpudata
```

其中，第 7 行调用模拟从（x, y）开始沿路径 *path* 逆时针行进，进而画出路径外围边界的过程 BORDER(*path*, x, y)是解决一个案例的关键。

（2）处理一个案例的算法过程

将 32×32 的位图表示成矩阵 *bitmap*[1..32, 1..32]，初始化为每一个像素 *bitmap*[i, j]= “.”。封闭路线 *path* 从坐标（x, y）开始，沿栅格线逆时针行进。我们要标识的边界总是处于路线的外围，也就是题面中所说的若行进于路线，则边界始终位于行进者右侧（见图 3-2）。这样，向四个不同方向运动时标识边界应该遵循如下规则：

① 向东：在像素（x, y）处做标识“X”，然后 x 增加 1。

② 向西：x 减少 1，然后在像素（x, y+1）处做标识“X”。

③ 向北：y 增加 1，然后在像素（x, y）处做标识“X”。

④ 向南：在像素（x−1, y）处做标识“X”，然后 y 减少 1。

按此规律，我们有如下所示的算法的伪代码描述。

```
BORDER(path, x, y)
1 创建位图数组 bitmap[1..32]并将每个元素初始化为串"................................"
2 i←1
3 while path[i]≠ "."
4   do if path[i]= "E"
5        then bitmap[y][x] ←"X"
6             x←x+1
7        else if path[i]= "W"
8                then x←x-1
9                     bitmap[y+1][x] ←"X"
10               else if path[i]= "N"
11                       then y←y+1
12                            bitmap[y][x] ←"X"
13                       else bitmap[y][x-1] ←"X"
14                            y←y-1
15     i←i+1
16 return bitmap
```

算法 3-2　解决“边界”问题一个案例的过程

算法的运行时间取决于第 3～15 行的 **while** 循环的重复次数。由于，每次重复模拟的是沿路径行进一步（第 2 行 *i* 初始化为 1，第 15 行 *i* 自增 1），所以该循环的重复次数恰为沿路径行进的步数，也就是 *path* 的长度 *n*。循环体中的操作是模拟行进一步，无非就是按行进于路径外围这一规律在 *bitmap* 合适的位置上填写“X”，耗时必为Θ(1)。于是，算法 3-2 的运行时间为Θ(*n*)，其中 *n* 为路径 *path* 的长度。

解决本问题的算法的 C++实现代码存储于文件夹 laboratory/Border 中，读者可打开文件 Border.cpp 研读，并试运行之。C++代码的解析请阅读第 9 章 9.1.2 节中程序 9-2 的说明。

在现实模拟中常需要根据事物本身的特性，将反映事物属性的数据巧妙地加以组织，可以有效地提高解决问题的算法的时-空效率。常用的数据组织方式有**栈**——反映数据先进后出规律、**队列**——反映数据先进先出规律以及**优先队列**——反映按数据属性的优先级安排数据使用顺序的规律，等等。甚至，有些事物本身属性数据的描述也可组织成有趣的数据结构。例如数学表达式就可表示成一棵**二叉树**——父节点表示运算符，子节点表示运算数。

3.2 栈及其应用

所谓“栈”，是线性表的一个变异：数据元素的加入和删除限制在线性表的同一端。最先加入的元素称为“栈底”，最后加入的元素称为“栈顶”，记为 TOP。将元素加入栈的操作称为“入栈”，记为 PUSH。将栈顶元素删除的操作称为“出栈”，记为 POP。如图 3-3 所示。

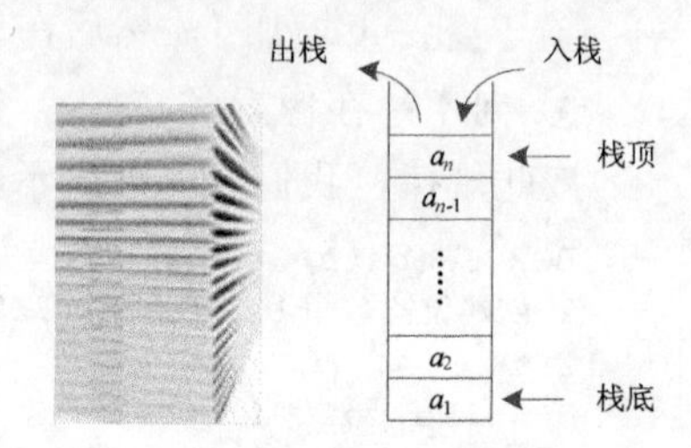

图 3-3 栈的示意图。最后叠放的报纸，总是最先被取走

若用数组来存储加入栈 *S* 中的元素，并维护表示栈顶元素下标的属性 *top*（初始为 0），算法 3-3 描述了几个常用的栈操作。

```
TOP(S)
1 if S ≠∅
2   then return S[top[S]]
3   else return NIL
```

```
PUSH(S, e)
1 top[S]← top[S]+1
2 S[top[S]]←e
POP(S)
1 if S ≠∅
2    then top[S]← top[S]-1
```

算法 3-3 常用的栈操作

由于将插入和删除操作限制在数组尾部，故所有这些操作的运行时间都是常数Θ(1)。

问题 3-3 Web 导航

问题描述

标准的 Web 浏览器包含前后翻页的功能。实现这一功能的方法之一是使用两个栈跟踪网页踪迹，使得通过向后或向前操作可达到指定的页面。本题中，要求你来实现这一目标。

需要支持下列指令：

BACK：将当前页面压入前进栈。将后退栈栈顶网页弹出，并设其为新的当前网页。若后退栈为空，则忽略本命令。

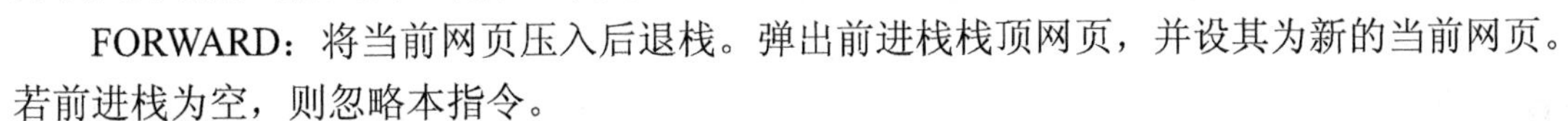

FORWARD：将当前网页压入后退栈。弹出前进栈栈顶网页，并设其为新的当前网页。若前进栈为空，则忽略本指令。

VISIT：将当前网页压入后退栈，将 URL 置为新的当前网页。清空前进网页。

QUIT：退出浏览器。

假定浏览器初始加载 URL 为 http://www.acm.org/的网页。

输入

输入是一系列的指令。指令关键字为 BACK、FORWARD、VISIT 和 QUIT，全部为大写。各 URL 无空白字符且均不超过 70 个字符。

输出

对除了 QUIT 指令以外的每一条命令，若指令未被忽略，执行完指令后输出当前页面的 URL。否则，输出“Ignored”。对每个指令的输出应各占一行。对 QUIT 指令不输出任何信息。

输入样例

```
VISIT http://acm.ashland.edu/
VISIT http://acm.baylor.edu/acmicpc/
BACK
BACK
BACK
FORWARD
VISIT http://www.ibm.com/
BACK
BACK
FORWARD
FORWARD
FORWARD
QUIT
```

输出样例

```
http://acm.ashland.edu/
http://acm.baylor.edu/acmicpc/
```

```
http://acm.ashland.edu/
http://www.acm.org/
Ignored
http://acm.ashland.edu/
http://www.ibm.com/
http://acm.ashland.edu/
http://www.acm.org/
http://acm.ashland.edu/
http://www.ibm.com/
Ignored
```

解题思路

（1）数据的输入与输出

根据输入文件的格式，我们应当从输入文件中逐行读取各条指令，直至读到 QUIT。将各条指令（除 QUIT 外）依次存于数组 *cmds*。调用浏览器模拟过程执行各条指令，并把执行的结果逐条存于数组 *result* 中。最后，将 *result* 中的每一个元素作为一行写入输出文件。

```
1 打开输入文件 inputdata
2 创建输出文件 outputdata
3 创建数组 cmds←∅
4 从 inputdata 中读取一行到 cmd
5 while cmd≠"QUIT"
6   do INSERT(cmds, cmd)
7      从 inputdata 中读取 cmd
8 result←WEB-NAVIGATION(cmds)
9 for each r∈result
10    do 将 r 作为一行写入 outpudata
11 关闭 inputdata
12 关闭 outpudata
```

其中，第 8 行调用模拟网页浏览器的过程 WEB-NAVIGATION(*cmds*)是解决一个案例的关键。

（2）处理一个案例的算法过程

根据题面提示，需要维护两个栈 *forward-stack* 和 *back-stack*（初始化为空集∅）以及一个表示当前访问的页面地址 *current-url*（初始化为“http://www.acm.org/”）来模拟网上冲浪时浏览器前后翻页的过程。除了 QUIT，浏览器要响应 3 个操作，即 BACK、FORWARD、VISIT。

```
BACK ( )
1 if back-stack≠∅
2    then PUSH(forward-stack, current-url)
3         current-url←TOP(back-stack)
4         POP(back-stack)
5         return true
6 return false
FORWARD( )
```

```
1 if forward-stack≠∅
2    then PUSH(back-stack, current-url)
3         current-url←TOP(forward-stack)
4         POP(forward-stack)
5         return true
6 return false
VISIT(url)
1 PUSH(back-stack, current-url)
2 current-url←url
3 while forward-stack≠∅
4   do POP(forward-stack)
```

利用上述的操作，模拟浏览器进行 Web 导航的过程可描述如下。

```
WEB-NAVIGATION(cmds)
1 n←length[cmds], result←∅
2 forward-stack←∅, back-stack←∅
3 current-url←"http://www.acm.org/"
4 for i ←1 to n
5     do 从 cmds[i]中解析出指令符 cmd
6        aline←"Ignored"
7        if cmd="BACK" and BACK()=true
8          then aline←current-url
9          else if command="FORWARD" and FORWARD()=true
10                 then aline←current-url
11                 else if command="VISIT"
12                        then 从 cmds[i]解析出参数 url
13                             VISIT(url)
14                             aline←current-url
15       INSERT(result, aline)
16 return result
```

算法 3-4 解决"Web 导航"问题的算法过程

设输入文件中指令数为 n。由于三个功能过程 BACK、FORWARD 和 VISIT 只有最后者的重复清栈操作（VISIT 过程中第 3～4 行的 **while** 循环）耗时$\Theta(n)$，其他两个的耗时均为$\Theta(1)$。而 WEB-NAVIGATION 过程中，第 2～15 行的 **for** 循环重复 n，故其运行时间最多为 n^2，即$\Theta(n^2)$。

解决本问题的算法的 C++实现代码存储于文件夹 laboratory/Web Navigation 中，读者可打开文件 Web Navigation.cpp 研读，并试运行之。

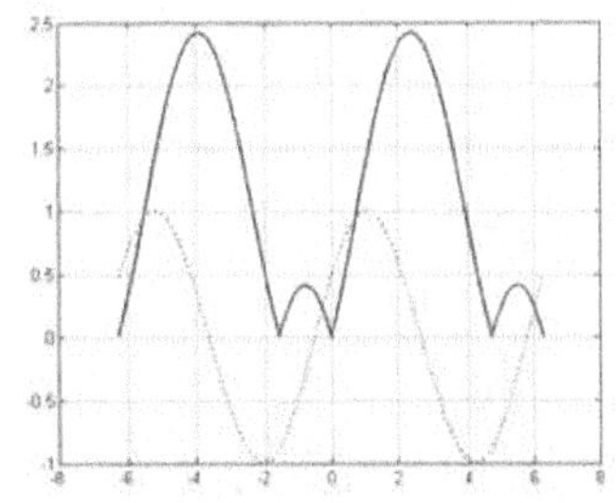

问题 3-4 周期序列

问题描述

给定函数 f: $\{0\ldots N\}\to\{0\ldots N\}$。其中，$N$ 为一个非负整数。对给定的非负整数 $n\leqslant N$，可以构造一个无穷序列 $F=\{f^1(n),f^2(n),\cdots,f^k(n),\cdots\}$。其中，$f^k(n)$定义为$f^1(n)=f(n)$以及 $f^{k+1}(n)=f(f^k(n))$。

不难看出，每一个这样的序列最终都是有周期的。即从某一项开始，往后的数据项都是周而复始，例如{1, 2, 7, 5, 4, 6, 5, 4, 6, 5, 4, 6，…}。对给定的非负整数 $N\leqslant 11000000$、$n\leqslant N$ 及函数关系 f，要求计算出序列 F 的周期。

输入的每一行包含整数 N 和 n 以及函数 f 的表达式。其中的 f 是以后缀方式给出的，后缀表达式也称为逆波兰表达式（Reverse Polish Notation 缩写为（RPN））。表达式中的运算数是无符号整数常量、表示整数 N 的符号以及变量符号 x。

运算符全部都是二元运算，包括：+（加），*（乘）及%（求模，即整数除法的余数）。运算数与运算符之间用一个空格隔开。运算符%在表达式中仅出现一次，且位于表达式的最后，其第二个运算数必是表示 N 的符号。下列的函数：

$$2\ x * 7 + N\ \%$$

就是一个 RPN，转换成等价的后缀表达式为(2*x+7)%N。输入中的最后一行 N 的值为 0，它表示输入结束，对于此行数据无需做任何处理。

对输入中的每一行，输出一行仅含一个表示对应给定的输入数据行的序列 F 的周期的整数。

输入样例

```
10 1 x N %
11 1 x x 1 + * N %
1728 1 x x 1 + * x 2 + * N %
1728 1 x x 1 + x 2 + * * N %
100003 1 x x 123 + * x 12345 + * N %
0 0 0 N %
```

输出样例

```
1
3
6
6
369
```

解题思路

（1）数据的输入与输出

按照输入文件格式，依次处理每个测试案例。文件中的每行表示一个测试案例。其中，开头是两个表示模数和变量 x 的值的整数 N，n。接着是表示逆波兰式的一串符号。将逆波兰式表示成一个字符数组 *RPN*，对案例数据 N，n，*RPN* 计算用该表达式构成的序列周期值，将计算所得的结果作为一行写入输出文件。N=0 且 n=0 为输入结束标志。

```
1 打开输入文件 inputdata
2 创建输出文件 outputdata
3 从 inputdata 中读取一行 s
4 从 s 中解析出 N 和 n
5 while N>0 or n>0
```

```
6    do 将 s 中剩下的符号作成字符串 RPN
7        result←EVENTUALLY-PERIODIC-SEQUENCE(N, n, RPN)
8        将 result 作为一行写入 outputdata
9        从 inputdata 中读取一行到 s
10       从 s 中解析出 N 和 n
11 关闭 inputdata
12 关闭 outpudata
```

其中，第 7 行调用计算周期序列最小周期的过程 EVENTUALLY-PERIODIC-SEQUENCE (*N*, *n*, *RPN*)，是解决一个案例的关键。

（2）处理一个案例的算法过程

解决这个问题有两个关键点：首先，如何根据表示为串的逆波兰式计算函数值；其次，如何找到序列 $f(x), f^2(x), \cdots, f^k(x), \cdots$ 中的最小周期。对于前者，我们可以在分析逆波兰式时，利用一个栈 *S* 计算出表达式的值。例如，对输入样例中的串"*x x* 1 + * *N* %"，图 3-4 展示了计算的过程。

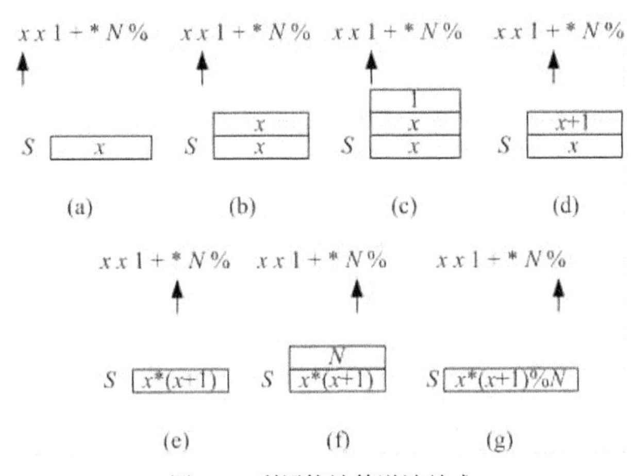

图 3-4　利用栈计算逆波兰式

图 3-4 中，(a) 分析出式中第 1 个运算数 *x*，将其压入栈 *S*；(b) 分析到第 2 个运算数 *x*，压入栈 *S*；(c) 分析到第 3 个运算数 1，压入栈 *S*；(d) 分析到运算符"+"，弹出 *S* 中的两个运算数 1 和 *x*，相加后压入栈 *S*；(e) 分析到运算符"*"，弹出 *S* 中的两个运算数 *x*+1 和 *x*，相乘后压入 *S*；(f) 分析到运算数 *N*，压栈；(g) 分析到运算符"%"，弹出 *S* 中的两个运算数 *N* 和 *x**(*x*+1)，计算后将所得结果 *x**(*x*+1)%*N* 压栈。

我们把根据逆波兰式 *RPN*、自变量值 *x* 与模 *N* 计算出 *f*(*x*)的过程表示为下列的伪代码。

```
CALCULATE(N, x, RPN)
1 S←∅                              ▷设置空栈
2 n←length[RPN]
3 for i←1 to n
```

```
4      do if RPN[i]∈{'+', '*', '%'}                    ▷若是运算符
5           then op2←POP(S)                            ▷从栈 S 中弹出第 2 个运算数
6                op1←POP(S)                            ▷从栈 S 中弹出第 1 个运算数
7                if RPN[i]='+'                         ▷若运算符为"+"
8                  then PUSH(S, op1+op2)               ▷计算两数之和并压入栈中
9                  else if RPN[i]='*'                  ▷若运算符为"*"
10                        then PUSH(S, op1*op2)        ▷将两数之积压栈
11                        else PUSH(S, op1%op2)        ▷运算符为"%"
12          else if RPN[i]= 'x'
13                  then PUSH(S, x)                    ▷是运算数 x
14                  else if RPN[i]= 'N'
15                         then PUSH(S, N)             ▷是运算数 N
16                         else d←RPN[i]               ▷是一般的运算数，转换为整数
17                              PUSH(S, d)
18 return POP(S)
```

算法 3-5 计算逆波兰表达式的算法过程

算法的运行时间取决于第 3～17 行的 **for** 循环重复次数 n。每次重复所执行的 **if** 分支结构中的任何一个分支，耗时都是$\Theta(1)$（这是因为其中的栈 S 的压栈和弹栈操作耗时均为$\Theta(1)$）。所以算法 3-5 的运行时间为$\Theta(n)$。

对于后者，我们将 x 初始化为 n，设置一个存放$f^k(x)$（k=0, 1, …）的集合 A（初始化为$\varnothing$）。只要 $x\notin A$，将 x 及其序号 k 存于 A。然后利用 CALCULATE 过程，计算$f^{k+1}(x)$并赋予 x，k 自增 1 作为下一轮计算的起点。循环往复，直至 $x\in A$。当前 x 的序号 k 与找到的与之相等的元素之序号 i 的差 $k-i$ 即为 x 值的最小周期，返回。

```
EVENTUALLY-PERIODIC-SEQUENCE(N, n, RPN)
1 k←0
2 创建集合 A←∅
3 x←n
4 while x∉A
5    do INSERT(A, (x, k))
6       k←k+1
7       x← CALCULATE(N, x, RPN)
8       i ← x 在 A 中的序号
9 return k-i
```

算法 3-6 解决“周期序列”问题的算法过程

设算法的第 4～8 行的 **while** 循环重复了 m 次。由于对集合 A 只进行了插入（第 5 行）和查找（第 4 行的条件检测）两种字典操作，故若将 A 表示为散列表，这两个操作均耗时$\Theta(1)$（见表 2-1）。根据上述对算法过程 CALCULATE 的分析，第 7 行耗时为$\Theta(n)$。因此，算法的运行时间为$\Theta(nm)$。

解决本问题的算法的 C++实现代码存储于文件夹 laboratory/Eventually periodic sequence 中，读者可打开文件 Eventually periodic sequence.cpp 研读，并试运行之。部分 C++代码的解

析请阅读第 9 章节 9.5.2 中程序 9-62 的说明。

3.3 队列及其应用

所谓队列，也是线性表的一个变异：将元素的插入和删除分别限制在线性表的表尾、表首两端。这样，队列中的数据元素满足先进先出的特性，就像人们排队等待服务那样，如图 3-5 所示。将元素加入队列成为队尾的操作称为“**入队**”，将队首删除的操作称为“**出队**”。

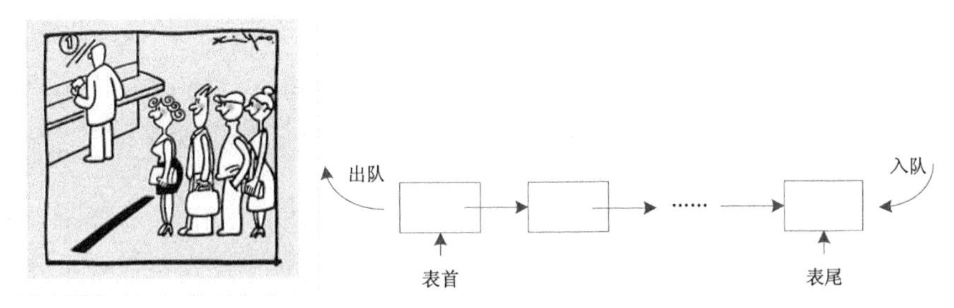

图 3-5　队列的示意图。先排队的人，总是先被服务

与栈的操作相似，将入队操作和出队操作分别表示为 PUSH 和 POP。通常用链表来实现队列。此外，还需要维护 3 个属性：队列中的元素个数 *n*，队首 *head*，队尾 *tail*。

```
PUSH(Q, e)
1 crate node x with value e
2 next[tail]←x
3 next[tail]←NIL
4 tail←x
```

```
POP(Q)
1 if Q≠∅
2  then head← next[head]
FRONT(Q)
1 return head
```

算法 3-7　用单链表实现队列的常用操作

由于对链表的两端进行元素的加入与删除都只需常数时间，所以算法 3-7 中的队列的入队操作 PUSH 和出队操作 POP，包括读取队首元素操作 FRONT 的运行时间都是$\Theta(1)$。

问题 3-5　稳定婚姻问题

问题描述

稳定婚姻问题指的是寻求一个集合中的成员按爱慕程度与另一个集合中的成员的对应关系的问题。问题的输入包括：

- *n* 个男性组成的集合 *M*。

- n 个女性组成的集合 F。
- 每一个男性和每一个女性都有一张对各异性的爱慕程度表。表中名单按爱慕程度排序，从最喜欢到最不喜欢。

婚姻是男性集合到女性集合之间的一个 1-1 对应。婚姻 A 称为是稳定的，若不存在序偶 $<f, m>$ 使得 $f \in F$ 比喜欢自己的伴侣更喜欢 $m \in M$，并且 m 比喜欢自己的伴侣更喜欢 f。稳定婚姻 A 称为是男性优先的，若不存在稳定婚姻 B，B 中的任何一个男性喜欢自己伴侣的程度高于在 A 中的伴侣。

给定每个男性及女性的对异性的爱慕程度表，找出男性优先稳定婚姻。

输入

输入的第一行给定测试案例数 T。每个测试案例的第一行包含一个整数 n $(0 < n < 27)$。接下来的一行描述 n 个男性和 n 个女性的名字（前 n 个字母）。男性名字表示为小写字母，女性名字表示为大写字母。接下来的 n 行描述每个男性对各女性的爱慕程度。最后的 n 行描述每个女性对各男性的爱慕程度。

输出

对每一个测试案例，输出男性优先的稳定婚姻。测试案例中的各序偶按男性名字字典顺序排列，如输出样例所示。测试案例之间用空行隔开。

输入样例

```
2
3
a b c A B C
a:BAC
b:BAC
c:ACB
A:acb
B:bac
C:cab
3
a b c A B C
a:ABC
b:ABC
c:BCA
A:bac
B:acb
C:abc
```

输出样例

```
a A
b B
c C

a B
b A
c C
```

解题思路

（1）数据的输入与输出

按输入文件的格式描述，首先从中读取案例数 *T*。然后依次读取每个案例的输入数据。每个案例的第一行数据是表示男女孩各有几个的整数 *n*，略过表示男女孩标识行。依次读取 *n* 个男孩各自对女孩们的喜欢程度，存入字典 *F*。依次读取 *n* 个女孩各自对男孩们的喜欢程度，存入字典 *M*。对 *F* 和 *M* 计算这 *n* 个男孩和 *n* 个女孩配合而成的 *n* 个最稳定婚姻。将计算的结果按男孩们标示符字典顺序，每行一对夫妇写入输出文件，结束前输出一个空行。

```
1 打开输入文件 inputdata
2 创建输出文件 outputdata
3 从 inputdata 中读取案例数 T
4 for t←1 to T
5     do 从 inputdata 中读取男孩、女孩数 n
6         略过 inputdata 中男孩、女孩表示行
7         创建字典 F←∅
8         for i←1 to n
9             do 从 inputdata 中读取男孩表示 f，和对女孩的喜欢程度 preference
10                INSERT(F, (f, preference))
11        创建字典 M←∅
12        for i←1 to n
13            do 从 inputdata 中读取男孩表示 m，和对男孩的喜欢程度 preference
14                INSERT(M, (m, preference))
15        A←STABLE-MARRIAGE(M, F)
16        SORT(A)
17        for each couple∈A
18             do 将 couple 作为一行写入 outputdata
19        向 outputdat 写入一个空行
20  关闭 inputdata
21  关闭 outpudata
```

其中，第 15 行调用计算稳定婚姻的过程 STABLE-MARRIAGE(*M*, *F*)是解决一个案例的关键。

（2）处理一个案例的算法过程

对一个案例数据 *F* 和 *M*，使用一个队列 *Q* 来模拟男女之间的订婚过程。设置一个男孩的求婚队列 *Q* 和订婚集合 *A*（初始化为空集）。开始时，所有的男性均进入求婚队列 *Q*，然后依次让队首男性 *m* 向自己尚未求过婚的最爱慕女性 *f* 求婚，若该女性未订婚，则 *m*，*f* 订婚，<*f*, *m*>进入婚姻集合 *A*，且 *m* 出队。否则，即 *f* 已有未婚夫 *m*'，亦即<*f*, *m*'>∈*A*。此时，若 *f* 更喜欢 *m*，则<*f*, *m*'>解除婚约，*m*，*f* 订婚且 *m* 出队而 *m*'入队。否则，*m* 向下一位喜欢的女性求婚。将这一过程写成伪代码过程如下。

```
STABLE-MARRIAGE(M, F)
1 A←∅                                    ▷婚姻集合
2 Q←M                                    ▷求婚队列
```

```
3 while Q≠∅
4   do m←FRONT(Q)                                  ▷m 为队首
5      f←F 中 m 未曾追求过且为 m 爱慕度最高者
6      if f 单身
7         then INSERT(A, <f, m>)                   ▷f, m 订婚
8              POP(Q) ▷m 出队
9         else if <f, m'>∈A and f 更爱慕 m
10                then DELETE(A, <f, m'>)  ▷ f, m'解除婚约
11                     INSERT(A, <f, m>)   ▷ f, m 订婚
12                     POP(Q)              ▷ m 出求婚队列
13                     PUSH(Q, m')         ▷ m'重入求婚队列
14 return A
```

算法 3-8 解决“稳定婚姻”问题一个案例的算法过程

设男孩数与女孩数均为 n。则最坏情形是每个男孩都要进行 n 次求婚才得到真爱。这样，第 3～12 行的 **while** 循环将重复$\Theta(n^2)$次。每次循环中对队列 Q 的入队、出队和访问队首操作的耗时均为常数$\Theta(1)$。若将 F, M 表示为散列表，则第 5 行在 F 中的查找操作耗时为$\Theta(1)$。若婚约集合 A 表示为二叉搜索树（因为除了要对 A 进行字典操作，输出前还需对其进行排序），则第 7、11 行对其进行的插入操作、第 9 行进行的查找操作以及第 10 行进行的删除操作均耗时$\Theta(\lg n)$（见表 2-1）。因此，算法 3-8 的运行时间为$\Theta(n^2\lg n)$。

解决本问题的算法的 C++实现代码存储于文件夹 laboratory/The Stable Marrige 中，读者可打开文件 The Stable Marrige.cpp 研读，并试运行之。C++代码的解析请阅读第 9 章 9.5.3 节中程序 9-65～程序 9-67 的说明。

问题 3-6 最好的农场

问题描述

背景

在一场反侵略战争中，农夫 William 团结了全国的农民帮助国王抗击侵略者。战争胜利了，国王决定奖赏给农夫 William 一个大农场。

问题

国王将其国土划分成 1×1 见方的 $A\times B$ 个格子，每个格子用一对整数作为标识。如图 3-6 所示。

(-1, 2)	(0, 2)	(1, 2)	(2, 2)
(-1, 1)	(0, 1)	(1, 1)	(2, 1)
(-1, 0)	(0, 0)	(1, 0)	(2, 0)
(-1, -1)	(0, -1)	(1, -1)	(2, -1)

图 3-6 国王的土地

不过，并非所有的格子都可奖赏给 William，其中一些已经奖赏给别人，另一些在战争中被摧毁。国王仅列出那些可以作为奖品的格子供 William 选择。当然，William 也不能将这些格子全部用来建造他的农场，他只能选择连接区域来建立农场。所谓连接

区域定义如下：

① 一块连接区域由若干个 1×1 的格子组成。

② 从区域中任何一个 1×1 格子可不经过任何不属于本区域的格子而进入本区域中的另一个格子。

③ 在一个格子中，可从东、南、西、北四个方向进入本区域的相邻格子。

此外，每一个格子都有其价值。William 要选择一块价值最大的连续区域来建立他的农场。也就是说，William 应选择能构成连续区域的那些格子，并且使得这些格子的价值之和最大。

在本问题中，你的任务就是要找出此最大价值。

输入

输入含有若干个测试案例，每个测试案例的第一行含有一个整数 N，表示可作为奖励的格子数。而后跟着的 N 行每行包含这 N 个格子之一的信息。每行含有三个整数 x，y，v，整数之间用空格隔开。其中，(x, y) 表示格子的位置，而 v 表示该格子的价值。所有的 x 和 y 都是 16 比特位的整数，v 是介于 0～10000 的正整数。以 0 开头的测试案例是输入中最后的案例，无须输出。

输出

对每一个测试案例，输出一行，其中包含作为答案的整数，即 William 所获奖励的连续区域的最大价值。

输入样例

```
1
0 0 1
6
0 1 1
0 0 1
1 0 1
2 2 2
2 1 2
2 -1 1
0
```

输出样例

```
1
4
```

解题思路

（1）数据的输入与输出

按输入文件的格式，依次从输入文件中读取各案例。每个案例的第一行仅含一个表示国王可以奖给 William 的方格个数 N。接着的 N 行每行包含描述一个方格的三个整数 x, y, v。

将这些数据组织成数组 *cells*。对 *cells* 计算 William 可以选取的价值最大的连续地块的价值。将算得的结果作为一行写入输出文件。

```
1 打开输入文件 inputdata
2 创建输出文件 outputdata
3 从 inputdata 中读取 N
4 while N>0
5   do 创建数组 cells←∅, values←∅
6      for i←1 to N
7         do 从 inputdata 中读取 x, y, v
8            APPEND(cells, (x, y))
9            APPEND(values, v)
10     result←THE-BEST-FARM(cells, values)
11     将 result 作为一行写入 outputdata
12     从 inputdata 中读取 N
13 关闭 inputdata
14 关闭 outpudata
```

其中，第 10 行调用计算连续地块最大价值的过程 THE-BEST-FARM(*cells*)是解决一个案例的关键。

（2）处理一个案例的算法过程

对于一个案例的数据 *cells*[1..*n*]和 *values*[1..*n*]，为计算方格中能组成连续地块的格子价值总和，为每个格子 *cells*[*i*]维护一个属性 *visited*[*i*]（$1 \leqslant i \leqslant n$），初始化为 *false*，用来指示是否处理过。设置一个队列 *Q*（初始化为∅）。还要设置一个跟踪地块最大价值的变量 *max*（初始化为$-\infty$）。

扫描整个数组 *cells*，一旦当前格子 *cells*[*i*]未曾访问过（*visited*[*i*]=false），这意味着找到一块新的连续地块的起点。设置地块价值 *value*（初始化为 0），将 *visited*[*i*]置为 true，并将 *i* 加入 *Q*。只要 *Q* 非空，将 *Q* 的队首出队记为 *k*，将 *values*[*k*]累加到 *value*，在 *cells* 中查找与 *cells*[*k*]相邻的未曾访问过的格子 *cells*[*j*]，将将 *visited*[*j*]置为 true，并将 *j* 加入 *Q*。循环往复，直至 *Q* 为空。这意味着一块连续地块搜索完毕，其价值记录在 *value* 中。将 *value* 与 *max* 加以比较，若 *max*<*value* 则 *max* 跟踪 *value*。当对 *cells* 的扫描结束，*max* 即为所求。

```
THE-BEST-FARM(cells, values)
1 n←length[cells]
2 max←-∞
3 创建 visited[1..n]←{fals, fals, …, fals}
4 for i←1 to n
5     do if visited[i]=false
6           then value←0
7                visited[i]←true
8                Q←∅, PUSH(Q, i)
9                while Q≠∅
10                  do k←POP(Q)
```

```
11                      value←value+values[k]
12                      for each 与 cells[k]相邻的 cells[j]
13                          do if visited[j]=false
14                              then PUSH(Q, j)
15                                   visited[j]←true
16              if max<value
17                then max←value
18 return max
```

算法 3-9 解决“最好的农场”问题一个案例的算法过程

算法中第 4～17 行的 **for** 循环重复 n 次。由于每个格子在第 9～17 行的内嵌 while 循环中有一次且只有一次进入队列 Q，所以第 10～17 行的操作总共被执行Θ(n)。注意，第 12～15 行虽然表示成 **for** 循环，其实最多重复 4 次，因为与 *cells*[*k*]相邻的格子最多只有四个（上、下、左、右）。每次需要在 *cells* 中进行查找，耗时Θ(n)。所以该 **for** 循环的耗时为 4Θ(n)，在渐近表达式中等价于Θ(n)。于是算法 3-9 的运行时间为Θ(n^2)。

解决本问题的算法的 C++实现代码存储于文件夹 laboratory/The Best Farm 中，读者可打开文件 The Best Farm.cpp 研读，并试运行之。C++代码的解析请阅读第 9 章 9.4.1 节中程序 9-44 的说明。

3.4 基于二叉堆的优先队列及其应用

所谓“优先队列”指的是队列中的元素均有一个优先级，出队按优先级的高低决定先后顺序，每次都是优先级最高的出队。实现优先队列的方法很多，最直接的方法是用数组保存队列中的元素，每当加入一个元素后就对数组按元素优先级进行一次排序，则首（尾）元素必为优先级最高者，出队操作就可方便地执行，每次加入新的元素将耗时Θ($n$lg$n$)。还可以利用基于平衡搜索树的集合实现优先队列。在一棵平衡搜索树中插入元素，耗时为Θ(lg$n$)，且插入后仍为一棵平衡搜索树，按中序遍历的首（尾）元素即为优先级最高者，故出队操作的时间效率也是Θ(lg$n$)。优先队列经典的实现方法是借助一种称为“二叉堆”的数据结构存储元素。

所谓二叉堆是一棵用数组 *heap*[1..*n*]表示的二叉树：存储在 *heap*[*i*]处的节点，其左孩子为 *heap*[2*i*]，右孩子为 *heap*[2*i*+1]，i=1, 2, …, n/2。并且满足条件：任一节点的值均不小（大）于其孩子的值，如图 3-7 所示。这样，*heap*[1]必为值最大（小）者。显然，含有 n 个元素的二叉堆中，内点（有孩子的节点）和叶子（没有孩子的节点）各占一半。内点分布于 *heap*[1..*n*/2]，而叶子分布于 *heap*[*n*/2+1..*n*]。由于存放在数组中的二叉堆必为一棵平衡树，故含有 n 个元素的二叉堆的树高 h 必为Θ(lg$n$)。

图 3-8 所示的是在最大堆中插入元素的操作。图中（a）表示将值为 15 的元素添加到数

组的末尾（即作为树中的最后一片叶子）。由于该节点的值大于其父亲的值 7，两者交换得到（b）。在（b）中，值为 15 的节点仍然比其父亲的值 14 大，两者交换得到最大堆（c）。节点 15 从叶子逐层上升到合适位置（使得所有节点与其孩子符合堆性质）的操作称为“上升”。由于其中的交换操作最多到达根为止，故所需运行时间为树高Θ (lg*n*)。

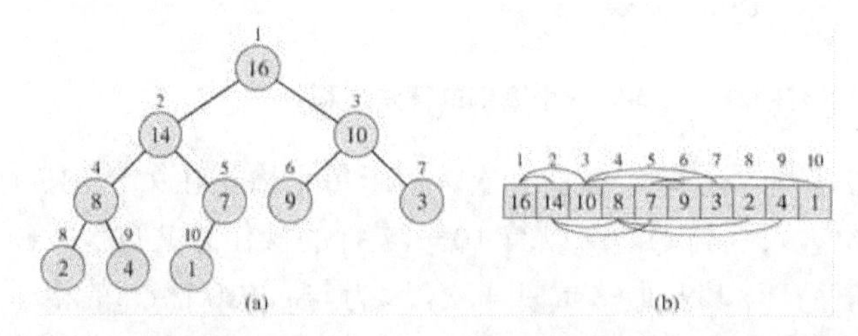

图 3-7 最大二叉堆示例。数组中的元素表示二叉树中的节点。父节点的值大于子节点的值

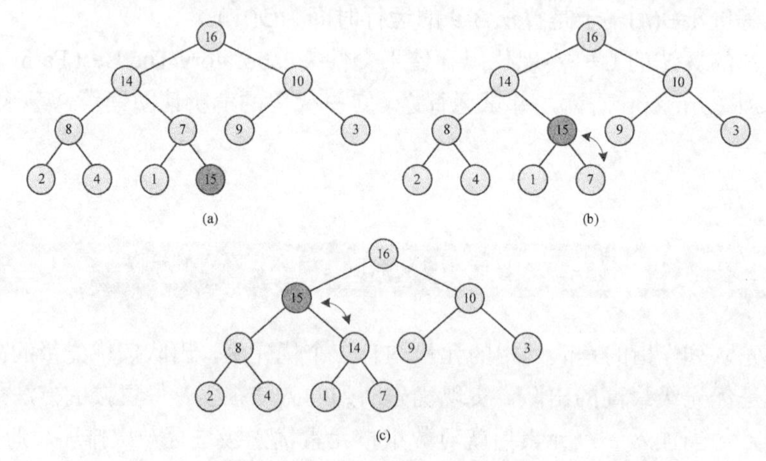

图 3-8 在图 3-7 所示的最大堆中插入值为 15 的元素

图 3-9 所示的是在一个最大堆中删除优先级最高元素的操作。图中（a）表示将树根移除，并将堆中最后一片叶子（其值为 1）移到树根。此时，树根与其两个孩子不满足最大堆性质（父亲的值小于孩子的值），将根与孩子中的较大者交换，得到（b）。在（b）中，值为 1 的节点与其孩子（值为 8 和 7）仍然不满足最大堆性质，与其中较大者交换得到（c）。对（c）继续同样的操作，得到最大堆（d）。节点从根开始逐层下移到合适位置（使得所有节点与其孩子满足堆性质）的操作称为“**下筛**”。和上升操作相仿，下筛操作的运行时间也是Θ (lg*n*)。因此，基于二叉堆的优先队列的入队和出队操作的运行时间都是Θ (lg*n*)。

对二叉堆中元素 *heap*[*i*]的上升、下筛操作的伪代码过程如算法 3-10 所示。

```
SIFT-DOWN(heap, i)
1 n←length[heap]
2 if i>n/2
3     then return
```

```
LIFT-UP(heap, i)
1 if i≤1
2     then return
3 while i > 1 and A[i/2] < A[i]
```

```
4 j←A[i], A[2i], A[2i+1]最大者下标
5 while i>n/2 and A[i]≠A[j]
6   do exchange A[i] ↔A[j]
7       i←j
8       j←A[i], A[2i], A[2i+1]最大者下标
```

```
4      do exchange A[i] ↔ A[i/2]
5         i ←i/2
```

算法 3-10 二叉堆的元素的下筛、上升操作

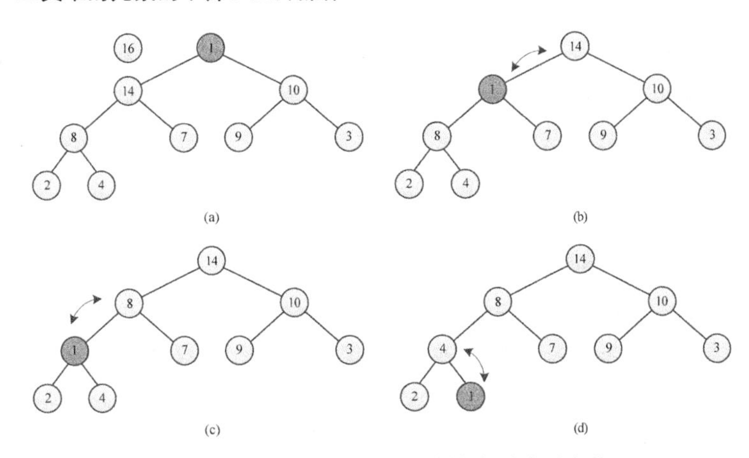

图 3-9 在图 3-7 所示的最大堆中删除最大值

利用算法 3-10 中的 LIFT-UP 和 SIFT-DOWN 过程不但可以对基于二叉堆的优先队列进行元素的入队和出队操作，还可以在队列中元素的优先级发生变化后恢复堆的性质。基于二叉堆的优先队列的 C++语言实现代码存储为文件 laboratory/utility/PriorityQueue.h，读者可打开此文件研读。C++代码的解析请阅读第 9 章 9.3.2 节中程序 9-31～程序 9-34 的说明。

问题 3-7 David 购物

David 到成都来参加 ACM-ICPC。成都是个美丽的城市，David 想给他的朋友买一点礼物。

David 的衣袋实在太小，只能装下 M 件礼物。考虑到礼物的多样性，David 不会买多件相同的礼物。David 想挑选一些能表现出典型成都风味的礼物。

David 沿着购物街从北向南访问 N 家店铺，每家店铺只有一种礼物出售。

David 记性不好，他不记得有多少家店铺出售礼物 K。于是，他将购买的礼物记上标记 L，表示有多少个商铺在出售礼物 K。David 认为标记 L 的值越小越好（David 喜欢不常见的东西）。

当 David 来到一个出售礼物 K 的商店时，他要对付如下三种可能的情形之一。

① 若衣袋中还没有礼物 K，且衣袋尚有空间，则毫不犹豫地买下它。在将礼物放入衣

袋中之前，David 在其上面记下“1”，表示第一次看到该礼物的出售。

② 若礼物 K 已经在他的衣袋中，David 将把记在礼物上的标记 L 改为 L+1，表示已有 L+1 家商店出售该礼物。

③ 若衣袋中没有礼物 K，且衣袋已满，David 会认为从没哪家店铺卖过礼物 K（因为他不记得是否遇到过礼物 K），于是他会放弃衣袋中的一件礼物，为礼物 K 腾出空间，并买下礼物 K。他会按下列原则决定放弃包中哪一件礼物：他选择标志 L 最大的礼物。若有多个礼物具有相同的最大数 L，他将放弃最先放入衣袋中的那件礼物。在放弃了该件礼物后，将礼物 K 的标记记为“1”，然后放入包中。

写一个程序，记录下 David 所放弃的礼物次数。

例如：David 的衣袋只能放入两件礼物。购物街上有 5 个店铺，每个店铺仅出售一种礼物。它们出售礼物的编号序列为 1，2，1，3，1。

在第一个店铺里，衣袋是空的，所以他买下礼物 1，并在其上记下“1”，放入包中。

当 David 来到第二个店铺时，衣袋还可放入一个礼物。于是他买下礼物 2，同样在其上记下“1”，放入包中。

当他来到第三家店铺时，由于包中已有礼物 1，故他将包中礼物 1 的标记改为“2”。

访问第四个店铺时，衣袋已满，但其中并没有礼物 3。于是他要放弃包中的一件礼物，来装下要买的礼物 3。包中礼物 1 的 L 标志为“2”，礼物 2 的 L 标志为“1”，故他将放弃礼物 1。

在第五家店铺，衣袋已满，礼物 1 没在包中。他需要放弃包中一件礼物，为礼物 1 腾出空间。包中的两件礼物是礼物 2 和礼物 3，它们的 L 标志都是“1”。但礼物 2 先于礼物 3 放入包中，故放弃礼物 2。买下礼物 1，在其上记下“1”，放入包中。

逛街结束时，David 的衣袋中有两件礼物，分别为礼物 1 和礼物 3，它们的 L 标志都是“1”。放弃的礼物次数为 2。

输入

输入包含若干个测试案例。每个案例包含两行数据。

案例的第一行用两个正整数 M 和 N($M \leqslant$ 50 000 及 $N \leqslant$100 000)分别表示衣袋能装下的礼物数及购物街上的商家数。第二行含有 N 个正整数 K_i ($K_i < 2^{20}$, i=1, 2, …, N)，表示第 i 家商店出售的礼物种类编号。M=0 且 N=0 是文件的结束标志，程序无需对其做任何处理。

输出

对每一个测试案例按输出样例的格式输出一个整数。

输入样例

```
3 5
1 2 3 2 4
2 4
1 2 2 1
```

```
2 6
1 2 2 1 1024 1
2 1
1048575
6 16
10 1 2 3 4 5 6 1 2 3 6 5 4 10 1 6
0 0
```

输出样例

```
Case 1: 1
Case 2: 0
Case 3: 2
Case 4: 0
Case 5: 3
```

解题思路

（1）数据的输入与输出

根据输入文件的格式，依次读取每个测试案例的数据。从案例的第一行读取表示衣袋载荷及商铺数的 *M* 和 *N*。接下来读取表示各商家所售物品编号的 *N* 个整数，组织成数组 *shops*。对 *M* 和 *shops*，计算 David 在购物过程中因袋满而放弃礼物的次数，将计算结果作为一行写入输出文件。循环往复，直至读到的 *M*=0 且 *N*=0。

```
1 打开输入文件 inputdata
2 创建输出文件 outputdata
3 num←0
4 从 inputdata 中读取 M 和 N
5 while M>0 or N>0
6   do 创建数组 shops←∅
7      num←num+1
8      for i←1 to N
9         do 从 inputdata 中读取 K
10           APPEND(shops, K)
11     result← DAVID-SHOPPING(M, shops)
12     将"Case num: result"作为一行写入 outputdata
13     从 inputdata 中读取 M 和 N
14 关闭 inputdata
15 关闭 outpudata
```

其中，第 11 行调用计算 David 在购物过程中放弃物品次数的过程 DAVID-SHOPPING(*M*, *shops*)是解决一个案例的关键。

（2）处理一个案例的算法过程

对一个案例数据 *M* 和 *shops*，用一个优先队列来模拟 David 的购物过程。将 David 衣袋设置为一个优先队列 *pocket*，放入 *pocket* 中的礼物<*K*, *L*>的优先级为标记 *L* 的值，当有若干个礼物有相同的标记 *L* 值时，放入袋 *pocket* 中的时间更早的优先级更高。这样，每当 David 看到新礼物而衣袋已满时，就从袋中取出优先级最高者放弃掉，跟踪放弃礼物的次数 *count*。

将此想法写成伪代码过程如下。

```
DAVID-SHOPPING(M, shops)        ▷M为衣袋容量，shops为每家商铺所售礼物编号数组
1 pocket←∅, n←length[shops]
2 discard←0                      ▷count为放弃礼物次数
3 for i←1 to n                   ▷依次进入每一家店铺
4     do gift←<shops[i], 1>
5        if gift ∉pocket
6              then if pocket中礼品个数 = M
7                       then POP(pocket)
8                            discard ← discard +1
9                       else PUSH(pocket, gift)
10             else 将pocket中与gift编号相同的礼品L增加1
11                  调用LIFT-UP维护pocket的堆性质
12 return discard
```

算法 3-11　解决"David 购物问题"一个案例的过程

设一个案例中的店铺数为 *n*，衣袋容量（可装下的礼品数）为 *m*。算法 3-11 的第 3～11 行的 **for** 循环将重复 *n* 次。其中的第 5 行涉及在优先队列 *pocket* 的数据堆（数组）中查找，耗时为$\Theta(m)$，第 7、9 行对优先队列 *pocket* 的入队和出队操作及第 11 行的 LIFT-UP 操作耗时均为$\Theta(\lg m)$。由此可见，算法 3-11 的运行时间为$\Theta(nm)$。

解决本问题的算法的 C++实现代码存储于文件夹 laboratory/David Shopping 中，读者可打开文件 David Shopping.cpp 研读，并试运行之。C++代码的解析请阅读第 9 章 9.3.2 节中程序 9-35～程序 9-37 的说明。

问题 3-8　内存分配

描述

内存是计算机的重要资源之一，程序运行的过程中必须对内存进行分配。

操作系统经典的内存分配过程是这样进行的：

① 内存以内存单元为基本单位，每个内存单元用一个固定的整数作为标识，称为地址。地址从 0 开始连续排列，地址相邻的内存单元被认为是逻辑上连续的。我们把从地址 *i* 开始的 *s* 个连续的内存单元称为首地址为 *i*、长度为 *s* 的地址片。

② 运行过程中有若干进程需要占用内存，对于每个进程有一个申请时刻 *T*，需要内存单元数 *M* 及运行时间 *P*。在运行时间 *P* 内（即 *T* 时刻开始，*T*+*P* 时刻结束），这 *M* 个被占用的内存单元不能再被其他进程使用。

③ 假设在 *T* 时刻有一个进程申请 *M* 个单元，且运行时间为 *P*，则：

- 若 T 时刻内存中存在长度为 M 的空闲地址片，则系统将这 M 个空闲单元分配给该进程。若存在多个长度为 M 个空闲地址片，则系统将首地址最小的那个空闲地址片分配给该进程。
- 如果 T 时刻不存在长度为 M 的空闲地址片，则该进程被放入一个等待队列。对于处于等待队列队头的进程，只要在任一时刻，存在长度为 M 的空闲地址片，系统马上将该进程取出队列，并为它分配内存单元。注意，在进行内存分配处理过程中，处于等待队列队头的进程的处理优先级最高，队列中的其他进程不能先于队头进程被处理。

现在给出一系列描述进程的数据，请编写一程序模拟系统分配内存的过程。

输入

第一行是一个数 N，表示总内存单元数（即地址范围从 0 到 N-1）。从第二行开始每行包含描述一个进程的三个整数 T、M、P（$M \leqslant N$）。最后一行用三个 0 表示结束。

数据已按 T 从小到大排序。

输入文件最多 10000 行，且所有数据都小于 10^9。

输入文件中同一行相邻两项之间用一个或多个空格隔开。

输出

包括 2 行。

第一行是全部进程都运行完毕的时刻。

第二行是被放入过等待队列的进程总数。

输入样例

```
10
1 3 10
2 4 3
3 4 4
4 1 4
5 3 4
0 0 0
```

输入样例

```
12
2
```

解题思路

（1）数据的输入与输出

根据输入文件格式，首先读取内存单元数 N。然后依次读取每个任务的申请时刻 T，需要内存单元数 M 及运行时间 P。直至输入结束标志 T=M=P=0。将这些任务的数据组织成数组 a。对输入数据 N 和 a，计算完成所有任务的时刻 *time* 和完成所有任务过程中进入等待队列的进程个数 *count*。将两个计算结果分别作为一行写入输出文件。

```
1 打开输入文件 inputdata
2 创建输出文件 outputdata
3 创建数组 a←∅
4 从 inputdata 中读取 N
5 从 inputdata 中读取 T, M, P
6 while T>0 or M>0 or P>0
7   do APPEND(a, (T, M, P))
8       从 inputdata 中读取 T, M, P
9 (time, count)←MEMORY-ALLOC(N, a)
10 将 time 和 count 各作为一行写入 outputdata
11 关闭 inputdata
12 关闭 outpudata
```

其中，第9行调用计算完成所有任务的时间和等待进程个数的过程MEMORY-ALLOC(*N*, *a*)是解决一个案例的关键。

（2）处理一个案例的算法过程

测试案例中各进程占据内存的情形如图3-10所示。

<table>
<tr><th rowspan="2">时刻T</th><th colspan="10">内存占用情况</th><th rowspan="2">进程事件</th></tr>
<tr><th>0</th><th>1</th><th>2</th><th>3</th><th>4</th><th>5</th><th>6</th><th>7</th><th>8</th><th>9</th></tr>
<tr><td>1</td><td colspan="3">A</td><td></td><td></td><td></td><td></td><td></td><td></td><td></td><td>进程A申请空间（M=3, P=10）<成功></td></tr>
<tr><td>2</td><td colspan="3">A</td><td colspan="4">B</td><td></td><td></td><td></td><td>进程B申请空间（M=4, P=3）<成功></td></tr>
<tr><td>3</td><td colspan="3">A</td><td colspan="4">B</td><td></td><td></td><td></td><td>进程C申请空间（M=4, P=4）<失败进入等待队列></td></tr>
<tr><td>4</td><td colspan="3">A</td><td colspan="4">B</td><td>D</td><td></td><td></td><td>进程D申请空间（M=1, P=4）<成功></td></tr>
<tr><td>5</td><td colspan="3">A</td><td colspan="4">C</td><td>D</td><td></td><td></td><td>进程B结束，释放空间。进程C从等待队列取出，分配空间。进程E申请空间（M=3, P=4）<失败进入等待队列></td></tr>
<tr><td>6</td><td colspan="3">A</td><td colspan="4">C</td><td>D</td><td></td><td></td><td></td></tr>
<tr><td>7</td><td colspan="3">A</td><td colspan="4">C</td><td>D</td><td></td><td></td><td></td></tr>
<tr><td>8</td><td colspan="3">A</td><td colspan="4">C</td><td colspan="3">E</td><td>进程D结束，释放空间。进程E从等待队列取出，分配空间</td></tr>
<tr><td>9</td><td colspan="3">A</td><td></td><td></td><td></td><td></td><td colspan="3">E</td><td>进程C结束，释放空间</td></tr>
<tr><td>10</td><td colspan="3">A</td><td></td><td></td><td></td><td></td><td colspan="3">E</td><td></td></tr>
<tr><td>11</td><td></td><td></td><td></td><td></td><td></td><td></td><td></td><td colspan="3">E</td><td>进程A结束，释放空间</td></tr>
<tr><td>12</td><td></td><td></td><td></td><td></td><td></td><td></td><td></td><td></td><td></td><td></td><td>进程E结束，释放空间</td></tr>
</table>

图3-10　测试案例中各进程占据内存的情形

设置一个计数器*time*（初始化为1），利用一个循环模拟时钟：每重复一次，*time*自增1。设置一个用来登记运行中进程的集合（优先队列）*P*，其中的元素<*finish_time*, *start_addr*, *end_addr*>记录进程的完成时间和所占内存的起、止地址，该集合初始化为{<*time*+ *p*[*a*[1]], 0, *m*[*a*[1]]-1>}，即包含第一个登录的程序*a*[1]生成的进程。设置一个进程等待队列（先进先出）*Q*，其中的元素<*time_length*, *mem_length*>记录等待进程的运行时间长度和所需内存长度，队列初始化为∅。还要设置一个内存片表 *S*，其中的元素<*start_addr*, *end_addr*>记录内存片的起止地址（初始化为仅含一个元素：< *m*[*a*[1]], *N*−1>，即整个内存分配给第一个进程后剩余的部分）。*S* 中元素应按首地址升序有序，才便于在其中查找首地址最小的合适地址片。输入中的各程序数据<*t*, *m*, *p*>存储于数组 *a*[1..*n*]中，用 *current* 表示 *a* 中当前即将登录的进程编号（初始化为 2）。为得到正确的输出，模拟过程还要维护一个变量 *count*（初始化为 0），表示进入等待队列 *Q* 的进程数。

在模拟过程中，每当时钟 *time* 增长 1 秒，检测 *P* 中队首是否在 *time* 时间完成运行的进程。若是，则将队首出队，并释放内存。然后检测 *Q* 中是否有等待进程。若是，则将队首出队并进行与上述对及时登录的 *a*[*current*]相同的分配内存（修改 *S*）及投入运行（修改 *P*）的操作。接着检测 *a*[*current*]的登录时间是否等于 *time*。若是，则检测 *S* 中是否有足够大的内存片提供给该进程。若是，则为该进程分配内存，并计算完成时间，将其加入到 *P* 中。若此时 *S* 中无足够内存供该进程使用，则将该进程加入队列 *Q*（*count* 自增 1）。当 *P*=∅时，结束模拟。此时 *time* 和 *count* 即为所求。模拟过程可表示成如下的伪代码。

```
MEMORY-ALLOC(N, a)
1 n← length [a], time←1, count←0, current←2
2 P←{<time+p[a[1]], 0, m[a[1]]-1>}, Q←∅, S←{<m[a[1]], N-1>}
3 while P≠∅
4   do time← time+1
5      while P≠∅
6        do <finish_time, start_addr, end_addr>←TOP(P)
7           if finish_time=time
8             then FREE-ADDRESS(S, <start_addr, end_addr>)
9                  POP(P)
10            else break this loop
11     while Q≠∅
12        do <time_length, mem_length>←TOP(Q)
13           start_addr←ALLOC-ADDRESS(S, mem_length)
14            if start_addr≥0
15               then POP(Q)
16                    PUSH(P, <time+time_length, start_addr, start_addr+mem_length >)
17               else break this loop
18     if current≤n
19         then if t[a[current]] =time
20                then start_addr←ALLOC-ADDRESS(S, m[a[current]])
21                       if start_addr≥0
22                          then PUSH(P, <time+p[a[current]], start_addr,
                            start_addr +m[a[current]]>)
23                          else PUSH(Q, <p[a[current]], m[a[current]]>)
24                               count←count+1
25                     current←current+1
26 return time, count
```

算法 3-12 解决“内存分配”问题的算法过程

算法 3-12 的第 3～25 行的 **while** 循环模拟时钟，每次重复 *time* 增加 1（第 4 行）。第

5～10 行的 **while** 循环完成对 *P* 中此时运行完毕进程的检测与处理。之所以用循环，是因为可能有若干个进程同时运行完毕。由于 *P* 是一个优先队列（完成时间是优先级），因此一旦检测到队首元素未完成运行，即可判定队列内无此时完成运行的进程（第 10 行），退出此循环。第 11～17 行的 **while** 循环检测处理 *Q* 中等待进程是否能得到足够的内存。之所以用循环，是因为有可能 *S* 中的内存片可满足多个等待进程的内存需求。由于队列中元素满足先进先出规则，故一旦队首检测失败，则退出此循环（第 17 行）。第 18～25 行，检测处理下一个登录的程序是否到达。若用基于平衡二叉搜索树来表示地址片集合 *S*，则算法 3-12 中第 8 行的 FREE- ADDRESS 过程和第 13、20 行的 ALLOC-ADDRESS 过程可描述如下。

```
ALLOC-ADDRESS(S, m_length)▷在地址片集合 S 中查找首地址最小长度不小于 m_length 的地址片
1 for each <start_addr, end_addr>∈S  ▷按节点的中序遍历顺序
2     do if end_addr-start_addr+1≥ m_length
3           then DELETE(S, <start_addr, end_addr>)
4               if end_addr-start_addr+1>m_length
5                 then INSERT(S, <start_addr+m_length, end_addr>)
6               return start_addr
7 return -1
FREE-ADDRESS(S, <s_addr, e_addr>)
1 for each <start_addr, end_addr >∈S
2     do if end_addr+1=s_addr or start_addr=e_addr+1
3            then DELETE(S, <start_addr, end_addr >)
4               if end_addr+1=s_addr
5                  then INSERT(S, <start_addr, e_addr>)
6                  else INSERT(S, <s_addr, end_addr>)
7               return
8 INSERT(S, <s_addr, e_addr>)
```

算法 3-13　在基于平衡二叉搜索树的地址片集合 *S* 中申请分配过程和释放地址过程。

算法 3-13 中的 ALLOC-ADDRESS 过程在 *S* 中查找长度不小于 *m_length*、首地址最小(题面要求之一）的地址片，若找到，则修改该地址片的首地址，并返回原首地址。若 *S* 中不存在满足条件的地址片，则返回-1。这是因为正常的地址不会小于 0。由于 *S* 是基于平衡二叉搜索树的集合，所以第 1～6 行的 **for** 循环按中序遍历顺序依次检测，第一个满足条件的地址片就是首地址最小的满足条件者。取出满足条件的地址片（第 3 行），若其长度大于需求（第 4 行），则将该地址片的首地址修改为原首地址加上指定长度 *start_ addr+m_length*，将剩余部分放回 *S*（第 5 行）。

FREE-ADDRESS 过程，将指定的地址片<*s_addr*, *e_addr*>放回到集合 *S* 中。需要检测 *S* 中是否有地址片<*start_addr*, *end_addr*>可与<*s_addr*, *e_addr*>连成一片。这由第 1～7 行的 **for** 循环完成。连接有两种可能<*start_addr*, *end_addr*>在前或在后（第 2 行）。若有这样的地址片，将其从 *S* 中取出（第 3 行）。若该地址片在前，则修改其终止地址为 *e_addr*，并重新加入 *S*（第 5 行）。若该地址片在后，则修改其开始地址为 *s_addr*，加入

S（第 6 行）。如果 S 中没有可与指定地址片<*s_addr*, *e_addr*>连接者，直接将该地址片加入 S（第 8 行）。

如果案例中程序数为 x，则 S 中元素（地址片）个数为$\Theta(x)$。所以，以上两个过程的循环重复次数为$\Theta(x)$。每次重复，需要执行对 S 的删除、插入操作。根据表 2-1，对平衡搜索树的这样的操作耗时$\Theta(\lg x)$。因此，算法 3-13 中的两个过程运行时间为$\Theta(x\lg x)$。回到算法 3-12。第 3～25 行的 **while** 循环，其重复次数取决于输入中的各程序登录的时间、在机器中运行的时间和内存量的大小等各种因素。假定该循环的重复次数为 y，程序数为 x，每个程序作为运行着的进程进入且只进入 P 一次，所以第 6～10 行的操作总的执行次数必为$\Theta(x)$。每次执行都要调用对 S 的释放地址片操作和对优先队列 P 的出队操作，前者耗时$\Theta(x\lg x)$，后者耗时$\Theta(\lg x)$。因此，这些操作消耗的时间为$\Theta(x^2\lg x)$。第 13～18 行的操作也恰重复 x 次。每次重复都要进行对 S 申请地址片的操作（耗时$\Theta(x\lg x)$）和对 P 的入队操作（耗时$\Theta(\lg x)$）或对 Q 的入队操作（耗时$\Theta(1)$）。因此，这些操作消耗的时间为$\Theta(x^2\lg x)$。最后，考虑第 20～25 行的操作，由于进入 Q 的进程至多只有 x 个，所以这部分操作重复$\Theta(x)$次。每次重复都要执行对 S 的申请地址片操作（耗时$\Theta(x\lg x)$），以及可能对 P 的入队操作（耗时$\Theta(\lg x)$）、对 Q 的出队操作（耗时$\Theta(1)$），故这些操作的总的时间也是$\Theta(x^2\lg x)$。除了这些操作以外，还有重复 y 次的常数时间（简单的比较判断、赋值、算术运算等）操作。所以算法 3-12 的运行时间为$\Theta(x^2\lg x)+\Theta(y)$。

解决本问题的算法的 C++实现代码存储于文件夹 laboratory/Memory Allocate 中，读者可打开文件 Memory Allocate.cpp 研读，并试运行之。C++代码的解析请阅读第 9 章中程序 9-6～程序 9-8 的说明。

3.5 二叉树及其应用

可以将数学表达式表示成一棵二叉树：二元运算运算符为父节点，左、右值分别为左、右孩子。例如，表达式 $x*x+x$ 可表为图 3-11（a）所示的二叉树。

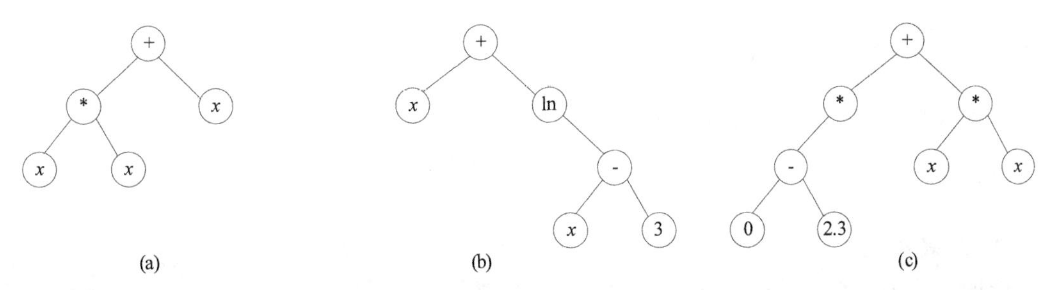

图 3-11　用二叉树表示数学表达式。运算符为内节点，变量和常量为叶子

对于一元函数，可视为一元运算，运算符（函数名）表示为父节点，而将运算数表示为右孩子。例如，可将表达式x+ln(x−3)表示为图 3-11（b）所示的二叉树。

在数学表达式中，还有一个十分微妙的运算符“−”。这个运算符一身兼两任：作为二元运算，a-b 表示 a 与 b 的差，作为一元运算-a 表示 a 的相反数。数学中，我们可以将一元运算-a 视为二元运算 0-a。这样的转换对于计算机以统一的方式处理这两种运算是十分有利的。例如，表达式−2.3*x+x*x 可表示成图 3-11（c）所示的二叉树。

二叉树有一个非常重要的操作——对树中所有节点逐一访问——二叉树的遍历。遍历按被访问节点的不同顺序分成前序遍历、中序遍历和后序遍历。所谓前序遍历，指的是对二叉树中的节点按先访问根节点，然后按中序遍历左子树中节点，最后按中序遍历右子树中的节点。中序遍历我们在第 2 章中有所描述。而后序遍历就是先后序遍历根的左孩子，再遍历根的右孩子节点，然后访问根节点。这一过程写成伪代码过程如下。

```
POST-ORDER(r)
1 if left[r]非空
2     then PREFIX-ORDER(left[r])
3 if right[r]非空
4     then PREFIX-ORDER(right[r])
5 访问根节点 r
```

算法 3-14　对以 r 为根的二叉树的后序遍历过程

如果以 r 为根的二叉树有 n 个节点，算法对每个节点访问一次，所以运行时间为$\Theta(n)$。读者可仿照 POST-ORDER 写出前序遍历和中续遍历的算法过程。

用二叉树表示数学表达式还有一有趣的性质：对二叉树做前序遍历、中序遍历和后序遍历得到的节点序列恰为该表达式的前缀、中缀和后缀（问题 3-4“周期序列”中讨论过的逆波兰式）。例如，对图 3-6 中的二叉树做前序遍历得到的序列为“+ * x x x”，中序遍历得到“x * x + x”，后续遍历得到“x x * x +”。由于表达式的前缀式和后缀式无需借用括号就能唯一正确地表示运算顺序，这意味着可以由前缀表达式或后缀表达式构造出对应的二叉树（无括号中缀式可能有二岐性，所以无法仅凭中缀式构造表达式的二叉树）。

问题 3-9　后缀表达式

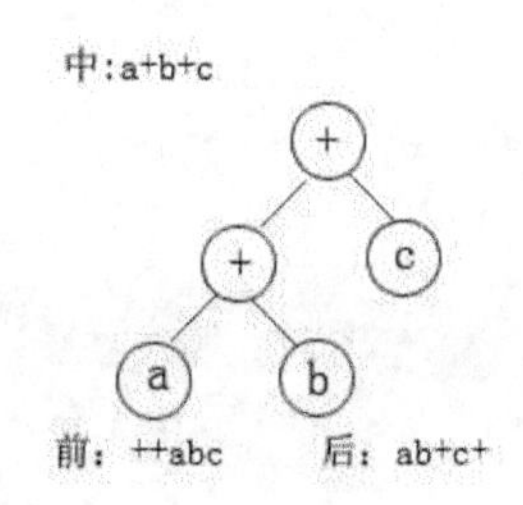

编译器和计算器表示表达式常用的方法有 3 种：

① 前缀式。

② 中缀式。

③ 后缀式。

例如，下列三个表达式表示的是同一个运算操作。

① 中缀式：a + b * c。

② 前缀式：+a*bc。

③ 后缀式：abc*+。

注意前缀式与后缀式并非镜像对称！本问题中的表达式中会出现以下的运算符，它们是按优先级从高到低罗列出来的。

$ 指数运算

*/ 乘除运算

+- 加减运算

&| 与或运算

! 非运算

前缀式与后缀式的好处在于无需辅助括弧来表示特别的运算顺序。

输入与输出

输入包含若干个测试案例。每个案例有两行数据，第 1 行是表达式的中缀式，第 2 行是同一个表达式的前缀式。对每一个案例，输出三行：表达式的中缀式、前缀式和后缀式。

输入中的表达式每一项（无论是运算数还是运算符）均用单一字符表示，项与项之间用一个空格隔开。输出中的表达式也是一样。

输入样例

```
a + b - c
+ a - b c
a + b + c + d * e
+ + a b + c * d e
```

输出样例

```
INFIX    => a + b - c
PREFIX   => + a - b c
POSTFIX  => a b c - +
INFIX    => a + b + c + d * e
PREFIX   => + + a b + c * d e
POSTFIX  => a b + c d e * + +
```

解题思路

（1）数据的输入与输出

根据输入文件格式，从输入文件中逐一读取案例的两行数据：读取第 1 行为中缀式 *infix*，第 2 行为前缀式 *prefix*。利用 *prefix* 产生一个与之对应的二叉树，对二叉树进行后序遍历产生后缀式 *postfix*。将 *infix*、*prefix* 和 *postfix* 各按一行写入输出文件。循环往复，直至输入文件结束。

```
1 打开输入文件 inputdata
2 创建输出文件 outputdata
3 while 能从 inputdata 中读取一行到 infix
```

```
4    do 从 inputdata 中读取一行到 prefix
5       postfix←WHAT-FIX-NOTATION (prefix)
6       将"INFIX  =>infix"作为一行写入 outputdata
7       将"PREFIX =>prefix"作为一行写入 outputdata
8       将"POSTFIX     =>postfix"作为一行写入 outputdata
9 关闭 inputdata
10 关闭 outpudata
```

其中，第 5 行调用根据前缀式计算后缀式的过程 WHAT-FIX-NOTATION (*prefix*)，是解决一个案例的关键。

（2）处理一个案例的算法过程

对于一个前缀式 *prefix*，如我们在解决问题 3-4 时那样，借助一个栈，构造一棵表示表达式的二叉树。具体地说，设置一个能存储二叉树的栈 *S*（初始化为∅）。对 *prefix* 做逆向扫描，将得到的运算数压入 *S*（一个运算数可以视为左右子树为空的特殊二叉树）。一旦扫描到一个运算符 *r*，连续在 *S* 中弹出两棵树 *right* 和 *left*，以 *r* 为根，*left*、*right* 分别为左、右子树构造一棵新的树，并将其压入 *S*。当对 *prefin* 扫描完毕，*S* 的栈顶——也是 *S* 中唯一的元素，即为构造好的表达式二叉树 *T*。对 *T* 做后序遍历，所得节点序列即为表达式的后缀式 *postfix*。

```
WHAT-FIX-NOTATION (prefix)
1 n←length[prefix]
2 S←∅
3 for i← n downto 1
4     do r←prefin[i]
5        if r 为运算数
6           then 构造以 r 为根，左右孩子均为空的树 t
7                PUSH(S, t)
8           else right←POP(S)
9                left←POP(S)
10               构造以 r 为根，left, right 为左右孩子的树 t
11               PUSH(S, t)
12 T←POP(S)
13 r←T 的根
14 postfix←POST-ORDER(r)
15 return postfix
```

算法 3-15　解决“后缀表达式”问题一个案例的算法过程

算法中，第 3～11 行的 **for** 循环重复 *n* 次。每次重复对栈 *S* 的压栈、弹出都是常数时间的操作。所以这个循环耗时为Θ(*n*)。第 14 行调用算法 3-14 中的 POST-ORDER 过程，耗时也是Θ(*n*)，所以算法 3-15 的运行时间为Θ(*n*)。

解决本问题的算法的 C++实现代码存储于文件夹 laboratory/WhatFix Notation 中，读者可打开文件 WhatFix Notation.cpp 研读，并试运行之。C++代码的解析请阅读第 9 章 9.1.3 节中程序 9-6～程序 9-8 的说明。

问题 3-10 符号导数

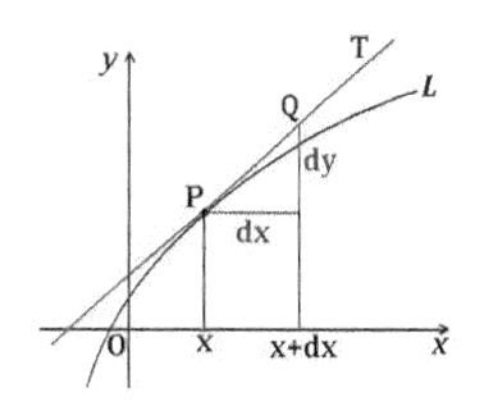

写一个程序能对给定的函数 $f(x)$ 计算它的符号导数 $f'(x) = df(x)/dx$。函数由包含下列运算符的表达式定义：+（加），−（减），*（乘），/（除）及 ln（自然对数）。表达式中的运算数可以是变量 x 也可以是数值常量。表达式中还有嵌套的括弧（ ）表示的子表达式。表达式以常见的中缀式表示。例如：

$$(2*\ln(x+1.7)-x*x)/((-7)+3.2*x*x)+(x+3*x)*x$$

数值常量的格式为 d.d，并可带有符号（+或−）。数值常量是否带有小数部分是任意的。输入的表达式保证是正确的（不会发生语法问题）。

输出的表达式也应该是中缀式。为便于编程，表达式中可包含未化简项如 $0*x$、$1*x$、$0+x$，等等。导数按下列规则计算：

① 运算符*及/的优先级高于+、−。括号可改变运算符的优先级。

② 运算符+、−、*及 / 是左结合的。即按从左到右的顺序进行计算的（如：$a*b*c = (a*b)*c$，$a/b/c = (a/b)/c$，$a/b*c = (a/b)*c$，等等）。

③ 求导公式为：

$(a + b)' = a' + b'$

$(a - b)' = a' - b'$

$(a * b)' = (a' * b + a * b')$

$(a / b)' = (a' * b - a * b') / b\text{^}2$ 注意：使用 $b\text{^}2$ 而非（b*b）表示幂

$\ln(a)' = (a')/(a)$

$x' = 1$

常量' = 0

④ 计算符号导数时，用上述规则给输出表达式加括号，无须处理表达式的简化，即 $0*a = 0$，$1*a = a$，等等。

输入

输入文件中每行定义一个函数 $f(x)$。输入的各行不包含空格。

输出

对应每一个函数 f，输出一行 $f'=df/dx$。表示 $f(x)$ 及 $f'(x)$ 的字符串所含字符保证不超过 100。

输入样例

```
x*x/x
-45.78*x+x
-2.45*x*x+ln(x-3)
```

输出样例

```
((1*x+x*1)*x-x*x*1)/x^2
0*x-45.78*1+1
(0*x-2.45*1)*x-2.45*x*1+(1-0)/(x-3)
```

解题思路

（1）数据的输入与输出

根据输入文件的格式，依次从中读取每个案例的一行表示函数中缀式的 *s*，计算 *s* 的导函数 *deriv*，将 *deriv* 作为一行写入输出文件。循环往复，直至不能从输入文件读取到 *s*。

```
1 打开输入文件 inputdata
2 创建输出文件 outputdata
3 while 能从 inputdata 中读取一行到 s
4  do deriv←SYMBLE-DERIVATION(s)
5     将 deriv 作为一行写入 outputdata
6 关闭 inputdata
7 关闭 outpudata
```

其中，第 4 行调用计算表达式 *s* 的导函数的过程 SYMBLE-DERIVATION(*s*)是解决一个案例的关键。

（2）处理一个案例的算法过程

如果能将中缀表达式串 *s* 表示成二叉树，就可以利用二叉树结构的递归性（孩子也是二叉树），递归地计算孩子的导数，根据求导公式合成导函数表达式。递归不会无限进行，因为作为叶子节点，变量和常量的导数可直接算得。以表达式 *x*x+x* 为例，根节点“+”的左孩子 *x*x*。表达式“*x*x*”的父节点为“*”，左右孩子均为变量“*x*”，导数为 1，根据积的导数公式，可以得到“1*x+x*1”。根节点的右孩子“*x*”的导数为 1，根据和的导数公式，得到“1*x+x*1+1”（见图 3-12）。

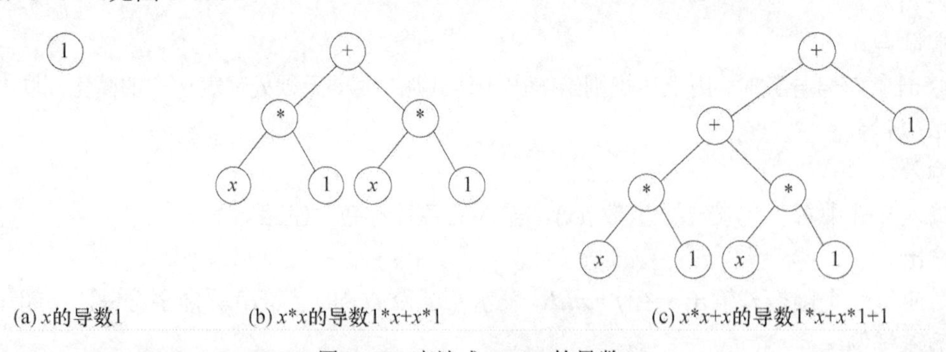

图 3-12　表达式 *x*x+x* 的导数

于是，对本问题输入中的一个案例——一个用字符串表示的中缀表达式（运算数位于运算符的两侧）*s*，先将其转换成一棵对应的二叉树 *exp*。然后对 *exp* 进行求导操作，得到表示导函数表达式的二叉树 *deriv*。最后对 *deriv* 做中序遍历将其转换成字符串输出。

设表达式二叉树的节点包含一个表示运算符的属性 *ope* 及两个分别指向左运算数和右运算数的指针 *lopd* 和 *ropd*，并假定过程 EXPRESSION(*ope*, *lopd*, *ropd*)生成这样的节点。

先来考虑如何将一个表示中缀表达式的字符串 *s* 转换成该表达式的二叉树表示。

首先需要先对表达式中所有运算符明确各自的运算优先级。在本问题中，涉及的运算符只有 “_”“ln”“*”“/”“+”“−”，优先级分别设置为 6、5、4、4、3、3。其中，下划线 “_” 表示一元运算 “−”，由于该运算的优先级高于其他运算，当然也高于二元运算 “−”，所以用特殊的下划线表示，以示区别。表达式串中还有两个符号 “(” 和 “)”，它们并不实际进行运算，而是用来改变运算优先级的。为便于处理，我们也赋予它们特殊的优先级分别是 1 和 2。此外，用特殊字符 “@” 来标识表达式串的结束，给它赋予优先级−1。我们把这些符号连同它们的优先级保存在集合 *priority* 中。

在解析字符串 *s* 前，需要对其进行预处理：在其尾部追加特殊符号 “@”，并将一元运算符 “−” 替换为下划线 “_”。中缀表达式预处理过程可以描述为如下过程。

```
PREPROCESSING(s)
1 n←length[s]
2 for i←1 to n
3     do if s[i]为一元运算符"-"
4          then s[i] ← "_"
5 APPEND(s, '@')
```

算法 3-16 中缀表达式预处理过程

显然，算法 3-16 的运行时间为Θ(*n*)。为解析经过预处理的字符串 *s* 中的表达式，设置两个栈：运算符栈 *oper*（为便于对运算符的处理，*oper* 中预先压入“@”）和运算数栈 *oprands*。从字符串首部开始扫描，读取一项 *item*。若 *item* 为常量或变量，将其压入栈 *oprands* 中。否则，*item* 是一个运算符。若 *item* 为 “(”，则直接将其压入 *oper* 栈中。否则，检测 *oper* 栈顶的 *t* 表示的运算符优先级是否不小于 *item* 的优先级。若是，则从 *oprands* 弹出左、右运算数，合成表达式后压入 *opd* 栈。重复这样的操作，直至 *item* 的优先级高于 *oper* 栈顶运算符的优先级。此时，若 *item* 为 “)” 则 *oper* 栈顶 *t* 必为 “(”。这其实意味着完成一个圆括弧括起来的子表达式的转换，于是，从 *oper* 栈中弹出 “(”。否则，*item* 表示一个真正的运算符，将其压入 *oper* 栈。循环执行这一过程，直至 *item* 读到 “@” 位置。这一过程可表示成如下所示的伪代码。

```
TO-EXPRESSION(s)
1 oper←∅, oprands←∅
2 PUSH(oper, "@")
3 while true
4   do if s扫描完毕 then 终止循环
5      item←s中一项
```

```
6       if item为常量或变量 x
7        then PUSH(operands, item)
8             进入循环的下一轮重复
9       if item=" ("
10        then PUSH(oper, item)
11             进入循环的下一轮重复
12      t←TOP(oper)
13      while priority[t]>1 and priority[t]≥priority[item]
14         do re←POP(operands)
15            if item="ln"or item="_"
16               then le←NIL
17               else le←POP(operands)
18            PUSH(operands, EXPRESSION(item, le, re))
19            POP(oper)
20            t←TOP(oper)
21      if item=")"
22       then POP(oper)
23       else PUSH(oper, item)
24 return TOP(operands)
```

算法 3-17　中缀表达式串转换二叉树过程

设中缀表达式串 s 的长度为 n，由于 TO-EXPRESSION 过程的第 3～23 行本质上就是对 s 进行扫描，故运行时间 $T(n)=\Theta(n)$。

一旦将表达式表示成二叉树 *exp*，如前所述利用二叉树结构的递归性和各种运算的导数公式，就可计算出表示导数表达式的二叉树。伪代码过程描述如下。

```
DERIVATION(exp)
1 if lopd[exp]≠NIL
2    then left← DERIVATION(lopd[exp])
3    else left←NIL
4 if lopd[exp]≠NIL
5    then right← DERIVATION(lopd[exp])
6    else right←NIL
7 if ope[exp]= "+"or ope[exp]= "-"
8    then return EXPRESSION(ope[exp], left, right)
9 if ope[exp]= "*"
10   then return EXPRESSION("+", EXPRESSION("*", left, ropd[exp]),
11                               EXPRESSION("*", lopd[exp], right))
12 if ope[exp]= "/"
13    then return EXPRESSION("/", EXPRESSION("-", EXPRESSION("*", left, ropd[exp]),
14                                                EXPRESSION("*", lopd[exp], right)),
15                            EXPRESSION("^", ropd, EXPRESSION("2", NIL, NIL)))
16 if ope[exp]= "/"
17   then return EXPRESSION("/", right, ropd[exp])
18 if ope[exp]= "ln"
19   then return EXPRESSION("/", EXPRESSION("1", NIL, NIL), right)
20 if ope[exp]= "_"
21   then if ope[ropd[exp]]为常数
22            then return EXPRESSION("0", NIL, NIL)
```

```
23        if ope[ropd[exp]]= "x"
24          then return EXPRESSION("-1", NIL, NIL)
25        return EXPRESSION(ope[exp], NIL, right)
26 if ope[exp]= "x"
27   then return EXPRESSION("1", NIL, NIL)
28 return EXPRESSION("0", NIL, NIL)
```

算法 3-18 计算表示成二叉树的表达式导数过程

设 *exp* 有 *n* 个节点，会被递归调用 *n* 次，每次至多调用三次 EXPRESSION 生成一棵二叉树。因此运行时间 $T(n)=\Theta(n)$。

对表达式 *exp* 调用算法 3-18 的过程 DERIVATION(*exp*)，返回一棵表示导数表达式的二叉树 *deriv*。我们需要对 *deriv* 做与 TO-EXPRESSION 过程相反的计算，转换成中缀表达式串。这只要对 *deriv* 做一次中序遍历就可实现。在这个过程中需要注意的是，如果子树表示的运算优先级低于当前运算的优先级，子树对应的子串需加上括号。写成伪代码过程如下。

```
TO-STRING(deriv)
1 s←""
2 if lopd[deriv]≠NIL
3   then add-parentheses←lopd[deriv]非常数亦非变量 and priority[ope[deriv]]>
   priority[ope[lopd[deriv]]]
4       if add-parentheses=TRUE
5          then s←s+" ("
6       s←s+TO-STRING(lopd[derive])
7       if add-parentheses=TRUE
8          then s←s+")"
9 s←s+TO-STRING(ope[derive])
10 if ropd[deriv]≠NIL
11    then add-parentheses←ropd[deriv]非常数亦非变量 and priority[ope[deriv]]>
    priority[ope[ropd[deriv]]]
12       if add-parentheses=TRUE
13          then s←s+" ("
14       s←s+TO-STRING(ropd[derive])
15       if add-parentheses=TRUE
16          then s←s+")"
17 return s
```

算法 3-19 将表达式二叉树转换成中缀表达式串的过程

算法 3-19 中的过程 TO-STRING 本质上就是对二叉树 *deriv* 进行中序遍历。其中第 2～8 行处理非空左子树，第 9 行处理根，第 10～16 行处理非空右子树。子树若非常量或变量，且运算优先级低于本层的运算，则需加括号。这个检测条件分别由第 3 行（左子树）和第 11 行（右子树）的 *add-parentheses* 表示。该算法的运行时间取决于表达式 *deriv* 的高度$\Theta(h)$。二叉树极端的情形之一是所有的节点均至多只有一个孩子，这时，树的高度即为节点数 *n*。由于这两个操作之一对访问到的每一个节点都要进行，因此，算法 3-19 的运行时间为$\Theta(n^2)$。

利用算法 3-16～算法 3-19 我们有如下所示的计算中缀表达式 s 的导函数的中缀表达式的算法。

```
SYMBLE-DERIVATION(s)
1 PREPROCESSING(s)
2 exp←TO-EXPRESSION(s)
3 deriv← DERIVATION(exp)
4 s← TO-STRING(deriv)
5 FIX(s)
6 return s
```

算法 3-20　计算函数中缀表达式 s 的导函数中缀表达式的算法过程

设中缀表达式 s 中有 n 个项，由算法 3-16～算法 3-19 的分析可知，第 1～3 行耗时均为 $\Theta(n)$，第 4 行耗时为 $\Theta(n^2)$。第 5 行的 FIX 过程是将导数前缀式串中的“_”消除掉。这只需 $\Theta(n)$的时间。于是，算法 3-20 的运行时间为 $O(n^2)$。

解决本问题的算法的 C++实现代码存储于文件夹 laboratory/Symble Derivation 中，读者可打开文件 Symble Derivation.cpp 研读，并试运行之。C++代码的解析请阅读第 9 章 9.2.2 节中程序 9-13～程序 9-23 的说明。

本章我们讨论了解决现实模拟问题的 5 种基本方法。问题 3-1 和问题 3-2 利用的是简单模拟——即通过循环模拟事物分阶段发展的过程。问题 3-3 和问题 3-4 利用栈来模拟对象先进后出的发展过程。问题 3-5 和问题 3-6 利用队列模拟事物先来先服务的发展过程。问题 3-7 和问题 3-8 利用优先队列模拟按事物的等级决定服务顺序的发展过程。问题 3-9 和问题 3-10 给出了用二叉树表示数学表达式模拟数学计算的方法。

Chapter 4

组合优化问题

现实中有些问题是与资源竞争相关的。这些问题往往在一组条件的限制（有限资源）下，使得利益最大或代价最小。这样的问题，通常有一组可能解，将所有可能解构成的集合称为**解空间**。可能解中满足约束条件的，称为**合法解**。每个合法解对应一个**目标值**（收益或代价），目的是在解空间中找到目标值最大（小）的**最优解**。我们把这样的问题称为**组合优化问题**，有效地解决组合优化问题是计算机科学的基本任务之一。

4.1 组合问题及其回溯算法

如果在约束条件下仅要求计算出解空间中的合法解，这样的问题称为**组合问题**。组合问题当解空间规模不大时，将解空间组织成一棵根树，从根开始，按深度优先策略搜索合法解进而找到最优解，是一种可选的方法。这种方法由于它的深度优先策略特点，常称为**回溯算法**。我们先来看几个经典的组合问题及其回溯算法。

3-色问题

图的着色问题来自于地图印制：最少用几种颜色给地图中的各区域着色，使得两个相邻地区的着色不同（见图 4-1）。将地图中的区域视为一点，两个相邻区域对应的点用边连接，则得到一个无向图[1] $G=\langle V, E\rangle$。地图的着色问题等价于最少用多少种颜色对 G 的顶点集 V 中的每个顶点着色，使得相邻顶点 $u, v\in V$，$(u, v)\in E$ 的着色不同。将这个问题进一步简化为有 m 种颜色，对图 G 的顶点着色，找出所有满足相邻顶点着色不同的着色方案。当 m=3 时，就是所谓的 3-色问题。

在 3-色问题中，用 3 种颜色给图中顶点着色的有多种方案，即有多个可能解。符合约束条件——相邻顶点着色不同——的方案是问题所求的合法解。为表述简洁，设 G 的顶点集中有 n 个顶点，并表示为 $V=\{1, 2, \cdots, n\}$，3 种颜色也表示成数字$\{1, 2, 3\}$。如此，我们可以将问题的一个解表示为向量 $x=\langle x_1, x_2, \cdots, x_n\rangle$。每个 $x_k\in\{1, 2, 3\}$表示顶点 k 的着色，$1\leqslant k\leqslant n$。由于每个 x_k 都有 3 种不同的可能取值，所以 3-色问题的解空间规模为 3^n。一个合法解$\langle x_1, x_2, \cdots, x_n\rangle$必须满足对任一 $1\leqslant k\leqslant n$，只要 $i<k$ 且$(i, k)\in E$，必有 $x_i\neq x_k$。回溯方法

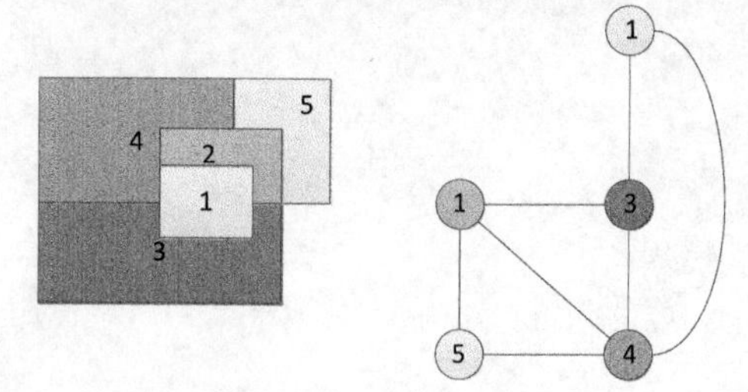

图 4-1 地图着色问题

---

1 一个无向图 G 是一个二元组$\langle V, E\rangle$。其中 V 是一个集合，其中的元素称为顶点。为方便计，常用顶点的编号直接命名**顶点**，即 $V=\{1, 2, \cdots, n\}$。E 也是一个集合，其元素为二元组(a, b)，称为**边**。其中 $a, b\in V$。图的相关概念，详见本书第 6 章。

是从顶点 k=1 开始依次考察 x_k 的 3 种不同的取值，若 x_k 的一个取值满足约束条件，则进而考虑 x_{k+1} 的取值。当 x_k 的 3 个取值合法性都检测过了，则考虑 x_{k-1} 的下一种着色合法性检测。因为进行 x_k 的取值检测的先决条件是 x_{k-1} 的一个取值是符合约束条件的。因此，完成 x_k 的所有取值的合法性检测后，应回到对 x_{k-1} 的尚未完成的检测，此即所谓的回溯。当 $k=n+1$ 时，由于 $<x_1, x_2, \cdots, x_{k-1}>=<x_1, x_2, \cdots, x_n>$ 是合法的，于是就得到一个完整解。将这个想法写成伪代码过程如下。

```
GRAPH-COLOR(G, x, k)
1 if k>n                                        ▷ 判断是否为完整解
2   then INSERT(solutions, <x1, x2, …, xn>)
3       return
4 for color←1 to 3                              ▷ 对当前第 k 个顶点逐一检测 3 种可能的着色
5     do xk←color
6        if ∀1≤i≤k((i, k)∈E[G] →xi≠xk)          ▷ 部分合法
7           then GRAPH-COLOR (G, x, k+1)        ▷ 进入下一层搜索
```

算法 4-1 m-色问题回溯算法

这是一个递归过程，顶层调用的参数 k=1，同时将集合 *solution* 作为全局对象初始化为空集。由于算法是在整个解空间中搜索合法解，故运行时间为$\Theta(3^n)$。

N-后问题

国际象棋中皇后的战力是很强的。若一方皇后占据了位置（i,j），则棋盘上所有满足 $x=i$ 位置（x,y）（与（i,j）处于同一行）上的对方棋子均可被皇后攻击；同样，所有满足 $y=j$（与（i,j）处于同一列）的以及满足$|x-y|=|i-j|$（与（i,j）处于同一条斜线）的位置（x,y）上的对方棋子均难逃脱被进攻的命运。N-后问题指的是在一个规模为 $n\times n$ 的棋盘上放置 n 个皇后，使得两两之间不能相互攻击（见图 4-2），计算出所有不同的放置格局。

为解决 N-后问题，将解设置为向量 $x=<x_1, x_2, \cdots, x_n>$。其中 x_k 表示在棋盘上的第 k 行放置的皇后的位置（$1\leqslant k\leqslant n$）。由于下标表示行号，故 n 个皇后不会在一行中相互攻击。为保证皇后间不会在同一列中相互攻击，$<x_1, x_2, \cdots, x_n>$必为 1，2，…，n 的一个排列。如此，问题的解空间规模为$\Theta(n!)$。算法只需从 k=1 开始，保证每一个 k，$<x_1, x_2, \cdots, x_k>$是 1，2，…，n 的一个 k-排列，且 x_k 与 x_i（$1\leqslant i<k$）满足$|x_k-x_i|\neq|k-i|$，就是合法的。

图 4-2 八皇后问题的一个合法格局

为了得到 1，2，…，n 的所有全排列，将$<x_1, x_2, \cdots, x_n>$初始化为$<1, 2, \cdots, n>$。对 $1\leqslant k\leqslant n$ 的 x_k，逐一与$<x_k, x_{k+1}, \cdots, x_n>$中的元素交换得到所有$<1, 2, \cdots, n>$的 k-排列，对得到的 k-排列检测其合法性，若合法则进而寻求$(k+1)$-排列。做完 k-排列后回溯，继续进行尚未完成的$(k-1)$-排列。将这一思路写成伪代码过程如下。

```
N-QUEENS(x, k)
1 if k>n
2    then INSERT(solutions, <x1, x2, …, xn>)
3         return
4 for i←k to n                        ▷ 对当前第 k 个分量逐一取得各种可能的值
5    do xi ↔ xk                       ▷ 交换 xi 和 xk
6       if | xk - xi |≠|k-i| for 1≤i≤k-1
7          then N-QUEENS(x, k+1)
8       xi ↔ xk                       ▷ 还原 xi 和 xk 准备创建下一个不同的排列
```

算法 4-2 N-后问题回溯算法

这也是一个递归过程。顶层调用时需将参数 x 初始化为<1, 2, ⋯, n>，k 初始化为 1。算法是在解空间中搜索合法解，故运行时间为$\Theta(n!)$。

0-1 背包问题

一窃贼带着一个能装重量为 C 的背包，来到一个房屋。发现屋内有 n 件物品 $t_1, t_2, \cdots, t_n$，重量分别为 $w_1, w_2, \cdots, w_n$（见图 4-3）。需把物品放入包内，才能把它带走。窃贼有多少种盗窃行为？

此处所谓盗窃行为指的是窃贼带走哪些东西。显然，窃贼的行为受背包的承重量的约束。用向量 $x=<x_1, x_2, \cdots, x_n>$表示问题的一个解，$x_k\in\{0, 1\}$（$1\leqslant k\leqslant n$）表示第 k 件物品是装入包中（1）还是留下（0）。由此可见，问题的解空间规模为 2^n。解$<x_1, x_2, \cdots, x_n>$的合法性检测条件是对 $1\leqslant k\leqslant n$，$\sum_{i=1}^{k} x_i w_i \leqslant C$。回溯算法的思想是从 k=1 开始，逐一考察 x_k 的两个不同取值（0/1）是否满足约束条件。若满足约束条件$\sum_{i=1}^{k} x_i w_i \leqslant C$，则进一步考察 x_{k+1} 的取值。x_k 的两个取值考察完毕回溯到对 x_{k-1} 的尚未完成的取值考察。将这一思路写成伪代码过程如下。

图 4-3 0-1 背包问题

```
KNAPSACK(x, k)
1 if k>n                              ▷ 判断是否为完整解
2    then INSERT(solutions, <x1, x2, …, xn>)
3         return
4 for i←0 to 1                        ▷ 对当前第 k 个物品逐一检测两种可能的情形
5   do xk ←i
6      if ∑_{i=1}^{k} xi wi ≤ C       ▷ 部分合法
7        then KNAPSACK(x, k+1)        ▷ 进入下一层搜索
```

算法 4-3 0-1 背包问题回溯算法

该算法也是一个递归过程。顶层调用传递给参数 k 的值应为 1，且调用前将合法解集合 *solutions* 初始化为∅。由于算法在解空间中查找合法解，故运行时间为$\Theta(2^n)$。

4.2 回溯算法框架

从上述 3 个经典问题的讨论中，可以归纳出组合问题的算法框架。首先，可以将问题的解表示成一个向量 $x=<x_1, x_2, \cdots, x_n>$。一般而言，$x_k$ 有确定的取值范围，设为Ω_k，（$1\leqslant k\leqslant n$）。例如，在 3-色问题中$\Omega_k=\{1，2，3\}$。问题的约束条件可分成对部分解合法性的检测和对完整合法解的检测两部分。设这两部分可由过程 IS-PARTIAL(x, k)和 IS-COMPLET(x, k)完成，则回溯算法具有如下所示的统一的形式。

```
BACKTACKITER(x, k)
1 if IS-COMPLET(x, k)
2    then INSERT(solutions, x)
3         return
4 for each v∈Ωk
5    do xk ←v
6       if IS-PARTIAL(x, k)
7          then BACKTACKITER(x, k+1)
```

算法 4-4　一般的回溯算法框架

设$|\Omega_k|=m_k$（$1\leqslant k\leqslant n$），算法的运行时间是$O\left(\prod_{k=1}^{n}|\Omega_k|\right)$。

问题 4-1　探险图

问题描述

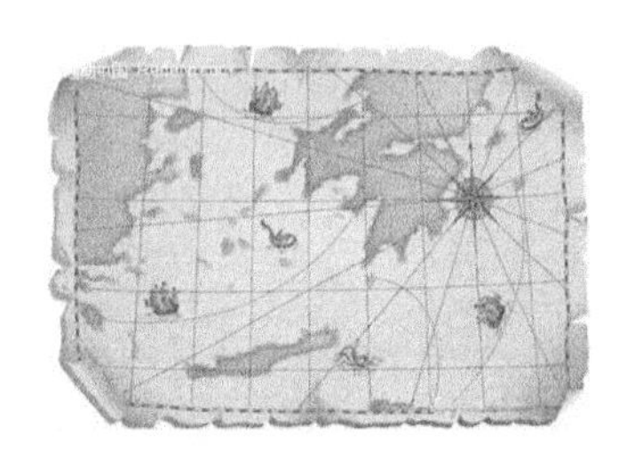

在去往神秘世界探秘前夕，你幸运地得到了这张地图。图中展示了你想探索的整个区域，包含若干个国家或地区，这些地区有着复杂的边界。地图描绘得还算清楚，但是只用了一种棕褐色墨水，所以很难一下子就看清楚哪块区域从属于哪个国家或地区。这种状况可能会给你的探索带来危险。你决定在出发之前重新对地图进行着色。“有备无患……”，你自言自语地嘟囔着。

每个国家有着若干条边界，每条边界都构成一个多边形。任意两国边界或许从不相交，或许有共同部分。为便于查看，属于同一个国家的区域应染同一种颜色。可以对多个国家染同一色，但必须不会发生混淆。也就是说，相邻（有部分相同边界）的两个国家必须着不同的颜色。

写一个程序，计算为地图着色需要的最少颜色数。

输入

输入包含若干个测试案例，每个案例描述一幅地图。每幅地图开头一行仅含一个表示地图中区域个数的整数 n。接着是描述每个区域封闭边界的若干行数据，格式如下：

```
String
x1 y1
x2 y2
...
xm ym
-1
```

其中首行中的“String”表示该区域所属国家名。国家名长度介于 2～20 个字符之间。若一个国家拥有多个区域，则每个区域前都标识了该国家的名称。

接着的每一行是表示该区域多边形边界顶点坐标的两个整数 x 和 y（$0 \leqslant x, y \leqslant 1000$）。相邻两个顶点表示多边形的一条边，最后一个顶点与第一个顶点表示一条边。一行仅含-1，为区域描述数据的结束标志。一个区域边界的顶点数不超过 100。

每个区域边界都是简单多边形，即边界上的边无交叉。另外任意两个区域都没有相交面积，地图中的国家数不超过 10。

区域数 n=0 为输入文件结束标志。

输出

对每一个测试案例输出一行数据，其中包含按要求对地图着色所需的最少颜色数。

输入样例

```
6
Blizid
0 0
60 0
60 60
0 60
0 50
50 50
50 10
0 10
-1
Blizid
0 10
10 10
10 50
0 50
-1
Windom
10 10
50 10
40 20
20 20
20 40
```

```
10 50
-1
Accent
50 10
50 50
35 50
35 25
-1
Pilot
35 25
35 50
10 50
-1
Blizid
20 20
40 20
20 40
-1
4
A1234567890123456789
0 0
0 100
100 100
100 0
-1
B1234567890123456789
100 100
100 200
200 200
200 100
-1
C1234567890123456789
0 100
100 100
100 200
0 200
-1
D123456789012345678
100 0
100 100
200 100
200 0
-1
0
```

输出样例

```
4
2
```

解题思路

（1）数据输入与输出

根据输入文件格式，对每个测试案例，首先从中读取区域个数 n。创建表示地图的集合

map，其中的元素为二元组<*country*, *territory*>。*country* 就是表示国家名的串，而 *territory* 存储对应国家的边界上的所有边的集合。对每个区域，先读取所属国家名称（一行）*name*，若 *map* 中不存在名为 *name* 的国家，则在 *map* 中加入元素<*name*, ∅>，否则取该元素。然后从输入文件中依次读取该区域边界的每一个顶点 (x, y)，相邻顶点构成的边加入 *map* 中该元素的 *territory*，别忘了将最后顶点与第一个顶点构成的边也加入其中。读到 $x=-1$ 则意味着区域数据读取完毕。对存储在 *map* 中的案例数据，计算能使相邻区域不同色的地图着色方案的最小颜色数，将计算所得结果作为一行写入输出文件。读到案例的区域数 $n=0$，意味着输入文件结束。

```
1 打开输入文件 inputdata
2 创建输出文件 outputdata
3 从 inputdata 中读取 n
4 while n>0
5   do 创建集合 map←∅
6       for i←1 to n
7           do 从 inputdata 中读取一行 s
8              if map 中不存在 country 为 s 的元素
9                 then INSERT(map, <s, ∅>)
10             (country, territory)←FIND(map, s)
11              从 inputdata 中读取一行 s
12              从 s 中解析出(x, y)
13               (x0, y0)←(x1, y1)←(x, y)
14              从 inputdata 中读取一行 s
15              while s≠"-1"
16                 do 从 s 中解析出(x, y)
17                    INSERT(territory, ((x1, y1), (x, y)))
18                    (x1, y1)←(x, y)
19                    从 inputdata 中读取一行 s
20              INSERT(territory, ((x1, y1), (x0, y0)))
21      result←COLOR-THE-MAP(map)
22      将 result 作为一行写入 outputdata
23      从 inputdatat 中读取 n
24 关闭 inputdata
25 关闭 outputdata
```

其中，第 21 行调用计算地图 *map* 着色所用最少颜料数的过程 COLOR-THE-MAP(*map*)，是解决一个案例的关键。

（2）处理一个案例的算法过程

根据本章第 1 节中讨论过的图的 m-色问题，我们知道本问题的一个案例可以根据数据集合 *map* 构造一个无向图 $G<V, E>$，其中顶点集 V 为地图中的各个国家，对于两个国家 u，v 若有部分公共边界，则$(u, v)\in E$，如图 4-4 所示。若 G 是一个平凡图[2]，则仅用 1 种颜色即

2 图 $G<V, E>$中，$E=\varnothing$，称 G 为平凡图。

可完成地图着色。否则令 *m* 从 2 开始，调用算法 4-1 GRAPH-COLOR，若 *solution* 为∅，*m* 自增 1，再次调用 GRAPH-COLOR，直至 *solution* 非空。返回 *m* 即为所求。

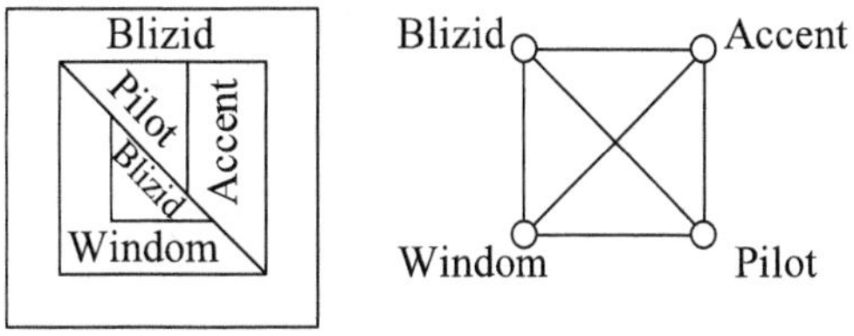

```
COLOR-THE-MAP(map)
1 G←MAP-TO-GRAPH(map)
2 if G是一个平凡图
3    then return 1
4 m←2, solution←∅
5 GRAPH-COLOR(G, x, 1)
6 while solution=∅
7   do m←m+1
8       GRAPH-COLOR(G, x, 1)
9 return m
```

算法 4-5 解决“探险图”问题一个案例的算法过程

图 4-4 输入样例中案例 1 的地图转换为无向图

其中，第 1 行调用的过程 MAP-TO-GRAPH(*map*)是将地图数据 *map* 转换成表示无向图的矩阵 *G*。

```
MAP-TO-GRAPH(map)
1 n←length[map]
2 G←(0)n×n
3 将 map 中 n 个国家编号 1～n
4 for i←1 to n-1
5     do for j←i+1 to n
6            do if ADJACENT(territory[map[i]], territory[map[j]])
7                  then G[i, j]←G[j, i]←1
8 return G
```

算法 4-6 将地图数据 *map* 转换成无向图矩阵表示的算法过程

其中，第 6 行调用的过程 ADJACENT(*territory*[*map*[*i*]], *territory*[*map*[*j*]])用于检测两个国家的边界是否存在部分相交。由于每个国家的边界是由若干条直线段构成，即每个国家 *country* 的边界 *territory*[*country*]中的一个元素为边 *s*=(*p*, *q*)，而 *p*，*q* 为由形如坐标（*x*, *y*）表示的两个点。为检测两个国家 $country_1$ 和 $country_2$ 的边界 $territory[country_1]$与 $territory[country_2]$ 有无部分相交可以描述为如下过程。

```
ADJACENT(territory[country1], territory[country2])
1 for each s1∈ territory[country1]
2   do for each s2∈ territory[country2]
3         do if OVERLAP(s1, s2)
4               then return true
5 return false
```

算法 4-7 检测两个国家边界有无部分重合的算法过程

其中第 3 行调用过程 OVERLAP(s_1, s_2)检测两条线段是否有部分重合。设 s_1=(a_1, b_1)，

$s_2=(a_2, b_2)$。要判断平面上两条不同的线段 s_1 与 s_2 是否有部分重合，需要考虑如下两个条件：

① s_1 是否与 s_2 平行。

② 在①为真的前提下，若 s_2 的一个端点，不妨记为 a 在以 s_1 为对角线的矩形框内。

③ 在①、②均为真的前提下，线段（a_1, a）与（a, b_1）平行。如图 4-5 所示。

据此，过程 OVERELAP 的伪代码描述如下。

```
OVERLAP(s1, s2)
1 if s1=s2
2     then return true
3 if s1 平行于 s2
4     then if s2 的一端 a 位于 s1=(a1, b1)为对角线的矩形框内
5             then if (a1, a)与(p, a1)平行
6                     then return true
7 return false
```

算法 4-8　检测两条线段是否部分重合的算法过程

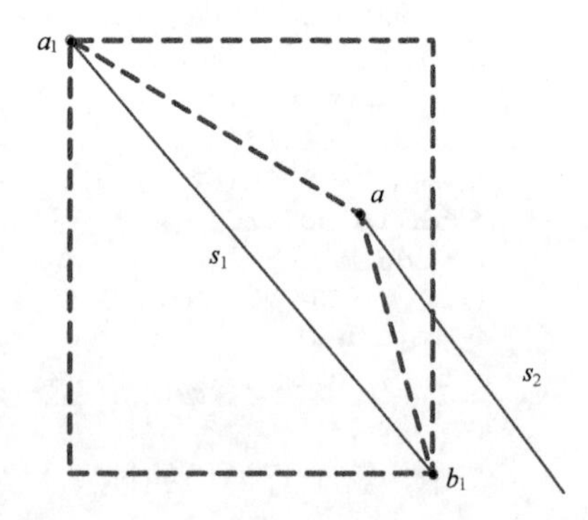

图 4-5　线段 s_1 与 s_2 部分重合的判断

显然，这是一个常数时间的操作。若设各国家边界上的边数平均为 p，则算法 4-7 的运行时间为$\Theta(p^2)$。于是，算法 4-6 中第 6 行是内嵌于第 4～7 行的两重循环内，其运行时间为$\Theta(n^2p^2)$。

对于算法 4-5，第 5 行耗时$\Theta(2^n)$，第 6～9 行的 **while** 循环重复 m 次，每次第 8 行耗时$\Theta(m^n)$，于是该循环耗时决定了算法的运行时间为$\Theta(m^n)$。

解决本问题算法的 C++实现代码存储于文件夹 laboratory/Color the map 中，读者可打开文件 Color the map.cpp 研读，并试运行之。

问题 4-2　Jill 的骑行路径

问题描述

每年，Jill 都要在两个村庄之间做一次骑行旅游。两个村庄之间有多条路径，但 Jill 的体力有限，只适合于在体力允许的里程范围内的线路。给定旅游地图，上面标有各村镇及连接这些村镇的道路（同时还标有这些道路的里程）。Jill 希望罗列出所有适合她体力的路线，以供选择。你的任务是写一段程序，按里程升序列出所有这样的路径。

任意两个村庄之间至多有一条道路连接，道路是双向的，且里程是正值。

不存在从一个村庄直接回到原地的道路。

Jill 只考虑去程，不考虑回程。

Jill 对任何一个村庄都不想经过两次。

Jill 能行进的最远里程不超过 9999。

输入

输入文件包含若干个测试案例。每个案例包含一幅地图，起点和终点村庄以及 Jill 能行进的最大里程。

每一个测试案例数据由若干个被空格或换行符隔开的整数组成。具体格式解释如下：

NV——地图中的村庄数，这个数据至多为 20。

NR——地图中连接两个不同村庄的道路数。

NR 个三元组 C_1，C_2 和 *DIST*，分别表示一条道路连接的两个村庄及其长度。

SV, *DV*——分别表示起点村庄和终点村庄；所有 *NV* 个村庄用 1～*NV* 编号。

MAXDIST——表示 Jill 所能行进的最大里程（单程）。

NR=−1 是输入数据结束标志。

输出

对每一个测试案例，第一行输出 Case 案例号（1，2，…）。然后一行输出一条 Jill 可行的路径。路径以长度开头，后跟从起点开始路径所经过的村庄编号序列，终点为最后一个数。各条路径按长度的升序逐一输出。两条以上路径具有相同里程，则按路径中顶点序列的字典顺序排列。请严格按照输入样例和输出样例的格式输入输出数据。若案例不存在满足条件的路径则输出一行“ NO ACCEPTABLE TOURS”。

案例之间输出一空行。

输入样例

```
4 5
1 2 2
1 3 3
1 4 1
2 3 2
3 4 4
1 3
4

4 5
1 2 2
1 3 3
1 4 1
2 3 2
3 4 4
1 4
10

5 7
1 2 2
1 4 5
2 3 1
2 4 2
```

```
2 5 3
3 4 3
3 5 2
1 3
8

-1
```

输出样例

```
Case 1:
 3: 1 3
 4: 1 2 3

Case 2:
 1: 1 4
 7: 1 3 4
 8: 1 2 3 4

Case 3:
 3: 1 2 3
 7: 1 2 4 3
 7: 1 2 5 3
 8: 1 4 2 3
 8: 1 4 3
```

解题思路

（1）数据输入与输出

按输入文件格式，依次读取其中的每个测试案例的数据。在测试案例的第 1 行读取表示村庄个数与连接村庄的道路数的 *NV* 及 *NR*。设置矩阵 $G=(0)_{NV\times NV}$，在随后的 *NR* 行中，每行读取三元组 C_1，C_2 和 *DIST*，并置 $G[C_1, C_2]$及 $G[C_2, C_1]$为 *DIST*。接着从输入文件中读取起点村庄和终点村庄 *SV* 和 *DV*。最后读取里程数极限 *MAXDIST*。对 *G*、*SV*、*DV* 和 *MAXDIST* 计算 Jill 能骑行的路径列表，并按路径里程的升序，逐行写入输出文件。若没有合适于 Jill 体力的路径，则输出一行“NO ACCEPTABLE TOURS”。循环往复直至读取到 *NV*=−1，意味着输入文件结束。

```
1 打开输入文件 inputdata
2 创建输出文件 outputdata
3 从 inputdata 中读取 NV
4 number←0
5 while NV>0
6   do number←number+1
7   创建 G[1..NV, 1..NV]并初始化为零矩阵
8   从 inputdata 中读取 NR
9   for i←1 to NR
10       do 从 inputdata 中读取 C1, C2, DIST
11          G[C1, C2]←G[C2, C1]←DIST
12  从 inputdata 中读取 SV, DV, MAXDIST
```

```
13    path←{SV}
14    result←JILL-TOUR-PATHS(path, 2)
15    SORT(result)
16    将"Case number"作为一行写入 outputdata
17    if result=∅
18       then 将" NO ACCEPTABLE TOURS"作为一行写入 outputdata
19       else for each r∈result
20                do 将 r 作为一行写入 outputdata
21    在 outputdata 中写入一个空行
22    从 inputdata 中读取 NV
23 关闭 inputdata
24 关闭 outputdata
```

其中，第 12 行调用计算 Jill 的骑行路径列表的过程 JILL-TOUR-PATHS(*path*, 2)，是解决一个案例的关键。

（2）处理一个案例的算法过程

对于一个案例的数据 *G*, *SV*, *DV*, *MAXDIST*，为计算出 Jill 的骑行线路，可以设置一个路径向量 *path*=(SV, v_2, …, v_k)，从与 *SV* 相邻的 v_2 开始依次探索，并跟踪边（SV, v_2）、（v_2, v_3），…，（v_{k-1}, v_k）的长度之和，即路径里程。若 $v_k \neq DV$，且若长度未达到 *MAXDIST* 则进一步搜索，将路径 *path* 扩张到（SV, …, v_k, v_{k+1}），否则回溯到（SV, …, v_{k-1}）。将满足条件的完整合法解 *path*=(SV, v_2, …, DV)及其长度加入 *solutions* 中。搜索完所有可能解， *solutions* 即为所求。对算法 4-4 所示的回溯算法框架稍加修改得到：

```
JILL-TOUR-PATHS(path, k)
1 if path[k-1]=DV
2  then 将 length 插在 path 首部
3        INSERT(solutions, path)
4        return
5 for v←1 to NV
6   do if G[path[k-1], v]≠0 and v∉path
7          then if length+ G[path[k-1], v]≤MAXDIST
8                   then xk ←v
9                        length←length+ G[path[k-1], v]
10                       JILL-TOUR-PATHS(path, k+1)
11                       从 path 中删掉 v
12                       length←length- G[path[k-1], v]
```

算法 4-9 解决“Jill 的骑行路线”问题一个案例的算法过程

其中，第 2 行将 *length* 插在 *path* 的首部，以便于输出前按该元素的升序排序。算法的运行时间为$\Theta(NV^{NV})$。

解决本问题算法的 C++实现代码存储于文件夹 laboratory/Jill’s Tour Paths 中，读者可打开文件 Jillr’s Tour Paths.cpp 研读，并试运行之。

4.3 排列树问题

特殊地，若问题的解向量 $x=<x_1, x_2, \cdots, x_n>$必须是一组已知 n 个值的排列，如 N-后问题，称其为排列树问题。对排列树问题，回溯算法不必像上述算法那样对每一个 x_k 取遍所有 n 个可能的值，而有如下更有效的形式：

```
PERMUTATION-TREE(x, k)
1 if IS-COMPLET(x, k)
2   then INSERT(solutions, x)
3          return
4 for i←k to n
5   do xi ↔ xk                          ▷ 交换 xi 和 xk
6      if IS-PARTIAL(x, k)
7       then PERMUTATION-TREE(x, k+1)
8      xi ↔ xk                          ▷ 还原 xi 和 xk 准备创建下一个不同的排列
```

算法 4-10 排列树算法框架

算法的运行时间为Θ (n!)。

问题 4-3 八元拼图

问题描述

用数字 1～8 填充下列的 8 个圆圈，每个数只用 1 次。两个相连的圆圈不能填写连续数字。

共有 17 对相连的圆圈（见图 4-6）：

```
A-B, A-C, A-D
B-C, B-E, B-F
C-D, C-E, C-F, C-G
D-F, D-G
E-F, E-H
F-G, F-H
G-H
```

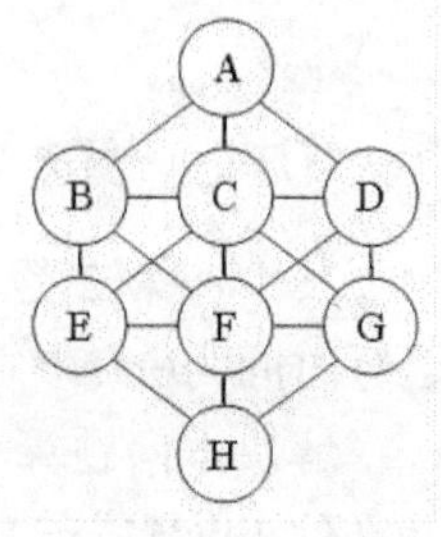

图 4-6 八角拼图

在圆圈 G 和 D 中填充 1 和 2（或填充 2 和 1）是不合法的。因为 G 和 D 是相连的，而 1 和 2 是连续的两个数字。然而，在圆圈 A 中填 8 且在 B 中填 1 是合法的，因为 8 和 1 不是连续数字。

本题中，已有若干个圆圈已填充，你的任务是填充其余各圆圈，来得到一个合法解（如果存在）。

输入

输入的第一行仅含一个整数 T(1 ≤T≤ 10)，表示测试案例个数。每个测试案例有一行数据，这行数据由 8 个 0～8 的数字组成，数字之间用空格隔开，对应 A～H 八个圆圈。0 表示是个空的圆圈。

输出

对每一个测试案例，打印出案例编号，并以与输入一样的格式打印出个圆圈中的数字。如果该案例无解，打印“No answer”。若存在多个合法解，打印“Not unique”。

输入样例

```
3
7 3 1 4 5 8 0 0
7 0 0 0 0 0 0 0
1 0 0 0 0 0 0 0
```

输出样例

```
Case 1: 7 3 1 4 5 8 6 2
Case 2: Not unique
Case 3: No answer
```

解题思路

（1）数据输入与输出

根据输入文件格式，首先从中读取测试案例数 T，然后依次读取 T 个案例数据，每个案例占一行，包含 8 个整数。将这 8 个数组织成一个数组 a。对 a 计算填写八角棋盘的合法方案，若结果中只有一个方案，将计算所得结果作为一行写入输出文件。若有多个可行方案，则将“Not unique”作为一行写入输出文件。若案例没有合法解则向输出文件写入一行“No answer”。

```
1 打开输入文件 inputdata
2 创建输出文件 outputdata
3 从 inputdata 中读取 T
4 for t←1 to T
5     do 创建数组 a[1..8]
6        for i←1 to 8
7           do 从 inputdata 中读取 a[i]
8        result← EIGHT-PUZZLE(a)
9        if result≠∅
10          then if result 中仅有 1 个元素
11                  then 将 result 中的元素作为一行写入 outputdata
12                  else 将"Not unique"作为一行写入 outputdata
13          else 将" No answer "作为一行写入 outputdata
14 关闭 inputdata
15 关闭 outputdata
```

其中，第 8 行调用计算合法填充方案的过程 EIGHT-PUZZLE(a)是解决一个案例的关键。

（2）处理一个案例的算法过程

8 个圆圈及圆圈之间的连接关系对应一个无向图（见图 4-6），将 A～H 编号 1～8 则该无向图可表示为 8×8 矩阵 A，有

$$A=(a_{ij})_{8\times 8}=\begin{pmatrix} 0 & 1 & 1 & 1 & 0 & 0 & 0 & 0 \\ 1 & 0 & 1 & 0 & 1 & 1 & 0 & 0 \\ 1 & 1 & 0 & 1 & 1 & 1 & 1 & 0 \\ 1 & 0 & 1 & 0 & 0 & 0 & 1 & 0 \\ 0 & 1 & 1 & 0 & 0 & 1 & 0 & 1 \\ 0 & 1 & 1 & 1 & 1 & 0 & 1 & 1 \\ 0 & 0 & 1 & 1 & 0 & 1 & 0 & 1 \\ 0 & 0 & 0 & 0 & 1 & 1 & 1 & 0 \end{pmatrix} \tag{4-1}$$

式中，a_{ij}=1 表示顶点 i 和 j 之间相互连接（同时必有 a_{ji}=1），而 a_{ij}=0 表示 i 和 j 之间没有连接（同时必有 a_{ji}=0）。式（4-1）称为该图的邻接矩阵。

任一案例的合法解可表为一个向量 $x=<x_1, x_2, x_3, x_4, x_5, x_6, x_7, x_8>$。各分量构成 1～8 的一个排列。如果问题是计算这个游戏的所有合法解，则很容易理解这是一个排列树问题。解向量 $x=<x_1, x_2, x_3, x_4, x_5, x_6, x_7, x_8>$是{1，2，3，4，5，6，7，8}的一个排列。满足条件：对任意的两个分量 x_i 和 x_j（$i\neq j$），若 x_i，x_j 所在的圆圈相连，有$|x_i-x_j|\neq 1$。则该解向量是合法的。将 $x=<x_1, x_2, x_3, x_4, x_5, x_6, x_7, x_8>$初始化为{1，2，3，4，5，6，7，8}，合法解个数计数器 *count* 初始化为 0，套用解决排列树问题的回溯算法 4-10，可以写出下列伪代码过程。

```
PERMUTATION-TREE (x, k)
1 if k>8
2    then INSERT(solution, x)
3         return
4 for i←k to n
5    do xi ↔ xk                  ▷ 交换 xi 和 xk
6       for j←1 to k-1
7          do if A[j, k]=1 and | xj-xk |=1
8                then break this loop
9       if j=k
10         then PERMUTATION-TREE (x, k+1)
11      xi ↔ xk                  ▷ 还原 xi 和 xk 准备创建下一个不同的排列
```

算法 4-11　解决一般的“八元拼图”问题的回溯算法

算法中，每得到一个合法解，计数器 *count* 自增 1，返回上一层（第 1～3 行）。搜索过程中，对当前顶点 k，通过 $x[k]$与其后的各元素值交换形成所有的可能的排列（第 4～11 行），检测 $x[k]$当前填充值是否满足合法条件，即顶点 k 与 $1,\cdots,k-1$ 中任意之一 j 相连均应有$|x_j-x_k|\neq 1$。这由第 6～8 行的 **for** 循环完成检测，在此循环中只要发现顶点 j（$1\leqslant j<k$）与 k 相连且

所填数字| x_j-x_k |=1，就中断检测（$j<k$）。若从始至终均未检测到此情形，循环结束时必有 $j \geq k$。第 9～10 行由此判断是否进一步探索顶点 k+1。

然而，本问题中，对一个案例而言，解向量有部分分量的值是固定的。所以，算法应当对非固定值的分量构成的子向量进行排列树的回溯探索。例如，输入样例中的案例 1，我们要对由集合{2，6}构成的子向量$<x_7, x_8>$做排列树探索；对案例 2 中集合{1，2，3，4，5，6，8}构成的子向量$<x_2, x_3, x_4, x_5, x_6, x_7, x_8>$做排列树探索；而对案例 3 的集合{2，3，4，5，6，7，8}构成的子向量$<x_2, x_3, x_4, x_5, x_6, x_7, x_8>$做排列树探索。一般地，设$<x_1, x_2, x_3, x_4, x_5, x_6, x_7, x_8>$中子向量$\left\langle x_{i_1}, x_{i_2}, \cdots, x_{i_n} \right\rangle$为确定排列。我们可以将该子向量下标存储到数组 *index* 中，即 $index[1\ldots n]=<i_1, i_2, \cdots, i_n>$。向量 x 中其他元素则是固定不变的。于是问题改变成对 *index* 的排列树搜索。

```
ANOTHER-EIGHT-PUZZLE(a)
1 创建式 4-1 定义的 8 阶方阵 A
2 b←{1, 2, …, 8}, index←∅
3 for i←1 to 8
4     do if a[i]=0
5           then INSERT(index, i)
6           else b←b-{a[i]}
7 solutions←∅, n←length[index]
8 x←a
9 for i←1 to n
10    do x[index[i]]←b[i]
11 PERMUTATION-TREE (x, 1)
12 return solution
```

算法 4-12 解决“八元拼图”一个案例的算法

其中第 11 行调用的排列树搜索过程 PERMUTATION-TREE (x, k)需要对算法 4-11 做如下修改：

```
PERMUTATION-TREE (x, k)
1 if k>8
2    then INSERT(solution, x)
3          return
4 if k∈index                                      ▷x[k]为为确定元素位置
5    then k1←k 在 index 中的下标, n←length[index]
6          for i←k1 to n
7             do x_index[i] ↔ x_k
8          for j←1 to k-1
9            do if A[j, k]=1 and | x_i-x_k |=1
10                then break this loop
11              if j=k
12                 then PERMUTATION-TREE (x, k+1)
13              x_index[i] ↔ x_k
14    else for j←1 to k-1
15          do if A[j, k]=1 and | x_j-x_k |=1
```

```
16            then break this loop
17    if j=k
18       then PERMUTATION-TREE (x, k+1)
```

算法 4-13 $<x_1, x_2, x_3, x_4, x_5, x_6, x_7, x_8>$的子序列$\langle x_{i_1}, x_{i_2}, \cdots, x_{i_n} \rangle$进行排列的算法过程

如前所述，排列操作是对由 *index* 所决定的未确定位置的元素子集进行的。所以需要根据 *k* 是否为确定元素（第 4 行的检测）位置而区别处理。第 5～13 行的操作对应 *k* 为未确定元素位置。它需要在 *index* 中进行排列。第 6～13 行的 **for** 循环就是完成这一任务的，它与算法 4-9 中第 4～11 行的操作意义相近。第 14～18 行的操作是对 *k* 为一确定元素位置添加的操作。这是因为在 *x*[*k*]之前可能加入了新的元素，尚未检测这样的新元素与 *x*[*k*]是否合法。其实，这部分操作前面第 8～12 行的操作是一样的，就是检测 *x*[*k*]与 *x*[1..*k*−1]是否可以构成部分合法解。若是，则进一步探索。

由于算法 4-10 的运行时间是$\Theta(n!)$，所以算法 4-11 的运行时间也是$\Theta(n!)$。进而，算法 4-13 的运行时间以及调用算法 4-13 的算法 4-12 的运行时间也是$\Theta(n!)$。其中，$n=8$。

解决本问题算法的 C++实现代码存储于文件夹 laboratory/Another Eight Puzzle 中，读者可打开文件 Another Eight Puzzle.cpp 研读，并试运行之。

问题 4-4 一步致胜

问题描述

4×4 的一字棋的棋盘有 4 行（从 0 到 3 编号）4 列（也是从 0 到 3 编号）。两个玩家 x 和 o 轮流落子。每一局都是从 x 开始。谁的棋子先占满一行或一列或主对角线或副对角线，谁就赢得游戏。若棋盘布满了棋子，但没有玩家占据一行、一列或一对角线，算平局。

假定轮到 x 下子。如果 x 可以在落子后保证在后面的棋局中无论 o 如何落子，x 都将赢，则 x 可称为必赢。这并不意味着 x 恰在下一步就赢，虽然这也是可能的。x 必赢的意思是 x 有一个策略，无论 o 如何行进，最终都是 x 赢。

你的任务是写一个程序，对给定的一个残局，若轮到 x 下子，确定 x 是否必赢。可以假定，每个玩家至少已经走过两步，任一玩家都尚未赢得游戏，棋盘也没有布满棋子。

输入

输入含有若干个测试案例。以一行仅含一个美元符号的数据表示文件结束。每个测试案例由一行仅含问号的数据开始，后跟 4 行表示棋局的数据，格式如下列的输入案例所示。表示棋局的数据所用的字符为句点.（表示空格子），小写字母 x 及小写字母 o。对每一个测试案例，输出一行表示 x 必赢的第一步落子位置（行号，列号）的数据。若不能必赢，则输出

一行“#####”。输出格式如下列的输出样例所示。

输出

对每一个问题，输出的是必赢方案的第一步落子位置，而不是赢得胜利的步数。按（0, 0），（0, 1），（0, 2），（0, 3），（1, 0），（1, 1），…，（3, 2），（3, 3）的顺序检测必赢，并输出必赢的第一步位置。若有多个必赢策略，输出按此顺序最先发现的必赢策略的第一步位置。

输入样例

```
?
....
.xo.
.ox.
....
?
o...
.ox.
.xxx
xooo
$
```

输出样例

```
#####
(0,3)
```

解题思路

（1）数据输入与输出

根据输入文件格式，依次从中读取各测试案例。每个案例的第1行为起始标志*flag*=“?”。接着是4行描述棋盘格局的字符串，将棋盘数据组织成字符串数组*board*[1..4]。对案例数据*board*计算是否存在x方必赢的首步，若有则将首步位置作为一行写入输出文件，否则输出一行“#####”。循环往复，直至从输入文件中读到*flag*=“$”。

```
1 打开输入文件 inputdata
2 创建输出文件 outputdata
3 从 inputdata 中读取 flag
4 while flag="?"
5   do 创建数组 board[1..4]
6        从 inputdata 中读取一行到 board[i]
7        FIND-WINNING-MOVE(board)
8      if x-force-win=TRUE
9         then 将 win-move 作为一行写入 outputdata
10        else 将"#####"作为一行写入 outputdata
11    从 inputdata 中读取 flag
12 关闭 inputdata
13 关闭 outputdata
```

其中，第7行调用计算x方在给定棋盘格局*board*下必赢首步的过程FIND-WINNING-

MOVE(*board*)，是解决一个案例的关键。

（2）处理一个案例的算法过程

对一个案例而言，将棋盘 *board* 中所有尚未下有棋子的格子（称为棋眼，设有 *n* 个）表示为一个数组 *hole*[1..*n*]。玩家 x 和 o 一个可能的下棋顺序恰是 *hole*[1..*n*]的一个全排列。固定 *hole*[1]，*hole*[2..*n*]的所有排列对应的下棋方式若都使得 x 赢，则此 *hole*[1]就是要求的必赢策略的首步。而 *hole*[1]有 *n* 种不同的可能，所以，我们可以用如下的过程来计算 x 必赢首步。

```
FIND-WINNING-MOVE(board)
1 创建数组 hole←∅
2 for i←1 to 4
3     do for j←1 to 4
4           do if board[i, j]= "."
5                 then INSERT(hole, (i, j))
6 n←length[hole]
7 for i←1 to n
8     do hole[1]↔hole[i]
9        if 前一局 o 没赢 and 不是平局
10        then x-force-win←TRUE
11            return
12        win-move←hole[1]
13        x 在 hole[1]处下一棋子
14        EXPLORE(hole, 2)
15       hole[1]↔hole[i]
```

算法 4-14　解决“一步致胜”问题一个案例的算法

其中，第 10 行中访问的全局变量 *x-force-win* 表示一局中（按以固定的 *hole*[1]开头的 *hole*[2..*n*-1]的所有排列对应的下棋方式），x 必赢的标志。第 12 行中访问的全局变量 *win-move* 表示一局棋的首步。第 14 行调用的 EXPLORE(*k*)过程为对当前的 *hole*[1..*n*-1]进行排列树回溯搜索算法，检测 x 以 *hole*[1]为首步的策略是否必赢。FIND- WINNING-MOVE(*board*)过程运行结束时，若 *x-force-win* 为 TRUE，则 *win-move* 中存储的是 x 必赢首步信息。比照排列树问题算法框架的算法 4-10，回溯过程 EXPLORE 可描述如下：

```
EXPLORE(hole, k)
1 n←length[hole]
2 if k≥n
3   then 作平局标志
4        return
5 for i←k to n-1
6   do hole[i]↔hole[k]
7      x 或 o 在 hole[k]处下棋子并检测记录是否赢
8      if o 赢
9         then return
10     if x 赢
11        then 清除 x 赢标志
12             hole[i] ↔hole[k]
```

```
13        continue this loop
14    EXPLORE(hole, k+1)
15    hole[i]↔hole[k]
```

算法 4-15 解决“一步致胜”问题中的回溯探索算法

算法 4-15 与算法 4-10 一样耗时Θ (n!)。所以，调用它的算法 4-14 的运行时间为Θ (n*n!)。

解决本问题算法的 C++实现代码存储于文件夹 laboratory/Find the Winning Move 中，读者可打开文件 FindtheWinningMove.cpp 研读，并试运行之。C++代码的解析请阅读第 9 章 9.4.1 节中程序 9-47～程序 9-52 的说明。

问题 4-5 订单

问题描述

商场经理对所有货物按表示其种类的标签的字母顺序分类。标签上首字母相同的货物存储于用同一字母标识的货仓。每天，商场经理要把接收到的货物订单一一登记。每一个订单仅需求一种货物。经理按登记的顺序处理订单安排发货。

已经知道经理将处理完今天的所有订单，但并不知道这些订单的登记顺序。计算出经理一天内处理这些订单时所有可能的货仓访问顺序。

输入

输入仅含一行表示各订单所需所有货物的标签首字母（随机顺序）。所有字母都是小写的英文字母。订单数不超过 200。

输出

输出包含商场经理所有可能的对各货仓访问的顺序。每个货仓用一个小写英文字母表示，对货仓的访问顺序表示成这些英文字母组成的一个字符串。对各货仓的每个访问顺序写到输出文件中作为单独的一行。所有这些字符串按字典顺序排列输出（见输出样例）。输出文件的大小不超过 2MB。

输入样例

```
bbjd
```

输出样例

```
bbdj
bbjd
bdbj
bdjb
bjbd
bjdb
```

```
dbbj
dbjb
djbb
jbbd
jbdb
jdbb
```

解题思路

（1）数据输入与输出

由于输入文件仅有一行表示登记了的订单的字符串，从中读取这一个字符串 *s*，根据 *s* 计算经理对货物所有可能的处理顺序。将计算结果按字典顺序按行写入输出文件。

```
1 打开输入文件 inputdata
2 创建输出文件 outputdata
3 从 inputdata 中读取一行 s
4 result←ORDERS(s)
5 SORT(result)
6 for each r∈result
7       do 将 r 作为一行写入 outputdata
8 关闭 inputdata
9 关闭 outputdata
```

其中，第 4 行调用计算货物处理顺序列表的过程 ORDERS(*s*)是解决一个案例的关键。

（2）处理一个案例的算法过程

注意到所有订单符号序列 *s* 中有重复的字符，所以这是一个可重元素集合的全排列问题。解决这一问题最简单的办法是计算出订单符号的全排列，从中剔除重复的序列（例如设置一个无重复元素的集合；用来存储排列结果）。也可以采取以下的方法：对于订单数据 *s*，我们将其中不同的字符析取出来，组成集合 *label*，并记录下每个符号的重复个数。例如，输入案例中 *label* ={("b", 1), ("d", 0), ("j", 0)}}。对 *label* 中的字符构成序列调用算法 4-10 计算出所有的全排列，存于集合 *b*。然后，对 *b* 中每个序列，将 *label* 中有重复的一个字符插入到所有可能的位置上加以拓广（该字符的重复数自减 1），形成新长度增加 1 的序列集合 *b*。循环往复，直至 *label* 中所有字符的重复数为 0。返回 *b* 即为所求。

```
ORDERS(s)
1 m←length[s]
2 label←s 中所有不同字符 c 及其重复个数 n
3 x←label 中的所有字符构成的序列
4 PERMUTATION-TREE(x, 1)
5 b←solution
6 k←length[label]
7 while k<m
8  do for each s∈label
9       do if n[s]>0
10            then c←c[s], n[s]←n[s]-1
11                 k←k+1, b1←∅
```

```
12                    for each x∈b
13                      do n←length[x]
14                          j←1
15                        while j≤n+1
16                          do x1←x
17                            if j≤n
18                              then 在 x1 中 x1[j]前插入 c
19                              else 在 x1 尾部添加 c
20                            INSERT(b1, x1)
21                  b←b1
22 return b
```

算法 4-16 解决“订单”问题的算法

算法中第 4 行调用算法 4-10（将第 1 行的检测条件简化为 *k*>*label* 中元素个数，删除第 6 行的检测条件）对 *label* 中的字符构成序列计算出所有的全排列存于 *solution*，第 7～21 行的 **while** 循环对 *b* 中的序列加以扩展：将 *label* 中有重复的字符依次插入到原序列的各个位置形成完整的订单序列。虽然这是一个 4 重循环，但产生的全排列不超过 *m*!，故算法 4-16 的运行时间为$\Theta(m!)$。

解决本问题算法的 C++实现代码存储于文件夹 laboratory/Orders 中，读者可打开文件 Orders.cpp 研读，并试运行之。

4.4 子集树问题

而对于像 0-1 背包问题那样的如何在一个集合当中选取一个子集合这样的组合问题，解向量 $x=<x_1, x_2, \cdots, x_n>$中的每一个分量 $x_k\in\{0, 1\}$（$1\leq k\leq n$）。此时，回溯算法可简化为如下形式。

```
SUBSET-TREE(x, k)
1 if IS-COMPLET(x, k)
2    then INSERT(solutions, x)
3         return
4 for i←0 to 1                    ▷ 对当前第 k 个分量逐一检测两种可能的情形
5    do xk←i
6       if IS-PARTIAL(x, k)
7          then SUBSET-TREE(x, k+1)
```

算法 4-17 子集树算法框架

算法的运行时间为$\Theta(2^n)$。

问题 4-6 命题逻辑

问题描述

命题是由命题符号及连接词构成的逻辑表达式。命题可以如下递归地进行定义：

所有命题符号（本题中指的是小写的英文字母，即 a～z）是命题。

若 P 是一个命题，则（!P）是一个命题，且称 P 是该命题的直接子命题。

若 P 及 Q 都是命题，则（P&Q），（P|Q），（P-->Q）及（P<->Q）都是命题，且称 P 和 Q 是它们的直接子命题。

其他的都不是命题。

连接词“!”“&”“!”“>”及“<->”分别表示逻辑非、合取、析取、蕴含和等价。命题 P 是命题 R 的子命题，指的是 P=R 或 P 是 Q 的直接子命题、而 Q 是 R 的子命题。

设 P 为一个命题并对 P 中所有命题符号指派布尔[3]值（0 或 1）。这将导致命题中的所有子命题按下列表格的计算意义都获得布尔值。

非	合取	析取	蕴含	等价
!0=1	0&0=0	0|0=0	0-->0=1	0<->0=1
!1=0	0&1=0	0|1=1	0-->1=1	0<->1=0
	1&0=0	1|0=1	1-->0=0	1<->0=0
	1&1=1	1|1=1	1-->1=1	1<->1=1

按此方法，我们可以计算出 P 的值。这个值依赖于对各命题符号的布尔值指派。若 P 含有 n 个不同的命题符号，则有 2^n 个不同的布尔值指派方案。可以用真值表来表示所有的布尔值指派。

一个真值表包含 2^n 行，每行表示一个布尔值指派下各个子命题的布尔值。命题符号的布尔值写在该符号的下方，连接词的布尔值写在该连接词下方正中。

输入

输入包含若干个测试案例。每个案例占一行，包含一个命题，其中每个命题符号、连接词以及括号之间用空格隔开。

输出

对每个测试案例，创建一个真值表。真值表的顶部为命题本身。对每一个布尔值指派计算该命题（包括其子命题）的值，并作为一行加以输出。输出行应与输入的表达式对齐（必要的地方加上空格）。案例之间输出一个空行。

设 s_1，…，s_n 为命题中所有符号按字母表顺序排列的序列。对它们的布尔值指派需按 s_i 取 0 先于取 1，i=1，2，…，n。

输入样例

```
((b --> a) <->((!a)-->(!b)))
```

3乔治·布尔——19 世纪伟大的英国数学家（见题图），创建了符号逻辑学。为纪念他，以他的名字命名逻辑值。

```
((y & a)-->(c|c))
```

输出样例

```
((b --> a)<->((!a)-->(! b)))
 0   1  0   1   1 0  1  1 0
 1   0  0   1   1 0  0  0 1
 0   1  1   1   0 1  1  1 0
 1   1  1   1   0 1  1  0 1

((y & a) -->(c |c))
 0  0  0   1  0 0 0
 1  0  0   1  0 0 0
 0  0  0   1  1 1 1
 1  0  0   1  1 1 1
 0  0  1   1  0 0 0
 1  1  1   0  0 0 0
 0  0  1   1  1 1 1
 1  1  1   1  1 1 1
```

解题思路

（1）数据输入与输出

按输入文件格式，每行一个测试案例。依次从输入文件中读取每个案例表示命题的字符串 *s*，计算出该命题对其中所含命题符号的所有指派下各子命题的真值，按指定的格式（命题串开头，以后每行表示一个指派下的真值）写入输出文件。循环往复，直至输入文件结束。

```
1 打开输入文件 inputdata
2 创建输出文件 outputdata
3 while 能从 inputdata 中读取一行 s
4   do result←BOOLEAN-LOGIC(s)
5        将 s 作为一行写入 outputdata
6        for each r∈result
7            do 将 r 作为一行写入 outputdata
8        向 outputdata 写入一空行
9 关闭 inputdata
10 关闭 outputdata
```

其中，第 4 行调用计算命题 *s* 真值表的过程 BOOLEAN-LOGIC(*s*)是解决一个案例的关键。

（2）处理一个案例的算法过程

对于一个案例数据 *s*，实质上是命题的中缀表达式。本题的任务是计算该表达式中对命题符号的各种可能指派，计算其中各自命题的布尔值。我们在上一章曾经利用二叉树来表示一个表达式，并可借以计算表达式的值。此处，我们依法炮制。现将 *s* 转换成对应的二叉树。二叉树中的每个节点表示一个子命题：连接词为树根 *root*，左值为左子树 *left*，右值为右子树 *right*。

特殊地，命题符号为树根，左右孩子均为空。我们约定，对于单元连接词“!”构成的子命题，左子树为空，仅有右子树。由于 *s* 中所有子命题均带括号，故无需区分各连接词的优先级。

```
TO-PROPOSITION(s)
1 operands←∅
2 operators←∅
3 while 能从 s 中析取一项 item
4  do if item 为一个命题符号
5        then 创建 left、right 均为 NIL，root 为 item 的二叉树 p
6             PUSH(operators, p)
7        else if item="("
8                then 将 item 压入 operators
9                else t←POP(operators)
10                    while t≠"("
11                        do r←POP(operands)
12                           if t≠ "!"
13                              then l←POP(operands)
14                              else l←NIL
15                           创建以 item 为 root，l、r 为 left、right 的二叉树 p
16                           PUSHU(operands, p)
17                           t←POP(operators)
18                 PUSH(operators, item)
19 return POP(operands)
```

算法 4-18　根据命题中缀式 s 构造对应二叉树的算法过程

利用算法 4-18 构造的表示命题的二叉树 *proposition*，对命题中所有命题符号的任一指派 *appoint*，就可通过对 *proposition* 的有序遍历来计算每个子命题的布尔值。假设二叉树中每个节点增设了一个 *value* 属性。

```
CALCULATE(proposition, appoint)
1 if left[proposition]=NIL and right[proposition]=NIL
2    then value[proposition]←root[proposition]在 appoint 中指定的值
3    else if root[proposition]= "!"
4            then CALCULATE (right[proposition], appoint)
5                 value[proposition]←!value[right[poropsition]]
6            else CALCULATE(left[proposition], appoint)
7                 CALCULATE(right[proposition], appoint)
8                 value[proposition]←value[left[poropsition]]与 value[right
                  [poropsition]]相应运算
```

算法 4-19　对命题 *proposition* 中的符号给定指派 *appoint* 计算各子命题布尔值的算法过程

假定 *proposition* 中共有 *n* 个各不相同的命题符号，算法 4-19 中的表示 *proposition* 中各命题符号的所有布尔值指派 *appoint* 可以通过修改算法 4-17 得到。

```
SUBSET-TREE(x, k)
1 if k>n
2    then INSERT(appoints, x)
```

```
3        return
4 for i←0 to 1▷ 对当前第 k 个分量逐一检测两种可能的情形
5   do xk←i
6      if k≤n
7        then SUBSET-TREE(x, k+1)
```

算法 4-20 计算 n 个命题符号所有布尔值指派的回溯算法

算法 4-20 从 k=1 开始，直至运算结束，*appoints* 中保存了 2^n 个长度为 n 的 0-1 序列，也就是 *proposition* 中 n 个命题符号的 2^n 个指派。

对指定的布尔值指派 *appoint* 运行算法 4-19 后，存储于各节点中的 *value* 属性按中序顺序构成的序列就是命题真值表中的一行。回忆上一章中关于二叉树的中序遍历，我们有如下过程。

```
GET-VALUE(proposition)
1 if left[proposition]≠NIL
2     then GET-VALUE(left[proposition])
3 INSET(values, value[proposition])
4 if right[proposition]≠NIL
5     then GET-VALUE(right[proposition])
```

算法 4-21 获取子命题布尔值序列的算法过程

算法 4-21 运行完毕，*values* 中保存了各子命题（包括命题符号）的布尔值构成的中序序列。利用算法 4-18～算法 4-21，我们可以描述如下的解决本问题一个案例的算法过程。

```
BOOLEAN-LOGIC(s)
1 proposition←TO-PROPOSITION(s)
2 n←s 中命题符号的个数
3 appoints←∅
4 SUBSET-TREE(x, 1)
5 table←∅
6 for each appoint in appoints
7    do CALCULATE(proposition, appoint)
8       values←GET-VALUE(proposition)
9       INSERT(table, values)
10 return table
```

算法 4-22 解决“命题逻辑”问题一个案例的算法过程

由于第 4 行调用了耗时为Θ (2^n)的子集树回溯算法过程，所以算法 4-22 的运行时间为Θ (2^n)。解决本问题算法的 C++实现代码存储于文件夹 laboratory/Boolean Logic 中，读者可打开文件 Boolean Logic.cpp 研读，并试运行之。

问题 4-7 整除性

描述

考虑任意整数序列，在数项之间可以加入“+”或“-”，形成一个算术表达式。不同的表达式算得不同的值。例如，对序列 17, 5, −21, 15，有如下所示的 8 个可能的表达式：

$17 + 5 + -21 + 15 = 16$

$17 + 5 + -21 - 15 = -14$

$17 + 5 - -21 + 15 = 58$

$17 + 5 - -21 - 15 = 28$

$17 - 5 + -21 + 15 = 6$

$17 - 5 + -21 - 15 = -24$

$17 - 5 - -21 + 15 = 48$

$17 - 5 - -21 - 15 = 18$

如果在一个整数序列中加入“+”或“−”使得计算结果值能被 K 整除，则称该序列能被 K 整除。在上述的例子中，序列能被 7 整除（17+5+−21−15=−14）但不能被 5 整除。

你要写一个程序确定整数序列的整除性。

输入

输入文件中包含若干个测试案例。每个测试案例的第一行包含两个整数 N 及 K（$1 \leqslant N \leqslant 10000, 2 \leqslant K \leqslant 100$），两数用空格隔开。$N$=0 为输入结束标志。

第二行包含 N 个整数构成的序列。整数之间用空格隔开，各整数的绝对值不超过 10000。

输出

若给定的序列能被 K 整除，向输出文件写入一行“Divisible”，否则输出一行“Not divisible”。

输入样例

```
4 7
17 5 -21 15
0
```

输出样例

```
Divisible
```

解题思路

（1）数据输入与输出

按输入文件格式，依次从中读取整数 N 和 K。然后读取 N 个整数保存在数组 a 中。对数组 a 计算连接 a 中 N 个数据不同运算符序列的运算结果，并检测是否能被 K 整除。计算结果保留在 *result* 中，根据 *result* 决定写入输出文件的内容：若 *result* 为 *true*，输出一行“Divisible”；否则输出一行“Not divisible”。循环往复，直至读到 N=0。

```
1 打开输入文件 inputdata
2 创建输出文件 outputdata
```

```
3 从 inputdata 中读取 N
4 while N>0
5  do 创建数组 a[1..N]
6     从 inputdata 中读取 K
7     for i←1 to N
8        do 从 inputdata 中读取 a[i]
9        result←DIVISABLE(a, K)
10       if result=true
11          then 将"Divisible"作为一行写入 outputdata
12           else 将"Not divisible"作为一行写入 outputdata
13       从 inputdata 中读取 N
14 关闭 inputdata
15 关闭 outputdata
```

其中，第 9 行调用检测 a 中数据用 N−1 个加、减号连接的运算结果能否被 K 整除的过程 DIVISABLE(a, K)是解决一个案例的关键。

（2）处理一个案例的算法过程

对数组 a 和模数 K，由于 N−1 个运算符只用“+”或“−”，所以将各运算符对应一个 0-1 序列：0 对应“+”，1 对应“−”。这样就可以运用算法 4-17 生成这 2^N 个序列。

```
DIVISABLE(a, K)
1 N←length[a]
2 solutions←∅
3 SUBSET-TREE(x, k)
4 for each x∈solutions
5     do sum←a[1]
6        for i←1 to N-1
7           do if x[i]=0
8                 then sum←sun+a[i+1]
9                 else sum←sun-a[i+1]
10      if sum Mod K≡0
11         then return true
12  return false
```

算法 4-23　解决“整除性”问题一个案例的算法过程

算法中第 3 行调用的 SUBSET-TREE(x, k)过程是算法 4-17 经过修改的算法 4-20，耗时Θ (2^N)，所以算法 4-23 的运行时间是Θ (2^N)。本题中数组 a 的元素个数 N（$1 \leqslant N \leqslant 10000$）可能使得算法的运行时间十分惊人。为减少实际要考察的元素个数，进而改善算法的运行时间，可以对 a 做如下的预处理：将每一个整数 $a[i]$（$1 \leqslant i \leqslant N$）替换成 $a[i]$ Mod K，即 $a[i]$除以 K 的余数。若 $a[i]$除以 K 的余数为 0，则意味着 $a[i]$能被 K 整除，将其从 a 中剔除。若有 $a[i]=a[j]$（$i \neq j$），则意味着两者之差能被 K 整除，故可将两者从 a 中剔除。此外，若有 $a[i]+a[j]=K$（$i \neq j$），意味着两者之和能被 K 整除，也可将两者从 a 中剔除。再对缩小了规模的数组 a 运行算法 4-23 可改善运行效率。例如，对输入样例的 a={17, 5, −21, 15}及 K=7，每个元素替换为自身除以 7 后得到 a={3，5，0，1}，剔除元素 0，得 a={3, 5, 1}。由于 3+5−1=7=K，故答案是“Divisible”

解决本问题算法的 C++实现代码存储于文件夹 laboratory/Divisible 中，读者可打开文件 Divisible.cpp 研读，并试运行之。

4.5 用回溯算法解组合优化问题

可以利用回溯算法解决组合优化问题。不难得知，组合优化问题实际上是在合法解中寻找最优解。所以，设置一个最优解 x_{opt} 及其目标值 *value*（若是最小化问题初始化为∞，若是最大化问题初始化为-∞）。同时，为每一个正在探索中的解 *x* 设置一个目标值 *current-value*。探索过程中动态计算 *current-value*，一旦得到一个完整合法解，就与 *value* 比较，决定取舍。算法结束时，跟踪到的 x_{opt} 及 *value* 就是最优的解及其目标值。

例如，对 0-1 背包问题，若每件物品 t_k 除了具有重量 w_k 以外还具有价值 v_k，($1 \leqslant k \leqslant n$)，要求计算窃贼如何行动才能使带走的东西价值最大。这是一个典型的组合优化问题。我们只要对算法 4-3 稍做修改就能得出最优解及其目标值。设置全局量 x_{max}、*current-value*、*weight* 和 *value*。将 *current-value* 和 *weight* 初始化为 0，将 *value* 初始化为-∞。

```
KNAPSACK(x, k)
1 if k>n                                        ▷ 判断是否为完整解
2    then if current-value>max-value
3            then x_max←x, max-value←current-value
4       return
5 for i←0 to 1                                  ▷ 对当前第 k 个物品逐一检测两种可能的情形
6   do x_k ←i
7     if weight+x[k]*w[k] ≤C                    ▷ 部分合法
8        then weight←weight+x[k]*w[k]
9             current-value←current-value+x[k]*v[k]
10            KNAPSACK(x, k+1)                   ▷ 进入下一层搜索
11            current-value←current-value-x[k]*v[k]
12            weight←weight-x[k]*w[k]
```

算法 4-24 0-1 背包问题（组合优化）回溯算法

问题 4-8 盗贼

描述

在布加勒斯特的商业中心有一个很大的银行，银行有一个巨大的地下金库。金库里有 *N* 个编号为 1～*N* 的保险柜。第 *k* 号保险柜中保存着 *k* 块钻石，每块重 w_k、价值 c_k。

约翰和布鲁斯设法潜入了金库。他们当然想拿走所有的钻石，无奈这两个家伙力气有限，最多只能带走重量为 *M* 的物品。

你的任务是帮助约翰和布鲁斯在那些保险箱中选取钻石，使得总重量不超过 M，而价值最大。

输入

输入的第一行仅含一个整数 T——测试案例个数。每个测试案例的第一行含两个整数 N 和 M，两数之间用空格隔开。接着的一行包含 N 个用空格隔开的整数表示 w_k。测试案例的最后一行也包含 N 个用空格隔开的整数表示 c_k。

输出

对每一个测试案例输出一行包含一个表示能带走的钻石最大价值的整数。

输入样例

```
2
2 4
3 2
5 3
3 100
4 7 1
5 9 2
```

输出样例

```
6
29
```

解题思路

（1）数据的输入与输出

根据输入文件格式，先从中读取案例数 T。然后依次读取各案例的数据，首先读取保险柜数和盗贼能背走得最大重量 N 和 M。接着读取 N 个保险柜中钻石块的重量，保存在数组 $w[1..N]$中。再读取 N 个保险柜中钻石块的价值，保存于数组 $c[1..N]$中。对案例数据 w，c 和 M，计算盗贼能带走的最大价值。将计算结果作为一行写入输出文件中。

```
1 打开输入文件 inputdata
2 创建输出文件 outputdata
3 从 inputdata 中读取 T
4 for t←1 to T
5     do 从 inputdata 中读取 N, M
6         创建数组 w[1..N]
7         for i←1 to N
8             do 从 inputdata 中读取 w[i]
9         创建数组 c[1..N]
10        for i←1 to N
11            do 从 inputdata 中读取 c[i]
12        result←THE-ROBBERY(w, c, M)
13        将 result 作为一行写入 outputdata
14 关闭 inputdata
15 关闭 outputdata
```

其中，第 12 行调用的计算盗贼能带走的钻石的最大价值的过程 THE-ROBBERY(*w*, *c*, *M*)是解决一个案例的关键。

（2）处理一个案例的算法过程

对于一个测试案例，由于第 *k* 个盒子里有 *k* 块钻石（$1 \leqslant k \leqslant N$），每块钻石的重量为 w_k，因此这个盒子里的钻石重量可表示为含有 *k* 个元素的集合 $w=\underbrace{\{w_k, w_k, \ldots, w_k\}}_{k}$。相仿地，第 *k* 个盒子中的 *k* 块钻石的价值可表为集合 $c=\underbrace{\{c_k, c_k, \ldots, c_k\}}_{k}$。于是，可将问题转换为如下的 0-1 背包问题，即

$$W=\{w_1, w_2, w_2, \ldots, \underbrace{w_k, \ldots, w_k}_{k}, \ldots, \underbrace{w_N, \ldots, w_N}_{N}\}$$

$$c=\{c_1, c_2, c_2, \ldots, \underbrace{c_k, \ldots, c_k}_{k}, \ldots, \underbrace{c_N, \ldots, c_N}_{N}\}$$

$$M$$

其中，*W* 为物品的重量集合；*C* 为物品的价值集合；*M* 为背包承重量。例如，输入样例中的第一个案例，就对应如下的 0-1 背包问题：

$$W=\{3, 2, 2\}，C=\{5, 3, 3\}，M=4.$$

调用算法 4-24，解此背包问题，所得即为所求。

```
THE-ROBBERY(w, c, M)
1 N←length[w], n←N*(N+1)/2
2 W←∅, C←∅
3 for k←1 to N
4     do for j←1 to k
5            do APPEND(W, w[k])
6               APPEND(C, c[k])
7 创建 x[1..n]
8 current-value←0, weight←0, value←-∞
9 KNAPSACK(x, 0)
10 return value
```

算法 4-25　解决“盗贼”问题一个案例的算法过程

算法中第 9 行调用算法 4-24 的 KNAPSACK(*x*, 0)，耗时$\Theta(2^n)$，故运行时间为$\Theta(2^n)$。解决本问题算法的 C++实现代码存储于文件夹 laboratory/The Robbery 中，读者可打开文件 The Robbery.cpp 研读，并试运行之。C++代码的解析请阅读第 9 章 9.2.1 节程序 9-9～程序 9-12 的说明。

问题 4-9　牛妞玩牌

问题描述

晚夏时节的农场，时光显得如此缓慢。牛妞 Betsy 无

所事事，独自玩一种叫作 solitaire 的扑克牌游戏以消磨时间。众所周知，牛妞的智商与人类的智商不能同日而语。所以与人类玩的 solitaire 牌不同，Betsy 玩的 solitaire 牌没什么挑战性。

牛妞玩的 solitaire，用 $N \times N$ ($3 \leqslant N \leqslant 7$)张普通的扑克牌（4 种花色：梅花、方块、红心及黑桃，13 种点数：A, 2, 3, 4, …, 10, J, Q, K）摆成一个方阵。每块牌用点数（A, 2, 3, 4, …10, J, Q, K）跟花色（C, D, H, S）表示。下列方阵即为一个 $N = 4$ 的例子：

8S AD 3C AC（黑桃八，方块 A，……）

8C 4H QD QS

5D 9H KC 7H

TC QC AS 2D

玩此 solitaire 时，Betsy 从方阵的左下角开始（TC）并做 $2*N-2$ 次或“向右”或“向上”的移动，来到右上角。在此行进的过程中，Betsy 将经过的每张牌的点数累加起来（A 表示点数 1，2，3，…，9 表其自然点数，T 表示 10 点，J 表示 11 点，Q 表示 12 点，K 表示 13 点）。她的目标是得到最大的总点数。

若 Betsy 经过的路径为 TC-QC-AS-2D-7H-QS-AC ，则她得到的总点数是 10+12+1+2+7+12+1=45。若路径为 TC-5D-8C-8S-AD-3C-AC，则得到的总点数为 10+5+8+8+ 1+3+1=36，没有刚才那条路径好。此方阵中最好的成绩应该是 69 点（TC-QC-9H-KC-QD-QS -AC ⇒ 10+12+9+13+12+12+1）。Betsy 就是想知道她能得到的最好成绩是多少。有个傻牛妞曾经告诉过 Betsy 一个秘技：“从结果回到开始”。但是 Betsy 百思不得其解。

输入

*第 1 行：仅含一个整数 N。

*第 2～N+1 行：第 i+1 行罗列出方阵中的第 i 行的 N 块牌。牌面用上述的点数跟花色的方式表示。

输出

*仅含一行：一个表示 Betsy 能得到的最好成绩的整数。

输入样例

```
4
8S AD 3C AC
8C 4H QD QS
5D 9H KC 7H
TC QC AS 2D
```

输出样例

```
69
```

解题思路

（1）数据的输入与输出

根据输入文件格式，首先从中读取方阵规模 N。接下来依次从输入文件中 N 行数据中每行读取 N 组，丢弃其中表示牌的花色的符号，保留表示牌的点数的整数，组织成一个方阵（二维数组）$A[1..N, 1..N]$。计算从 A 的左下角（$A[N, 1]$）开始向右或向上走 $2N$-1 步，走到方阵右上角（$A[1, N]$）经过的路径的最大累加值。将计算所得结果作为一行写入输出文件。

```
1 打开输入文件 inputdata
2 创建输出文件 outputdata
3 从 inputdata 中读取 N
4 创建数组 A[1..N, 1..N]
5 for i←1 to N
6     do for j←1 to N
7            do 从 inputdata 中读取一项 x
8               从 x 中解析出牌点 v
9               A[i, j]←v
10 result←COW-SOLITAIRE(1)
11 将 result 作为一行写入 outputdata
12 关闭 inputdata
13 关闭 outputdata
```

其中，第 10 行调用计算从方阵左下角走到右上角所经路径最大累加值的过程 COW-SOLITAIRE(1)是解决一个案例的关键。

（2）处理一个案例的算法过程

设牌局的点值方阵记为 A，其行、列编号与普通矩阵相同：行自上而下为 1，…，N，列自左向右也为 1，…，N。方阵中第 i 行、第 j 列位置表为$<i, j>$，点值为 $A[i, j]$。牛妞玩牌的一条合法路径可表为向量 $x=<x_1, x_2, \cdots, x_{2N-1}>$。其中 $x_k=<i, j>$（$1\leqslant k\leqslant 2N-1$，$1\leqslant i, j \leqslant N$）。$<x_1, x_2, \cdots, x_k>$合法，当且仅当 x_k 位于 x_{k-1} 之上或右边。因此，从 x_{k-1} 走到 x_k 只需考虑合法的情形：

① 若 i=1，即当前位置在方阵的顶部。这时只能向右走一步，即 $j\leftarrow j+1$。

② 若 $j=N$，即当前位置在方阵的右边缘。这时只能向上走一步，即 $i\leftarrow i-1$。

③ $1<i<N$，$1<j<N$。即当前位置在方阵内部。这时有两种走法：向右一步或向上一步。我们约定先向右走一步探索，然后回到原地再向上走一步探索。

部分解$<x_1, x_2, \cdots, x_k>$的目标值为 $\sum_{t=1}^{k} A[i, j]$，其中$<i, j>=x_t$（$1\leqslant t\leqslant k$）。设置全局量 *value*，表示最优解的目标值，初始化为$-\infty$；设置变量 *current-value*，表示当前解的目标值，初始化为 $A[N, 1]$；设置变量 i, j，表示当前位置，初始化为 N, 1。由于本题仅关心最优解的目标值，甚至无需记录解向量，仅动态地记录当前解的目标值。算法伪代码如下。

```
COW-SOLITAIRE(k)
1 if k>2N-1
2     then if current-value>value
3             then value←current-value
4     return
5 if i=1
```

```
6       then j←j+1                                    ▷已到顶部，只能向右走一步
7            current-value← current-value+A[i, j]
8            COW-SOLITAIRE(k+1)
9            current-value← current-value-A[i, j]
10           j←j-1
11      else if j=N                                   ▷已到右边缘，只能向上走一步
12               then i←i-1
13                    current-value← current-value+A[i, j]
14                    COW-SOLITAIRE(k+1)
15                    current-value← current-value-A[i, j]
16                    i←i+1
17               else j←j+1                           ▷既要向右走
18                    current-value← current-value+A[i, j]
19                    COW-SOLITAIRE(k+1)
20                    current-value← current-value-A[i, j]
21                    j←j-1, i←i-1                    ▷也要从原地向上走
22                    current-value← current-value+A[i, j]
23                    COW-SOLITAIRE(k+1)
24                    current-value← current-value-A[i, j]
25                    i←i+1
```

算法 4-26 解决“牛妞玩牌”问题的回溯算法

由于每一步有 2 种不同的走法，一共要走 $2N$-1 步，所以检测的计算要做 2^{2N-1} 次。因此，算法 4-26 的运行时间为$\Theta(2^N)$。

解决本问题的算法的 C++实现代码存储于文件夹 laboratory/Cow Solitaire 中，读者可打开文件 Cow Solitaire.cpp 研读，并试运行之。

问题 4-10 三角形游戏

问题描述

有 6 个正三角形，三角形的每条边都有编号，如图 4-7 所示。可以平移、旋转每一个三角形，使它们形成一个正六边形。构成的六边形为合法的，要求任意两个相邻三角形的公共边具有相同的编号。游戏中不能将三角形翻转。图 4-8 展示了两个合法的正六边形。

六边形的得分是外边沿的六条边的编号相加之和。我们的任务是找出由 6 个三角形形成的合法六边形的最高得分。

输入

输入包含若干个测试案例。每个案例包含 6 行数据，每行有 3 个介于 1～100 的整数，按顺时针方向表示一个三角形 3 条边的编号，3 个整数之间用空格隔开。测试案例之间由仅含一个星号的一行隔开。最后一个案例之后一行仅含一个美元符。

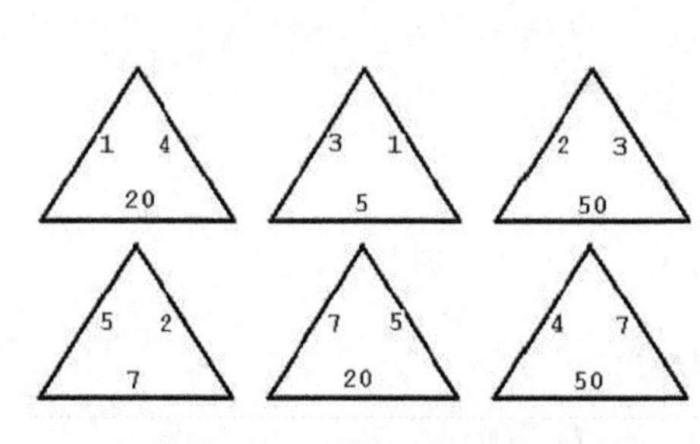

图 4-7 边上带有权值的三角形

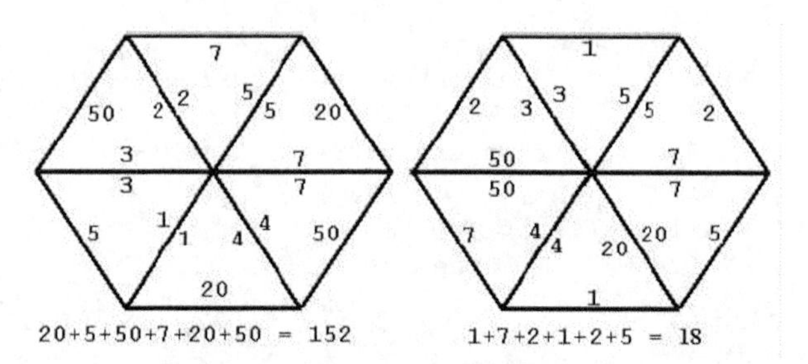

图 4-8 三角形游戏中合法格局的不同权值

输出

对输入的每一个测试案例，若不存在合法的六边形，则输出一行“none”的信息，否则输出一行含合法六边形最高得分的数据。

输入样例

```
1 4 20
3 1 5
50 2 3
5 2 7
7 5 20
4 7 50
*
10 1 20
20 2 30
30 3 40
40 4 50
50 5 60
60 6 10
*
10 1 20
20 2 30
30 3 40
40 4 50
50 5 60
10 6 60
$
```

输出样例

```
152
21
none
```

解题思路

（1）数据的输入与输出

按输入文件的格式，依次读取每个测试案例的数据。每个案例有 6 行数据，每行描述一个三角形的三条边的长度。将这 6 组数据保存在数组 *triple*[1..6]中。对案例数据 *triple*，计算符合体面要求的六角形的最大周长。若存在符合要求的六边形，计算结果为最大的周长，否则为“none”。将计算结果作为一行写入输出文件。一行仅含“*”作为两个案例的分隔，“$”为输入文件的结束标志。

```
1 打开输入文件 inputdata
2 创建输出文件 outputdata
3 ch←"*"
4 while ch≠"$"
5   do 创建数组 triple[1..6]
6     for i←1 to 6
7         do 从 inputdata 中读取 a, b, c
8           t[i]←(a, b, c)
9     result←THE-TRIANGLE-GAME(2)
10    将 result 作为一行写入 outputdata
11    从 inputdata 中读取 ch
12 关闭 inputdata
13 关闭 outputdata
```

其中，第 9 行调用计算合法六边形最大周长的过程 THE-TRIANGLE-GAME(2)是解决一个案例的关键。由于要对 6 个三角形考察所有可能的摆放形式（环状排列：固定第一个元素，其余 5 个元素的全排列），所以是一个排列树回溯算法，顶层调用从 k=2 起。

（2）处理一个案例的算法过程

对每一个测试案例，6 个三角形可视为 6 个元素$\{t_1, t_2, t_3, t_4, t_5, t_6\}$的环状排列（见图 4-9），共有 5！个不同情形（固定第一个元素，其余 5 个元素的全排列即构成 6 个元素的环状排列）。

对于一个排列，相邻两个三角形的摆放方向不同，一个底在下，一个底在上。每个三角形按边的顺序有 3 种不同的摆放方式（见图 4-10），共有 3^6 种不同的情形。我们的目标是在这 5! 3^6 个不同情形中找出所有合法的摆放方式（相邻边的值相同），并计算出外围边长之和的最大者。

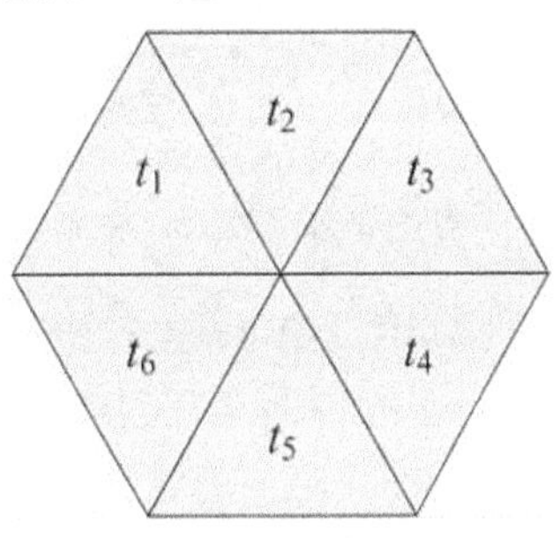

图 4-9 三角形游戏中各三角形的排放形态

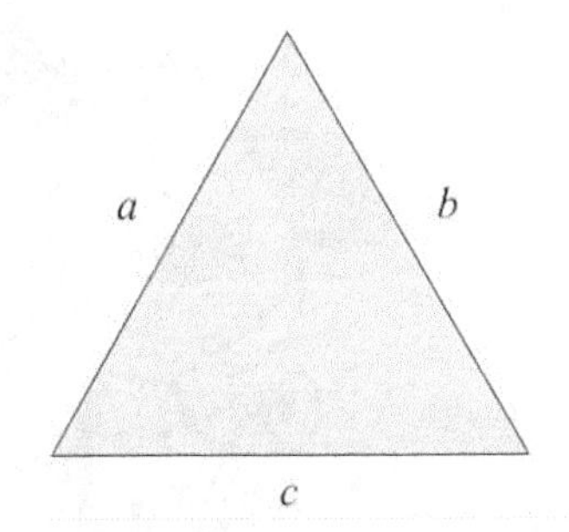

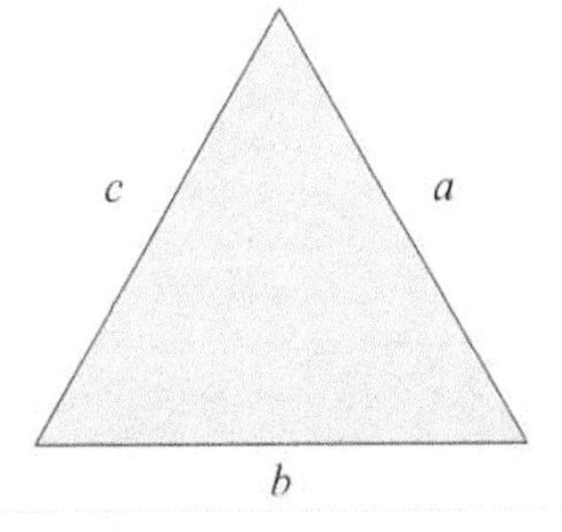

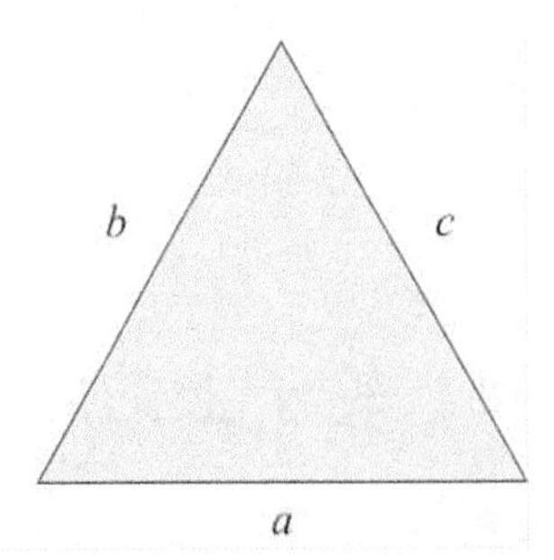

图 4-10 三角形的 3 种不同摆放形态

这样我们必须逐一找出$\{t_1, t_2, t_3, t_4, t_5, t_6\}$的 5！个环状排列，这可以用一个回溯算法算得。

```
THE-TRIANGLE-GAME(k)
1 if k>6
2    then PLAY(1)
3         return
4 for i ← k to 6
5   do ti ↔tk
6      THE-TRIANGLE-GAME  (k+1)
7      ti ↔tk
```

算法 4-27　解决“三角形游戏”问题的回溯算法

顶层的调用为 THE-TRIANGLE-GAME (2)。其中的第 2 行是在得到一个排列后调用过程 PLAY 逐一检测每一个三角形的摆放情形是否合法（与相邻三角形对应边的值相同），对合法的情形跟踪六边形外围和的最大者。这也可以用一个回溯过程解决。

```
PLAY(k)
1 if k>6
2    then sum←六边形外围边之和
3         if sum>max
4            then max←sum
5                 return
6 for i←1to 3
7   do ROTATE(tk)
8      if tk与 tk-1 的相邻边值相等
9         then PLAY(k+1)
```

算法 4-28　探寻“三角形游戏”中一个组合中合法格局的回溯算法

其中，第 3～4 行中访问的变量 *max* 是一个全局量，对每一个测试案例，*max* 初始化为$-\infty$。第 7 行调用过程 ROTATE(t_k)将三角形 t_k 顺时针旋转 120°，变换一个摆放方式。

对一个具有合法六边形的案例，输出最终算得的 *max*，否则（*max* 保持为$-\infty$）输出“none”。由于算法 4-28 的运行时间为 3^6，而算法 4-27 除了自身递归 5！次以外还在第 2 行调用了算法 4-28，故其运行时间为 $5!3^6$。

解决本问题的算法的 C++实现代码存储于文件夹 laboratory/The Triangle Game 中，读者可打开文件 The Triangle Game.cpp 研读，并试运行之。C++代码的解析请阅读第 9 章 9.2.3 节中程序 9-24～程序 9-30 的说明。

问题 4-11　轮子上的度度熊

问题描述

百度楼下有一块很大很大的广场。广场上有很多轮滑爱好者，每天轮滑爱好者们都会在广场上做一种叫作平地花式轮滑的表演。度度熊也想像他们一样在轮上飞舞，所以也天天和他们练习。

因为度度熊的天赋，一下就学会了很多动作。但他觉得只是单独的动作很没意思，动作的组合才更有欣赏性。

平地花式轮滑（简称平花），是穿轮滑鞋在固定数量的标准桩距间做无跳起动作的各式连续滑行。度度熊表演的舞台上总共有 N 个桩，而他也从自己会的动作中挑出了 M 个最好看的。

但事情并没有那么简单。首先每个动作因为复杂度不同，所以经过的桩的个数也不尽相同。

然后，为了保持连贯性，有些动作是接不起来的，所以每个动作都有一个前面能接的动作的列表。更有甚者，有的动作要考虑前两个动作才能确定是否能做出来。因此，动作被分成三类：0 型动作，无论前面是什么动作都能做出来，所以这种动作也能作为起始动作；1 型动作，要考虑前面那个动作才能确定是否能接上；2 型动作，要考虑前面两个动作才能确定是否能接上。

最后，评分也很复杂。每个动作有个单独得分，只要表演过程中做了这个动作就能获得这个分数。有些动作的组合也非常好看，也会有相应的得分。不过要获得某个组合的得分就要在过程中完成这个组合中的所有的动作。但是，这些动作既不要求按顺序完成也不要求连续完成。当然，大家不喜欢重复的动作，所以同一个动作和同一个组合不会获得两次得分。

举个例子，总共有 10 个桩，有以下几个动作：

动作 1：0 型，需要 3 个桩，得分 5。

动作 2：0 型，需要 4 个桩，得分 4。

动作 3：1 型，能接在动作 1 或动作 2 后面，需要 6 个桩，得分 10。

动作 4：2 型，要接在动作 2+动作 1 的后面，需要 4 个桩，得分 30。

组合 1：（动作 1，动作 2，动作 4），得分 15。

组合 2：（动作 1，动作 3），得分 10。

组合 3：（动作 2，动作 3），得分 5。

能配成的方案不少，但有这么几种方案是不行的：

① 动作 2+动作 1+动作 4。虽然，动作 4 分数很多，而且 1，2，4 的组合还能额外获得 15 分。但是，这个方案总共要用 4+3+4=11 个桩，超过了总桩数，所以不行。

② 动作 1+动作 3。同样也完成了一个组合，也满足各个动作要求的限定条件，但是做完后，只过了 9 个桩，没有完成整个表演。这样度度熊会很尴尬的。

最佳方案应该是动作 2+动作 3，满足桩数要求，也满足各个动作前值设定条件。最后得分：单项动作 14 分+组合加分 5 分=19 分。

虽然，度度熊一下就算出来自己应该怎样表演了。但是他还是想考考精通编程的你。

输入

一开始一个整数 $T(1\leqslant T\leqslant 5)$，表示有 T 组测试案例，每个案例的数据格式如下：

第一行有三个整数 N，M，P，分别表示桩数、动作数和组合数。

第二行 M 个 0～2 的整数，表示每个动作的类型。

第三行 M 个整数，表示每个动作需要使用的桩数。

第四行 M 个整数，表示每个动作单项的分数。

接下来 P 行，每行描述一个组合。每行的前两个数是 X，Y（X 表示组合中包含 X 个动作，Y 表示组合能获得的分数）。后面接 X 个数，表示组合中包含的 X 个动作的编号。

再接下来分为 M 块，第 i 块描述第 i 个动作的前置条件。

若第 i 个动作是 0 型的，那么它没有前置条件。所以对应的块是一个空行。

若第 i 个动作是 1 型的，对应的块是一行具有 M 个 0 或 1 的序列 A。若 $A_j=1$，表示动作 i 可以接在动作 j 后面。

若第 i 个动作是 2 型的，对应的块是一个 $M\times M$ 的 0，1 矩阵 A。若 $A_{jk}=1$，表示动作 i 可以接在动作 j+动作 k 的后面。

输出

对每一组数据，输出一个整数，表示度度熊能获得的最高分数。

输入样例

```
1
10 4 3
0 0 1 2
3 4 6 4
5 4 10 30
3 15 1 2 4
2 10 1 3
2 5 2 3


1 1 0 0
0 0 0 0
1 0 0 0
0 0 0 0
0 0 0 0
```

输出样例

```
19
```

提示：给出的每一组输入数据保证至少有一个方案满足要求。

每一组输入数据，$1\leqslant N\leqslant 100$，$1\leqslant M\leqslant 10$，所有动作分数之和在 32 位有符号整数范围之内。每个动作至少需要过 1 个桩。

（1）数据的输入与输出

按输入文件格式，先从中读取案例数 *T*，再依次读取每个案例的数据。对每个案例读取桩数、动作数和组合数 *N*，*M*，*P*。创建数组 *a*[1..*M*]记录 *M* 个动作类型 *type* 所需的桩数 *stick* 和单项得分 *score*。依次读取 *M* 行中各个动作的这三个属性，并加入 *a*。接下来创建数组 *g*[1..*P*]记录 *P* 个分组的成员 *member* 和得分 *score*。依次读取 *P* 行中各分组的这两个属性，加入 *g*。接下来对 *M* 个动作按类型读取该动作的前置信息。0 类为空行，1 类为一向量，2 类为一矩阵。把这些信息作为数组 *a* 中对应元素（表示一个动作）的附加属性 *prev*。依次读取每个动作的前置条件信息，改写 *a* 中对应元素的 *prev* 属性。对案例数据 *a* 和 *g*，计算度度熊可能获得的最高得分 *value*。将计算结果作为一行写入输出文件。循环往复，直至处理完所有 *T* 个案例。

```
1 打开输入文件 inputdata
2 创建输出文件 outputdata
3 从 inputdata 中读取 T
4 for t←1 to T
5     do 从 inputdata 中读取 N, M, P
6        创建数组 a[1..M]
7        for i←1 to M
8          do 从 inputdata 中读取 type[a[i]]
9        for i←1 to M
10         do 从 inputdata 中读取 stick[a[i]]
11       for i←1 to M
12         do 从 inputdata 中读取 score[a[i]]
13       创建数组 g[1..P]
14       for i←1 to P
15         do 从 inputdata 中读取 member[g[i]]
16       for i←1 to P
17         do 从 inputdata 中读取 score[g[i]]
18       for i←1 to M
19         do if type[a[i]]=0
20               then 从 inputdata 中读取一空行
21               else if type[a[i]]=1
22                       then 从 inputdata 中读取向量 x
23                            用 x 中数据填写 prev[a[i]]
24                       else 从 inputdata 中读取矩阵 A
25                            用 A 中数据填写 prev[a[i]]
26       ON-WHEEL(1)
27       将 value 作为一行写入 outputdata
28 关闭 inputdata
29 关闭 outputdata
```

其中，第 26 行调用计算最高得分的过程 ON-WHEEL(1)是解决一个案例的关键。由于要对所有可能的动作序列进行探索，所以这是一个子集树回溯算法，顶层调用从 *k*=1 起。

（2）处理一个案例的算法过程

这是一个子集树问题：*M* 个动作中选哪几个可以满足要求的 *N* 个桩，并使得所得的分数最高。每个动作有类型 *type*、得分 *score*、桩数 *stick* 和前驱动作 *prev* 等 4 个属性。每个花式组合有动作成员 *member* 和得分 *score* 等 2 个属性。*M* 个动作的信息存放在数组 *a*[1..*M*]，而 *P* 个组合存放在数组 *g*[1..*P*]中。所选的动作记录在向量 *actions*[1..*M*]中，*actions*[*k*]=0 表示第 *k* 个动作未选取，而 *actions*[*k*]=1 则表示选取第 *k* 个动作。设置 *sticks* 表示当前已选动作要用到的桩数的和，*current-value* 表示当前所选动作的得分的和，两者均初始化为 0。套用算法 4-15 中子集树算法的框架，我们有如下的伪代码过程。

```
ON-WHEEL(k)
1 if k>M
2     then if sticks=N
3              then GROUP-SCORE(0)
4                   if value<cureent-value+gvalue
5                      then value←cureent-value+gvalue
6          return
7 for i←0 to 1
8     do actions[k]←i
9        if sticks+i*stick[actions[k]]≤N
10          then sticks←sticks+ i*stick[actions[k]]
11               if i=0 or i=1 and (type[a[k]]=1 or
                                   type[a[k]]=2 and actions[1..k-1]∩prev[a[k]]≠∅ or
                                   type[a[k]]=3 and actions[1..k-1]∩prev
                                   [a[k]]=prev[a[k]])
12                  then current-value←current-value+i*score[a[k]]
13                       ON-WHEEL(k+1)
14                       current-value←current-value-i*score[a[k]]
15               sticks←sticks-i*stick[actions[k]]
16        actions[k]←0
```

算法 4-29　解决“轮子上的度度熊”问题的回溯算法

算法中，每得到一个合法的动作组合（第 1～6 行），都要计算出该组合的分组得分，这也需要对动作的各种合理分组进行探索，这也是一个子集树问题。为此，第 3 行调用下列的 GROUP-SCORE 回溯过程进行计算。

```
GROUP-SCORE(k)
1 if k≥P
2    then if gvalue>groups
3            then groups←gvalue
4         return
5 for i←0 to 1
6     do if i=0 or i=1 and actions∩member[g[k]]=member[g[k]]
7          then gvalue←gvalue+i*score[g[k]]
8               GROUP-SCORE(k+1)
9               gvalue←gvalue-i*score[g[k]]
```

算法 4-30　计算“轮子上的度度熊”的一个合法动作组合中最大分组得分的回溯算法

算法 4-30 的运行时间为$\Theta(2^P)$，算法 4-29 的第 3 行调用了算法 4-30，故算法 4-29 的运行时间为$\Theta(2^M2^P)=\Theta(2^{M+P})$。

解决本问题的算法的 C++实现代码存储于文件夹 laboratory/Bear on wheels 中，读者可打开文件 Bear on wheels.cpp 研读，并试运行之。

4.6 加速计算组合优化问题

回溯策略是解决组合问题和组合优化问题的一个通用方法，但如我们前面看到的例子，算法的运行时间都是指数级的。这意味着当解空间规模较大时，利用回溯算法解决问题的时间效率是很低的。要快速地解决组合问题，诀窍在于深入研究问题的特性，利用问题本身所具有的特殊性质来优化算法。下列问题是一个改善算法效率的简单直观的例子，本书下一章将系统地讨论两个快速解决组合优化问题的策略。此例可视为下一章内容的引子。

问题 4-12 三角形 *N*-后问题

问题描述

一个三角形的棋盘，每边可放 N 个棋子。棋盘上的一个皇后，可攻击所在位置与三角形一边平行的一路上的任何棋子。例如，在图 4-14（a）所示的棋盘中，黑色位置为皇后所占，带有阴影的位置即为皇后可攻击的所有位置。所谓三角形 N-后问题，指的是在上述的每边可放 N 个棋子的三角形棋盘上，可最多放置多少个皇后，使得她们不能互相攻击。例如，图 4-11（b）所示的黑色位置就给出了 N=6 的三角形 N-后问题的一个最优解格局。可以证明，规模为 N 的三角形棋盘最多能放置$\lfloor(2N+1)/3\rfloor$个不能相互攻击的皇后。

写一个程序，对给定的三角形棋盘的边长 N，计算最多能摆放的$\lfloor(2N+1)/3\rfloor$个皇后不能互相攻击的位置。

输入

输入含有若干个测试案例。输入的第一行仅有一个表示测试案例的整数 C ($1 \leqslant C \leqslant 1000$)。每个案例占一行，仅含表示棋盘边长的整数 N ($1 \leqslant N \leqslant 1000$)。$C$ 个案例数据按从小到大的顺序排列。

(a) (b)

图 4-11 N=6 的三角形 N-后问题棋盘

输出

对每一个案例，输出的第一行的第一个整数表示案例编号（从 1 开始），空格后是一个

表示输入规模 N 的整数，空格后是一个表示最多能摆放的互不攻击的皇后个数的整数。案例输出从第 2 行开始，每行输出 8 个皇后的位置，最后一行可能不足 8 个位置。皇后位置的输出格式为“[行数，列数]”。位置与位置之间用空格隔开。例如，图 4-11（b）中所示的各皇后的位置可表示为[1,1] [4,2] [5,4] [6,3]。案例之间用一空行隔开。一个案例可能有多于一个正确答案，你的答案不必与输出样例完全相同。

输入样例

```
6
3
6
9
10
14
18
```

输出样例

```
1 3 2
[1,1] [3,2]

2 6 4
[3,1] [4,3] [5,5] [6,2]

3 9 6
[4,1] [5,3] [6,5] [7,7] [8,2] [9,4]

4 10 7
[4,1] [5,3] [6,5] [7,7] [8,2] [9,4] [10,6]

5 14 9
[6,1] [7,3] [8,5] [9,7] [10,9] [11,11] [12,2] [13,4]
[14,6]

6 18 12
[7,1] [8,3] [9,5] [10,7] [11,9] [12,11] [13,13] [14,2]
[15,4] [16,6] [17,8] [18,10]
```

解题思路

（1）数据的输入与输出

按输入文件的格式，先从中读取案例数 C，然后依次读取各测试案例的棋盘规模 N。对第 i 个测试案例，计算出棋盘上$\lfloor(2N+1)/3\rfloor$个不能相互攻击皇后位置，然后将 i，N 及$\lfloor(2N+1)/3\rfloor$作为一行写入输出文件。最后$\lfloor(2N+1)/3\rfloor$个位置每行 8 个写入输出文件。案例之间输出一个空行。

```
1 打开输入文件 inputdata
2 创建输出文件 outputdata
3 从 inputdata 中读取 C
```

```
4 for i←1 to C
5     do 从 inputdata 中读取 N
6       result←TRIANGULAR-N-QUEENS(N)
7       将 i，N 及⌊(2N + 1) / 3⌋作为一行写入 outputdata
8       for j←1 to ⌊(2N + 1) / 3⌋
9           do 向 outputdata 写入[j, result[j]]
10            if j 能被 8 整除
11               then 在 outputdata 中换行
12      向 outputdata 中写入一个空行
13 关闭 inputdata
14 关闭 outputdata
```

（2）处理一个案例的算法过程

对一个案例，我们用矩阵来表示棋盘。不过，对于规模为 N 的棋盘，只需要用到 $N\times N$ 矩阵的主对角线以下（包括主对角线）的部分（见图 4-12）。而对于一个格局，可以用 $a_{ij}=1$ 表示位置（i,j）放置一个皇后，$a_{ij}=0$ 表示位置（i,j）是空的。

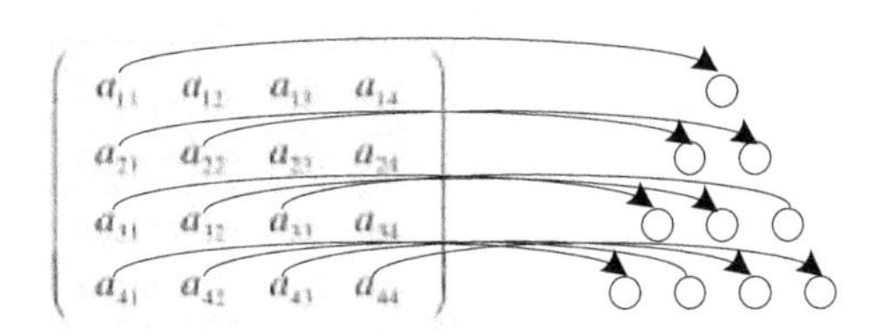

图 4-12　用矩阵的下半部分表示三角形棋盘

这样，按题意为判断两个位置（i_1,j_1），（i_2,j_2）不能相互攻击的条件表示为 $i_1\neq i_2$ 且 $j_1\neq j_2$ 且 $i_1-j_1\neq i_2-j_2$。即两个位置要不同行、不同列且不在同一条与主对角线平行的斜线上。由于棋盘格局只需要反映每一行皇后的放置位置信息，所以和普通的 N-后问题相仿，我们用数组 $x[1..N]$来表示棋盘格局。$x[i]=j$（$0<j\leqslant i$）表示在第 i 行的第 j 列位置上放置了一个皇后，$x[i]=0$ 表示第 i 行上没有放置皇后。由于数组元素下标两两不等，所以判断棋盘上两个位置不能相互攻击的条件简化为 $x[i]\neq x[j]$且 $i-x[i]\neq j-x[j]$。

联想本章开头讨论过的 N-后问题，很容易想到用回溯的方法来解决本问题。然而，真要用回溯算法解决本问题，你会发现当输入案例数据 N 大于 10 时，程序表现得非常慵懒。这是因为回溯算法的运行时间是指数级的，当问题的输入规模（三角形棋盘的边长 N）很大时，计算时间变得让人不能忍受。如前所述，要快速地解决组合问题，需要深入研究问题的特性，利用问题本身所具有的特殊性质来优化算法。对于本问题而言，我们要利用重要结论：规模为 N 的三角形棋盘最多能放置$\lfloor(2N+1)/3\rfloor$个不能相互攻击的皇后。

分三种情况讨论在规模为 N 的棋盘上，如何布局$\lfloor(2N+1)/3\rfloor$个不能相互攻击的皇后。

① $N \bmod 3\equiv 0$，即 N 是 3 的倍数。按归纳假设，棋盘上最多有$\lfloor(2N+1)/3\rfloor$个皇后不能

相互攻击。设 $N=3M$，则$\lfloor(2N+1)/3\rfloor=2M$。我们可以将这 $2M$ 个皇后按下列方式排列：从第 M 行起，以下 M 行每行放一个皇后，放置的位置分别为 1、3、…、$2M$-1 列。这样的 M 个皇后必不能相互攻击，因为它们处于不同行、不同列且位置的行数-列数为 0～M-1 也两两不等。此外，我们从第 $2M$+1 行起，以下 M 行每行放置一个皇后，放置的位置分别为 2、4、…、$2M$ 列。这 M 个皇后不但不能相互攻击，还与上述的 M 个皇后也不能相互攻击，因为它们分处于 $2M$ 个不同列，不同行并且位置的行数-列数为 M～$2M$-1 也两两不等。这样，这 $2M$ 个相互不能攻击的皇后形象地分成上下两排[见图 4-13（a）]。

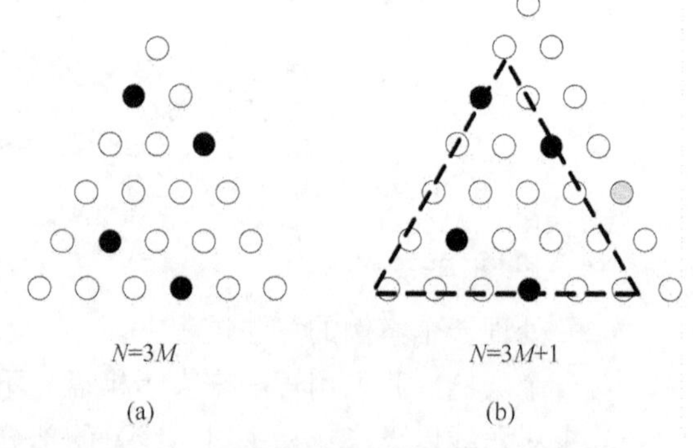

图 4-13　棋盘规模 N=3M 及 N+1 的格局

② $N \bmod 3 \equiv 1$，设 $N=3M+1$。我们在上述规模为 $3M$ 的棋盘格局的右边增加一条腰，扩展成规模为 $N=3M+1$ 的棋盘。在新添的右腰上位置为第 $2M$ 行、第 $2M$ 列处放置一个新的皇后，即上排皇后追加了 1 个（见图 4-13（b），灰色的位置就是添加的新皇后）。这样，$2M$+1 个皇后必不能相互攻击，此恰为我们所需要的结果。

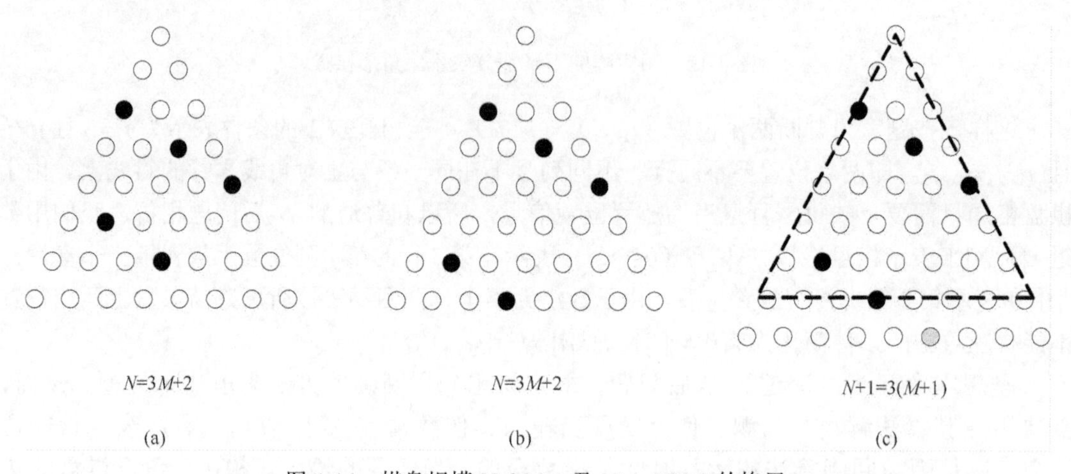

图 4-14　棋盘规模 N=3M+1 及 N+1=3M+2 的格局

③ $N \bmod 3 \equiv 2$，设 $N=3M+2$。此时，$\lfloor(2*N+1)/3\rfloor=2M+1$ 个皇后的格局可维持②的结果，仅在三角形的底部添加一空行（见图 4-14（a））。但这 $2M$+1 个皇后把第 M～$3M$+1 行、第 1～$2M$+1 列及行数-列数为 0～$2M$ 的所有位置全部排除在可扩展之列。因此，对这样的格局不利于在外围（底边、两腰）扩展。为便于棋盘规模的扩展，可以在上下两排皇后之间插入一行（见图 4-14（b））。这样，当棋盘规模 N 再扩大 1 时，回到情形①，只需要在底边加一行，并将新的皇后追加在第二

排皇后的尾部就可以了（见图 4-14（c），灰色的位置就是添加的新皇后）。

这三种情形是周而复始循环出现的，所以如果将棋盘初始化为图 4-15 所示的情形，有如下的算法。

```
TRIANGULAR-N-QUEENS(n)
1  x[1]←1, x[2]←0, x[3]←2             ▷ 棋盘初始格局
2  first-col←1                         ▷ 第一排皇后末尾列号
3  second-row←3, second-col←2          ▷ 第二排皇后的起始行号，末尾列号
4  for k←4 to n
5      do if k Mod 3≡0                 ▷ 情形①
6            then second-col←second-col+2
7                 append second-col to x
8            else if k Mod 3≡1          ▷ 情形②
9                    then insert 0 in x at index second-row
10                        second-row←second-row +1
11                   else insert 0 at front of x▷ 情形③
12                        second-row←second-row +1
13                        first-col←first-col+2
14                        x[first-col] ←first-col
```

算法 4-31 解决三角形 N-后问题快速算法

●

○ ○

○ ● ○

N=3

图 4-15 棋盘的初始格局

算法中变量 *first-col* 表示上排皇后的最后位置的列号，遇到情形③时，在扩展的右腰上添加皇后需要参照该变量的值（第 13～14 行）。变量 *second-row* 和 *second-col* 分别表示下排皇后的起始位置行号和末尾位置列号：遇到情形②时，在两排皇后之间插入空行要用到前者（第 9 行），同时还要对它进行维护（第 10 行）；遇到情形①时，在扩展的底边上就要参照后者添加新的皇后（第 6～7 行）。

算法中，第 4～14 行的 **for** 循环将重复$\Theta(n)$次。循环体中，可能在数组 x 中进行插入操作（第 9 行或第 11 行），在数组中插入元素将耗时$\Theta(n)$。于是，算法 4-31 的运行时间为$\Theta(n^2)$。解决本问题的算法的 C++实现代码存储于文件夹 laboratory/Triangular N-Queens 中，读者可打开文件 Triangular N_Queens.cpp 研读，并试运行之。C++代码的解析请阅读第 9 章 9.5.2 节中程序 9-63～程序 9-64 的说明。

本章讨论了解决组合（优化）问题的回溯策略，给出了一般回溯算法的框架、排列树问题的回溯算法框架以及子集树问题的回溯算法框架。利用回溯策略，我们解决了 12 个有趣的问题。其中，问题 4-1～问题 4-2 可以通过修改一般的回溯算法框架得以解决。问题 4-3～问题 4-5 用到了排列树回溯算法，问题 4-6～问题 4-7 用子集树回溯算法加以解决。问题 4-8～问题 4-11 是四个组合优化问题，为每个合法解设置目标值并跟踪最优目标解，运用回溯算法即可解决。必须指出，回溯算法的运行时间通常是解空间规模的指数级。也就是说，当解空间规模较大时，算法不是有效的。本章的最后一个问题给出了加快解决组合优化问题的一个思路——挖掘问题本身具有的特性，利用特性优化算法。

Chapter 5

动态规划与贪婪策略

在第 4 章里我们看到，虽然回溯算法能解决大多数组合优化问题，但是由于回溯算法的运行时间是指数级的，当问题的解空间规模很大时，就会变得令人无法忍受。实践中，只有当解空间规模较小时，才会考虑运用回溯策略解决组合优化问题。然而，现实中却有很多组合优化问题等待我们去解决，大多数这样的问题的解空间是十分巨大的。目前为止，对大多数组合优化问题而言，还没有一个通用的多项式时间的算法。要想提高解决问题的算法效率，必须探索问题本身具有的特性，充分利用这些特性设计出高效的算法。本章讨论这样的两种策略。

5.1 动态规划

在解决问题 4-12（三角形 *N*-后问题）时我们采取了一种特殊的方法：将棋盘规模为 *N* 的问题看成是对规模为 *N*-1 的问题（称为原问题的子问题）的一个扩展（加一条底边或加一条腰）。利用子问题的解，得到原问题的解。也就是说，从一个规模足够小能直接解得的初始情形开始，自底向上逐层解决子问题，直至到达原问题。这为我们有效地解决组合优化问题提供了一个思路：如果一个问题的最优解可以分解为若干个子问题的解，并且这些子问题的解相对于子问题而言也是最优的（这样的性质称为**最优子结构**），那么我们就可以通过计算子问题的最优解来得到原问题的最优解了。更具体地说，从规模足够小的子问题开始，记录下所有子问题的最优解；利用这些子问题的最优解，根据问题本身的特性（问题的最优解与子问题最优解之间的计算关系），计算出上一层的所有子问题的最优解，并一一记录；以此类推，直至计算出顶层的最优解的值，这个解题规范称为**动态规划**(dynamic programming)。动态规划这一名词的本意是记表计算：将低层的子问题最优解的值记录在一个数据表中，计算上层子问题要用到这些值时，可快速地从表中取得。这恰刻画了这一解题方法的特征。动态规划是一个解决组合优化问题的典型的以空间（记录各层子问题最优解值得数表）换时间的方法。与回溯策略相比，时间效率大大提高。

问题 5-1　数字三角形

问题描述

图 5-1 展示了一个由整数数值构成的三角形。写一个程序计算通过三角形顶端到最底层各数值的最大和数路径中的最大和数。路径中的每一步或左向下，或右向下。路径和数指的是这样的路径中所经过各点的数值之和。

输入

程序从标准的输入文件中读取数据。第一行包含整数 *N*：表示三角形的层数。接着的 *N* 行描述数值三角形。三角形的层数介于 1～100 之间。构成三角形的各个数值介于 0～90 之间。

输出

程序将把数据写入标准输出文件。写入文件的是最大和。

输入样例

```
5
7
3 8
8 1 0
2 7 4 4
4 5 2 6 5
```

```
7
3   8
8   1   0
2   7   4   4
4   5   2   6   5
```

图 5-1　一个数值三角形

输出样例

```
30
```

解题思路

（1）数据输入与输出

按输入文件格式，先从中读取三角形的层数 N。然后依次读取三角形每一层的数据，每层一行，第 i 行有 i 个整数。将三角形数据保存在二维数组 $A[1..N, 1..N]$：第 1 层数据存于 $A[1,1]$，第 2 层数据存于 $A[2,1]$和 $A[2, 2]$，…，第 N 层数据存于 $A[N, 1]$, $A[N, 2]$，…，$A[N, N]$。对存于 A 中的数字三角形计算从顶到底所经路径最大累计和。将计算结果作为一行写入输出文件。

```
1 打开输入文件 inputdata
2 创建输出文件 outputdata
3 从 inputdata 中读取 N
4 创建数组 A[1..N, 1..N]
5 for i←1 to N
6     do for j←1 to i
7           do 从 inputdata 中读取 A[i, j]
8 result← THE-TRIANGLE(A)
9 将 result 作为一行写入 outputdata
10 关闭 inputdata
11 关闭 outputdata
```

其中，第 8 行调用计算 A 中数字三角形自顶到底路径最大累加值的过程 THE-TRIANGLE(A)是解决一个案例的关键。

（2）处理一个案例的算法过程

如前所述，N 层数值三角形数据存放于二维数组 $A[1..N, 1..N]$中，例如：

```
7 * * * *
3 8 * * *
8 1 0 * *
2 7 4 4 *
4 5 2 6 5
```

数组中“*”代表任何数值，它们不参加计算。

对底层的每一个元素 $A[N, i](1\leqslant i\leqslant N)$，计算从顶 $A[1, 1]$到达 $A[N, i]$的最大和路径。然后找出其中的最大者即为所求。从 $A[1, 1]$到 $A[N, i]$有多条可行的路径，每条路径对应一个和数。目标是要找出和数最大的。这是一个组合优化问题，如果用回溯策略来解此问题，则运行时间为$\Theta(2^N)$。此处，我们考虑如何使用动态规划策略。

首先，我们考虑问题的最优子结构特性：

设 p 是从 $A[1,1]$到 $A[i, j]$（$1<i<N, 1\leqslant j\leqslant i$）的一条最大和路径，和数为 s。$A[i-1, j']$是 p 中到达 $A[i, j]$之前的一步，$j'=j$ 或 $j'=j-1$（见图 5-2）。记 p 中从 $A[1, 1]$到 $A[i-1, j']$的部分路径为 p_1，路径的和数为 s_1（显然 $s_1+A[i, j]=s$）。我们断言：p_1 是从 $A[1, 1]$到 $A[i-1, j']$的一条和数最大的路径。这是因为从 $A[1, 1]$ 到 $A[i-1, j']$ 若另有一条路径 p_1'，其和数 $s_1'>s_1$，则将 p_1' 连接到 $A[i, j]$（p_1'的终点 $A[i-1, j']$到 $A[i, j]$仅一步之遥）和数为 $s_1'+A[i, j]>s_1+A[i, j]=s$ 的的路径。此与 p 为从 $A[1,1]$到 $A[i, j]$ 的最大和路径假设矛盾。

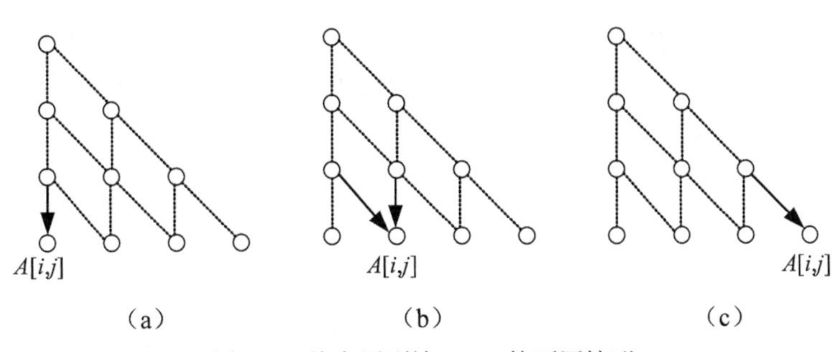

图 5-2　从上层到达 $A[i, j]$的不同情形

例如，在输入样例中，从 $A[1,1]$到 $A[5,3]$的最大和路径 7，3，8，7，2 中，7，3，8，7 是该路径中 $A[1,1]$到 $A[4,2]$的最大和路径。

利用此最优子结构性质，设 $m[i, j]$表示从 $A[1, 1]$到 $A[i, j]$的最大和数路径的和数。则

$$m[i,j]=\begin{cases} A[1,1] & i=1, j=1 \\ m[i-1,1]+A[i,j] & 1<i\leqslant N, j=1 \\ m[i-1,i-1]+A[i,j] & 1<i\leqslant N, j=i \\ \max\{m[i-1,j-1], m[i-1,j]\}+A[i,j] & 1<i\leqslant N, 1<j<i \end{cases} \quad (5\text{-}1)$$

式中第 1 行表示的是最底层的唯一的子问题的最优解值。第 2 行表示的是图 5-2（a）所示情形（$A[i, j]$位于三角形的左腰上）下最优解值的计算。第 3 行对应图 5-2（c）所示情形（$A[i, j]$位于三角形的右腰上）下的最优解值的计算。第 4 行对应图 5-2（b）所示情形下的最优解值的计算。用此关系式，我们得出计算数值三角形问题最优解的动态规划算法如下。

```
THE-TRIANGLE(A)
1 N←row[A]
```

```
2 创建二维数组 m[1..N, 1..N]
3 m[1,1]←A[1,1]
4 for i←2 to N
5     do for j←1 to i
6             do if j=1
7                    then m[i,j]←m[i-1,1]+A[i,j]
8                    else if j=i
9                            then m[i, j] ←m[i-1,i-1]+A[i, j]
10                           else m[i, j] ←max{m[i-1,j-1],m[i-1,j]}+A[i, j]
11 return max{m[N,1], m[N,2], …, m[N, N]}
```

算法 5-1　解决“数值三角形”问题的动态规划算法

该算法的运行时间是Θ (N^2)，相对于回溯算法而言，效率的提高是飞跃式的。

解决本问题算法的 C++实现代码存储于文件夹 laboratory/The Triangle 中，读者可打开文件 The Triangle.cpp 研读，并试运行之。

组合优化问题的最优子结构揭示了该问题的最优解与其子问题的最优解之间的关系。借助这个关系，我们可以考虑如何通过解决子问题来达到解决问题的本身。需要注意的是，并非所有的组合优化问题都具有最优子结构特性。例如，在有向图 $G=<V, E>$中考虑从 u 到 v 的包含最多条边的简单路径。这是一个组合优化问题但它却不具有最优子结构特征，我们用一个例子加以说明。如图 5-3 所示。

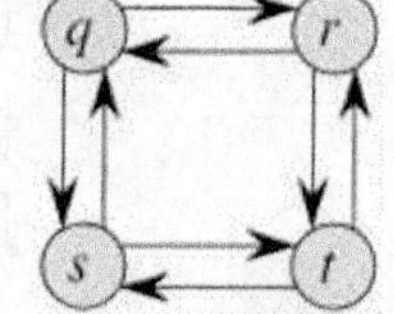

图 5-3　有向图的最长简单路径

在图 5-3 中，路径 $q\to r\to t$ 是 q 到 t 的最长简单路径，但子路径 $q\to r$ 却不是 q 到 r 的最长简单路径（$q\to s\to t\to r$），子路径 $r\to t$ 也不是 r 到 t 的最长简单路径（$r\to q\to s\to t$）。由此可见，要用动态规划策略解决组合优化问题，必须仔细研究问题本身是否具有最优子结构特性。

问题 5-2　形式语言

问题描述

Noam Chomsky 是一位语言学家（见题图）。1956～1959 年，他正在探索人与语言之间是否存在一种自然的联系，语言的转换与生成的语言学理论由此而创建。该理论的核心是，语言可以通过对一个字母集合及按数学方式定义在该字母集合上的语法规则推演而成。而且，他还按语法规则的复杂性定义了 Chomsky 层次结构。他研究出了正则语法或正则表达式、上下文无关语法、上下文敏感语法及短语结构语法等四种主要的语法类型。后来，很多计算机科学家展示出了这些语法对各种语言的等价性以及一些计算模型。这些计算模型分别为有限自动机、下推式自动机、线形有界自动机和图灵机等。

这些科研成果已经对计算机科学产生了深远的影响。一方面，由于 Chomsky 的理论语言学研究从结构主义进入了一个新的转换与生成时期。不久前一些科学家给出了语法的严格的数学分析方法，并运用 Chomsky 理论实现了计算机程序设计语言的编译系统。另一方面，人们拓展了对基于语言与计算机之间关系的计算模型认知。事实上需要对各种应用开发各式各样的计算模型。

X 大学的 P 教授，在研究机器语言的过程中提出了一个自己定义的小规模语言 L。

∑是一个有限字母集，∑={'a'～'z'}∪{'A'～'Z'}。

W 是一个单词集合，其中的每一个单词均由字母表∑中的字母组成，W 定义如下：

① $\forall\alpha\in\Sigma$，$\alpha\in W$。

② α_1，$\alpha_2\in W$，$\alpha_1\cup\alpha_2\in W$。此处的∪表示单词的连接。

③ 每一个单词只能按①、②规则生成。

在模拟过程中，教授要求他的学生设计一个程序，希望得到如下的功能：

若有关于∑的文本 P，以及单词词汇 $T\subseteq W$，计算 T 中能顺序连接构成 P 的最少单词数。

输入

输入的第一行是一个正整数 $N(1<N)$，表示测试案例数。每个案例的第一行是文本 P。第二行包含一些单词，单词之间用一个空格隔开。这些单词各不相同，构成词汇集合 T。T 中至多有 450 个单词，每个单词的长度不超过 20。

输出

对每一个测试案例，输出一行表示在文本 P 中出现的最小单词数。若文本中含有不在字母表∑中的字符或测试案例不含有解，或测试案例没有结果，则输出一行信息“Error”。

输入样例

```
3
ABCDEFA
A B C D AB BCD EF DE EFA
RRGYBR123GYB
R G B Y RR
RRGYBR
R G B
```

输出样例

```
3
Error
Error
```

解题思路

（1）数据输入与输出

按输入文件格式，首先从中读取案例数 N。依次读取每个案例的数据，第一行为文本 P，在第二行中读取词汇集合 T。对 P 和 T 计算 P 中所含最小单词数，将计算结果作为一行写入输出文件。若不存在这样的解，输出一行“Error”。

```
1 打开输入文件 inputdata
2 创建输出文件 outputdata
3 从 inputdata 中读取 N
4 for i←1 to N
5     do 从 inputdata 中读取一行 P
6        从 inputdata 中读取一行 S
7        创建词汇集合 T←∅
8        while 能从 S 中析取单词 w
9           do INSERT(T, w)
10       result←ASK-A-HELP(P, T)
11       if result 为一正整数
12          then 将 result 作为一行写入 outputdata
13          else 将"Error"作为一行写入 outputdata
14 关闭 inputdata
15 关闭 outputdata
```

其中，第 10 行调用计算 P 中包含最小单词数的过程 ASK-A-HELP(P, T)是解决一个案例的关键。

（2）处理一个案例的算法过程

对一个案例而言，这是一个组合优化问题。因为一段文本 P 针对单词集 T，可以划分成不同的单词序列（有多个可能解），每个序列均对应一个长度（每个解对应一个目标值），计算单词划分序列的最短长度（计算最优值）。

将文本 $P[1..n]$中第 i 个字符到第 j 个字符的部分记为 $P[i..j]$。考虑 $P[i..j]$的最小单词划分，记为 $s_{i,j}$。即 $s_{i,j}\subseteq T$，$s_{i,j}$ 中所有单词顺序连接成 $P[i..j]$，是满足这两个条件的含单词数最小的集合。本问题的最优子结构可描述为：

设 $P[k+1..j]$是该划分 $s_{i,j}$ 中最后一个单词，则在 $s_{i,j}$ 中去除最后一个单词后得到的部分 $s_{i,k}$ 是 $P[i..k]$的一个最优单词划分。

可以用反证法说明这一事实。若否，设 $s'_{i,k}$ 是 $P[i..k]$的一个最优单词划分，则$|s'_{i,k}|<|s_{i,k}|$。令 $s'_{i,j}=s'_{i,k}\cup\{P[k+1..j]\}$，则必为 $P[i..j]$的一个单词划分，且$|s'_{i,j}|=|s'_{i,k}|+1<|s_{i,k}|+1=|s_{i,j}|$。此与 $s_{i,j}$ 是 $P[i..j]$的最优单词划分矛盾。

设 $f[i,j]$为 $s_{i,j}$ 所含单词个数。根据上述说明的最优子结构，得

$$f[i,j]=\begin{cases}0 & i>j\\ \infty & i\leqslant j\text{且}P[i..j]\text{中无单词}\\ \min\limits_{i\leqslant k\leqslant j\text{且}P[k+1..j]\text{为单词}}\{f[i,k]+1\} & i\leqslant j\end{cases} \tag{5-2}$$

其中，第 1 行表示最底层的子问题（$P[i..j]$中没有字母）最优解的值。第 2 行表示 $P[i..j]$中没有单词的情形。第 3 行就是上述最优子结构的形式化表示。我们的目标是计算 $f[1, n]$，

用下列的自底向上记表计算过程即可算得 $f[1, n]$的值。

```
ASK-A-HELP(P, T)
1 if P中或T中有字符不属于∑
2   then return∞
3 for i←0 to n
4     do for j←0 to i
5           do f[i, j]←0
6 for l←1 to n
7     do for i←1 to n-l
8          do j←i+l, q←∞
9             for k←i to j
10              do if P[k..j]∈T and f[i, k-1]+1<q
11                    then q←f[i, k-1]+1
12            f[i, j]←q
13 return f[1, n]
```

算法 5-2 解决“形式语言”问题的动态规划算法

算法的运行时间是$\Theta(n^3)$。

解决本问题算法的 C++实现代码存储于文件夹 laboratory/Ask a Help 中，读者可打开文件 Ask a Help.cpp 研读，并试运行之。

人们长期研究各种组合优化问题的动态规划算法，积累了很多经典算法。这些算法不仅解决了针对的具体问题，也成为解决性质相同或相仿问题的解法。下面我们来看两个著名问题的动态规划算法。

5.2 0-1 背包问题的动态规划算法

回顾 0-1 背包问题：给定整数数组 $w=\{w_1, w_2, \cdots, w_n\}$，$v=\{v_1, v_2, \cdots, v_n\}$和正整数值 C，计算满足 $\sum_{i=1}^{n} x_i w_i \leqslant C$ 且使得 $\sum_{i=1}^{n} x_i v_i$ 最大的向量$<x_1, x_2, \cdots, x_n>$($x_i \in \{0, 1\}, i=1, 2, \cdots, n$)。如前所述，要用动态规划策略解决组合优化问题，首先需要证实该问题满足最优子结构。0-1 背包问题的最优子结构可描述如下。

若$<x_1, x_2, \cdots, x_n>$是 $w=\{w_1, w_2, \cdots, w_n\}$，$v=\{v_1, v_2, \cdots, v_n\}$和 C 的一个最优解：

① 若 $w_n>C$，则$<x_1, x_2, \cdots, x_{n-1}>$是 $w=\{w_1, w_2, \cdots, w_{n-1}\}$，$v=\{v_1, v_2, \cdots, v_{n-1}\}$和 C 的一个最优解。

② 若 $w_n \leqslant C$ 且 $x_n=0$，则$<x_1, x_2, \cdots, x_{n-1}>$是 $w=\{w_1, w_2, \cdots, w_{n-1}\}$，$v=\{v_1, v_2, \cdots, v_{n-1}\}$和 C 的一个最优解。

③ 若 $w_n \leqslant C$ 且 $x_n=1$，则$<x_1, x_2, \cdots, x_{n-1}>$是 $w=\{w_1, w_2, \cdots, w_{n-1}\}$，$v=\{v_1, v_2, \cdots, v_{n-1}\}$和 $C-w_n$ 的一个最优解。

上述 3 个结论可分别解释为：①若第 n 件物品的重量大于背包承重量，则可无视第 n 件物品。②若原问题的最优解中不含第 n 件物品，则原问题的最优解的前 n−1 个分量构成由前 n−1 个物品及原背包形成的子问题的最优解。②若原问题最优解包含第 n 件物品，则原问题的最优解的前 n−1 个分量构成由前 n−1 个物品及原背包承重量减小（因为里面已经装了第 n 件物品）形成的子问题的最优解。这 3 种情形涵盖了所有可能的情况，并且每种情形中原问题的最优解所含的子问题的解都解释为相应子问题的最优解，所以 0-1 背包问题满足最优子结构性质。

设 $m[i, j]$表示子问题 $w=\{w_1, w_2, \cdots, w_i\}$，$v=\{v_1, v_2, \cdots, v_i\}$和 j 的最优解的值，根据最优子结构性质有

$$m[i,j]=\begin{cases}0 & i=0\text{或}j=0\\ m[i-1,j] & i>0\text{且}w_i>j\\ \max\{v_i+m[i-1,j-w_i],m[i-1,j]\} & i>0\text{且}w_i\le j\end{cases} \tag{5-3}$$

式中，第 1 行表示最底层子问题最优解（无物或无包）的值；第 2 行表示的是最优子结构中的情形①；第 3 行表示的是最优子结构的情形③。

```
KNAPSACK(v, w, C)
1 n←length[v]
2 for j←0 to C
3     do m[0, j] ←0
4 for i←1 to n
5     do m[i, 0] ←0
6        for j←1 to C
7            do m[i, j] ←m[i-1, j]
8              if wi ≤ j
9                then if vi + m[i-1, j - wi] > m[i-1, j]
10                       then m[i, j] ←vi + m[i-1, j - wi]
11 return m
```

算法 5-3　计算 0-1 背包问题中最大价值的动态规划算法

过程 KNAPSACK 中，第 2～3 行的 **for** 循环耗时 $\Theta(n)$，第 5～10 行的两个嵌套的 **for** 循环，外层重复 n 次，里层重复 C 次，循环体内消耗常数时间，所以该过程的时间复杂度是 $\Theta(nC)$。读者可利用算法 5-3 重解上一章中问题 4-8“盗贼”。

问题 5-3　温馨旅程

问题描述

五一小长假即将来临，阿黎和阿美打算假期乘着明媚的春光出去旅行。由于假期比较长，路上需要带很多的东西。阿美和阿黎各自都有一个足够大的背包，他们商量着要把诸如食品、饮料、帐篷、毛毯等物品都放到这两个背

包里带在身边。他们相互关爱，不愿让对方比自己更累，想把行李分成重量相当的两份各自携带。当然，阿黎认为自己背包里物品的重量一定不能比阿美的轻。

输入

输入文件包含若干个测试案例。每个案例的第 1 行包含一个表示要带上的物品件数的整数 $N(1\leqslant N\leqslant 100)$。案例的第 2 行包含 N 个不超过 100000 的整数，表示每件物品的重量。

输出

对每个测试案例，输出两个整数，分别表示阿美和阿黎背包的重量。输出的格式如样例所示。

输入样例

```
2
5 6
3
1 3 5
```

输出样例

```
Case 1: 5 6
Case 2: 4 5
```

解题思路

（1）数据输入与输出

按输入文件的格式，依次读取每个案例的数据，读取第 i 个案例的第一行中的物品数 N，然后在第二行中读取 N 个表示各物品重量的整数，存于数组 $w[1..N]$。对案例数据 w 计算阿黎、阿美最接近分担的重量，将计算结果按格式“Case i: 阿美负担 阿黎负担”作为一行写入输出文件。循环往复，直至输入文件中无数据可读为止。

```
1 打开输入文件 inputdata
2 创建输出文件 outputdata
3  num←1
4  while 能从 inputdata 中读取 N
5    do 创建数组 w[1..N]
6       for i←1 to N
7           do 从 inputdata 中读取 w[i]
8       result←HAPPY-TRAVEL(w)
9       将"Case num: result"作为一行写入 outputdata
10      num←num+1
11 关闭 inputdata
12 关闭 outputdata
```

其中，第 8 行调用计算阿黎、阿美最接近分担重量的过程 HAPPY-TRAVEL(w)是解决一个案例的关键。

（2）处理一个案例的算法过程

本题目实际上是要求一个整数集合 w（各件行李的重量）的一个划分：A_1 和 A_2（分别

表示阿美和阿黎携带的各件行李的重量），$A_1 \cap A_2 = \varnothing$，$A_1 \cup A_2 = w$，使得 A_1 和 A_2 的元素之和间的差最小（两人相互爱护尽量不让对方比自己更累）。

设 w 中物品的重量$\{w_1, w_2, \cdots, w_n\}$之和为 W。若将 w 中物品的重量$\{w_1, w_2, \cdots, w_n\}$同时视为这些物品的价值，并设 $W/2$ 为背包承重量 C，则可以把这个问题转化为一个 0-1 背包问题：在 $\sum_{i=1}^{n} x_i v_i \leqslant C$ 的限制下，使 $\sum_{i=1}^{n} x_i v_i$ 的值最大。解此问题所得到的解就是阿美的背包重量，剩下的就是阿黎要背走的。直接调用算法 5-3 即可得到此解。

```
HAPPY-TRAVEL(w)
1 n←length[w]
2 copy w to v
3 W← ∑_{i=1}^{n} x_i v_i
4 C←W/2
5 m←KNAPSACK(v, w, C)
6 a←m[n, C], b←W-a
7 return (a, b)
```

算法 5-4　解决“温馨旅程”问题一个案例的算法过程

由于算法中第 5 行调用了算法 5-3，所以算法 5-4 的运行时间为 $\Theta(nC)$。解决本问题算法的 C++实现代码存储于文件夹 laboratory/Happy Travel 中，读者可打开文件 Happy Travel.cpp 研读，并试运行之。

5.3 最长公共子序列问题的动态规划算法

已知序列的**子序列**是在已知序列中去掉零个或多个元素后形成的序列。例如，$Z = <B, C, D, B>$是 $X = <A, B, C, B, D, A, B>$的一个子序列。

给定两个序列 X 和 Y，若 Z 同时为 X 和 Y 的子序列，我们说序列 Z 是 X 和 Y 的一个公共子序列。X 和 Y 的公共子序列中长度最大者，称为 X 和 Y 的**最长公共子序列**。例如，若 $X = <A, B, C, B, D, A, B>$ 且 $Y = <B, D, C, A, B, A>$，序列$<B, C, A>$是 X 和 Y 的一个公共子序列。然而，它不是 X 和 Y 的一个最长公共子序列，这是因为它的长度为 3，而长度为 4 的序列$<B, C, B, A>$也是 X 和 Y 的一个公共子序列。序列$<B, C, B, A>$是 X 和 Y 的一个最长公共子序列，$<B, D, A, B>$也是，这是因为没有长度为 5 或更大的公共子序列了。

为了考察这个问题能否用动态规划的方法加以解决，需要验证该问题是否具有最优子结构。为此，定义序列 X 的第 i 个**前缀**为 $X_i = <x_1, x_2, \cdots, x_i>$，$i = 0, 1, \cdots, m$。例如，若 $X = <A, B, C, B, D, A, B>$，则 $X_4 = <A, B, C, B>$，而 X_0 是空序列。最长公共子序列问题具有如下最优子结构特征。

设 $Z = \langle z_1, z_2, \cdots, z_k \rangle$为序列 $X = \langle x_1, x_2, \cdots, x_m \rangle$和 $Y = \langle y_1, y_2, \cdots, y_n \rangle$的任一最长公共子序列。

① 若 $x_m = y_n$，则 $z_k = x_m = y_n$ 且 Z_{k-1} 是 X_{m-1} 和 Y_{n-1} 的一个最长公共子序列。

② 若 $x_m \neq y_n$，且 $z_k \neq x_m$，则 Z 是 X_{m-1} 和 Y 的一个最长公共子序列。

③ 若 $x_m \neq y_n$，且 $z_k \neq y_n$，则 Z 是 X 和 Y_{n-1} 的一个最长公共子序列。

结论①说明若 X, Y 的最后一个元素相等，则最优解 Z 去掉最后一个元素剩下部分 Z_{k-1} 是子问题 X_{m-1}，Y_{n-1} 的最优解。

结论②说明若 X, Y 的最后一个元素不相同，且 X 的最后一个元素与最优解 Z 的最后一个元素不同，则 Z 是子问题 X_{m-1}, Y 的最优解。结论③说明的情形是与结论②对称的。这 3 种情形涵盖了 Z 作为 X, Y 的最优解可能发生的所有情况，说明了 Z 含有的子问题的解关于子问题是最优的。

设 $c[i, j]$为子序列 X_i 和 Y_j 的最长公共子序列的长度。若 $i = 0$ 或 $j = 0$，这两个子序列中至少有一个的长度为 0，所以最长公共子序列的长度为 0。根据最长公共子序列问题的最优子结构可得出下列递归式

$$c[i,j]=\begin{cases} 0 & i=0\text{或 } j=0 \\ c[i-1,j-1]+1 & i,j>0\text{且}x_i=y_j \\ \max\{c[i,j-1],c[i-1,j]\} & i,j>0\text{且}x_i\neq y_j \end{cases} \tag{5-4}$$

式中，第 1 行表示最底层子问题（X_i 或 Y_j 为空）最优解的值；第 2 行表示最优子结构中的情形①。第 3 行表示最优子结构中的情形②和③。

用动态规划策略，自底向上计算 $c[i, j]$，直至算出 $c[m, n]$。注意，在此定义中，二维表 c 的行标和列标都是从 0 开始编号的。

```
LCS-LENGTH(X, Y)
1 m ← length[X]
2 n ← length[Y]
3 for i ← 1 to m
4     do c[i, 0] ← 0
5 for j ← 0 to n
6     do c[0, j] ← 0
7 for i ← 1 to m
8     do for j ← 1 to n
9             do if xi = yj
10                then c[i, j] ← c[i - 1, j - 1] + 1
11                else if c[i - 1, j] ≥ c[i, j - 1]
12                        then c[i, j] ← c[i - 1, j]
13                        else c[i, j] ← c[i, j - 1]
14 return c
```

算法 5-5 计算两个序列的最长公共子序列的动态规划算法

算法中，第 3～6 行的两个并列 **for** 循环完成式（5-4）中第 1 行的计算；第 10 行完成式

（5-4）中第 2 行的计算；第 11～13 行完成式（5-4）中第 3 行的计算。算法的运行时间由第 7～13 行的嵌套循环重复次数所决定。不难看出运行时间为$\Theta(mn)$。

我们还可以用如下的算法来根据过程 LCS-LENGTH 计算出来的表格 c 构造出最优解。

```
LCS-SOLUTION(c, X, Y, i, j)
1 if i = 0 or j = 0
2     then return
3 if xi = yj
4     then PRINT-LCS(c, X, Y, i - 1, j - 1)
5          APPEND(s, xi)
6     else if c[i - 1, j] ≥ c[i, j - 1]
7             then LCS-SOLUTION(c, X, Y, i - 1, j)
8             else LCS-SOLUTION (c, X, Y, i, j - 1)
```

算法 5-6　计算最长公共子序列解的算法

其中 s 为一存储最优解的集合，创建为全局量并初始化为∅。由于每层递归 i 和 j 至少有一个减少 1，故递归层次至多为 $m+n$，所以该算法的运行时间为$\Theta(m+n)$。

问题 5-4　射雕英雄

问题描述

射雕英雄郭靖发明了一种新的、可以连续发射的十字弓。用这个十字弓射出的箭，只要达到一只鹰的飞翔高度就可以将其射落。然而，这副弓箭也有一个小缺陷：在一次连续发射过程中，只有第一支箭可以达到任意高度，而后射出的每一支箭的高度都不能超过前一支箭所达到的高度。事实上，箭射得越高意味着弓制造得越精良。一天，郭靖看到天空飞过一群鹰。你要为他写一个程序，计算出他最多能用这个十字弓射下多少只鹰。

输入

输入文件包含若干个测试案例。每一个案例的第一行含有一个表示鹰的个数的整数 $n(1\leqslant n\leqslant 1000)$，第二行含有表示每一只鹰的飞翔高度 $h(1\leqslant h\leqslant 10000)$的 n 个用空格隔开的整数。

输出

对每一个测试案例，第 1 行输出郭靖能用十字弓射下的最多鹰的个数 m，第 2 行输出射下的这 m 只鹰的飞翔高度，数据之间用空格隔开。

输入样例

```
8
389 207 155 300 299 170 158 65
2
100 105
```

输出样例

```
6
389 300 299 170 158 65
1
105
```

解题思路

（1）数据输入与输出

按输入文件的格式，依次读取每个案例的数据，读取第 i 案例的第一行中的物品数 n，然后在第二行中读取 n 个表示老鹰飞翔高度的整数，存于数组 $a[1..n]$。对案例数据 a 计算郭靖能射下的最多老鹰的飞翔高度。将计算结果中的老鹰个数作为一行写在输出文件中，将各老鹰的飞翔高度作为下一行写入输出文件。循环往复，直到输入文件中无数据可读为止。

```
1 打开输入文件 inputdata
2 创建输出文件 outputdata
3 while 能从 inputdata 中读取 n
4   do 创建数组 a[1..n]
5      for i←1 to n
6        do 从 inputdata 中读取 a[i]
7      result← HERO-SHOOT-EAGLE(a)
8        将 result 所含元素个数作为一行写入 outputdata
9 关闭 inputdata
10 关闭 outputdata
```

其中，第 7 行调用计算郭靖能射下的最多老鹰的过程 HERO-SHOOT-EAGLE(a)，是解决一个案例的关键。

（2）处理一个案例的算法过程

要解决这个问题，我们需要构造一个新的序列 B，它是对 A 进行降序排序而得到的，可将此问题转换成求 A，B 的最长公共子序列。利用 LCS-LENGTH 和 PRINT-LCS 过程就可得到本问题的解。

```
HERO-SHOOT-EAGLE(A)
1 n←legth[A]
2 copy A to B
3 SORT(B)                    ▷对 B 做降序排序
4 c←LCS-LENGTH(A, B)
5 s←Ø
6 LCS-SOLUTION(c, A, B, n, n)
7 return s
```

算法 5-7 解决“射雕英雄”问题的算法过程

算法的运行时间取决于第 4 行的过程调用 LCS-LENGTH(A, B)，为$\Theta(n^2)$。解决本问题算法的 C++实现代码存储于文件夹 laboratory/Hero Shoot Eagle 中，读者可打开文件 Hero Shoot Eagle.cpp 研读，并试运行之。

问题 5-5 人类基因功能

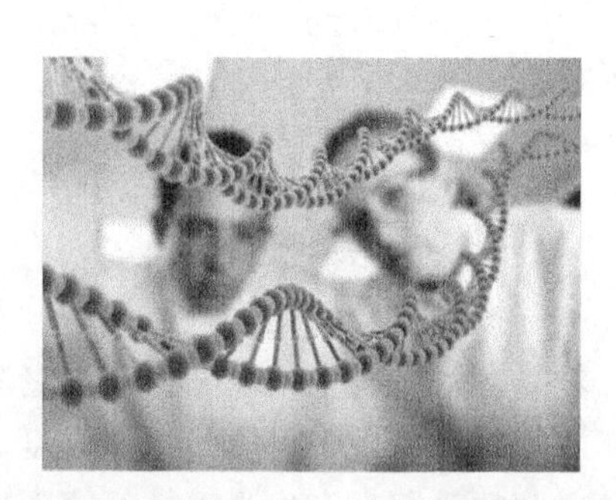

问题描述

众所周知，人类基因可视为由四个分别用符号 A，C，G 和 T 表示的核苷酸组成的一个序列。生物学家致力于识别人类基因及其功能，因为这些知识可用来诊断人们的疾病，以及开发治疗疾病的新药。

识别人类基因要通过一系列费时的生物实验，有时还需要计算机程序的帮助。一旦获得了一个基因序列，接下来的工作就是要确定其功能。方法之一是在基因库中搜索查询新识别的基因序列。所谓基因库，是由研究者们提供的、大量已识别的基因序列及其功能信息组成的数据库。人们可以通过因特网免费访问基因库。

对数据库的搜索会得到与新的基因序列相似的基因序列构成的列表。生物学家相信，相似的基因序列具有相似的功能。所以，新的基因序列的功能也许就是搜索所得列表中某个基因序列所具有的功能。要确定是哪一个基因序列，需要做另一个生物实验。

你的任务是写一段程序，比较两个基因序列以确定它们的相似程度。如果你的程序的运行效率足够高，可能作为数据库搜索程序的一部分。

给定两个基因序列 AGTGATG 和 GTTAG，两者有多相似？度量两个基因序列相似程度的方法之一称为“联配计分”。在这个方法中，插入必要的空格，使得两个序列一样长，然后按得分矩阵计算分数。

例如，在 AGTGATG 中插入一个空格，得到 AGTGAT-G，在 GTTAG 中插入三个空格，得到-GT--TAG。空格用减号“-”表示。这样就得到了两个等长序列：

AGTGAT-G

-GT--TAG

在这个联配式中，有 4 个匹配：第 2 个位置上的 G、第 3 个位置上的 T、第 6 个位置上的 T 和第 8 个位置上的 G。每一个对应位置上的符号比对得分必须遵从下列的得分矩阵。

	A	C	G	T	−
A	5	−1	−2	−1	−3
C	−1	5	−3	−2	−4
G	−2	−3	5	−2	−2
T	−1	−2	−2	5	−1
−	−3	−4	−2	−1	*

表中的“*”表示空格-与空格-是不能匹配的。上述的联配得分是（−3）+5+5+（−2）+（−3）+5+（−3）+5=9。

当然，还有各种可能的联配式。例如，下列就是一个与上式不同的联配（插入的空格数不同，插入的位置也不同）：

```
AGTGATG
-GTTA-G
```

该联配的得分是（−3）+5+5+（−2）+5+（−1）+5=14。因此，这个联配式优于前面的那一个。事实上，这是一个最优的联配式。不存在得分高于它的其他联配式了。

输入

输入包含 T 个测试案例。案例数 T 位于输入文件的第一行。每个测试案例包含两行数据。每一行的开头是一个表示基因序列长度的整数，随后是表示该序列的字符串。两者之间用空格隔开。每个基因序列长度不超过 100。

输出

对每个测试案例输出相似程度的整数，每个案例占一行。

输入样例

```
2
7 AGTGATG
5 GTTAG
7 AGCTATT
9 AGCTTTAAA
```

输出样例

```
14
21
```

解题思路

（1）数据输入与输出

按输入文件格式，首先从中读取案例数 T，然后依次读取每个案例的数据。每个案例包含两行，每行描述一个基因序列：序列长度和基因序列。用串 g_1 和 g_2 表示这两个序列。对 g_1 和 g_2 计算两者的相似程度，将算得的结果作为一行写入输出文件。

```
1 打开输入文件 inputdata
2 创建输出文件 outputdata
3 创建题面给定的得分矩阵 A
4 从 inputdata 中读取 T
5 for t←1 to T
6      do 从 inputdata 中读取序列长度 n1
7         从 inputdata 中读取串 g1
8         从 inputdata 中读取序列长度 n2
9         从 inputdata 中读取串 g2
10        result←HUMEN-GENE-FUNCTION(g1, g2)
```

```
11      将 result 作为一行写入 outputdata
12 关闭 inputdata
13 关闭 outputdata
```

其中，第 10 行调用计算两个基因序列 g_1 和 g_2 相似程度的过程 HUMEN-GENE-FUNCTION(g_1, g_2)，是解决一个案例的关键。

（2）处理一个案例的算法过程

为寻求基因序列 $g_1[1..m]$和 $g_2[1..n]$的相似程度，就是按题面中描述的得分矩阵 A 计算两者的最优联配式。而所谓的**联配式**就是在序列必要的位置插入空格“–”，使得两个序列等长，然后计算对应位置两个符号的联配得分。得分最高的联配式即为最优联配。由于插入的空格数和插入的位置可变化，所以 g_1 和 g_2 的联配不止一个，每个联配式都有对应的得分，故这是一个组合优化问题，其最优子结构可叙述如下。

设 g'_1 和 g'_2 是 $g_1[m]$和 $g_2[n]$的一个最优联配，联配长度为 N（即 g'_1 和 g'_2 的长度为 N）。

① 若 $g'_1[N]$= “–”，则 $g'_1[N-1]$和 $g'_2[N-1]$是 $g_1[m]$和 $g_2[n-1]$的最优联配。

② 若 $g'_2[N]$= “–”，则 $g'_1[N-1]$和 $g'_2[N-1]$是 $g_1[m-1]$和 $g_2[n]$的最优联配。

③ 若 $g'_1[N]\neq$ “–” 且 $g'_2[N]\neq$ “–”，则 $g'_1[N-1]$和 $g'_2[N-1]$是 $g_1[m-1]$和 $g_2[n-1]$的最优联配。

设 $s[i,j]$为 $g_1[i]$和 $g_2[j]$的最优联配得分，A 为题面给定的得分矩阵。按上述最优子结构，可得如下的递归式

$$
s[i,j]=\begin{cases} 0 & i=0 \text{ and } j=0 \\ s[i-1,0]+A[g_1[i],-] & i>0 \text{ and } j=0 \\ s[0,j-1]+A[-,g_2[j]] & i=0 \text{ and } j>0 \\ \max\{s[i-1,j-1]+A[g_1[i],g_2[j]],s[i-1,j]+A[g_1[i],-],s[i,j-1]+A[-,g_2[j]]\} & i>0 \text{ and } j>0 \end{cases} \tag{5-5}
$$

式（5-5）中，第 1 行表示 $g_1[i]$和 $g_2[j]$均为空时，得分当然为 0；第 2、第 3 两行表示 $g_1[i]$和 $g_2[j]$有一个为空时，得分亦为 0；这 3 行计算出了最底层的子问题最优解的值。利用此递归式，我们可以设计一个类似于 LCS-LENGTH 的算法。

```
HUMAN-GENE-FUNCTIONS(g1, g2)
1 m ← length[g1]
2 n ← length[g2]
3 s[0,0] ← 0
4 for i ← 1 to m
5     do s[i, 0]← s[i-1,0]+A[g1[i], -]
6 for j ← 0 to n
7     do s[0, j]←s[0, j-1]+A[-, g2[j]]
8 for i←1 to m
9     do for j←1 to n
10            do s[i, j] ←max{s[i-1, j-1]+A[g1[i], g2[j]], s[i-1,j]+A[g1[i], -],
s[i, j-1]+A[-, g2[j]]}
11 return s[m, n]
```

算法 5-8　解决“人类基因功能”问题一个案例的算法过程

算法的第 3 行、第 4～7 行完成式（5-5）前 3 行的计算，第 8～10 行逐层计算式（5-5）的第 4 行。算法运行时间主要消耗在第 8～10 行的两重嵌套 **for** 循环上。很容易看出，第 10 行的循环体共重复 mn 次。所以，算法过程 HUMAN-GENE- FUNCTIONS 的时间复杂度为 $\Theta(mn)$。

有趣的是，LCS 问题可视为在上述问题中计分矩阵删掉空格所在行、列，除主对角线上元素为 1，其他均为 0 的单位阵时的一个特例。

解决本问题算法的 C++实现代码存储于文件夹 laboratory/Human Gene Functions 中，读者可打开文件 Human Gene Functions.cpp 研读，并试运行之。

问题 5-6 清洁机器人

问题描述

你任职的公司向社会提供了一种可用来在体育比赛或演唱会散场后收拾场地垃圾的机器人。在机器人工作之前，要用栅格来标识现场地图，垃圾所在地点将被在栅格中标识出来。机器人自场地的西北角进入，从场地东南角离开。机器人只能沿两个方向行进，或向东或向南。每当进入一个含有垃圾的格子时，机器人就会自动地将垃圾回收，然后继续行进。机器人一旦到达东南角的终点，就不能再次被使用。所以，清理场地的代价与所用的机器人个数成正比。于是，如何用最少的机器人完成场地的垃圾清理就成了公司的兴趣所在。例如，考察图 5-4 所示的地图，栅格的行号与列号如图所示。含有垃圾的格子标识为"G"。所有的机器人从（1，1）处进场，从（6，7）处离开。

	1	2	3	4	5	6	7
1		G		G			
2				G		G	
3							
4				G			G
5							
6						G	

图 5-4 一个场地的地图

下面的图 5-5 展示了两种可能性。其中，第二种情形更好一点，因为它只用了两个机器人。

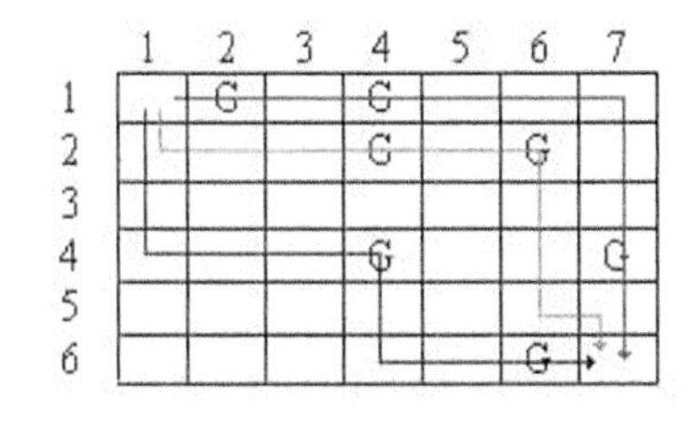

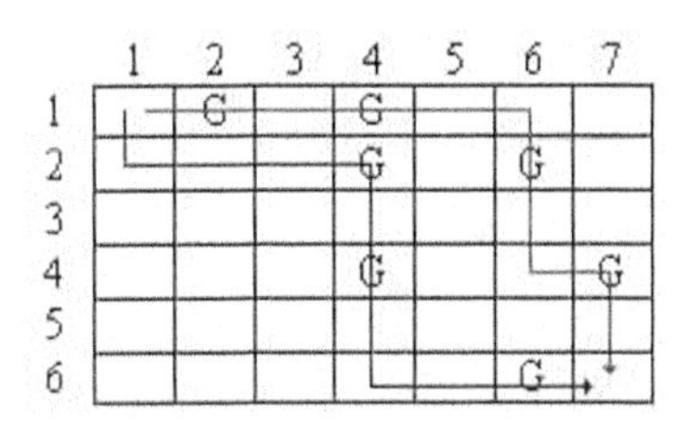

图 5-5 两种可能的解

你的目标是为公司写一个程序，对任何标识好的场地计算清理垃圾所需的最少的机器人个数。

输入

输入包含若干个场地地图，并以包含“-1 -1”的一行作为输入的结束标志。一个场地地图包含若干行数据，每一行表示一个含有垃圾的格子。一个地图数据以含“0 0”的一行作为结束标志。每一个含垃圾的格子数据表示成两个整数，前者表示行号，后者表示列号，两者之间用空格隔开。行号与列号的编制如图 5-4 所示。含垃圾的格子是按行优先顺序排列的。每个场地的行数和列数都不会超过 24。下列的输入样例展示了一个含有两个地图的输入文件。其中的第一个就是图 5-4 所示的场地地图。

输出

对输入的每一个地图，输出一行含有清理该场地垃圾所需的最少机器人数。

输入样例

```
1 2
1 4
2 4
2 6
4 4
4 7
6 6
0 0
1 1
2 2
4 4
0 0
-1 -1
```

输出样例

```
2
1
```

解题思路

（1）数据输入与输出

按输入文件格式，每个案例由若干对表示有垃圾的格子的行号和列号的整数 x，y，每对整数占一行。把这些整数对组织成数组 a。x=0 且 y=0 为一个案例结束的标志。对案例数据 a，计算机器人最少运行几趟能扫尽场地中的垃圾，将计算所得结果作为一行写入输出文件。循环往复，直至在输入文件中读到 x=−1 且 y=−1。

```
1 打开输入文件 inputdata
2 创建输出文件 outputdata
3 从 inputdata 中读取 x, y
4 while x>-1 and y>-1
5   do 创建数组 a
6      while x>0 and y>0
7        do APPEND(a, (x, y))
8           从 inputdata 中读取 x, y
9      m←max{x[a[i]]|1≤i≤length[a]}
```

```
10      n←max{y[a[i]]|1≤i≤length[a]}
11      result←CLEANING-ROBTS(a, m n)
12      将 result 作为一行写入 outputdata
13      从 inputdata 中读取 x, y
14 关闭 inputdata
15 关闭 outputdata
```

其中，第 7 行调用计算机器人清扫由 $a, m\ n$ 决定的场地时所需最少次数的过程 CLEANING-ROBTS($a, m\ n$)，是解决一个案例的关键。

（2）处理一个案例的算法过程

若按机器人的行进方式一次就能将场地中的所有垃圾打扫干净当然最好。否则，第一次应尽可能多地打扫垃圾，剩下的情况可视为一个垃圾量较小的子问题，用同样的方法再放一个机器人打扫。直至全场清洁为止。

对一次尽可能多地打扫垃圾，可以认为是从左上角按一步仅能向左或向下行进以移动到右下角时，路径中经过的垃圾量最大的问题。可以将场地表示为一个矩阵，场地中每个格子对应矩阵中的一个元素。无垃圾的格子对应元素为 0，而有垃圾的格子对应元素为 1。例如，图 5-4 所示的场地可以表示为矩阵 A，有

$$\boldsymbol{A}=\begin{pmatrix} 0 & 1 & 0 & 1 & 0 & 0 & 0 \\ 0 & 0 & 0 & 1 & 0 & 1 & 0 \\ 0 & 0 & 0 & 0 & 0 & 0 & 0 \\ 0 & 0 & 0 & 1 & 0 & 0 & 1 \\ 0 & 0 & 0 & 0 & 0 & 0 & 0 \\ 0 & 0 & 0 & 0 & 0 & 1 & 0 \end{pmatrix}$$

于是，一个清洁机器人的任务可归结为从矩阵的左上角（按一步仅能向右或向下）移动到右下角，求元素和最大的路径。这是一个优化问题，且具有如下的最优子结构。

设从 $A[1,1]$到 $A[i,j]$的最优路径为 p，p 上 $A[i,j]$的前一站为 $A[i',j']$（$i'=i$ 或 $i-1$，$j'=j$ 或 $j-1$）。记 p 中从 $A[1,1]$到 $A[i',j']$的部分为 p'，则 p'是 $A[1,1]$到 $A[i',j']$的一条最优路径。

因为如果不是这样，则从 $A[1,1]$到 $A[i',j']$有一条比 p'更好的路径 p''，从 $A[1,1]$沿 p''移动到 $A[i',j']$，再从 $A[i',j']$移动到 $A[i,j]$（一步之遥）将是一条比 p 更好的路线。此与 p 是 $A[1,1]$到 $A[i,j]$的一条最优路径矛盾。

若令 $c[i,j]$表示从 $A[1,1]$到 $A[i,j]$的最优路径上的元素之和，则根据上述最优子结构性质有

$$c[i,j]=\begin{cases} 0 & i=0 \text{ or } j=0 \\ \max\{c[i-1,j],c[i,j-1]\}+A[i,j] & i>0 \text{ and } j>0 \end{cases} \tag{5-6}$$

将 A 中为 1 的元素个数，也就是场地中有垃圾的格子数记为 *garbage-number*，利用式

（5-5）计算一个机器人一次可以扫清的最多方格数的过程如下。

```
ONE-ROUND(A)
1 m←rows[A], n←colums[A]
2 为数表 c[0..m, 0..n], b[1..m, 1..n]分配空间
3 for i←0 to m
4     do c[i, 0]←0
5 for j←0 to n
6     do c[0, j]←0
7 for i←1 to m
8     do for j←1 to n
9            do if c[i-1, j]≥c[i, j-1]
10                 then q←c[i-1, j]
11                      b[i, j]← "↑"
12                 else q←c[i, j-1]
13                      b[i, j]← "←"
14 i←m, j←n
15 while i>0 and j>0          ▷沿机器人清扫路径修改场地矩阵 A
16   do if A[i, j]=1
17        then A[i, j]=0
18             garbage-number←garbage-number-1
19      if b[i, j]= "↑"       ▷按 b[i, j]的指示追寻清扫轨迹
20         then i←i-1
21         else j←j-1
```

算法 5-9　一台机器人清扫场地的过程

算法 5-9 中，第 3～6 行的两个并列 **for** 循环计算的是式（5-5）第一行描述的最底层子问题的最优解的目标值：机器人在入口处尚未走出第一步时最多清扫的垃圾数量。第 7～13 行的两个嵌套 **for** 循环是按式（5-5）的第二行，自底向上逐一计算各层子问题最优解目标值 $c[i, j]$——从 $A[1,1]$到 $A[i, j]$的最优路径上的元素之和。在计算 $c[i, j]$的同时，用数表 b 跟踪 $A[1,1]$到 $A[i,j]$的最优路径上 $A[i,j]$的前一站位置：$b[i,j]$为“↑”意味着前一站为 $A[i-1,j]$，$b[i,j]$为“←”意味着前一站为 $A[i, j-1]$。这样，当数表 b 和 c 计算完毕后，就可以从 $b[m, n]$开始，按箭头指示的方向，逆向追寻机器人这一趟的清扫路径了。图 5-6 展示了对图 5-4 所示的场

~	~	~	~	~	~	~	~
~	~ ↑	1↑	1←	←	←	←	←
~	~ ↑	1↑	1↑	↑	←	←	←
~	~ ↑	1↑	1↑	↑	↑	↑	↑
~	~ ↑	1↑	1↑	↑	←	↑	↑
~	~ ↑	1↑	1↑	↑	↑	↑	↑
~	~ ↑	1↑	1↑	↑	↑	↑	↑

图 5-6　对图 5-3 所示场地执行 ONE-ROUND 产生的数表 b 和 c

地执行过程 ONE-ROUND 产生的数表 b 和 c 叠加在一起的情况。数值表示的是数表 c，箭头符号表示的是数表 b，带阴影的格子表示清扫路径。

第 14～20 行利用前面算得的数表 b 从 $b[m, n]$开始逆向追寻机器人清扫路径，将路径上的垃圾标志加以清理（第 16～18 行）。注意，第 18 行维护垃圾数目 *garbage-number*。

算法 5-9 的运行时间取决于第 6～13 行的嵌套循环重复次数，为$\Theta(mn)$。

利用算法 5-9，下列代码就可计算出完成场地清理最少需要多少个机器人。

```
CLEANING-ROBTS(a, m n)
1 garbage-number ←length[a]
2 用 a，m，n 构造 m×n 矩阵 A
3 count←0
4 while garbage-number>0
5    do ONE-ROUND(A)
6       count←count+1
7 return count
```

算法 5-10 “清洁机器人”问题的贪婪算法过程

设清除场地 A 中垃圾最少用 k 个机器人（第 4～6 行的 **while** 循环的重复次数），算法中第 5 行调用算法 5-9 的 ONE-ROUND 过程，耗时$\Theta(mn)$，故算法 5-10 的运行时间为$\Theta(kmn)$。解决本问题算法的 C++实现代码存储于文件夹 laboratory/Cleaning Robots 中，读者可打开文件 Cleaning Robots.cpp 研读，并试运行之。

5.4 贪婪策略

算法 5-10 有一个非常有趣的特点：第 4～6 行的 **while** 循环每次调用 ONE-ROUND 过程及尽可能多地清除场内的垃圾，直至场地中没有垃圾为止。这样，每次按当前的“最优”选择完成一趟操作，重复多次直至得到一个完整解的策略，被形象地称为“贪婪”策略。很多组合优化问题可以利用贪婪策略得以快速解决。

问题 5-7　牛妞的最佳排列

问题描述

农夫 John 带着他的 $N\,(1 \leqslant N \leqslant 30\,000)$头牛妞参加一年一度的最佳农夫大赛。在比赛中每一个农夫将赶着排成一排的牛妞们走过评委席接受评选。

今年，大赛组织者采取了一条新的注册规则：仅按注册时牛妞们排列顺序的每条牛妞名字的第一个字母登记（例如，John 的牛妞们按 Bessie、Sylvia、Dora 顺序排列，则登记为 BSD)。登记后，按各登记字串的字典排列顺序决定接受评委评选的顺序。

John 今年很忙，需及时返回他的农场。因此他想尽可能早地接受评选。他决定在注册登记前重排他的牛妞们。

John 首先清理出牛妞们重新站队的场地。然后按总是将原来队列中的队首或队尾的牛妞站到新队列的尾部的方式重排牛妞。重复此方式，完成排列后就是 John 的牛妞们的登记顺序。

已知牛妞们初始的排列，决定按上述方式重排所能得到的最小字典顺序排列。

输入

输入含有若干个测试案例，每个测试案例的数据为：

*第 1 行：仅含整数 N。

*第 2 行：第 i 个字符表示第 i 头牛妞名字的第一个字母（A～Z），i=1，2，…，N。

输出

对每个测试案例输出一行表示最小的字典顺序登记串。

输入样例

```
6
A C D B C B
```

输出样例

```
ABCBCD
```

解题思路

（1）数据输入与输出

根据输入文件格式，依次读取每个案例的数据，第一行为牛妞个数 N，在第二行中读取 N 个牛妞的登记序列 *line*[1..*N*]。对案例数据 *line*，计算重排后表示最小的字典顺序登记串，将计算结果作为一行写入输出文件。循环往复，直至输入文件结束。

```
1 打开输入文件 inputdata
2 创建输出文件 outputdata
3 while 能从 inputdata 中读取 N
4   do 创建 line←∅
5      从 inputdata 中读取一行 s
6      while 能从 s 中析取一项 item
7          do APPEND(line, item)
8      result← BEST-COW-LINE(line)
9      将 result 作为一行写入 outputdata
10 关闭 inputdata
11 关闭 outputdata
```

其中，第 8 行调用计算对 *line* 重排后表示最小的字典顺序登记串的过程 BEST-COW-

LINE(*line*)，是解决一个案例的关键。

（2）处理一个案例的算法过程

本问题是要将字符数组 *line*[1..*n*]按将当前的首元素或尾元素复制到新的字符数组 *new-line* 的当前尾部，形成 *line* 的一个重排 *new-line*[1..*n*]，要求找出按字典顺序最小的 *new-line*[1..*n*]。由于字符串的字典顺序具有“贪婪”性：首对不等元素的大小决定串的大小，所以本问题可以采用下列的贪婪策略。

对字符数组 *line*[1..*n*]，维护两个指针 *i*，*j*。初始时 *i* 为 1，*j* 为 *n*。比较 *line*[*i*]和 *line*[*j*]，将较小者复制到 *new-line*[*k*]（*k* 初始时为 1），当然需要调整指针 *i* 或 *j* 以及 *k*。循环往复，直至 $i>j$ 为止。

需要考虑两个细节。

① *line*[*i*]=*line*[*j*]但 *line*[*i*+1]≠*line*[*j*-1]。此时需考察 *line*[*i*+1]与 *line*[*j*]的大小比较、*line*[*i*]与 *line*[*j*−1]的大小比较和 *line*[*i*+1]与 *line*[*j*−1]的大小比较，以此判断先复制 *line*[*i*]还是先复制 *line*[*j*]。

② *line*[*i*]=*line*[*i*+1]=*line*[*j*−1]=*line*[*j*]。此时可将 *line*[*i*]及 *line*[*j*]连续地复制到 *new-line* 的尾部，将问题转换为情形①或再次成为情形②。

可将此想法实现为如下的过程。

```
BEST-COW-LINE(line)
1 n←length[line]
2 allocat new-line[1..n]
3 i←1, i1←i+1
4 j←n, j1←j-1
5 k←1
6 while i<j
7  do while line[i]= line[i1]=line[j1]=line[j]▷情况②
8       do new-line[k] ←line[i], i1← i, i←i+1, k←k+1
9          new-line[k] ←line[j], j1← j, j←j-1, k←k+1
10         if i<j
11            then if line[i]< line[j]
12                    then new-line[k] ←line[i], i1← i, i←i+1, k←k+1
13                    else if line[i]>line[j]
14                            then new-line[k] ←line[j], j1← j, j←j-1, k←k+1
15                            else if line[i1]< line[j1] or line[i]>line[j1]▷情况①
16                                    then new-line[k] ←line[j], j1← j, j←j-1, k←k+1
17                                    else new-line[k] ←line[i], i1← i, i←i+1, k←k+1
18 if i=j
19    then new-line[k] ←line[i]
20 return new-line
```

算法 5-11 解决“牛妞的最佳排列”问题的贪婪算法

算法按 John 想好的办法，从牛妞们的原排列的队首 *line*[*i*]或队尾 *line*[*j*]选取一个排在新队列的当前位置 *new-line*[*k*]，直至所有的牛妞都站到了新队列中。由于我们根据字串比较的

“贪婪”性，每次选取 *line*[*i*]和 *line*[*j*]的较小者放到 *new-line*[*k*]处，所以算法在时间Θ(*n*)内使得新队列按字典顺序最小。解决本问题算法的 C++实现代码存储于文件夹 laboratory/Best Cow Line 中，读者可打开文件 Best Cow Line.cpp 研读，并试运行之。

应当指出，不是所有的组合优化问题都能够使用贪婪策略。能够使用贪婪策略的组合优化需满足如下的**贪婪选择性**。

对局部最优选择满足：

① 必包含于问题的全局最优解中。

② 局部最优选择导致接下来仅需要解一个子问题。

问题 5-6 和问题 5-7 都具有这样的性质。对于问题 5-6，我们的局部最优选择是每次用一个机器人从 *A*[1, 1]按向下或向右的移动方式走到 *A*[*m*, *n*]，尽可能多地清扫经过路径上的垃圾。这样的做法一定在若干次清扫后能完成场地的清理工作，并且必定使得所需的机器人数最少。对于问题 5-7，局部最优选择是 *line*[*i*]和 *line*[*j*]中的较小者。这样的选择构成的新序列 *new-line* 按字典顺序必是最小的。

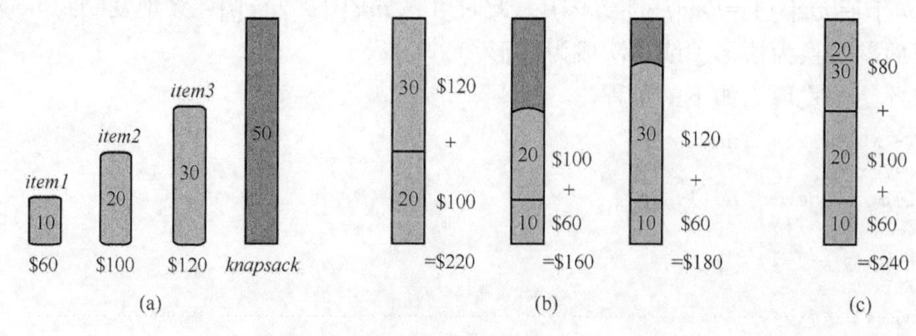

图 5-7　部分背包问题和 0-1 背包问题

对于具有贪婪选择性质的组合优化问题，可以写一个自顶向下的快速算法，从最顶层子问题渐增地扩展局部最优解，直至得到完整的最优解。如问题 5-6 和问题 5-7 那样。

然而，并不是所有可用贪婪策略解决的组合优化问题都能如此简明地展示其贪婪性质，例如，考虑所谓的**部分背包问题**：有 *n* 件物品，第 *i* 件物品价值 v_i、重 w_i，其中 v_i 和 w_i 是整数，希望尽可能地用背包带走重 *W* 的值钱东西（对于每件物品，可以带走一部分），其中 *C* 是整数。问题是应该带走哪些东西？即在 $\sum_{i=1}^{n} x_i w_i \leqslant C$，$x_i \in [0,1], i=1, \cdots, n$ 的限制下，最大化 $\sum_{i=1}^{n} x_i v_i$。

和 0-1 背包问题相同，部分背包问题也具有最优子结构特性：若从最优装载中移除重 *w* 的物品 *j*，剩下的必是要带走的至多重 $C-w$ 且最有价值的原 $n-1$ 种物品和重 w_j-w 的物品 *j*。

对部分背包问题考虑如下的“贪婪”策略：计算出每一种宝贝的单位重量价值（v_i/w_i），选取单位重量价值最大的宝贝尽可能多地装入背包中。若背包装满，则攫取的价值已最高，否则，按同样的策略选取尚存的物品中单位重量价值最高者尽量装入包中，……直至被宝贝装满（见图 5-7 中的（a）和（c））。然而，对 0-1 背包问题却不具有这样的贪婪性质：同样对（a）表示的物品及背包，图 5-7（b）表示的 0-1 背包问题的最优子集包含物品 2 和物品 3。任一含有物品 1 的解都不是最优的，尽管物品 1 具有最大的每磅价值。

这说明，对具有最优子结构特性的组合优化问题运用贪婪策略之前，需要深入研究问题的特性，发掘其贪婪选择性。

问题 5-8　渡河

问题描述

一群 N 个人打算渡过一条河。他们只有一条最多能载两个人的船。所以他们需要有一个渡河方案。每个人的划船速度不同，两个人共同划船的速度以慢者为准。你的任务就是为他们确定一个用时最少的渡河方案。

输入

输入的第一行包含一个整数 $T(1\leqslant T\leqslant 20)$，表示测试案例数。后跟 T 个案例数据。每个案例的第一行包含一个整数 N，第二行包含表示每个人渡河时间的 N 个整数。案例中的人数不会超过 1000，每个人的渡河时间不会超过 100s。案例数据之间用一空行隔开。

输出

对每一个案例，打印输出一行包含 N 个人渡河所需的时间秒数。

输入样例

```
4
4
1 2 5 10
2
4 3
1
5
8
5 2 8 4 7 3 6 1
```

输出样例

```
17
4
5
35
```

解题思路

（1）数据输入与输出

按输入文件格式，首先从中读取案例数 T。然后依次读取每个案例的数据，第一行读取

渡河的人数 N，接着读取 N 个人的划船速度，组织成数组 $a[1..N]$。对案例数据 a 先行排序，然后计算 N 个人渡河所需最小时间数。将计算结果作为一行写入输出文件。

```
1 打开输入文件 inputdata
2 创建输出文件 outputdata
3 从 inputdata 中读取 T
4 for t←1 to T
5     do 从 inputdata 中读取 N
6        创建 a[1..N]
7        for i←1 to N
8          do 从 inputdata 中读取 a[i]
9        SORT(a)
10       result←CROSSING-RIVER(a)
11       将 result 作为一行写入 outputdata
12 关闭 inputdata
13 关闭 outputdata
```

其中，第 10 行调用计算最小渡河时间的过程 CROSSING-RIVER(a)，是解决一个案例的关键。

（2）处理一个案例的算法过程

一个案例中每个人渡河所需时间存储在序列 $a[1..N]$中，且 $a[1]<a[2]<\cdots<a[N]$。当 N 足够小的时候，最短渡河时间 *time* 可以直接算得：

① $N=1$，这个人独自过河，$time=a[1]$。

② $N=2$，两人同时过河，按题意，$time=a[2]$。

③ $N=3$，首先第 3 个人携第 1 个人过河，第 1 个人返回，耗时 a[3]+a[1]，然后第 1、2 个人一同过河，耗时 $a[2]$。因此，$time=a[1]+a[2]+a[3]$。

④ $N=4$，类似于③，尽量减少速度慢的人的重复渡河次数。有两种方式：

- 第 4 人携第 1 人过河，让第 1 人返回；第 3 人携第 1 人过河，第 1 人返回；归结为②。此时 $time=2a[1]+a[3]+a[4]$。
- 第 2 人携第 1 人过河，第 1 人返回；第 4 人携第 3 人过河，第 2 人返回；也归结于②。此时耗时 $time=a[1]+2a[2]+a[4]$。

比较两者，会发现两者耗时的不同之处在于 $a[1]+a[3]$与 $2a[2]$孰大孰小。选较小者即可得到渡河的最少时间。

⑤ $N=5$，与④相同，对比 $a[1]+a[3]$与 $2a[2]$的大小决定如何将第 5、4 人送过河，归结为③。

一般地，当 $N\geqslant 4$ 时，我们的贪婪策略是：根据 $a[1]+a[3]$与 $2a[2]$的大小决定用最少的时间将两个划船速度最慢的人（第 N 及第 $N-1$ 人）送过河，将问题归结为规模较小（$N-2$）的问题，……直至问题归结为仅剩划船最快的 2 个人或 3 个人。

这个策略的正确性说明如下。

设 *time* 为划船时间分别为 $a[1]$，$a[2]$，…，$a[N]$的 N 个人的最短过河时间。且按④的方法，利用速度最快的两个人将速度最慢的两个人送过河去的最短时间为 *t*。*time-t* 必为剩下的 *N*-2 个人的最短渡河时间。这是因为，如果不是，即划船时间分别为 *a*[1]，*a*[2]，…，*a*[*N*-2] 的 *N*-2 个人的最短渡河时间 $t_1<time-t$，则必有 $t+t_1<time$ 而刚好完成所有 *N* 个人的渡河，这与 *time* 是 *N* 个人的最短过河时间矛盾。

将上述的算法思想写成伪代码过程如下。

```
CROSSING-RIVER(a)  ▷a[1..N]为 N 个人的划船速度，并已升序排序
1 N←length[a]
2 time←0
3 while N≥4
4   do time←time+min{2a[1]+a[N-1]+a[N], a[1]+2a[2]+a[N]}
5      N←N-2
6 if N=3
7    then time←time+a[1]+a[2]+a[3] ▷恰剩 3 人
8    else time←time +a[N]          ▷剩 2 个人或 1 个人
9 return time
```

算法 5-12　解决“渡河”问题一个案例的算法过程

算法的运行时间由第 3～5 行的 **while** 循环的重复次数所决定，显然为 $O(N)$。解决本问题算法的 C++实现代码存储于文件夹 laboratory/Crossing River 中，读者可打开文件 Crossing River.cpp 研读，并试运行之。

和动态规划策略一样，人们研究运用贪婪策略的历史悠久。有很多经典问题成为学习者必读的材料，也成为解决相关问题的关键算法。下面我们来看下面的两个经典问题。

5.5 无向带权图的最小生成树

设 $G=<V, E>$是一个无向连通图，*n* 个顶点用前 *n* 个正整数编号，即 $V=\{1, 2, \cdots, n\}$。*G* 中任一边 $e=(u, v)\in E$ 有权值 $w(e)\in \mathbf{R}$。目标是找到 *G* 的一棵生成树[1] *T*，使得其权 $w(T)=\sum_{e\in E} w(w)$ 最小。

这是一个组合优化问题，*G* 有若干棵生成树，每棵生成树 *T* 均有其权值 $w(T)$作为目标值。目的是求得具有最小目标值的生成树。

本问题的贪婪选择性质可以阐述如下。

设 $G=<V, E>$是一个无向图且具有权函数 $w: E\to\mathbf{R}$，*U* 是 *V* 的一个非空真子集。则:

① 在集合$\{(x, y)|(x, y)\in E,\ x\in U,\ y\in V-U\}$中找出权值最小者，记为（*u*, *v*）。则（*u*, *v*）必在 *G* 的一棵最小生成树中。

1图 *G* 的生成树指的是 *G* 的一个连接 *G* 的所有顶点的连通子图，其中没有圈。

② 若记 G'是 G 中由 U 诱导的子图，T 是 G'的最小生成树，则把性质①中选择的边（u, v）添加到 T 中将构成 G 的由 U $\{v\}$诱导的子图[2]的最小生成树。

性质①的正确性可说明如下。若否，设（u, v）不在 G 的任一最小生成树中。设 T 为 G 之一最小生成树，将(u, v)添加到 T 中必在其中形成一条包含(u, v)的圈 p(见图 5-8)。在此 p 中，至少存在一条边（x, y），使得 $x\in U$、$y\in V\text{-}U$（否则不会形成一个圈）。在此圈中删除（x, y）将得到一棵生成树 T'，T'与 T 相比仅仅只有一条边（x, y）与（u, v）不同。于是 $w(T')=w(T)-w(x, y)+w(u, v)<w(T)$，此与 T 为 G 之一最小生成树矛盾。

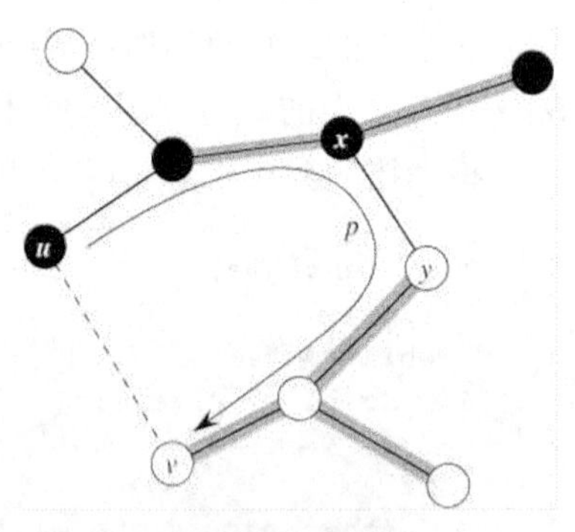

图 5-8 黑色顶点在集合 U 中，白色顶点在 $V\text{-}U$ 中

对于性质②，首先说明 T $\{(u, v)\}$仍然构成一棵根树。这是因为 $u\in U$，而 $v\notin U$，因此 U 中各顶点通过 u 可达 v，且（u, v）不会与 T 中的边构成圈。所以，T $\{(u, v)\}$是一棵树。其次，根据性质①中（u, v）的选取可知 T $\{(u, v)\}$是 G 的由 U $\{v\}$诱导的子图中权值最小的生成树。

根据问题的贪婪选择性质，我们可以用如下的贪婪策略，来解决构造权函数为 w 的图 G 的以 r 为根的最小生成树问题：

从 $U=\{r\}$开始，在$\{(x, y)|(x, y)\in E,\ x\in U,\ y\in V\text{-}U\}$中找权值最小的边（$u, v$），将（$u, v$）加入到 T 中，v 加入到 U 中，直至 $U=V$。这个方法称为 Prim 算法。算法的运行如图 5-9 所示。

为从集合$\{(x, y)|(x, y)\in E,\ x\in U,\ y\in Q\}$中选取权值最小的边。我们为每个顶点 u 增添两个属性：属性 $key[u]$记录该顶点处于 $Q(=V\text{-}U)$中时与 U 中顶点构成的边中的最小权值，属性π记录该顶点处于 Q 中时与 U 中构成最小权值边的另一个顶点，也就是在最小生成树中的父节点。同时将 Q 改造成一个最小优先队列，Q 中顶点以 key 作为其优先级。初始时，所有顶点的π属性指向空，Q 置为 V，$key[r]$为 0，其余顶点的 key 属性皆置为∞。每次从 Q 中出队的顶点 u 为 key 属性最小的顶点（第一个出队的为 r），以此保证所选的是 U 与 Q 之间权值最小的边。扫描 Q 中与 u 相邻的每个顶点 v，用 $w(u, v)$与当前的 $key[v]$的较小者调整这些顶点 key 和π属性。只要重复 n 次上述操作就构造了 G 的一棵以 r 为根的最小生成树。由于π属性跟踪了生成树中节点的父子关系，所以省略了集合 T。key 属性跟踪了 Q 中顶点目前与 U 中顶点构成边的最小权值，所以 U 也可省略。我们用一个称为权矩阵的矩阵来表示图 G：$W_{n\times n}=(w_{ij})_{n\times n}$，其中表示边（$i, j$）的权值，即 $w_{ij}=w(i, j)$，$1\leqslant i, j\leqslant n$。

2图 $G' = (V', E')$是 $G = (V, E)$的一个子图（若 $V' \subseteq V$ 且 $E' \subseteq E$）。给定一个集合 $V' \subseteq V$，G 的一个由 V'诱导的子图是子图 $G'= (V', E')$，其中 $E' = \{(u, v) \in E : u, v \in V'\}$。

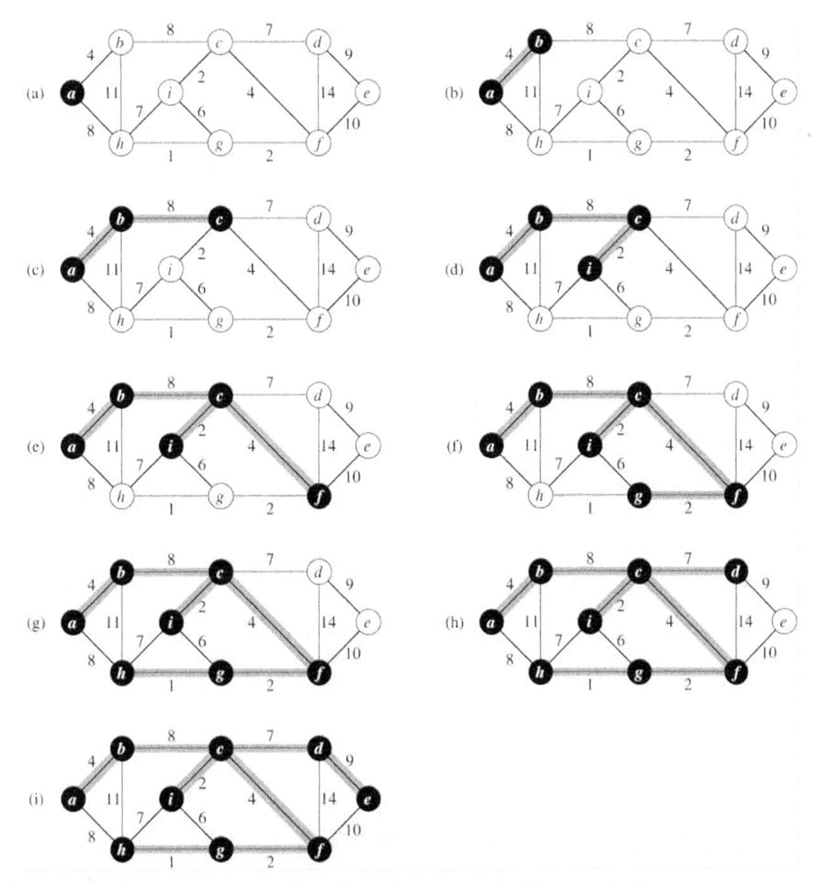

图 5-9 构造带权图的最小生成树的 Prim 方法

上述过程的伪代码如下。

```
MST-PRIM(W, r)
1 for u←1 to n
2    do key[u] ← ∞
3       π[u] ← NIL
4 key[r] ← 0
5 Q ←{1, 2, …, n}                         ▷Q 是其中元素以 key[v] 为优先级的最小优先队列
6 while Q ≠ ∅
7  do u ← DEQUEUE (Q)
8     for v←1 to n
9        do if v ∈ Q 且 w(u, v) < key[v]
10           then π[v] ← u
11                key[v] ← w(u, v)
12   FIX(Q)
13 return key and π
```

算法 5-13 计算无向带权图的最小生成树的 PRIM 算法

利用返回的数组 *key* 可算得图的最小生成树的权，因为 *key*[*i*]恰为 MST 上一条端点为 *i* 的边的权。而根据 π 可构成该生成树，这是因为 π[*i*]指示出顶点 *i* 在 MST 中的父节点，逆向搜索可达到根 *r*。算法 MST- PRIM 的第 1～3 行耗时 Θ(*n*)，第 5 行创建优先队列耗时 Θ(*n*)，第 6～12 行的 **while** 循环重复 *n* 次，每次重复中第 8～11 行的 **for** 循环耗时 Θ(*n*)。第 12 行对优先队列的维护耗时 Θ(lg*n*)。所以该算法的总耗时为 $\Theta(n^2)$。

问题 5-9　网络设计

问题描述

你被指派为一个广阔的区域设计一个网络。向你提供了该区域内的一组地点，以及这些地点间可能的电缆连接路线。对两个地点间可能的连接路线，还告诉了你地点间的敷设电缆所需长度。注意，两个给定的地点间可能存在多条可能的线路。假定该地区中任意两个地点间总是连通（直接的或间接的）的。

你的任务是为该地区设计一个网络，使得任意两个地点间都有连接（直接的或间接的），即所有的地点都相互连接，但不必直接连接，且所需电缆长度最小。

输入

输入文件包含若干个测试案例。每一个测试案例定义了一个要求的网络。案例的第一行包含两个整数，表示地点总数的 *P* 和地点间直接连接数 *R*。后面的 *R* 行定义了这 *R* 对地点间的线路。每一行包含三个整数：前两个整数表地点编号，第三个表示两点间的距离。数与数之间用空格隔开。仅含一个数据 *P*=0 的数据集合表示输入的结束。数据集合之间用一个空行隔开。

地点数最多为 50。给定的两点间距离最大为 100。给定地点间的线路条数没有限制。节点用 1～*P* 编号。两个地点 *i* 和 *j* 之间的线路表示为 *i j* 或 *j i*。

输出

对每一个测试案例打印一行表示所设计的整个网络所需电缆的总长度。

输入样例

```
1 0

2 3
1 2 37
2 1 17
1 2 68

3 7
1 2 19
```

```
2 3 11
3 1 7
1 3 5
2 3 89
3 1 91
1 2 32

5 7
1 2 5
2 3 7
2 4 8
4 5 11
3 5 10
1 5 6
4 2 12

0
```

输出样例

```
0
17
16
26
```

解题思路

（1）数据输入与输出

根据输入文件的格式，依次从中读取个案例数据。首先读取地点数 P 和直接连接数 R。然后读取 R 对连接及其长度，组织成数组 a。对案例数据 a 和 P，计算构成网络所需的最小电缆长度，将计算结果作为一行写入输出文件。循环往复，直至从输入文件中读到的 P 为 0 为止。

```
1 打开输入文件 inputdata
2 创建输出文件 outputdata
3 从 inputdata 中读取 P
4 while P>0
5   do 从 inputdata 中读取 R
6      if R>0
7         then 创建数组 a
8              for i←1 to R
9                 do 从 inputdata 中读取 x, y, w
10                   APPEND(a, (x, y, w))
11                result←NETWORKING(a, P)
12                将 result 作为一行写入 outputdata
13        else 将"0"作为一行写入 outputdata
14     从 inputdata 中读取 P
15 关闭 inputdata
16 关闭 outputdata
```

其中，第 11 行调用计算构成的网络所需最小的电缆长度的过程 NETWORKING(a，P)，是解决一个案例的关键。

（2）处理一个案例的算法过程

对每一个测试案例描述网络的数据 a 构造一个无向带权图 G 的权矩阵 W。值得注意的是，输入中两个地点间可能存在多条长短不一的直接连接，应选取长度最小者的作为图 G 的这条边上的权。直接调用算法 5-13，计算该网络的一棵最小生成树 T，树的权值即为所求。

```
NETWORKING(a, P)
1 创建矩阵 W_{P×P}←(0)_{P×P}
2 for each (x, y, w)∈a
3   do if W[x, y]=0 or W[x, y]>w
4        then W[x, y]←w
5             W[y, x]←w
6 (key, π)←MST-PRIM(W, 1)
7 sum←0
8 for each k∈key
9    do sum←sum+k
10 return sum
```

算法 5-14　解决“网络设计”问题一个案例的算法过程

算法中第 3～5 行的分支结构保证顶点 x, y 之间最短的直接连接作为边（x, y）的权。之所以将 $W[y, x]$与 $W[x, y]$同步设置为 w，是因为 G 是一个无向图。算法第 2～5 行的 **for** 循环耗时$\Theta(R)$，第 6 行调用了算法 5-13 的 MST- PRIM(W, 1)过程，故耗时 $\Theta(R+P^2)$。解决本问题算法的 C++实现代码存储于文件夹 laboratory/Networking 中，读者可打开文件 Networking.cpp 研读，并试运行之。

问题 5-10　网页聚类

问题描述

有 N（$N \leqslant 1000$）个网页，我们想按照它们的相似度或差异度，把它们聚成 K（$2 \leqslant K \leqslant N$）个类。每个网页都具有一些属性，简单起见我们认为每个网页只有三个属性：x, y, z。归一化之后，这三个属性的取值范围都是[0, 1]。每两个网页 i，j 的差异度如下定义：

$$s(s, j) = (x_j - x_i)^2 + (y_j - y_i)^2 + (z_j - z_i)^2$$

请求出最大的 t，每个类至少包含一个网页，并且其中任意两个位于不同类中的网页的差异度都至少为 t。

输入

第一行包含两个整数 N 和 K，后面 N 行每行三个实数，分别为 x, y, z。

输出

最大的 t 值，使用四舍五入在小数点后保留 6 位小数。

输入样例

```
5 3
0.1 0.2 0.4
0.2 0.8 0.7
0.3 0.4 0.5
0.0 0.5 0.0
0.3 0.3 0.2
```

输出样例

```
0.170000
```

解题思路

（1）数据输入与输出

按输入文件格式，首先读取表示网页个数和聚合类数的整数 *N* 和 *K*。然后依次读取每一个网页的三个属性 *x*, *y*, *z*，组织成数组 *pages*。对案例数据 *pages* 和 *K*，计算将 *N* 个网页分成 *K* 类，使得类内网页差异度小于 *t* 的最大 *t* 值。将 *t* 作为一行写入输出文件。

```
1 打开输入文件 inputdata
2 创建输出文件 outputdata
3 从 inputdata 中读取 N, K
4 创建数组 pages
5 for i←1 to N
6      do 从 inputdata 中读取 x, y, z
7         APPEND(pages, (x, y, z))
8 t←PAGE-CLUSTER(pages, K)
9 将 t 作为一行写入 outputdata
10 关闭 inputdata
11 关闭 outputdata
```

其中，第 8 行调用计算将 *N* 个网页 *pages* 分成 *K* 类，使得一类中的网页差异小于 *t* 的最大 *t* 的过程 PAGE-CLUSTER(*pages*, *K*)，是解决一个案例的关键。

（2）处理一个案例的算法过程

将 *N* 个网页 *pages* 分成 *K* 类，使得每一类中的网页差异不超过 *t*，要求最大的这样的 *t*。我们可以先将这 *N* 个网页看成一个完全图[3]中的 *N* 个顶点。两个顶点 *u*, *v* 间连接边（*u*, *v*）的权为对应网页的差异程度。可以将图表示为权矩阵 $W_{N\times N}=(w_{uv})_{N\times N}$。对 *W* 调用算法 5-13 的 MST-PRIME，计算最小生成树 *T*。返回的 *key*[1..*N*]中记录了 *T* 中的所有边的长度（网页间的差异程度）。其中第 *K*-1 大的边（其长度记为 *t*）将网页分成两部分：一部分网页间差异度>于 *t*（所有边长大于 t 的 *K*-2 条边连接的顶点，共有 *K*-1 个），其余部分网页差异不大于 *t*。这样，我们将第一部分 *K*-1 个顶点中的每一个顶点作为一类，其余部分作为一类，合起来共

3 完全图 *G* 中任何一个顶点均与其他顶点相邻。

有 K 类。这样的分类保证任意两个不同类中的网页差异度不小于 t。于是，将 $key[1..N]$按降序排序，取第 K-1 个元素 $key[K-1]$即为所求。

```
PAGE-CLUSTER(pages, K)
1 N←length[pages]
2 创建矩阵 W_{N×N}←(0)_{N×N}
3 for u←2 to N
4    do (x1, y1, z1)←pages[u]
5      do for v←1 to u-1
6          do (x2, y2, z2) ←pages[v]
7              w←(x1-x2)^2+(y1-y2)^2+(z1-z2)^2
8              W[u, v] ←W[v, u]←w
9 (key, π)←MST-PRIM(W, 1)
10 SORT(key)
11 return key[K-1]
```

算法 5-15 解决“网页类聚”问题一个案例的算法过程

第 3～8 行的两重嵌套循环耗时$\Theta(N^2)$，第 9 行调用最小生成树过程 MST-PRIM(W, 1)耗时也是$\Theta(N^2)$，所以算法的运行时间为$\Theta(N^2)$。解决本问题算法的 C++实现代码存储于文件夹 laboratory/Pages Cluster 中，读者可打开文件 Pages Cluster.cpp 研读，并试运行之。

5.6 有向带权图单源最短路径

有向带权图 $G=<V, E>$，$V=\{1, 2, \cdots, n\}$，$E\subseteq V\times V$。其权函数 w：$E \rightarrow \mathbf{R}^+$将边映射到一个非负实数权值。路径 $p = <v_0, v_1, \cdots, v_k>$的**权**是构成它的各条边的权之和，即

$$w(p)=\sum_{i=1}^{k} w(v_{i-1}, v_i).$$

我们按

$$\delta(u,v)=\begin{cases}\min\{w(p)|_{u\sim v}^{p}\} & \text{存在从}u\text{到}v\text{的路径}\\ \infty & \text{其他}\end{cases}$$

定义从 u 到 v 的**最短路径权**。于是从顶点 u 到 v 的**最短路径**定义为其权值 $w(p) = \delta(u,v)$路径 p。单源最短问题指的是对于图中一个顶点（源）$s\in V$，计算出从 s 出发到其余每一个顶点 $v\in V-\{s\}$的最短路径及其权值$\delta(s, v)$。

本问题的贪婪选择性质可叙述如下。

设集合 S 为由已经确定从 s 到达该顶点最短路径的顶点构成（初始时 S=∅）。$\forall x\in V\text{-}S$，用 $d[x]$记录从 s 仅经过 S 中顶点到达 x 的路径权值（初始时，仅 $d[s]$=0，其他的顶点 v 均有 $d[v]$=∞）。若从 V-S 中选取 $d[u]$最小的顶点 u，则 $d[u]$即为$\delta(s, u)$。

事实上，我们可以对 S 中的顶点个数做归纳。当$|S|=0$ 时，$S=\varnothing$，$V-S$ 中从 s 出发仅经过 S 中顶点到达的顶点 d 值最小的就是 s，所以将有 s 进入 S。由于$\delta(s, s)=0$，此时有 $d[s]=\delta(s, s)$。假定$|S|=k-1$ 时，$V-S$ 中从 s 出发仅经过 S 中顶点到达的顶点 d 值最小的是 u，且 $d[u]=\delta(s, u)$。将此 u 从 $V-S$ 移入 S 中，此时，S 中的顶点都已确定了从 s 出发的最短路径，最短路径距离就是各自的 d 值。对 $V-S$ 中只有那些与 u 相邻的顶点 v 其 d 值可能发生变化。我们按如下的方法修改这些顶点的 d 值，有

$$d[v]=\begin{cases} d[u]+w(u,v) & 若 d[v]>d[u]+w(u,v) \\ d(v) & 否则 \end{cases},$$

显然此时 $V-S$ 中的顶点 v 从 s 出发仅经过 S 中顶点到达的路径距离为 $d[v]$，$|S|=k$，若在 $V-S$ 中选取 d 值最小的顶点 u，下证 $d[u]=\delta(s, u)$。首先，显然有$\delta(s, u)\leqslant d[u]$。设 s 到 u 的一条最短路径为 p，从 u 起反向在此路径行进，进入 S 前的最后一个顶点设为 y，y 的下一个顶点设为 x。则 p 分成三段：$s\leadsto x\rightarrow y\leadsto u$，如图 5-10 所示。

显然 p 的权值为

$\delta(s, u)=\delta(s, y)+p_2$ 的权值（最优子结构）

$\geqslant\delta(s, y)$ （p_2 的权值$\geqslant 0$）

$=\delta(s, x)+w(x, y)$ （最优子结构）

$=d[x]+w(x, y)$ （x 在 S 中）

$\geqslant d[y]$ （根据 x 进入 S 时对 $d[y]$的调整）

$\geqslant d[u]$ （根据 u 的选择）

图 5-10 s 到 u 的最短路径

于是我们得到$\delta(s, u)\geqslant d[u]$，连同$\delta(s, u)\leqslant d[u]$，得到 $d[u]=\delta(s, u)$。

利用这个贪婪性质，我们可以得到一个称为 Dijkstra 算法的计算从 s 出发到图中各顶点的最短路径的方法。设带权图 G 用权矩阵 W 表示。

```
DIJKSTRA(W, s)
1 n←row[W]
2 for v←1 to n
3     do d[v] ← ∞
4        π[v] ← NIL
5 d[s] ← 0
6 Q ←{1, 2, …, n}                    ▷Q 是其中元素以 d[v] 为优先级的最小优先队列
7 while Q ≠ ∅
8  do u ←DEQUEUE(Q)
9     for v←1 to n
10        do if w(u, v)<∞ and v∈Q and d[v] > d[u] + w(u, v)
11              then d[v] ← d[u] + w(u, v)
12                   π[v] ← u
13    FIX(Q)
14 return d and π
```

算法 5-16 解决单源最短路径问题的 DIJKSTRA 算法

按照本问题的贪婪算法性质，我们应当维护一个顶点集合 S，此集合包含所有已确定从 s 出发的最短距离的顶点。由于我们把 $V\text{-}S$ 的顶点都存放于最小优先队列 Q 中，凡是已出队的顶点都在 S 中，所以 S 可以不显式地加以维护而被忽略。

算法对每个顶点 v 维护两个属性：表示从 s 经过 S 中的顶点到达 v 的最短路径的距离 $d[v]$ 和 v 在这段最短路径中的前序顶点 $\pi[v]$。第 1～4 行对记录各顶点的这两个属性的数组 d 和 π 进行初始化。

第 6 行是将优先队列 Q 初始化为图 G 的顶点集 V。

第 7～13 行是按照贪婪选择性质解决此问题的：每次在 $V\text{-}S$（$=Q$）中选取 d 值最小的顶点 u 加入到 S 中（从 Q 中出队）调整所有从 u 出发且尚留驻在 $V\text{-}S$（$=Q$）中的相邻顶点 v 的 d 值及 π 值，并维护 Q 的堆性质。

算法运行于一个有向带权图的实例（见图 5-11）。

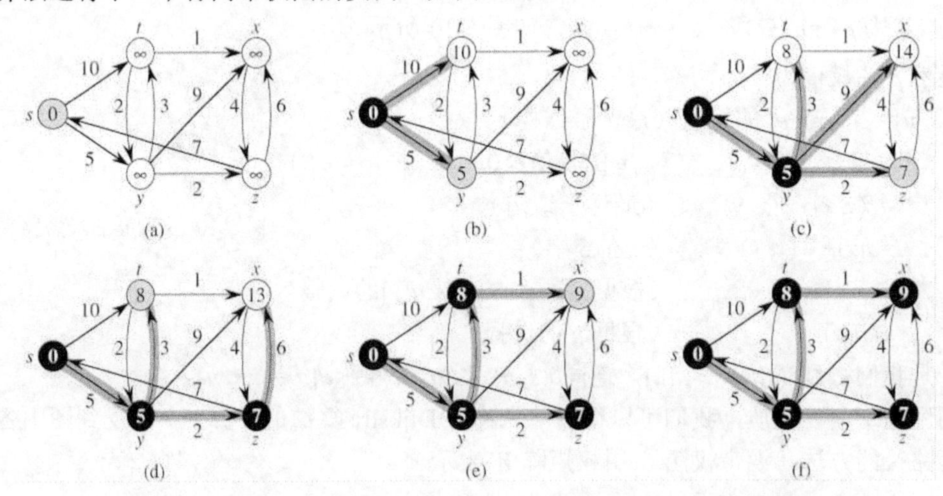

图 5-11　用 Dijkstra 算法计算从 s 出发到图中各顶点的最短路径的示例

算法中第 2～4 行的 **for** 循环耗时 $\Theta(n)$，第 7-13 行的 **while** 循环重复 $\Theta(n)$次，每次重复第 8 行的优先队列出队操作耗时 $\Theta(\lg n)$，第 9～12 行的 **for** 循环耗时 $\Theta(n)$，第 12 行对优先队列进行堆性质维护操作将耗时 $\Theta(n)$。因此，总耗时 $\Theta(n^2)$。

问题 5-11　牛妞聚会

问题描述

来自 N 个农场（用 1～N 编号）的 N 位牛妞将出席在#X($1 \leqslant X \leqslant N$)号农场举办的盛大聚会。有 M ($1 \leqslant M \leqslant 100\ 000$)条双向道路从一个农场连接到另

一个农场，这样从一个农场到其他任一农场都能找到一条通达的路径。走过第 i 条道路，需要花费 T_i 个单位时间。两个农场之间可能有若干条直线相连的道路。大家齐聚#X 号农场后发现都忘了将聚会纪念物带在身上，她们决定延迟聚会举行，各自回家把纪念品拿来后再开始举行活动。如果牛妞们都是以最短的路径往返，聚会最少要延迟多久呢？

输入

第 1 行：由空格隔开的整数 N，M 和 X。

第 2～M+1 行：第 i+1 行用空格隔开的整数 A_i，B_i 和 T_i 描述了第 i 条连接 A_i 号农场和 B_i 号农场的道路行进的时间 T_i。

输出

第 1 行：只有一个表示聚会延迟时间的整数。

输入样例

```
4 8 2
1 2 7
1 3 8
1 4 4
2 1 3
2 3 1
3 1 2
3 4 6
4 2 2
```

输出样例

```
6
```

解题思路

（1）数据输入与输出

按输入文件格式，首先从中读取表示农场数、道路数和聚会举办地的整数 N、M 和 X。然后依次读取每一条道路的三个属性 A_i，B_i 和 T_i，组织成数组 *roads*。对案例数据 *roads*，N 和 X，计算聚会最少延迟的时间。将计算结果作为一行写入输出文件。

```
1 打开输入文件 inputdata
2 创建输出文件 outputdata
3 从 inputdata 中读取 N、M 和 X
4 创建数组 roads←Ø
5 for i←1 to M
6     do 从 inputdata 中读取 Ai，Bi 和 Ti
7        APPEND(roads, (Ai, Bi, Ti))
8 result←BRONZE-COW-PARTY(roads, N, X)
9 将 result 作为一行写入 outputdata
10 关闭 inputdata
11 关闭 outputdata
```

其中，第 8 行调用计算聚会最小延迟时间的过程 BRONZE-COW-PARTY(*roads*, N, X)，

是解决一个案例的关键。

（2）处理一个案例的算法过程

对案例数据 *roads*，*N* 和 *X*，将 1～*N* 号农场视为无向图 *G* 中的 *N* 个顶点，*M* 条连接两个农场的道路视为 *G* 中连接两个顶点的边，将行走道路所需时间视为边上的权值，则 *G* 为一个无向带权图。设 *G* 的权矩阵为 *W*，牛妞们从#*X* 号农场选择最近路径返回各自家中，每个牛妞花费的时间可通过算法 5-16 的 DIJKSTRA(*W*, *X*)过程算得，取得纪念品再赶到#*X* 号农场所花的时间是一样的（因为道路都是双向的）。所有牛妞来回一趟所花时间的最大者的 2 倍即为聚会最小的延迟时间。

```
BRONZE-COW-PARTY(roads, N, X)
1 创建权矩阵 W_{N×N}←(∞)_{N×N}
2 M←length[roads]
3 for i←1 to M
4     do (u, v, w)←roads[i]
5       if W[u, v]>w
6          then W[u, v] ←W[v, u]←w
7 (d, π) ← DIJKSTRA(W, X)
8 x←max(d)
9 return 2x
```

算法 5-17 解决“牛妞聚会”问题一个案例的算法过程

和问题 5-9 相仿，两个农场 *u*，*v* 间道路可能不止一条，行走所需时间未必相同，构造图的权矩阵时，权值 *W*[*u*, *v*]应取最小值。第 5～6 行的分支结构就是正确构造权矩阵的操作。算法第 3～6 行的循环重复 *M* 次，耗时 Θ(*M*)。第 7 行调用过程 DIJKSTRA(*W*, *X*)，耗时 $\Theta(N^2)$。故算法的运行时间为 $\Theta(M+N^2)$。解决本问题算法的 C++实现代码存储于文件夹 laboratory/ Bronze Cow Party 中，读者可打开文件 Bronze Cow Party.cpp 研读，并试运行之。

问题 5-12 最短路

问题描述

度熊来到了一个陌生的城市，它想用最快的速度从 *A* 地到达 *B* 地，于是，他打开了百度地图。地图上有 *N* 个点，有若干道路，每条道路将连续的若干个点连接起来。

在道路上，度熊可以采用步行的方式。除了步行这种方式外，地图上还有若干公交和地铁路线。

为方便模拟实际中公交或地铁运行的情况，我们假定这些路线都是环状的，车辆从路线起点开始，就沿着路线一直运行，直到回到起点才停止。

每条路线会在时刻 $t_1, t_2, \cdots, t_k$ 从路线起点分别发出一辆车，满足 $t_1 \leqslant t_2 \leqslant \cdots \leqslant t_k$，当 t_i 的间隔足够小的时候，就会出现多辆车同时在运行的情况。

度熊如果选择乘坐公交或者地铁的话，它需要考虑候车时间。即，它通过步行到达某条公交或地铁路线的点之后，如果它想乘坐车辆，则必须等路线中的某一辆车到达该点之后才能乘车。

为了从 A 点到达 B 点，度熊可以采用步行、乘车、步行、乘车……交替进行的方式，即，可以在某个点从地铁换乘公交或者步行，等等。

现在，给出地图中的步行路线和乘车路线，以及度熊所在的地点 A，你能算出度熊从 A 点出发分别到达 N 个点所需要的最短时间吗？

输入

输入数据的第一行为一个整数 $T(1 \leqslant T \leqslant 100)$，表示有 T 个测试案例。

每个测试案例第一行为 5 个整数 N, M, K, A, S。N 代表地图上点的个数，M 代表步行道路的条数，K 代表公交或地铁路线的条数, A 是起点。S 是度熊的出发时间。

$2 \leqslant N \leqslant 1000, 1 \leqslant M \leqslant 100000, 1 \leqslant K \leqslant 50$，$1 \leqslant A, B \leqslant N$，$A$ 不等于 B，$0 \leqslant S \leqslant 100000$。

接下来是 M 行，每行 3 个整数 u, v, w。表示从 u 点到达 v 点的步行时间为 w。这是双向边，v 点到达 u 点的步行时间也为 w。可能会有重边的情况，此时应考虑最小花费的边。

$1 \leqslant u, v \leqslant N$，$1 \leqslant w \leqslant 10000$。

接下来是 $K \times 4$ 行，每 4 行代表一条线路。

线路的第一行是 2 个整数 h，k。h 代表路线中点的个数，k 代表发车的数量。

$2 \leqslant h \leqslant N, 1 \leqslant k \leqslant 1000$。

第二行是 h 个整数 $p_1, p_2, \cdots, p_h$，代表路线中按行车顺序排列的 h 个点，p_1 为发车地点。

$1 \leqslant p_i \leqslant N$。

第三行是 h 个整数 $d_1, d_2, \cdots, d_h$, d_i 代表车辆从点 p_i 到达点 $p_{(i+1)}$所花费的时间（$p_{(h+1)}$代表点 p_1）。

$1 \leqslant d_i \leqslant 10000$。

第四行是 k 个整数 $t_1, t_2, \cdots, t_k$，代表 k 个发车的时间。

$0 \leqslant t_1 \leqslant t_2 \leqslant \cdots \leqslant t_k \leqslant 100000$。

输出

对每个测数案例，在一行内输出 N 个数字，用空格分割（行末不要有空格），表示从 A 点出发，到点 1，2，…，N 分别所花费的最少时间。如果无法到达某个点，请输出-1。

输入样例

```
4
4 3 2 1 100
1 2 10
```

```
2 3 10
3 4 10
3 10
1 3 4
1 2 3
0 20 40 60 80 100 120 140 160 180
3 1
1 2 4
1 1 1
99
4 3 2 2 100
1 2 10
2 3 10
3 4 10
3 10
1 3 4
1 2 3
0 20 40 60 80 100 120 140 160 180
3 1
1 2 4
1 1 1
99
4 3 2 3 100
1 2 10
2 3 10
3 4 10
3 10
1 3 4
1 2 3
0 20 40 60 80 100 120 140 160 180
3 1
1 2 4
1 1 1
99
4 2 1 4 180
1 2 10
2 4 10
3 10
1 3 4
1 2 3
0 20 40 60 80 100 120 140 160 180
```

输出样例

```
0 10 1 3
2 0 10 1
6 10 0 3
6 10 -1 0
```

解题思路

（1）数据输入与输出

按输入文件格式，先从中读取案例数 T，然后依次读取 T 个案例数据。对每个测试案例，首先读取表示地图上点的个数、步行道路的条数、公交或地铁路线的条数、起点出发时间的 *N*, *M*, *K*, *A*, *S*。接下来从输入文件中读取 *M* 条步行路的信息（每条 1 行，包括起止地点和所需时间 *u*, *v*, *w*），组织成数组 *footpath*[1..*M*]。然后读取 *K* 条车行道信息：每条 4 行，第 1 行包括表示该条路经过的地点数和发车数量 *h*，*k*；第 2 行是表示 *h* 个地点的 $p_1, p_2, \cdots, p_h$，组织成数组 *p*；第 3 行是表示车在两个地点间行驶的时间 $d_1, d_2, \cdots, d_h$，组织成数组 d。第 4 行是表示 *k* 班车的发车时间 $t_1, t_2, \cdots, t_k$，组织成数组 *t*。把每条车行道的数据（*p*, *d*, *t*）作为数组 *road*[1..*K*]中的一个元素。对案例数据 *footpath*，*road*，*N*，*A*，*S* 计算度熊 *S* 时从 *A* 点出发到城市各点所需的最少时间（对无法到达的地点，记为-1）。将计算结果作为一行（数据项之间用空格隔开）写入输出文件。

```
1 打开输入文件 inputdata
2 创建输出文件 outputdata
3 从 inputdata 中读取 T
4 for i←1 to T
5     do 从 inputdata 中读取 N, M, K, A, S
6         创建数组 footpath←∅
7         for j←1 to M
8             do 从 inputdata 中读取 u, v, w
9                 APPEND(footpath, (u, v, w))
10        创建数组 road←∅
11        for j←1 to K
12            do 从 inputdata 中读取 h, k
13                创建数组 p[1..h]
14                for x←1 to h
15                    do 从 inputdata 中读取 p[x]
16                创建数组 d[1..h]
17                for x←1 to h
18                    do 从 inputdata 中读取 d[x]
19                创建数组 t[1..k]
20                for x←1 to k
21                    do 从 inputdata 中读取 t[x]
22                APPEND(road, (p, d, t))
23        result←THE-SHORTEST-PATH(footpath, road, N, A, S)
24        将 result 作为一行写入 outputdata
25 关闭 inputdata
26 关闭 outputdata
```

（2）处理一个案例的算法过程

在一个案例中，城市中各地点之间的步行路及车行路构成一个有向带权图 *G*：两点 p_1，p_2 之间有步行路，则图 *G* 中有两条边$<p_1, p_2>$和$<p_2, p_1>$（按题面所述，步行路是双向的）；两点 p_1，p_2 之间有 p_1 到 p_2 的车行路，则 *G* 中有边$<p_1, p_2>$。每条边上步/车行时间记为该条边上的权。这个问题如果没有车行线路的班车时间及度熊从点 *A* 的出发时间的限制，则从 A 出发到达其他各点的最短时间就是所谓的单源最短路径问题，用Dijkstra算法很容易解决。

本问题可以视为单源最短路径问题的一个变异：G 中两点之间可能有若干条边，包括步行路及多条车行路。并且即使是在同一线路上，车行路还有多个不同班车的时间区别。我们如下描述这个有向带权图 G：

① 两点 u，v 间只要有 u 到 v 的路（无论是步行路还是车行路），就添加一条有向边（u，v）。例如，根据测试案例 1 的数据构造成如下的有向图 G。

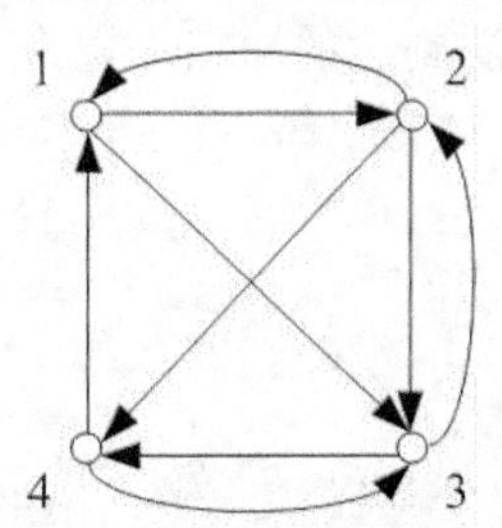

② 为了表示出各班车的运行情况，在每条有向边（u，v）维护一个表 *list*，表中每一项表示一班车从起点 u 出发的时刻 *time* 和到达终点 v 所需用的时间 *length*。

③ 为方便计，将步行方式也记录在 *list* 中：*time* 记为特殊值-1，表示随时都可以从 u 出发，*length* 记录从 v 走到 p_2 所需的时间。

例如，案例 1 中图 G 的边（1, 3）所维护的表 *list* 的内容如下表所示。

time	*length*
0	1
20	1
40	1
60	1
80	1
100	1
120	1
140	1
160	1
180	1

用案例数据 *footpath*，*road* 和 N 构造上述的有向带权图 G 的权矩阵 W 的过程可描述如下。

```
MAKE-WEIGHT-MATRIX(footpath, road, N)
1 创建矩阵 W_{N×N}=(NIL)_{N×N}
2 M←length[footpath]
3 for i←1 to M
```

```
4   do (u, v, w)←foorpath[i]
5      (time, length)←(-1, w)
6      if W[u, v]=NIL
7         then 为 W[u, v]创建空列表
8      APPEND(W[u, v], (time, length))
9      if W[v, u]=NIL
10     then 为 W[v, u]创建空列表
11     APPEND(W[v, u], (time, length))
12 K←length[road]
13 for i←1 to K
14    do (p, d, t)←road[i]
15      h←length[p], k←length[t]
16      for j←1 to k
17          do current-time←t[j]
18            for x←1 to h-1
19               do (time, length)←(current-time, d[x])
20                  (u, v)←(p[x], p[x+1])
21                  if W[u, v]=NIL
22                     then 为 W[v, u]创建空列表
23                  APPEND(W[u, v], (time, length))
24                  current-time←current-time+d[x]
25            (u, v)←(p[h], p[1])
26             (time, length)←(current-time, d[h])
27             if W[u, v]=NIL
28                then 为 W[v, u]创建空列表
29             APPEND(W[u, v], (time, length))
30 return W
```

算法 5-18 构造有向图的权矩阵的算法过程

图 G 的权矩阵 W 的元素 $W[u, v]$不是简单的数值，若（u, v）为 G 中的一条边，则是一个数组。该数组中的元素是一个二元组（$time, length$），表示在时刻 $time$ 从 u 到 v 所需时间。对步行路（u, v）（当然也包括（v, u）），$time$=−1。若（u, v）不是 G 中的一条边，则 $W[u, v]$置为一个不表示任何数据的特殊值 NIL。算法 5-18 的运行时间为$\Theta(M+Kkh)$。

度熊在时刻 $time$ 从一个点 p_1 找到到达另一个点 p_2 最省时间的走法应该是：

① 如果有 u，v 之间的步行路（u，v）（该条边维护的列表 $W[u, v]$中存在 $time$ 字段值为 −1 的项），记需要费时 w_1（若 u，v 之间无步行路，$w_1=\infty$）。

② 如果有班车在 $time_1$（$\geqslant time$）时从 u 开往 v，费时 w'，记 $w_2=w'+time_1-time$（若 u，v 之间无车行路，$w_2=\infty$）。

取 w_1，w_2 中最小者。

利用算法 5-18 构造的权矩阵 W，为计算度熊从时刻 S 在 A 点出发到达其他各点的最短时间算法 DIJKSTRA 的变异描述如下。

```
DIJKSTRA(W, A, S)
1 N←row[W]
```

```
2 for v←1 to N
3     do d[v]←∞
4 d[a]←0
5 Q←{1, 2, …, N}                    ▷Q 是其中元素以 d[v]为优先级的最小优先队列
6 while Q ≠ Ø
7    do u←DEQUEUE(Q)
8       time←s+d[u]
9       for v←1 to n
10          do if W[u, v]≠NIL and v∈Q
11                then w1←∞
12                     if u 到 v 有步行路
13                        then w1←u 到 v 的步行时间
14                     w2←∞
15                     ifu 到 v 有行车路
16                       then w2←使得 u 到 v 的下一班行车时间+等车时间最小者
17                     w←min{w1, w2}
18                     if d[v]>d[u]+w
19                        then d[v]←d[u]+w
20 return d
```

算法 5-19 用以解决“最短路”问题的变异 DIJKSTRA 算法

对比算法 5-16，5-19 仅当搜索到与顶点 u 相邻的，且仍然留在 Q 中的顶点 v 对应的 $d[v]$ 值的修改方式，按本题的题意进行了变换（见第 10～19 行）。在确定 $d[v]$值的过程中，需要在边（u, v）对应的列表中进行查找（第 12～13 行和第 15～16 行），耗时为$\Theta(N)$。故算法 5-19 的运行时间为$\Theta(N^3)$。

利用算法 5-18、算法 5-19，解决“最短路”问题一个案例的算法过程可描述如下。

```
THE-SHORTEST-PATH(footpath, road, N, A, S)
1 W← MAKE-WEIGHT-MATRIX(footpath, road, N)
2 d←DIJKSTRA(W, A, S)
3 for i←1 to N
4     do if d[i]=∞
5          then d[i]←-1
6 return d
```

算法 5-20 解决“最短路”问题一个案例的算法过程

为遵从本问题输出格式的要求，第 3～5 行的 for 循环将数组 $d[1..N]$中值为∞的元素（即从 A 到该元素不存在任何路径）换成−1。根据对算法 5-18 和算法 5-19 的分析知，算法 5-20 的运行时间为$\Theta(M+Kkh+N^3)$。解决本问题算法的 C++实现代码存储于文件夹 laboratory/The Shortest Path 中，读者可打开文件 The Shortest Path.cpp 研读，并试运行之。

本章继续讨论了上一章中组合优化问题的算法。本章研究讨论的所有问题都可以用第 4 章用过的回溯策略加以解决，然而我们知道回溯算法的运行时间都是指数级的。本章讨论了解决组合优化问题的两个有效策略——动态规划和贪婪策略。这两个策略的共同思想

就是根据问题本身具有的特性（最优子结构和贪婪性质），优化解决问题的算法；然后动态规划是根据问题的最优子结构，从最底层的子问题开始计算最优解的值，并记录在表。然后通过查表，逐层计算问题的最优解的值，直至最高层得到原问题的最优解的值。这是用“空间”——记录各层子问题最优解值的数表所占用的内存空间——换取运行时间的策略。问题 5-1～问题 5-6 就是运用动态规划策略的几个例子。而贪婪策略则在最优子结构的前提下进一步发掘问题是否具有贪婪性质：贪婪选择必属于一个最优解，且最优选择导致子问题是唯一的。有了贪婪性，算法就可以自顶向下线性化地解决问题。问题 5-7～问题 5-12 是运用贪婪策略的例子。

Chapter 6

图的搜索算法

我们在前面两章已经看到很多应用问题涉及若干个对象，对象之间有着某种特定的关系，通常将这样的问题模型化为一个**图**（Graph）。一个图 G 是一个二元组：$<V, E>$，其中 V 是表示组成系统的对象构成的集合，通常把其中的元素称为图的顶点，为表示方便将各顶点编号 1～n；E 则表示 V 中元素间的关系——若顶点 u，v 有关系，则$(u, v)\in E$，通常将其称为图的边。此时，我们还称顶点 u 和 v **相邻**，顶点 u、v 分别与边（u, v）关联。之所以把这个模型称为“图”，是因为可以形象地用图形表示它：V 中顶点表示成平面中的点，顶点间的关系表示成连接这些点之间的弧（见图 6-1（a））。若图中的边有方向特征（为强调边的方向性，用$<u, v>$表示该边由顶点 u 指向顶点 v），称为有向图。否则，称为无向图。

在计算机中，图 $G=<V, E>$可以像在前两章中那样表示成它的**邻接矩阵** $A=(a_{ij})_{n\times n}$，其中 $a_{ij}=\begin{cases}1 & (i,j)\in E\\ 0 & (i,j)\notin E\end{cases}$ （见图 6-1（c））。若 G 是带权图（图中的每一条边对应一个称为权的实数值），设权函数为 w。可以将其邻接矩阵 A 的元素表示为 $a_{ij}=\begin{cases}w(i,j) & (i,j)\in E\\ \infty & (i,j)\notin E\end{cases}$。

也可以用一个所谓的**邻接表**来表示图 G: 这是一个数组 $Adj[1..n]$，其中的每一个元素 $Adj[i]$ 是一个链表，若$(i, j)\in E$，则 $j\in Adj[i]$（见图 6-1（c））。如果为每个链表 $Adj[u]$（$1\leqslant u\leqslant n$）中的节点添加一个数据域 *weight*，将边（u, v）的权值存储于 $adj[u]$中端点值为 v 结点的 *weight* 域中，就可以用邻接表来表示一个带权图了。图的邻接表表示及对图的各种基本操作（加入/删除边等）的 C++语言实现代码存储于文件夹 laboratory/utility 下的 graph.h 文件中，读者可打开此文件研读。C++代码的解析请阅读第 9 章 9.4.3 节中程序 9-56～程序 9-57 的说明。

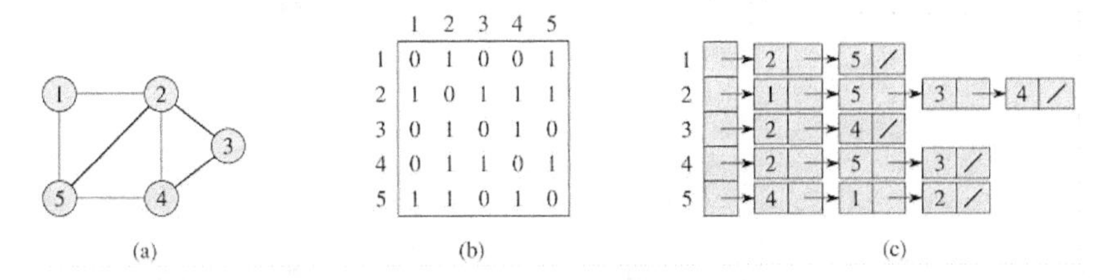

图 6-1　图的邻接表及邻接矩阵表示

一旦将应用问题模型化为一个图，往往需要对图中的顶点按邻接关系进行遍历。这一操作称为对图的搜索。对图的搜索分两种情形，广度优先搜索和深度优先搜索。

6.1 广度优先搜索

所谓广度优先搜索，就是对当前顶点 u 搜索与之相邻的未曾访问过的所有顶点，再按同

样策略搜索 u 的兄弟的相邻顶点。搜索从图中任意指定的起点 s 开始。搜索过程中，每个顶点 v 都处于三个状态之一：未曾访问、访问中及完成访问。可以形象地用三种不同的颜色表示顶点的这三种状态：白色对应未曾访问，灰色对应访问中，黑色对应完成访问。利用一个队列 Q 来控制顶点的访问顺序，加入队列中的顶点是灰色的。对队首顶点 u，访问所有与其相邻且未曾访问过的顶点 v：将 v 加入到队列 Q 中，属性 $color[v]$由白色变为灰色。将 u 从 Q 中出队，完成对其的访问：属性 $color[u]$由灰色变成黑色。初始时，Q 中只有起点 s，且 $color[s]$=GRAY。而其他顶点 v 的颜色 $color[v]$均为 WHITE。这一过程将持续至 Q=∅。

```
BFS-VISIT(G,s)
1 color[s]←GRAY, π[s]←NIL
2 Q←{s}
3 while Q≠∅
4   do u←DEQUEUE(Q)
5 for each (u, v) ∈E[G]
6     do if color[v] = WHITE
7          then color[v]←GRAY, π[v]←u
8 ENQUEUE(Q,v)
9 color[u]←BLACK
```

算法 6-1　以图中一个顶点 s 为起点的广度优先搜索

图 6-2 展示了算法 BFS-VISIT 运行于图 6-1（a）所示图上时的过程。我们在搜索过程中记录下顶点的访问轨迹，由当前顶点 u 访问到白色顶点 v，则在第 7 行将 v 的父亲置为 u，这轨迹必形成一棵以访问起点 s 为根的“树”[1]（见图 6-2（b）～（f）中那些灰色粗边）。我们称这样的树为图 G 的 BFS 树。设 G 有 n 个顶点且从顶点 s 到其余各顶点都是可达的（对无向图

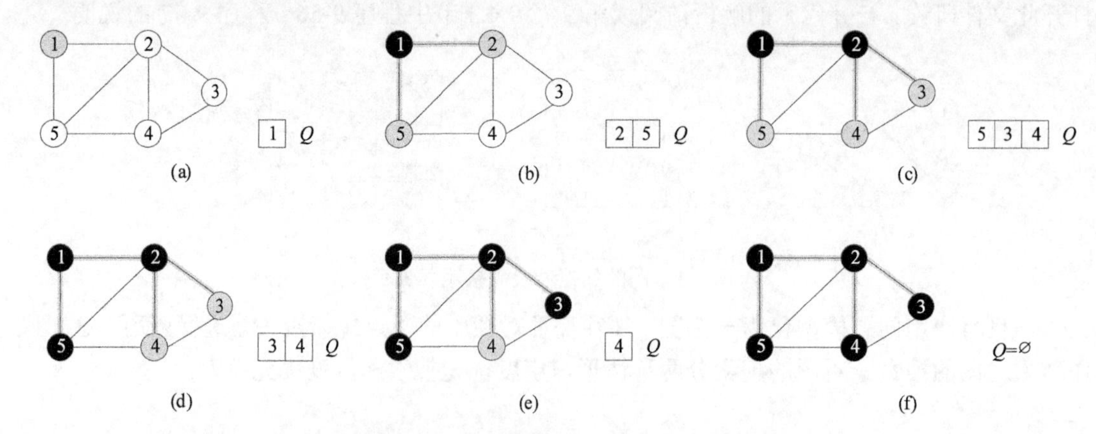

图 6-2　算法 BFS 运行于图 6-1（a）所示图上时的过程

1 “树”指的是一个连通无圈图。“根树”是一个有向图，树中有唯一一个顶点无父亲，其余所有顶点均有一个父亲节点。若顶点 u，v 有父子关系，则<u, v>为树中一条有向边。无父亲节点的顶点称为树根，简称为根。

而言，这意味着 G 是连通的。但对有向图而言却未必，因为在有向图中，<u, v>$\in E[G]$，未必有<v, u>$\in E[G]$)。算法中每个顶点有且仅有一次进入队列 Q，且第 3～9 行的 **while** 循环的每次重复均有一个顶点从 Q 中出队（第 4 行），故该循环重复 n 次。如果图 G 表示成它的邻接矩阵，则第 5～8 行的内嵌 **for** 循环将重复 n 次（因为矩阵的第 u 行有 n 个元素，需一一检测）。这样算法的运行时间为$\Theta(n^2)$。若 G 表示成邻接表，则此两重嵌套循环重复的次数为 G 的边数$|E|$。这样，算法的运行时间为$\Theta(|E|)$。

对于一般的图（不必从一顶点到其他顶点可达），为按广度优先策略访问其中的每一个顶点，需要运行下列的过程。

```
BFS(G)
1 for each u∈V[G]
2    do color[u]←WHITE
3 for each s∈V[G]
4     do if color[s]=WHITE
5           then BFS-VISIT(G, s)
```

算法 6-2　图的广度优先搜索

假定图 G 包含 m 个相对独立的部分，即从一个部分的一个顶点到部分内部其他所有顶点均可达，但部分之间的顶点却不能相互可达，如图 6-3 所示，算法中第 3～5 行的 **for** 循环虽然要重复 n 次，但第 5 行调用过程 BFS-VISIT 却只执行 m 次。这 m 个相对独立的部分在 BFS 运行完毕后将形成 m 棵 BFS 树，构成一片森林，称为 BFS 森林（见图 6-3）。若图表示成邻接表，就整体而言第 3～5 行的执行时间仍为$\Theta(|E|)$。加上第 1～2 行对所有顶点的初始化操作所需的$\Theta(|V|)$时间，算法 BFS 的运行时间为$\Theta(|V|+|E|)$。

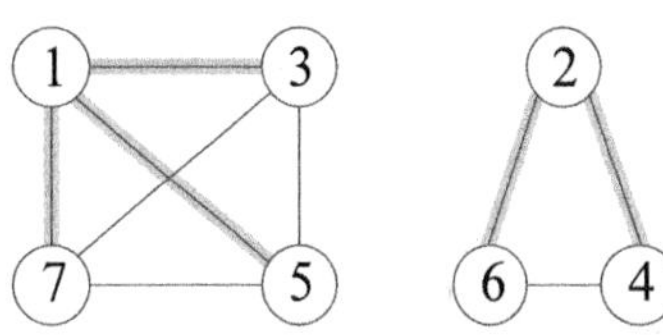

图 6-3　一个无向图的 BFS 森林

6.2 无向图的连通分支

无向图 G 的一个连通分支 C 是 G 的一个子图，其中的任意两个顶点 u，v 之间可以相互可达。显然，若 G 是一个无向图，则其 BFS 森林中的一棵 BFS 树对应 G 的一个连通分支（见图 6-3）。

问题 6-1　女孩与男孩

问题描述

大学二年级有些同学开始研究学生间的罗曼蒂克关系。“罗曼蒂克关系”定义在一个女孩与一个男孩之间。研究中需要找出满足下列条件的最大集合：任意两个学生之间没有“罗曼蒂克关系”。程序的计算结果是这样的集合中包含的学生数。

输入

输入包含若干个测试案例。每一个测试案例表示该研究中被测试者组成的一个集合。描述如下：

学生数

（按下列格式描述每一个学生）

学生标识：（罗曼蒂克关系数）学生标识 1 学生标识 2 学生标识 3 …

或

学生标识：（0）

n 个被测试者的学生标识是一个介于 0～*n*-1(*n*≤500)的整数。

输出

对每一个给定的数据集合，程序应向标准输出写入一行包含计算结果的数据。

输入样例

```
7
0: (3) 4 5 6
1: (2) 4 6
2: (0)
3: (0)
4: (2) 0 1
5: (1) 0
6: (2) 0 1
3
0: (2) 1 2
1: (1) 0
2: (1) 0
```

输出样例

```
5
2
```

解题思路

（1）数据输入与输出

按输入文件格式，依次读取每个测试案例的数据。读取学生数 *n*，创建含有 *n* 个顶点的无向图 *G*。依次读取 *n* 个学生的信息。先读取学生标识 *u*，然后读取与该学生有关的学生人数 *k*，依次读取 *k* 个关系学生标识 *v*，在 *G* 中添加边（*u*, *v*）和（*v*, *u*）。对案例数据 *G* 计算学生中没有任何关系的人数，将计算结果作为一行写入输出文件。循环往复，直至读到 *n*=0。

```
1 打开输入文件 inputdata
```

```
2 创建输出文件 outputdata
3 从 inputdata 中读取 n
4 while n>0
5   do 创建图 G, V[G] ←{0, …, n-1}, E[G]←∅
6       for i←0 to n-1
7           do 从 inputdata 中读取学生标识 u
8             从 inputdata 中读取关系数 k
9             for j←1 to k
10               do 从 inputdata 中读取学生标识 v
11                 INSERT(E[G], (u, v))
12      result←GIRLS-AND-BOYS(G)
13      将 result 作为一行写入 outputdata
14      从 inputdata 中读取 n
15 关闭 inputdata
16 关闭 outputdata
```

其中，第 12 行调用计算无关系学生数的过程 GIRLS-AND-BOYS(*G*)，是解决一个案例的关键。

（2）处理一个案例的算法过程

对于每一个测试案例 *G*，是男孩与女孩们之间的罗曼蒂克关系构成的一个图。由于男孩与女孩是平等的，所以构成的 *G* 是无向的。我们对案例的无向图 *G* 运行算法 6-2，将得到 *G* 的若干个连通分支（分支中的男女孩之间有罗曼蒂克关系）。改造其中调用的 BFS-VISIT 过程，使其能分辨出连通分支中顶点的两种性别，计算出个体较多的性别人数。由于同性之间无罗曼蒂克关系，不同分支中的个体间无论性别如何亦无罗曼蒂克关系，故将每个连通分支中个体数较多的性别人数相加，所得和数即为所求。

要使 BFS-VISIT 能区分不同性别，只需为每个顶点设置一个性别属性 *sex*，从起始顶点 *s* 开始，设置 *sex*[*s*]=*F*，置于队列 *Q* 中。此后，对于队首 *u*，将所有与 *u* 相邻未曾访问过的顶点的 *v* 的 *sex* 属性置为与 *u* 相反的值（*sex*[*u*]为 F，则 *sex*[*v*]为 M；否则 *sex*[*v*]为 F）。每完成一个连通分支的搜索，计算出该分支中个体较多性别的人数，累加到总和中。具体地说，BFS-VISIT 可改造成如下所示的算法。

```
BFS-VISIT(G,s)
1 color[s]←GRAY, sex[s]←F, count←0, male←0
2 Q←{s}
3 while Q≠∅
4   do u←DEQUEUE(Q)
5       count←count+1
6 for each (u, v)∈E[G]
7    do if color[v] = WHITE
8          then color[v] ←GRAY
9               if sex[u]=M
10                  then sex[v]←F
11                  else sex[v]←M
12                       male←male+1
```

```
13 ENQUEUE(Q,v)
14 color[u] ←BLACK
15 return max{male, count-male}
```

算法 6-3 计算一组罗曼蒂克关系的过程

与算法 6-1 相比，算法 6-3 设置了表示每个成员性别属性的数组 *sex*，以及跟踪罗曼蒂克组中人员数的 *count* 以及性别为 M 的人员数 *male*。两个算法在结构上是完全相同的，但后者有下列一些细微的设计。第 3～14 行的 **while** 循环中，每当从队列中弹出队首 *u*，*count* 自增 1（第 5 行），当 $Q=\varnothing$退出该循环时，*count* 记录下这个分组的人员个数。对与 *u* 相邻且未曾访问过的顶点 *v*，将其 *sex* 属性设置为与 *u* 的 *sex* 属性相反的值（第 9～12 行的 **if-then-else** 分支结构）。一旦 *sex*[*v*]设置为 M，则 *male* 自增 1，**while** 循环结束时，*male* 记录下这个分组中性别为 M 的人员数。第 15 行返回 *male* 及 *count-male* 的较大者。为统计各分组的数据，BFS 也需做一点改造。

```
GIRLS-AND-BOYS(G)
1 sum←0
2 for each u∈V[G]
3    do color[u] ←WHITE
4 for each s∈V[G]
5    do if color[s]=WHITE
6          then sum←sum+BFS-VISIT(G, s)
7 return sum
```

算法 6-4 统计所有罗曼蒂克分组数据的过程

与算法 6-2 相比，算法 6-4 仅多设置了一个用来统计所有分组中个体较多性别人员数总和的变量 *sum*，并初始化为 0（第 1 行）。此外，由于算法 6-3 返回一个分组中个体较多性别人员数，故第 6 行将其累加到 *sum* 中。过程运行结束前，第 7 行将 *sum* 作为计算结果返回。

算法 6-3、算法 6-4 的运行效率与算法 6-1、算法 6-2 的相同。

解决本问题算法的 C++实现代码存储于文件夹 laboratory/Girls and Boys 中，读者可打开文件 Girls and Boys.cpp 研读，并试运行之。

问题 6-2 卫星照片

问题描述

农夫 John 购买了他的农场像素点为 $W \times H(1 \leqslant W \leqslant 80, 1 \leqslant H \leqslant 1000)$的卫星照片。他希望能确定农场中最大的连续牧场。所谓连续牧场指的是牧场中的任意两个地点（照片上表示为像素）均可通过水平方向和垂直方向的行走相互到达（这样，牧场可以呈现为奇特的形状，甚至为相互嵌套的圆圈）。每一张照片均已数字化，牧场中的点表示为星号“'*'”而非牧场中的点表示为点号“'.'”。下面是一幅 10 × 5 的照片样板：

```
..*.....**
.**..*****
.*...*....
..****.***
..****.***
```

这张照片里有三个连续的牧场，分别含有 4，16 和 6 个点。帮助 John 在他的卫星相片中找出最大的连续牧场。

输入

第 1 行包含两个用空格隔开的整数：*W* 和 *H*。

第 2～*H*+1 行：每一行含有 *W* 个“*”或“.”的字符，表示卫星相片中的一条光栅。

输出

第 1 行：表示卫星相片中最大的连续牧场大小的整数。

输入样例

```
10 5
..*.....**
.**..*****
.*...*....
..****.***
..****.***
```

输出样例

```
16
```

解题思路

（1）数据输入与输出

按输入文件格式，先从中读取照片的宽度和高度 W，H。然后依次读取照片的每一行数据，组织成串数组 *photograph*。对案例数据 *photograph*，计算照片中最大连续牧场的面积。将计算的结果作为一行写入输出文件。

```
1 打开输入文件 inputdata
2 创建输出文件 outputdata
3 从 inputdata 中读取 W, H
4 创建数组 photograph
5 for i←1 to H
6     do 从 inputdata 读取一行 s
7        APPEND(photograph, s)
8 result←SATELLITE-PHOTOGRAPHS(photograph)
9 将 result 作为一行写入 outputdata
10 关闭 inputdata
11 关闭 outputdata
```

其中，第 8 行调用计算照片中最大连续牧场面积的过程 SATTLITE-PHOTOGRAPHS (*photograph*)，是解决一个案例的关键。

（2）处理一个案例的算法过程

将输入中的一个“*”视为图中的一个顶点，两个“*”相邻，则图中对应两个顶点存在一条边。对这个图运行 BFS，得到的每一棵 BFS 树对应一片连续牧场。计数每棵 BFS 树所含顶点数，最大者即为所求。

首先，需要将输入数据转化为图。假定输入数据中各“*”位置（x, y）存储在数组 $p[1..n]$ 中。然后将 $p[1..n]$转换为对应的无向图 G。

```
MAKE-GRAPH(photograph)
1 创建数组 p←∅
2 H←length[photograph]
3 W←length[photograph[1]]
4 for i←1 to H
5    do for j←1 to W
6            do if photograph[i][j]="* "
7                   then APPEND(p, (i, j))
8 n←length[p]
9 创建图 G, V[G]←{1, 2, …, n}, E[G]←∅
10 for i←2 to n
11     do for j←1 to i-1
12            do if (xi=xj and yi=yj+1) or (xi=xj+1 and yi=yj)
13                   then INSERT(E[G], (i, k)), INSERT(E[G], (k, i))
14 return G
```

算法 6-5 将卫星照片数据转换成无向图的过程

由于生成的 G 是无向图，即$(u, v)\in E[G]$必有$(v, u)\in E[G]$。故第 13 行需要执行两次边的插入操作。该算法的运行时间为$\Theta(WH+n^2)$。对用此过程生成的图 G 运行下列广度优先搜索过程，返回值即为所求。

```
SATELLITE-PHOTOGRAPHS(G)
1 max←0
2 for each u∈V[G]
3    do color[u]←WHITE
4 for each s∈V[G]
5     do if color[s]=WHITE
6           then x←BFS-VISIT(G, s)
7                if x>max
8                    then max←x
9 return max
```

算法 6-6 解决“卫星照片”问题的过程

其中，第 6 行运行的 BFS-VISIT 是对算法 6-1 进行如下改造后的过程。

```
BFS-VISIT(G,s)
```

```
1 color[s]←GRAY, count←0
2 Q←{s}
3 while Q≠
4   do u←DEQUEUE(Q)
5       count←count+1
6       for each (u, v)∈E[G]
7         do if color[v] = WHITE
8               then color[v] ←GRAY
9                    ENQUEUE(Q,v)
10       color[u] ←BLACK
11 return count
```

算法 6-7　计算连续牧场大小的过程

显然，算法 6-6 及算法 6-7 的运行效率与算法 6-1 及算法 6-2 相同。解决本问题算法的 C++实现代码存储于文件夹 laboratory/Satellite photographs 中，读者可打开文件 Satellite photographs.cpp 研读，并试运行之。

6.3 图中顶点间最短路径

我们知道，广度优先搜索是从顶点 s 起搜索完与当前顶点 u 相邻的顶点后，再搜索与下一个当前顶点相邻的顶点。换句话说，搜索完距 s 为 k 条边的所有顶点后，搜索距 s 为 k+1 条边的顶点。于是，如果我们为每个顶点 v 设置属性 $d[v]$，表示从 s 到 v 的最短距离（从 s 到 v 的最短简单路径所含边数），初始时令 $d[s]$=0，其他顶点 u 的 $d[u]=\infty$。在搜索过程中，已知当前顶点 u（队列 Q 的队首元素）的 d 属性值 $d[u]$，则每个与之相邻且未曾访问过的顶点 v 在进入对列 Q 时就可确定其 d 属性值 $d[v]=d[u]+1$ 了。即将算法 6-1 进行如下修改。

```
BFS-VISIT(G, s)
1 color[s]←GRAY, d[s]←0, π[s]←NIL
2 Q←{s}
3 while Q≠ϕ
4   do u←DEQUEUE(Q)
5     for each (u, v)∈E[G]
6       do if color[v] = WHITE
7             then color[v]←GRAY, π[v]←u
8                  d[v]←d[u]+1
9                  ENQUEUE(Q,v)
10     color[u]←BLACK
11 return d and π
```

算法 6-8　计算从顶点 s 起可达顶点最短距离的广度优先搜索

算法 6-8 运行完毕时，数组 $d[1..n]$告诉我们从顶点 s 出发，到图中各顶点的最短路径的长度。而对任一顶点 v，从 $\pi[v]$起追根溯源直至 s，就可得到从 s 到 v 的最短路径（逆向）。

问题 6-3 骑士移动

问题描述

背景

神奇的国际象棋手 Somurolov 先生断言，没有人能像他那样快速地将骑士棋子从棋盘的一个位置移动到另一个指定位置。你能打破这个神话吗？

问题

你的任务是写一个程序计算骑士从一个位置到另一个位置所需移动最少的步数。这样，你就有机会赢了 Somurolov。

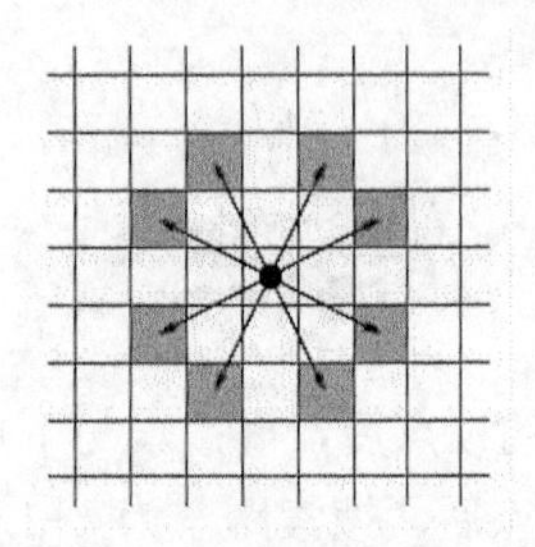

图 6-4 骑士可行走法

对不熟悉国际象棋的朋友，骑士棋子的走法如图 6-4 所示。

输入

输入文件的第一行包含一个整数 n，表示案例数。

后面跟有 n 个案例数据。每个案例包含三行。第一行包含表示棋盘每边长度的整数 $l(4 \leqslant l \leqslant 300)$，棋盘规模为 $l \times l$。第二、三两行各含一对介于 $0 \sim l\text{-}1$ 的整数，表示骑士棋子的起点位置及终点位置。同一行中的整数之间用空格隔开。可假定这两个位置都是棋盘中的合理位置。

输出

对输入的每一个案例，计算骑士棋子从起点到终点所需最少的移动步数。若起点与终点相同，则距离为零。将计算出来的距离作为一行写入输出文件。

输入样例

```
3
8
0 0
7 0
100
0 0
30 50
10
1 1
1 1
```

输出样例

```
5
28
0
```

解题思路

（1）数据输入与输出

按输入文件格式，先从中读取测试案例数 n。然后依次读取各案例数据，读取棋盘规模 l，接着读取骑士起点 p_1 的位置和目标 p_2 的位置。对案例数据 l，p_1 和 p_2 计算骑士在棋盘上按规则从 p_1 跳到 p_2 所需最少得步骤数。将计算结果作为一行写入输出文件。

```
1 打开输入文件 inputdata
2 创建输出文件 outputdata
3 从 inputdata 中读取 n
4 for i←1 to n
5     do 从 inputdata 中读取 l
6        从 inputdata 读取 x, y
7        p1←(x, y)
8        从 inputdata 读取 x, y
9        p2←(x, y)
10       result←KNIGHT-MOVES(l, p1, p2)
11       将 result 作为一行写入 outputdata
12 关闭 inputdata
13 关闭 outputdata
```

其中，第 10 行调用计算骑士在规模为 $l \times l$ 的棋牌上时从 p_1 跳到 p_2 所需最少步数的过程 KNIGHT-MOVES(l, p_1, p_2)，是解决一个案例的关键。

（2）处理一个案例的算法过程

对每一个测试案例，将棋盘中的每一个格子视为一个无向图 G 中的顶点（共有 $l \times l$ 个顶点）。从每一个顶点对应的格子骑士可移动到的格子对应的顶点有边相连（格子[i，j]对应的顶点与格子[i-2，j-1]、[i-2,j+1]、[i-1,j-2]、[i-1,j+2]、[i+1，j-2]、[i+1,j+2]、[i+2,j-1]、[i+2,j+1]对应的顶点关联）。对构造出来的无向图 G，记起点格子对应顶点 s 为起点，做算法 6-1 的广度优先搜索操作 BFS-VISIT，从 s 到指定终点格子对应的顶点 t 的最短距离 $d[t]$即为所求。

上述解题方案中的关键操作之一是创建案例中棋盘对应的无向图。根据以上分析，构造图的算法过程可描述如下。

```
MAKE-GRAPH(l)
1 创建图 G, V[G]←{0, 1, …, (l-1)× (l+1)}, E[G]←∅
2 for i←0 to l-1
3   do for j←0 to l-1
4          do u←i×l+j
5             if i≥1
6               then if j≥2
7                      then v← (i-1) ×l+j-2
8                           INSERT(E, (u, v)), INSERT(E, (v, u))
9                    if j<l-2
10                     then v← (i-1) ×l+j+2
11                          INSERT(E, (u, v)) , INSERT(E, (v, u))
12           if i≥2
```

```
13          then if j≥1
14               then v← (i-2) ×l+j-1
15                    INSERT(E, (u, v)) , INSERT(E, (v, u))
16            if j<l-1
17               then v← (i-2) ×l+j+1
18                    INSERT(E, (u, v)) , INSERT(E, (v, u))
19       if i<l-1
20          then if j≥2
21                then v← (i+1) ×l+j-2
22                     INSERT(E, (u, v)) , INSERT(E, (v, u))
23               if j<l-2
24                  then v← (i-1) ×l+j+2
25                       INSERT(E, (u, v)) , INSERT(E, (v, u))
26       if i<l-2
27          then if j≥1
28               then v← (i+2) ×l+j-1
29                    INSERT(E, (u, v)) , INSERT(E, (v, u))
30               if j<l-1
31                  then v← (i+2) ×l+j+1
32                       INSERT(E, (u, v)) , INSERT(E, (v, u))
33 return G
```

算法 6-9 棋盘上骑士走法转换成无向图的过程

注意 G 是一个无向图，所以边$(u, v)\in E[G]$，必有$(v, u)\in E[G]$。该算法的运行时间显然为$\Theta(l^2)$。将起点 p_1 的位置（x, y）转换成图 G 中对应的顶点编号 $s=x*l+y$，而目标点 p_2 位置对应 G 的顶点 t 也可依法炮制。最终解决“骑士移动”问题一个案例的过程描述如下。

```
KNIGHT-MOVES(l, p1, p2)
1 G←MAKE-GRAPH(l)
2 (x, y). ← p1
3 s←x*l+y
4 d←BFS-VISIT(G,s)
5 (x, y). ← p2
6 t←x*l+y
7 return d[t]
```

算法 6-10 解决“骑士移动”问题一个案例的算法过程

其中，第 4 行调用的是算法 6-8 的 BFS-VISIT(G,s)，若不计对输入数据的转换操作的耗时，则算法 6-10 的运行效率和算法 6-8 的是一样的。解决本问题算法的 C++实现代码存储于文件夹 laboratory/Knight Moves 中，读者可打开文件 Knight Moves.cpp 研读，并试运行之。■

问题 6-4 蜜蜂种群

问题描述

Heif 教授正在做关于南美蜜蜂种群的实验。这种蜜蜂是他在巴西雨林的一次探险中发现的，其所产蜜的质量远高于欧洲及北美地区的蜜蜂。不幸的是，这种蜜蜂在人工饲养环境下繁殖得不好。Heif 教授认为发生这样情况的原因是：实验室中不同种类的蜂蛹（工蜂蛹、蜂后蛹）在蜂巢中的相对位置的环境条件不同于在雨林中。

作为验证其理论的第一步，Heif 教授想量化蜂蛹所在蜂房在蜂巢中的差别。他需要度量任意两个蜂房间的距离。为此，教授在蜂巢中任选一个蜂房标识为 1，然后按顺时针方向以螺旋方式对其余蜂房编号，如图 6-5 所示。

例如，19 号蜂房与 30 号蜂房相隔 5 个蜂房。连接这两个蜂房的最短路径之一是 19—7—6—5—15—30。因此，从 19 号蜂房到 30 号蜂房需移动 5 个相邻蜂房。

Heif 教授请你帮他写一个程序，按上述定义的蜂房编号方式，对任意两个蜂房计算它们之间的最短路径。

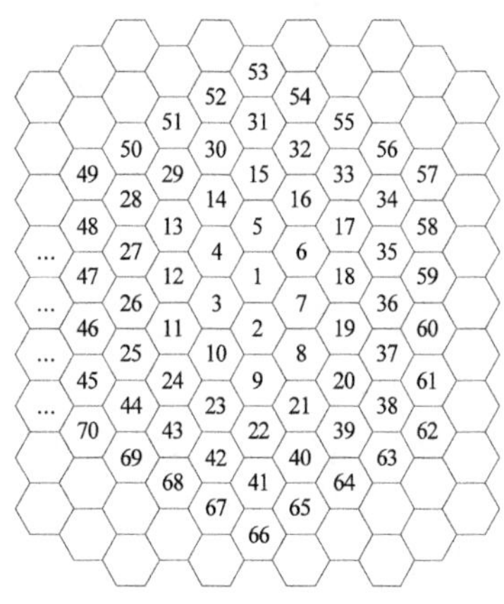

图 6-5 蜂巢中的蜂房

输入

输入文件有若干行数据组成。每一行包含两个整数 D 和 E ($D, E \leqslant 10000$)。除了最后一行中 $D=E=0$，所有这些整数都是正数。最后一行是输入文件的结束标志，无需处理。

输出

对输入文件中的每一对正数（D, E），输出 D 号蜂房与 E 号蜂房之间的距离。该距离就是从 D 到 E 所需移动的最小次数。

输入样例

```
19 30
0 0
```

输出样例

```
The distance between cells 19 and 30 is 5.
```

解题思路

（1）数据输入与输出

按输入文件格式，依次读取表示两个蜂房编号的 D 和 E，计算 D，E 之间相隔最少的蜂房数，将计算结果 *result* 按格式“The distance between cells D and E is *result*”写入输出文件。循环往复，直至 D=0 且 E=0。

```
1 打开输入文件 inputdata
2 创建输出文件 outputdata
3 从 inputdata 中读取 D, E
4 while D>0 and E>0
5   do result←BEE-BREEDING(D, E)
```

```
6    将"The distance between cells D and E is result"作为一行写入 outputdata
7    从 inputdata 中读取 D, E
8 关闭 inputdata
9 关闭 outputdata
```

其中，第 5 行调用计算 D 号蜂房与 E 号蜂房最少相隔蜂房数的过程 BEE-BREEDING(D, E)，是解决一个案例的关键。

（2）处理一个案例的算法过程

首先，将按顺时针方向编号的蜂房转换成一个无向图 G，然后对图 G 从顶点 D 起做广度优先搜索操作（调用算法 6-11）。用搜索的结果 $d[E]$即可得到 D 到 E 的最短路径长度，此即为所求。

将蜂房按顺时针方向螺旋编号的蜂巢转换成一个无向图的过程是解本题的关键操作。观察图 6-5 可以看出：蜂巢的第 0 层只有 1 号蜂房；第 1 层有 2～7 号 6 个蜂房；第 2 层有 8～19 号 12 个蜂房；第 3 层有 20～37 号 18 个蜂房；一般地，第 k 层有编号为 $2+3k(k-1)$～$1+3k(k+1)$ 共 $6k$ 个蜂房。

第 0 层和第 1 层构成的图十分简单，可直接得到。从第 k=2 层开始，编号为 $2+3k(k-1)$ 的蜂房（本层第一个蜂房）对应的顶点，与上一层的第一个和最后一个蜂房对应的顶点连接。此后，每隔 k-1 个蜂房，就有一个蜂房与本层的前一个、上层的 1 个蜂房对应顶点连接（在第 2 层中为 9、11、13、15、17 及 19 号蜂房，第 3 层中为 22、25、28、31、34、37 号蜂房），其他的蜂房与本层的前一个、上一层的 2 个蜂房对应顶点连接（见图 6-6）。

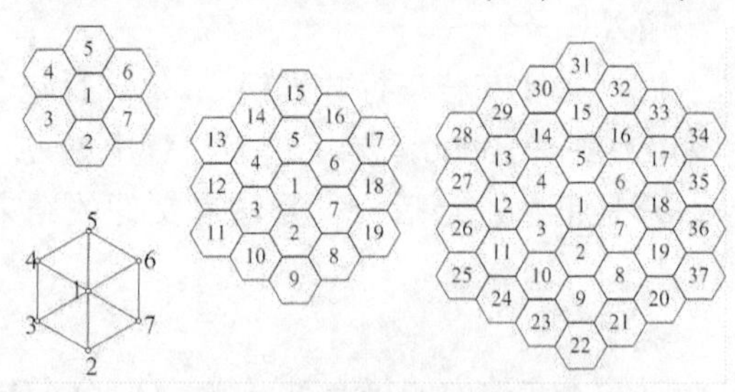

图 6-6　蜂巢对应的无向图

将上述连接方法写成为代码过程如下

```
MAKE-GRAPH(n)                ▷创建包含 n 号蜂房的最小蜂巢对应的无向图
1 level←min{k|6k≥n}          ▷包含 n 号蜂房的最小蜂巢层数
2 N←1+3level (level +1)
3 创建图 G, V[G]←{1, 2, …, N}
4 E[G]←{(1, 2), (1, 3), (1, 4), (1, 5), (1, 6), (1, 7),(2, 3), (3, 4), (4, 5),
(5, 6), (6, 7), (7, 2)}
5 E[G]← E[G]∪{(2, 1), (3, 1), (4, 1), (5, 1), (6, 1), (7, 1), (3, 2), (4, 3),
(5, 4), (6, 5), (7, 6), (2, 7)}
6 for k←2 to level
7     do u←2+3k(k-1), v←2+3(k-1)(k-2)
8        INSERT(E[G], (u, u-1)), INSERT(E[G], (u-1, u))
9        INSERT(E[G], (u, v)), INSERT(E[G], (v, u))
10       s←1
11       u←u+1
12       while u<1+3k(k+1)
13         do INSERT(E[G], (u, u-1)) , INSERT(E[G], (u-1, u))
14            INSERT(E[G], (u, v)) , INSERT(E[G], (v, u))
```

```
15              if s MOD k≠k-1
16                then INSERT(E[G], (u, v+1)), INSERT(E[G], (v+1, u))
17                     v←v+1
18              u←u+1, s←s+1
19          INSERT(E[G], (u, u-1)), INSERT(E[G], (u-1, u))
20          INSERT(E[G], (u, v)), INSERT(E[G], (v, u))
21          INSERT(E[G], (u, v+1)) , INSERT(E[G], (v+1, u))
22 return G
```

算法 6-11 蜂巢中蜂房排列转换成无向图的过程

算法 6-11 的运行时间是第 6～21 行的双层循环耗时 $\Theta(level^2)$。对 G 和 D 运行下列的算法 6-12，返回的数组 d 的元素 $d[E]$即为所求。

```
BEE-BREEDING(D, E)
1 n←max{D, E}
2 G← MAKE-GRAPH(n)
3 d← BFS-VISIT(G,D)
4 return d[E]
```

算法 6-12 解决“蜜蜂种群”问题一个案例的算法过程

第 3 行调用的是算法 6-8 的 BFS-VISIT 过程，故算法 6-12 的运行效率与算法 6-8 的一样。解决本问题算法的 C++实现代码存储于文件夹 laboratory/Bee Breeding 中，读者可打开文件 Bee Breeding.cpp 研读，并试运行之。

6.4 深度优先搜索

对图 G 从顶点 u 开始的深度优先搜索就是进行一次回溯搜索：若存在与当前顶点 u 相邻且未曾访问过的顶点 v，访问之并将其作为当顶点；若存在与当前顶点 v 相邻且未曾访问过的顶点，访问之并作为当前顶点；……若当前顶点不存在未曾访问过的相邻顶点，则完成该顶点的访问，回溯到上一层。过程一旦回溯到起点 u，且 u 的所有相邻顶点均已访问过，则搜索完成（见图 6-7）。将这一思路写成伪代码过程如下。

```
DFS-VISIT(G, u)                    ▷顶点 u 是白色的
1 color[u] ← GRAY
2 for each (u, v) ∈E[G]
3    do if color[v] = WHITE
4          then π[v]←u
5               DFS-VISIT(G, v)
6 color[u]← BLACK                   ▷ 完成 u 的访问
```

算法 6-13 以 u 为起点，对图 G 做深度优先搜索的过程

和广度优先搜索算法中的过程 BFS-VISIT 相似，算法 6-13 的 DFS-VISIT 过程也是从顶

点 u 开始搜索所有从 u 可达的顶点。并且搜索轨迹也形成一棵以顶点 u 为根的树，称为 **DFS 树**。在 DFS-VISIT 过程中，从当前顶点 u 通过边（u, v）搜索到白色顶点 v，称（u, v）为一条**树边**（见图 6-7 中带阴影的粗边）。而从当前顶点 u 通过边（u, v）搜索到灰色顶点 v（必为 u 的一个祖先），称（u, v）为一条**回边**：图 6-7（f）中从顶点 5 搜索到灰色顶点 1 和 2，遇到两条回边（5, 1）和（5, 2），用虚线表示。同样，边（4, 2）也是一条回边。

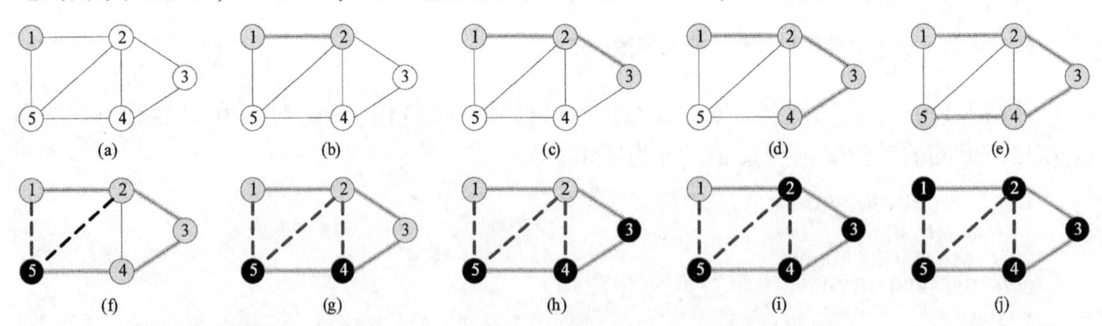

图 6-7　对图 6-1（a）所示图从顶点 1 开始进行深度优先搜索

如果图用邻接表表示，对于从一个顶点 u 出发到所有其他顶点均可达的图 G 而言，算法 6-13 的运行时间为$\Theta(|E|)$。这是因为每一层递归中第 2～4 行的 **for** 循环都要重复与 u 相邻的顶点个数次，也就是以 u 为一端的边数。G 中的边有且仅有一次被访问到，所以递归调用$|E|$次。

对一般的图 G（从一个顶点 u，到其他个顶点未必可达），进行深度优先搜索的过程如下。

```
DFS(G)
1 for each u∈V[G]
2     do color[u]←WHITE
3 for u←1 to n
4     do if color[u]=WHITE
5           then π[u]←NIL
6                  DFS-VISIT(G, u)
```

算法 6-14　对图的深度优先搜索

如果图是用邻接表表示的，算法中第 3～6 行的 **for** 循环中第 6 行对 DFS-VISIT 的调用，只有当顶点 u 是白色时才会被执行。每执行一次，就会遍历图中从 u 可达的所有顶点，并形成一棵以 u 为根的 DFS 树。循环结束时将得到一片 **DFS 森林**（见图 6-8）。所用时间为$\Theta(|E|)$。加上第 1～2 行对所有顶点的初始化操作，算法 6-14 的运行时间为$\Theta(|V|+|E|)$。

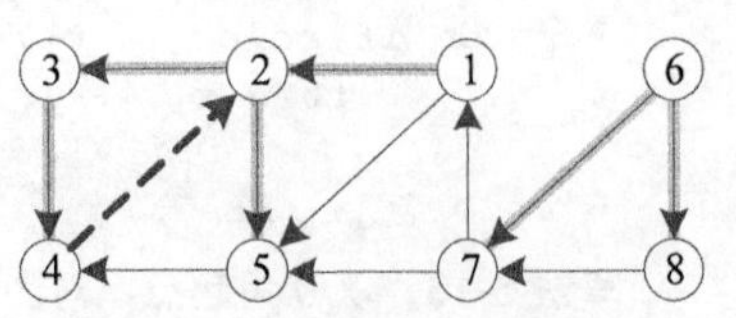

图 6-8　一个有向图的 DFS 森林

图 6-8 展示了对一个有向图运行算法 6-14 的过程 DFS 的结果。在第 1～2 行的 **for** 循环将所有顶点的 *color* 属性

置为 WHITE 以后，执行第 3～6 行的 **for** 循环。变量 u 从顶点 1 开始，由于该顶点当时是白色的，所以在第 6 行调用算法 6-13，以顶点 1 为起点进行深度优先搜索，图中的边<1, 2>，<2, 3>，<3, 4>，<2, 5>称为该次搜索形成的树边。这时，顶点 2、3、4、5 均为黑色。而顶点 6 是白色的，再一次执行第 6 行的 DFS-VISIT 过程，将得到另一棵由<6, 7>和<6, 8>作为树边的 DFS 树。这两棵 DFS 树构成了本次运行 DFS 后得到的 DFS 森林。

考察图 6-8 中的边<4, 2>。该条边在当前顶点为 4（灰色）时被访问，此时顶点 2 也是灰色的，所以是一条回边（用虚线表示）。这意味着在 DFS 树中顶点 2 是顶点 4 的祖先，也就是说有一条路径从顶点 2 经顶点 4 回到顶点 2。有向图中这样的路径称为一条回路。

对一个有向图运行 DFS，图的边除了树边和回边以外，还有其他的边。例如，图 6-8 中的边<5, 4>。这条边在当前顶点为 5 时被访问到。此时，顶点 4 虽然同处于一棵 DFS 树中，但已经完成访问变成黑色的了，这样的边称为进边。同样的，边<1, 5>和<8, 7>也是**进边**。而边<7, 5>与此不同——尽管该边在当前顶点为 7 时访问到，且顶点 5 也是黑色的，但顶点 5 与顶点 7 分处于两棵 DFS 树中，这样的边称为**跨边**。

6.5 有向无圈图的拓扑排序

对图的深度优先搜索最有趣的性质就是先发现的顶点，后完成访问。利用这一性质，对一个有向**无圈图**（不存在回路）G 进行深度优先搜索，若按完成时间降序将顶点排列，则一定得到满足下列性质的顶点序列$\{v_1, v_2, \cdots, v_n\}$：若$<v_i, v_j> \in E[G]$，则必有 $i<j$。这样的顶点序列称为图 G 的一个**拓扑排序**。利用 DFS 过程，可以判别一个有向图是否有圈：若在搜索过程中发现回边（从当前顶点 u 通过边$<u, v>$访问到灰色顶点 v），说明存在回路（见图 6-8 中顶点 2，3，4）。对有向无圈图，借助于一个按访问完毕顺序存放各顶点的栈，可得该有向图的拓扑排序。

```
TOPOLOGICAL-SORT(G)
1 acyclic←false, topological-sequence←∅
2 for each u∈V[G]
3    do color[u]←WHITE
4 for each u∈V[G]
5   do if color[u]=WHITE
6          then DFS-VISIT(G, u)
7               if acyclic=true
8                  then return
```

算法 6-15 判断有向图是否无圈，并计算拓扑排序的过程

其中第 6 行调用的 DFS-VISIT 过程需要进行下列的改造。

```
DFS-VISIT(G, u)                ▷顶点 u 是白色的
```

```
1 color[u] ← GRAY
2 for each (u, v) ∈E[G]
3   do if color[v] = WHITE
4         then DFS-VISIT(G, v)
5              if acyclic=true
6                 then break this loop
7         else if color[v]=GRAY           ▷遇到回边
8                 then acyclic←true
9                      return
10 color[u]← BLACK                        ▷ 完成 u 的访问
11 PUSH(topological-sequence, u)
```

算法 6-16 对有向图深度优先搜索过程中判断无圈并计算拓扑排序

由于算法 6-15 和算法 6-16 就是由算法 6-13 和算法 6-14 修改而得，所以若用邻接表表示有向无圈图 G，我们可以在$\Theta(|V|+|E|)$时间内完成对 G 的拓扑排序。

有向无圈图的拓扑排序常用于任务进程中工序的合理调度上。一项任务往往由多道工序组成。工序间有的相互独立，有的有前后依存关系。对有依存关系的工序，保证前后顺序能避免返工。将任务中的工序及其前后依存关系表示成一个有向图，对其运行算法 6-15 完毕后，依次弹出 *topological-sequence* 栈顶元素，即可得到顶点（工序）的拓扑排序，按此顺序实施各道工序就可对任务进程做合理调度。

问题 6-5 考虑所有的光盘

问题描述

操作系统是大型的软件产品，通常包含多个软件包，并分布在多个媒介上，如多块磁盘上。曾几何时，有一种最流行的操作系统分布于 21 张软磁盘上，甚至于前几年还有分布于 6 张 CD 上的操作系统。现在更多的是加载于若干张 DVD 上，每张 DVD 上包含成千上万个软件包。

假定计算机系统只有一个光盘驱动器，且任何时刻只能读取一张光盘中的内容。有些软件包必须在另一些软件包安装后才能正确的安装。如果软件包的分布顺序与安装顺序不相匹配，则在系统的安装过程中需要多次变换驱动器中的光盘。当然，由于总有个开头，所以有几个软件包是独立的。

假定系统的软件包全部存放在两张 DVD 光盘上，给定光盘中软件包的分布以及软件包之间的相互依赖关系，你需要计算出软件系统安装过程中变换驱动器中光盘的最少次数。

输入

输入含有多个测试案例。每个案例以 3 个整数 N_1, N_2（$1\leqslant N_1,N_2\leqslant 50000$）和 D（$0\leqslant D\leqslant 100000$）开头。第 1 张 DVD 含有 N_1 个软件包，标示为 1, 2, …, N_1。第 2 张 DVD 含有 N_2

个软件包，标示为 $N_1+1, N_1+2, \cdots, N_1+N_2$。紧随其后的是 D 个说明软件依赖关系的序偶 x_i，y_i（$1 \leqslant x_i, y_i \leqslant N_1+N_2$ 且 $1 \leqslant i \leqslant D$），表示安装软件包 x_i 前需先安装软件包 y_i。假定输入中的软件包依赖关系不会产生循环的情形。以 3 个“0”开头的案例作为输入结束标志。

输出

对每个测试案例，输出一行表示软件包安装过程中所需最少的 DVD 变换次数的整数。按惯例，安装过程开始前 DVD 驱动器内是空的，且第一次插入 DVD 碟片计入碟片变换次数。相仿地，安装结束时最后取出驱动器内的碟片地计入碟片变换次数。安装完毕，驱动器内是空的。

输入样例

```
3 2 1
1 2
2 2 2
1 3
4 2
2 1 1
1 3
0 0 0
```

输出样例

```
3
4
3
```

解题思路

（1）数据输入与输出

按输入文件的格式，从中依次读取每个测试案例的数据。首先读取案例的第一行中的 3 个整数 N_1，N_2 和 D。然后读取 D 个软件间的依赖关系 x, y，组织成数组 *dependence*[1…*D*]。对案例数据 *dependence*，N_1 和 N_2，计算安装系统时最少的变换光盘次数，将计算结果作为一行写入输出文件。循环往复，直至读到的 N_1，N_2 和 D 均为 0。

```
1 打开输入文件 inputdata
2 创建输出文件 outputdata
3 从 inputdata 中读取 N1，N2，D
4 while N1，N2，D 不全为 0
5    do 创建数组 dependence←Ø
6       for i←1 to D
7           do 从 inputdata 中读取 x, y
8             APPEND(dependence, (y, x))
9      result← ALL-DISCS-CONSIDERED(dependence, N1, N2)
10      将 result 作为一行写入 outputdata
11      从 inputdata 中读取 N1，N2，D
12 关闭 inputdata
13 关闭 outputdata
```

其中，第 9 行调用计算安装软件时最少变换光盘次数的过程 ALL-DISCS-CONSIDERED(*dependence*, *N*1, *D*2)，是解决一个案例的关键。

（2）处理一个案例的算法过程

在每个测试案例中将 N_1+N_2 个软件包视为图中顶点，两个软件包之间依赖关系视为两者间的有向边，构成一个有向图 *G*。

```
MAKE-GRAPH(dependence, N1, N2)
1 创建图 G, V[G]←{1, 2, …, N1+N2}, E[G]←∅
2 D←length[dependence]
3 for i←1 to D
4     do INSERT(E[G], dependence[i])
5 return G
```

算法 6-17　将软件依赖关系转换成有向图的算法过程

算法的运行时间为Θ(*D*)。对 *G* 运行下列的算法 6-18，即可计算出 *G* 的拓扑排序 *p*。此拓扑排序给出了一个正确的软件安装顺序。为得到最少的交换光盘的正确安装顺序，需要考虑如下的情形：设 *p*[*k*-1]、*p*[*k*]、*p*[*k*+1]中，前后的 *p*[*k*-1]和 *p*[*k*+1]位于同一块光盘中，而 *p*[*k*]在另一张盘中，且(*p*[*k*+1], *p*[*k*])∉*E*[*G*]（*p*[*k*+1]、*p*[*k*]没有安装依赖关系），则交换 *p*[*k*]和 *p*[*k*+1]不会影响安装顺序的正确性，但能使光盘交换次数减少 1 次。换句话说，我们通过上述的处理能在保持安装顺序正确的前提下，最小化光盘交换次数。因此，我们可以通过对 *p* 做如下的辅助操作来得到最小的光盘交换次数。

```
ALL-DISCS-CONSIDERED(dependence, N1, N2)
1 G←MAKE-GRAPH(dependence, N1, N2)
2 p←TOPOLOGICAL-SORT(G)
3 num←0
4 n←N1+N2
5 for k←1 to n
6    do if k<n-1 and p[k]与p[k+1]位于不同盘
7            then if k>1 and p[k-1]与p[k]位于不同光盘
8                    then if (p[k+1], p[k])∉E[G]
9                            then exchange p[k]↔p[k+1]
10           else num←num+1
11 return num
```

算法 6-18　解决“考虑所有的光盘”问题一个案例的算法过程

第 2 行调用了算法 6-15，耗时Θ($D+N_1+N_2$)，第 5～10 行的 **for** 循环重复 N_1+N_2 次。其中，第 6、7 行为检测两个软件位于不同盘需在 *dependence* 中扫描，耗时Θ(*D*)，故此循环耗时 $O((N_1+N_2)D)$。这也是算法 6-18 的运行时间。解决本问题算法的 C++实现代码存储于文件夹 laboratory/All Discs Considered 中，读者可打开文件 All Discs Considered.cpp 研读，并试运行之。

问题 6-6 循序

问题描述

"序",在数学和计算机科学中是一个非常重要的概念。例如,佐恩引理声称:"在一个半序集中,若任一链都拥有上界,则必存在最大元素。"序对于程序的定点语义推理也是十分重要的。

本问题与佐恩引理及定点语义推理均无关,但与序有关。

给定一系列的变量,其中的一些变量间具有形为 $x < y$ 这样的关系,称 x 位于 y 之前。你要写一个程序,给出所有保持这些关系的全体变量的序列。

例如,对变量 x,y 和 z,若有关系 $x < y$ 及 $x < z$,则保持这些关系的序列有 $x\ y\ z$ 和 $x\ z\ y$。

输入

输入含有若干个测试案例。一个案例有两行数据:一行表示变量列表,变量之间用空格隔开;另一行表示变量间的前后关系。在表示关系的数据行中每一对变量 $x\ y$ 表示 $x<y$。

每一个变量表示成一个小写的英文字母。有至少 2 个,至多 20 个变量。至少有 1 个关系,关系数不会超过 50。输入文件中至少有 1 个,最多有 300 个测试案例。

输出

对每一个测试案例,要输出所有满足前后关系的变量序列。这些序列要按字典顺序依次输出,每个序列占一行。

两个测试案例的输出之间用一个空行隔开。

输入样例

```
a b f g
a b b f
v w x y z
v y x v z v w v
```

输出样例

```
abfg
abgf
agbf
gabf

wxzvy
wzxvy
xwzvy
xzwvy
zwxvy
zxwvy
```

解题思路

（1）数据输入与输出

根据输入文件格式，依次从中读取各案例的数据。案例的第一行包含若干个表示变量的字母，组织成数组 *varable*。第二行包含若干对表示变量关系的字母，组织成数组 *pair*。对案例数据 *varable* 和 *pair* 计算出所有保持各变量前后关系的序列。将计算结果按字典顺序依次按行写入输出文件。循环往复，直至读完所有案例的数据。

```
1 打开输入文件 inputdata
2 创建输出文件 outputdata
3 while 能从 inputdata 中读取一行 s
4    do 从 s 中析取各变量字符存于数组 varable
5       从 inputdata 中读取一行 s
6       从 s 中析取各对关系存于数组 pair
7       result←FOLLOWING-ORDERS(varable, pair)
8       for each r∈result
9          do 将 r 作为一行写入 outputdata
10 关闭 inputdata
11 关闭 outputdata
```

其中，第 7 行调用计算所有满足关系的变量序列的过程 FOLLOWING-ORDERS(*varable*, *pair*)，是解决一个案例的关键。

（2）处理一个案例的算法过程

对一个案例而言，将变量视为图中的顶点，而将变量间的前后关系视为图中的有向边，将构成一个有向图 *G*。保持关系的变量序列就是 *G* 的一个拓扑排序。于是，我们需要计算出 *G* 的所有不同的拓扑排序。办法之一是先计算出变量列表（假定有 *n* 个变量）的所有的全排列（共有 *n*!个），然后按每一个排列调用算法 6-17，计算出 *G* 的一个拓扑排序。在得出的 *n*!个序列中筛除重复的，对剩下的按字典顺序排列即为所求。

这个算法是很费时的，为改善算法的运行效率，需要仔细考虑问题的特殊性质。其实，在知道共有多少个变量以及哪些变量之间有前后关系这些信息后，我们可以估计出在一个拓扑排序中每个变量的前、后至少有多少个变量并将这些信息记录在数组 *befor* 和 *after* 中。例如，在输入的第 1 个案例中，首先处理变量关系 $a<b$，我们将记录下 $after[a]=1$，$befor[b]=1$。再处理变量关系 $b<f$，先记录下 $after[b]=1$，$befor[f]=1$，然后发现它与已处理的关系 $a<b$ 首尾相接，故 $after[a]$增加 1 为 2，$befor[f]$增加 1 为 2。处理完毕，这两个数组的状态如图 6-9（a）所示。相仿地，根据输入案例 2 的数据，得到图 6-9（b）所示的部分。可将计算数组 *befor*、*after* 的过程表示成如下的伪代码。

```
PREPROCESS(pair)
1 after←{0, 0, …, 0}, befor←{0, 0, …, 0}
2 relations←∅
3 for each x<y∈pair
```

```
4     do befor[y]←befor[y]+1
5        after[x]←after[x]+1
6      for each (u<v)∈relations
7          do if v=x
8                then befor[y]←befor[y]+1
9                     after[u] ←after[u]+1
10            if y=u
11               then befor[v]←befor[v]+1
12                    after[x]←after[x]+1
13     APPEND(relations, (x<y))
14 return befor, after
```

算法 6-19 对变量关系的预处理过程

若案例中变量间有 *m* 个前后关系（即 *pair* 数组的元素个数为 *m*），则算法的运行时间为 $\Theta(m^2)$。

利用这些数据可以减少计算排列种数，甚至可以省去对有向图 *G* 的 DFS 操作。以第 1 个案例为例，由于 *befor*[*a*]=0，故变量 a 之前没有变量，而 *after*[*a*]=2，故 a 之后至少有 2 个变量。因此，a 在拓扑排序中只可能在 1、2 位置上。相仿地，根据 *befor*[*b*]=1 和 *after*[*b*]=1，推定 *b* 在拓扑排序中只可能在位置 2、3。由 *befor*[*f*]=2，*after*[*f*]=0，知 *f* 的位置可能是 3、4。最后，由 *befor*[*g*]=*after*[*g*]=0 知，*g* 可以在 1、2、3、4 的任何一个位置上。这样，我们只需在第 1 个位置上安排好变量 *a* 和 *g*，第 2 个位置上安排好 *a*，*b* 或 *g*，第 3 个位置上安排好 *b*，*f* 和 *g*，第 4 个位置上安排好 *f* 和 *g* 就可以了。一般地，假定 *varable* 中有 *n* 个变量，*varable*[*i*]在序列中可以放置的位置为 *befor*[*i*]+1 到 *n*-*after*[*i*]。排列工作我们用第 4 章的回溯算法很容易解决。

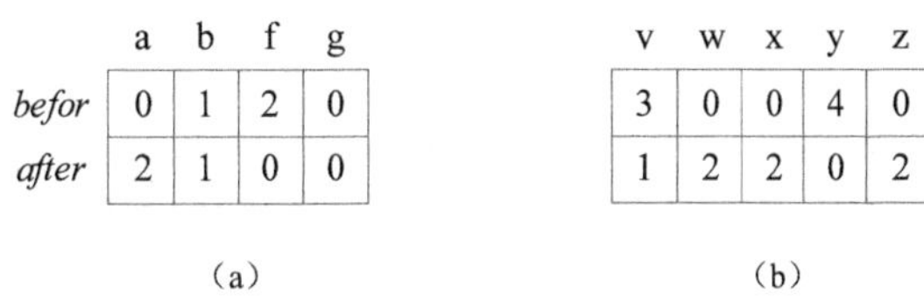

	a	b	f	g
befor	0	1	2	0
after	2	1	0	0

（a）

v	w	x	y	z
3	0	0	4	0
1	2	2	0	2

（b）

图 6-9 对输入案例的变量关系做预处理后所得的结果数组

```
FOLLOWING-ORDERS(varable, pair)
1 (befor, after)←PREPROCESS(pair)
2 n←length[varable]
3 for i←1 to n
4     do Ωi←∅
5 for i←1 to n
6     do for j←befor[i]+1 to n-after[i]
7            do APPEND(Ωj, varable[i])
8 solution←∅
9 创建字符数组 x[1..n]
10 BACKTACKITER(x, 1)
11 return solution
```

算法 6-20 解决“循序”问题一个案例的算法过程

其中，第 7 行调用的是对第 4 章中的算法 4-4 做如下修改后的回溯过程。

```
BACKTACKITER(x, k)
1 if k>n
2    then APPEND(solutions, x)
3         return
4 for each v∈Ωk
5    do xk ←v
6        for i←1 to k-1
7            do if xi=xk
8                   then break this loop
9    if i⩾k
10     then BACKTACKITER(x, k+1)
```

算法虽然是指数级的，但由于变量数有限（不超出 26），且预处理算法 6-19 将控制在最小状态，大大提高了搜索效率。解决本问题算法的 C++实现代码存储于文件夹 laboratory/Following Orders 中，读者可打开文件 Following Orders.cpp 研读，并试运行之。

6.6 无向图的关节点和桥

对于一个无向连通图 G 而言，很多时候需要考虑这样的顶点 u：在图中删掉该顶点将使得 G 不再连通，这样的顶点称为关节点（见图 6-10（a）中的顶点 1、3、5、8）。例如，一个计算机网络中如果存在着关节点 u，一旦 u 遭受到攻击就可能使得网络瘫痪。相仿地，在无向连通图 G 中，如果删除其中的一条边（u, v），就破坏了 G 的连通性，则称（u, v）为 G 的一座桥（见图 6-10（a）中的边（1, 5）、(3, 8)）。为研究连通无向图的可靠性（删掉图中一个顶点或一条边，不影响图的连通性），探索其中的关节点和桥是很重要的。

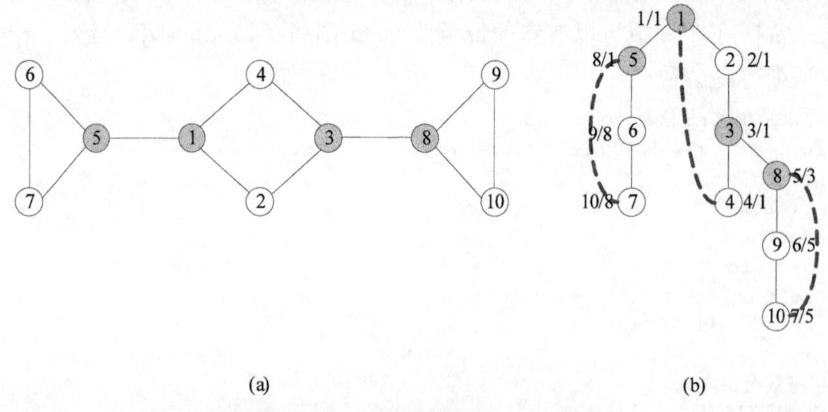

图 6-10 无向连通图的关节点和桥

观察图 6-10。图（b）是对图（a）从顶点 1 开始调用算法 6-15 进行深度优先搜索形成的 DFS 树（实线表示树边，虚线表示回边）。在 DFS 树中，关节点 v=1、3、5、8 有如下的特点：

① 若关节点 v 恰为树根，则其至少有两个孩子，例如顶点 1。

② 非树根顶点的关节点必非树叶（因为删掉 DFS 树中的任何一片叶子都不会改变图的连通性），且在一条探索路径（从根到一片叶子的搜索踪迹）中不存在从 v 的后代 w 指向 v 的前辈的回边。例如，在搜索路径①→②→③→⑧→⑨→⑩中，顶点 3 和 8 就具有这样的特性。同样，在搜索路径①→⑤→⑥→⑦中的顶点 5 也是如此。

对第①类关节点，我们可以通过计算树根的孩子数加以判定。

为了使 DFS 过程能跟踪顶点是否具有第②类关节点，我们为每个顶点 v 设置表示在 DFS 过程中发现时间（由白色变成灰色的时间）的属性 $d[v]$。并定义 v 的属性为

$$low[v]=\min\begin{cases} d[v] \\ d[u],(v,u)\text{为一条回边} \\ low[w],\ w\text{是}v\text{的孩子} \end{cases} \tag{6-1}$$

式中，$low[v]$表示 v 在 DFS 树中的后代的回边（如果存在的话）所指向的 v 最早的祖先发现时间。对一个非根节点 v 而言，如果有它的孩子 w 的属性 $low[w]$不小于它的发现时间 $d[v]$，则意味着 v 不存在后代有指向 v 的前辈的回边。这样，我们就可判断 v 是图中的一个关节点。按节点的 low 属性定义，我们在图 6-10（b）中的 DFS 树中各顶点的旁边标注了 d 属性和 low 属性的值（型为 d/low）旁边。于是，由于 $low[6]=8\geqslant 8=d[5]$且顶点 6 是顶点 5 的孩子，故 5 恰为图中一个关节点。同样的，$low[8]=3\geqslant 3=d[3]$，且顶点 8 是顶点 3 的孩子，故顶点 3 是关节点。此外，$low[9]=5\geqslant 5=d[8]$且顶点 9 是顶点 8 的孩子，因此顶点 8 也是关节点。

下列过程是修改了算法 6-15 而得到的计算无向连通图 G 的所有关节点的算法。

```
ARTICULATION(G, u)
1 rootdegree←0
2 color[u]←GRAY
3 low[u] ←d[u] ←time←time +1
4 for each v∈Adj[u]
5    do if color[v] = WHITE
6          then ARTICULATION(G, v)
7               if u=s
8                  then rootdegree←rootdegree +1
9                       if rootdegree=2
10                         then INSERT(A, u)
11                 else low[u]←min{low[u], low[v]}
12                      if low[v]⩾d[u]
13                         then INSERT(A, u)
14         else if color[v] = GRAY
15              then low[u]=min{low[u],d[v]}
16 color[u] ← BLACK
```

算法 6-21 计算无向连通图的关节点的算法

算法 6-21 中 *time* 是一个计时器，s 表示 DFS 树的根（即过程顶层调用传递给参数

u 的值），集合 *A* 用来存放搜索到的关节点，首次调用本过程前 *time* 初始化为 0，*A* 初始化为空集。*rootdegree* 是用来跟踪根 *s* 的孩子数的计数器，初始化为 0。这些变量都是全局量。

算法对参数 *u* 表示的当前顶点在第 4 行记录发现时间 *d*[*u*]，并初始化 *low*[*u*]为 *d*[*u*]。第 4～16 行的 **for** 循环对每一个与 *u* 相邻的顶点 *v* 进行检测，若（*u*, *v*）为树边（第 6 行）则递归调用本过程，计算 *v* 的 *d* 属性和 *low* 属性值。若 *u* 为根（第 8 行），则 *rootdegree* 自增 1。若 *rootdegree* 为 2（第 10 行），则判定 *u* 为关节点，第 11 行将其加入集合 *A*。若 *u* 非根，用递归调用后计算所得的 *u* 的孩子 *v* 的 *low* 值按式 6-1 修订 *u* 的 *low* 值（第 12 行）。若孩子 *v* 的 *low* 值不小于当前顶点 *u* 的 *d* 值（第 13 行），则判定 *u* 为关节点，第 11 行将其加入集合 *A*。如果（*u*, *v*）是回边，则按式 6-1 修订 *low*[*u*]（第 15 行）。循环结束时在第 16 行修改 *u* 的 *color* 值为 BLACK，表示对 *u* 的访问结束。

由于算法 6-21 是由修改算法 6-13 而得的，故可在$\Theta(|V|+|E|)$计算一个无向连通图的关节点。

在图 6-10（b）中，可以看到无向连通图的 DFS 树中的树边（*u*, *v*）为一座桥，当且仅当在 DFS 树中 *v* 没有从其后代指向其祖先的回边。为了在无向连通图中搜索所有的桥，我们如法炮制，为每个顶点 *v* 设置发现时间 *d*[*v*]和表示从此若干条树边后遇到的回边所指向的最早祖先的发现时间的 *low*[*v*]。这样，（*u*, *v*）为桥边等价于 *low*[*v*]≥*d*[*v*]（这意味着 *v* 的后代无指向其祖先的回边）。将这一想法描述成算法过程如下。

```
BRIDGES(G, u, v)▷(u, v)是一条树边
1 color[v]←GRAY
2 low[v] ←d[v] ←time←time +1
3 for each t∈Adj[v]
4   do if color[t] = WHITE
5         then BRIDGES(G, v, t)
6              low[v]←min{low[v], low[t]}
7              if (v, t)是平行边
8                then continue this loop
9              if low[t]≥d[t]
10               then INSERT(B, (v, t))
11        else if color[t] = GRAY and t≠u
12               then low[v]← min{low[v], d[t]}
13 color[v]←BLACK
```

算法 6-22 计算无向连通图的桥边的算法

本算法的结构与算法 6-21 是一致的。参数 *u*，*v* 表示当前树边（*u*, *v*）。算法计算的是以 *v* 为起点所有树边（*v*, *t*）的端点 *t* 的 *d* 值和 *low* 值，并判定（*v*, *t*）是否为桥边。最顶层的调用参数 *u* 和 *v* 是相等的，都是 DFS 树的根。如果图 *G* 中有桥边，则算法运行完毕时，集合 *B* 存储了这些边。算法的运行时间也是$\Theta(|V|+|E|)$。

问题 6-7　网络保护

问题描述

网络管理员管理着一个大型网络。该网络由 N 台计算机及 M 条将两台计算机连接的电缆组成。任意两台计算机通过这些电缆或直接连接或间接连接，使得数据可以在它们之间得以传输。管理员发现，有些连接对网络而言是至关重要的，因为它们中任意一条发生故障都会导致网络中至少两台计算机无法通信。他把这些连接称为一座桥。他计划一条一条地加入若干条新的连接来消除所有的桥。

你要在管理员每添加一条新的连接后，告诉他网络中还有多少座桥。

输入

输入由若干个测试案例组成。每个测试案例的第一行包含两个整数 $N(1 \leqslant N \leqslant 100000)$ 及 $M(N-1 \leqslant M \leqslant 200\,000)$。

接下来的 M 行数据各包含两个整数 A 和 B ($1 \leqslant A \neq B \leqslant N$)，表示计算机 A 和 B 之间的一条连接，所有的计算机从 1 到 N 加以编号。输入中的数据保证初始时，任意两台计算机之间都是连通的。接下来的一行包含一个整数 Q ($1 \leqslant Q \leqslant 1\,000$)，表示管理员计划新增加的连接数。接着的是 Q 行数据，其中的第 i 行包含两个整数 A 和 B($1 \leqslant A \neq B \leqslant N$)，表示新增的第 i 条连接是编号为 A 及 B 的计算机之间的。

最后一个案例之后的一行包含两个 0。

输出

对每个测试案例，输出一行案例编号（从 1 开始）及 Q 行数据，其中的第 i 行包含一个表示第 i 条新增连接后，网络中所含的桥的数量的整数。

输入样例

```
3 2
1 2
2 3
2
1 2
1 3
4 4
1 2
2 1
2 3
1 4
2
1 2
3 4
0 0
```

输出样例

```
Case 1:
1
0
Case 2:
2
0
```

解题思路

（1）数据输入与输出

按输入文件格式，依次从中读取各案例的数据。对第 *i* 个案例，首先读取表示计算机数和连接数的 *N* 和 *M*。然后依次读取 *M* 个连接的信息 *A* 和 *B*，组织成数组 *connect*[1..*M*]。接着读取新增连接数 *Q*，然后依次读取 *Q* 个连接的信息 *A* 和 *B*，组织成数组 *new-connect*[1..*Q*]。对案例数据 *connect*，*new-connect* 和 *N*，计算每增加一条新的连接后网络系统具有的桥的数目。将“Case *i*: ”作为一行写入输出文件，然后将计算结果中的每个数据一行一个依次写入输出文件。循环往复，直至读到 *N*=0 且 *M*=0。

```
1 打开输入文件 inputdata
2 创建输出文件 outputdata
3 从 inputdata 中读取 N, M
4 i←1
5 while N>0 and M>0
6    do 创建数组 connect←∅
7       for j←1 to M
8           do 从 inputdata 中读取 A, B
9              APPEND(connect, (A, B))
10      从 inputdata 中读取 Q
11      创建数组 new-connect←∅
12      for j←1 to Q
13          do 从 inputdata 中读取 A, B
14             APPEND(new-connect, (A, B))
15      result←NETWORK-SAFEGUARD(connect, new-connect, N)
16      将"Case i: "作为一行写入 outputdata
17      i←i+1
18      for each r∈result
19          do 将 r 作为一行写入 outputdata
20      从 inputdata 中读取 N, M
21 关闭 inputdata
22 关闭 outputdata
```

其中，第 15 行调用计算增加新的连接后网络具有的桥的数量的过程 NETWORK-SAFEGUARD(*connect*, *N*, *Q*)，是解决一个案例的关键。

（2）处理一个案例的算法过程

对每个测试案例，要先将网络连接信息 *connect* 转换为具有 *N* 个顶点的无向图 *G*。在表示计算机网络的初始无向图 G 中依次加入 *new-connect* 中的 Q 条新边，每加入一条，就调用一次算法 6-22 的 BRIDGES 过程，集合 B 中所存储的桥边数就为该案例的一行输出。

```
NETWORK-SAFEGUARD(connect, new-connect, N, Q)
1 G←MAKE-GRAPH(connect, N)
2 创建数组 result←∅
3 for i←1 to Q
4    do (u, v)←new-connect[i]
5       INSERT(E[G], (u, v)), INSERT(E[G], (v, u))
6       BRIDGES(G, 1, 1)
7       r←G 中桥的数目
8       APPEND(result, r)
9 return result
```

算法 6-23　解决“网络保护”问题一个案例的算法过程

算法中第 1 行调用的根据计算机台数 N 及连接信息数组 *connect* 创建表示网络的无向图 G 的过程 MAKE-GRAPH 耗时 $\Theta(M)$。第 6 行调用算法 6-22 的 BRIDGES 过程，耗时 $O(N+M+Q)$。该操作位于第 3～8 行的循环中，故算法 6-23 的运行时间为 $O((N+M+Q)Q)$。

值得注意的是，网络中的两台计算机之间可能存在多条连接。这样，对应的无向图与平常的顶点间至多存在一条边的情形不同。数学上把这样的图称为**有平行边的无向图**。构造这样的图，插入边时的操作应与平常的操作有所区别。假定用邻接表表示图，我们为加入 $Adj[u]$ 中的节点添加一个表示边数的数据域 *num*。当加入边（u, v）时，检测 $Adj[u]$中是否已有值为 v 的元素。若无则添加 v 并设 *num* 域为 1，否则将 *num* 域自增 1，表示多了一条平行边。将这一思路描述成伪代码过程如下。

```
MAKE-GRAPH(connect, N)
1 M←length[connect]
2 创建图 G, V[G]←{1, 2, …, N}, E[G]←∅
3 for i←1 to M
4     do (u, v)←connect[i]
5       if Adj[u]中无 v
6          then APPEND(Adj[u], (v, 1))
7          else p←Adj[u]中值为 v 的结点
8               num[p]←num[p]+1
9 return G
```

由于 G 中顶点间可能存在平行边，所以在解决本问题中调用的算法 6-22 的 BRIDGES 过程需要稍加修改：第 9 行中检测边（v, t）是否为桥的条件

```
if low[t] ≥ d[t]
```

应改为

```
if low[t] ≥ d[t] and num[v]=1
```

以确保 v, t 之间没有平行边。

解决本问题算法的C++实现代码存储于文件夹 laboratory/Network Safeguard 中，读者可打开文件 Network Safeguard.cpp 研读，并试运行之。■

问题 6-8 夫妻大盗

问题描述

作为大萧条中的两个偶像，Bonnie 和 Clyde 充当了终极罪恶夫妇。他们俩被描绘成坐在汽车里，因抢劫银行狂奔于逃亡之路的罗密欧与朱丽叶。他们的故事被写成畅销小说，充斥新闻头条，甚至被搬上舞台与银幕。

新生代的 Bonnie 和 Clyde 已不再是拿着手枪的冷血杀手。由于互联网盛行，他们现在改行对网上银行下手，目前正打算黑掉网上银行的安全系统。安全系统由若干台用双向电缆连接起来的计算机组成。由于时间有限，他们决定只攻击其中的两台计算机 A 和 B，使得其他计算机不能通过 A、B 传输信息。如果攻击后除 A、B 外的计算机中有至少两台不在联通，则认为攻击成功。

他们为了最小化被捕的风险，想找到一个最容易摧毁安全系统的方式。然而，简单科普了一下网络知识后，他们知道要达到目的有很多种方式。于是，他们绑架了你，一个计算机网络专家。并要你帮他们计算出摧毁安全系统的方法种数。

输入

输入文件包含若干个测试案例。每个案例以两个整数 N ($3 \leqslant N \leqslant 1000$)及 M ($0 \leqslant M \leqslant 10000$)开头，后跟 M 行描述 N 台计算机间连接的数据，每行包含两个表示用一条电缆连接的两台计算机的整数 A，B ($1 \leqslant A, B \leqslant N$)。

测试案例之间用一个空行隔开。N=0 且 M=0 是输入文件结束标志。

输出

对每一个案例，输出一个表示摧毁安全系统方法数的整数，格式如输出样例所示。

输入样例

```
4 4
1 2
2 3
3 4
4 1

7 9
1 2
1 3
2 3
3 4
3 5
```

```
4 5
5 6
5 7
6 7

0 0
```

输出样例

```
Case 1: 2
Case 2: 11
```

解题思路

（1）数据输入与输出

根据输入文件格式，依次读取各案例数据。对第 *i* 个案例，首先读取表示计算机数和网络中连接数的 *N* 和 *M*。然后读取 *M* 对连接（*A*, *B*）组织成数组 *connect*[1..*M*]。根据案例数据 *connect* 和 *N* 计算摧毁该安全系统的方法数，将计算结果 *result* 按格式“Case *i*: *result*”作为一行写入输出文件。循环往复，直至 *N*=0 且 *M*=0。

```
1 打开输入文件 inputdata
2 创建输出文件 outputdata
3 从 inputdata 中读取 N, M
4 i←1
5 while N>0 and M>0
6   do 创建数组 connect←∅
7      for i←1 to M
8          do 从 inputdata 中读取 A, B
9             APPEND(connect, (A, B))
10     result←BONNIE-AND-CLYDE(connect, N)
11     将"Case i: result"作为一行写入 outputdata
12     i←i+1
13     从 inputdata 中读取 N, M
14 关闭 inputdata
15 关闭 outputdata
```

其中，第 10 行调用计算摧毁安全系统方法种数的过程 BONNIE-AND-CLYDE(*connect*, *N*)，是解决一个案例的关键。

（2）处理一个案例的算法过程

对一个案例，需要根据案例数据 *connect* 和 *N* 创建一个表示计算机网络的无向图 *G*。其中，*N* 台计算机视为 *G* 中编号为 1～*N* 的顶点，*connect* 中的连接对应 *G* 的 *M* 条边。攻击系统中的两台计算机相当于删除 *G* 中两个顶点。如果 *G* 中有 *m*（>0）个关节点，则删除 1 个关节点与另一个任一顶点，就能达使攻击成功。对每个关节点与其他各顶点组成的点对计数，减去重复的，即为所求。若 *G* 中没有关节点，则意味着所有的顶点都在一个环路中。此时可依次选取环路中不相邻的顶点对，检测删掉它们是否能摧毁安全系统，并跟踪成功次数。

```
BONNIE-AND-CLYDE(connect, N)
1 G←MAKE-GRAPH(connect, N)
2 ways←0
3 A←ARTICULATION(G, u)
4 m←length[A]
5 if m>0
6  then for i←1 to m
7           do ways←ways+(N-i)
8        return ways
9 p← LOOP-PATH(G, 1)
10 for i←1 to N-2
11   do for j←i+2 to min{i+N-2, N}
12        do S1←{p[i+1], …, p[j-1]}
13           S2←{p[j+1], …, p[i-1]}
14           if (S1×S2)∩E[G]=∅
15              then ways←ways+1
16 return ways
```

算法 6-24 解决“夫妻大盗”问题一个案例的算法过程

其中，第 3 行调用算法 6-21 计算图 G 的所有关节点构成的集合 A。第 5～8 行处理 G 存在关节点的情形。对不存在关节点的图 G，第 9 行调用 LOOP-PATH 过程计算 G 中含所有顶点的环路 p。这个过程可以通过修改 DFS-VISIT 过程得到。第 10～17 行计算删掉环路中两个不相邻顶点是否摧毁安全系统，并跟踪次数 *ways*。

具体地说，对固定的 $p[i]$，j 可取 i+2～min{i+N-2, N}。判断删掉 $p[i]$与 $p[j]$是否能摧毁安全系统，需要考虑环路上被这两个顶点分成的两个顶点集 S_1={$p[i+1]$, …, $p[j-1]$}与 S_2= {$p[j+1]$, …, $p[i-1]$}之间是否存在顶点对，构成 G 的一条边（见图 6-11）。若存在这样的边，则删掉 $p[i]$和 $p[j]$，图还是连通的，即安全系统并没被摧毁。换句话说，只有不存在横跨这两个顶点集合之间的边（即$(S_1\times S_2)\cap E[G]=\varnothing$）时，攻击这两个顶点才能摧毁系统。由于集合的交集计算耗时是线性的，所以，算法的运行时间为Θ (N^3)。解决本问题算法的 C++实现代码存储于文件夹 laboratory/Bonnie and Clyde 中，读者可打开文件 Bonnie and Clyde.cpp 研读，并试运行之。

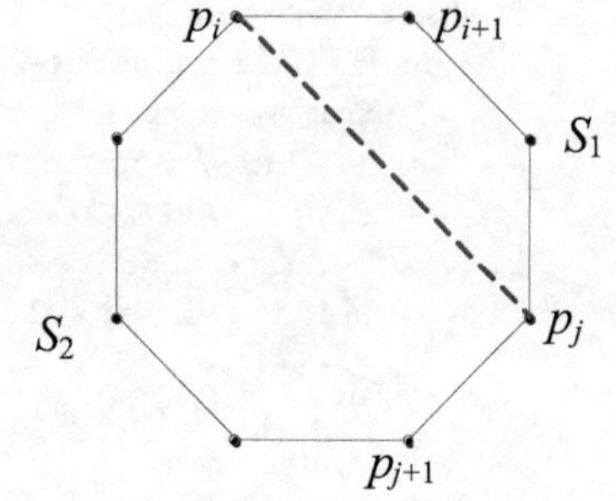

图 6-11 环路中两顶点将环路分成两部分

6.7 流网络的最大流问题

在通信网络和物流网中，要将数据或货物从某个节（地）点——源——同时通过若干条路径传输到另一个节（地）点——汇。然而，传输途径总要受到某种限制：如通信网要受所用信道的带宽的限制，而物流网要受运输道路的交通流量的限制。因此，这类问题常需要考虑在传输途径受某种限制的条件下如何最大化传输量的问题，统称为最大流问题。

设 $G=<V, E>$为一有向图。其中，$V=\{1, 2, \cdots, n\}$，$E\subseteq V\times V$。函数 $c: V\times V\rightarrow\mathbf{Z}$ 满足

$$c(u,v)=\begin{cases} \text{非负整数} & (u,v)\in E \\ 0 & \text{其他} \end{cases},$$

称为 G 上的一个容量。$s, t\in V$，对 V 中其他任一顶点 u，存在路径 p: $s\sim\rightarrow u\sim\rightarrow t$。称 s 为源，t 为汇。将四元组$<G, c, s, t>$称为一个**流网络**，简称为网络（见图 6-12）。

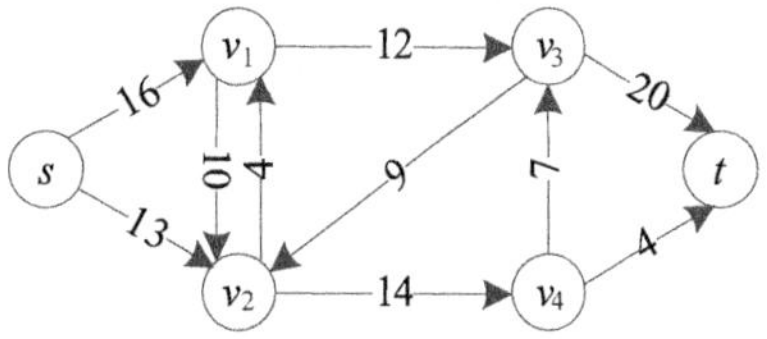

图 6-12 一个流网络

对网络$<G, c, s, t>$，函数 f: $V\times V\rightarrow\mathbf{Z}$ 满足：

① 容量约束：$f(u, v)\leqslant c(u, v)$。

② 斜对称：$f(u, v)=-f(v, u)$。

③ 守恒：对所有的 $u\in V-\{s, t\}$，有 $\sum_{v\in V} f(u,v)=0$。

称函数 f:$V\times V\rightarrow Z$ 为该网络上的一个流。对$<G, c, s, t>$上的流 f，定义其值为

$$|f|=\sum_{v\in V} f(s,v)$$

即从源 s 流出的全部流。

网络上必存在流。例如 f_0：对任意的$(u, v)\in V\times V$，令 $f_0(u, v)=0$。不难验证 f_0 满足流的所有 3 个特性。该流的值为 0，称为零流。网络上的流除了定义中的 3 个特性外还有一个很重要的**叠加性**：设 f_1，f_2 均为$<G, c, s, t>$上的流，定义 f_1，f_2 的和函数 f: $V\times V\rightarrow\mathbf{Z}$，对任意$(u, v)\in V\times V$，有

$$f(u, v)=f_1(u, v)+f_2(u, v)$$

若 f 满足容量约束，则 f 必为该网络的一个流，且$|f|=|f_1|+|f_2|$。

对给定的网络$<G, c, s, t>$，我们的目标是计算其上的值最大的流 f。这就是所谓的**最大流问题**。利用流的叠加性，解决网络最大流问题的思想如下。

将 f 初始化为 f_0，在 G 中寻求一条从源 s 到汇 t 的简单路径 p（可以对 G 以 s 为起点调用算法 6-11 的 BFS-VISIT 过程，从 t 起沿计算所得的属性π的指示，追溯到 s 即可得到这样的路径。除非 $d[t]=\infty$，这意味着从 s 到 t 没有路径）。循环重复如下操作：

令 $c_p=\min\{c(u, v)|(u, v)\in p\}$（其实 c_p 表示通过路径 p 从 s 到 t 能传输的最大流量），定义 G 上的流 f_p：对任意$(u, v)\in V\times V$，有

$$f_p(u,v)=\begin{cases} c_p & (u,v)\in p \\ -c_p & (v,u)\in p \\ 0 & \text{其他} \end{cases}$$

令 $f=f+f_p$，不难验证新的 f 在 G 上满足容量约束，根据流的叠加性知，f 仍然是 G 的流。

由于$|f_p|=c_p>0$，故新的f的值大于原来的f的值。

对所有的$(u, v)\in V\times V$，令$c(u, v)=c(u, v)-f(u, v)$（$\geqslant 0$），则c构成G上的一个新的容量（称为**剩余容量**），删除G中使得$c(u, v)=0$的边（称为**临界边**）构成新的G。通常将新得到的图G及其新得到的剩余容量c构成的网络$\langle G, c, s, t\rangle$称为**剩余网络**。

对新的G，寻求从s到t的简单路径p。当前图G中从s到t不存在简单路径了，则停止上述重复操作，所得的f即为原网络$\langle G, c, s, t\rangle$的最大流。

直观地看，上述的循环每重复一次，f的值就会增加从s到t的一条通道上的最大可传输流量。当从s到t没有路径时，意味着f的值不能再增加了，也就达到了最大值。将上述算法思想描述成伪代码过程如下。

```
MAX-FLOW(G, c, s, t)
1 f←f0
2 (π, d)←BFS-VISIT(G, s)
3 while d[t] ≠∞
4    do p←由π决定的从 s 到 t 的路径
5       cp←min{c(u, v)|(u, v)∈p}
6       for each (u, v)∈p
7           do f(u, v) ← f(u, v) + cp
8              f(v, u) ←-f(u, v)
9              c(u, v) ←c(u, v)- cp
10             if c(u, v)=0
11                then DELETE(G, (u, v))
12             if c(v, u)=0 and (v, u)∉E[G]
13                then INSERT(G, (v, u))
14             c(v, u) ←c(v, u)+ cp
15      (π, d)←BFS-VISIT(G, s)
16 return f
```

算法 6-25　计算网络<G, c, s, t>最大流 f 的过程

算法的耗时主要发生在第3～15行的**while**循环。每次循环都要在一条增广路径p上计算新增加的流f。因此，该循环的重复次数就是网络$\langle G, c, s, t\rangle$中能生成的增广路径（算法中是通过调用BFS-VISIT得到的从s到t的最短路径）的数目。可以证明，这个数目至多为$|V|*|E|$即$\Theta(|V|*|E|)$。每次重复均需调用BFS-VISIT，耗时$\Theta(|E|)$。因此，算法6-25的运行时间为$\Theta(|V|*|E|^2)$。算法的C++实现代码存储为文件夹utility中的头文件maxflow.h和源文件maxflow.cpp，读者可打开文件研读。代码的解析请阅读本书第9章9.4.3节中程序9-58～程序9-59的部分说明。

问题 6-9　网络带宽

问题描述

因特网上，大量的节点（计算机）相互连接。两个给定节点之间存在着众多的通道。两个节点间在单位时间内

能传输的最大信息量称为这两个节点间的带宽。利用一种叫作数据包交换的技术，数据可以通过多条路径同时传输。

例如，图 6-13 所示的是一个具有 4 个节点（表示成一个圆）、5 条连接的网络。每条连接都标识了它的带宽。

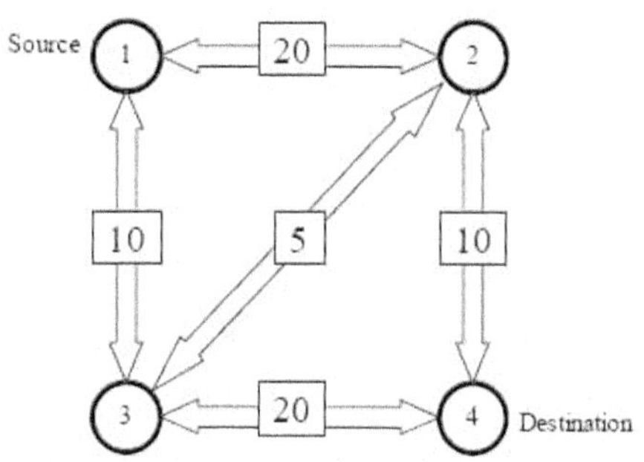

图 6-13 表示计算机通信网络的图

在这个例子中，节点 1 和 4 之间的带宽是 25，这可以考虑成通过路径 1—2—4 传输的数据量 10，通过路径 1—3—4 传输的数据量 10 以及通过路径 1—2—3—4 传输的数据量 5 的总和。除此之外，节点 1、4 之间再无其他路径提供更大的带宽了。

你需要写一个程序计算网络中给定的两个节点之间的带宽。网络中节点间的每一个连接的带宽是已知的，并假定网络中的每个连接的两个方向的带宽是一致的（现实中的网络可不是如此，想想你家里接入的网络，下载和上传速度是否相差很大）。

输入

输入文件包含若干个测试案例，每个案例描述一个网络。案例的开头一行包含一个表示网络中节点数的整数 $n(2 \leqslant n \leqslant 100)$，节点用整数 1～$n$ 加以编号。第二行包含三个整数 s，t 和 c。其中 s 和 t 分别表示源节点和目标节点，c 表示网络中的连接总数。紧接着的 c 行描述了每一个连接。每一行包含三个整数：前两个表示被连接的节点编号，第三个表示该连接的带宽。连接的带宽为不超过 1000 的非负整数。

两个节点间可能有多个连接，但不存在节点到自身的连接。所有连接都是双向的，即数据可以沿两个方向传输，但在连接中传输的数据量无论从哪个方向都不能超过该连接的带宽。

最后一个案例之后仅含整数 0 的一行表示输入文件的结束。

输出

对每个测试案例，按输出样例的格式首先输出案例描述的网络编号。然后输出源节点 s 与目标节点 t 之间的带宽。

输入样例

```
4
1 4 5
1 2 20
1 3 10
2 3 5
2 4 10
3 4 20
0
```

输出样例

```
Network 1
```

```
The bandwidth is 25.
```

解题思路

（1）数据输入与输出

按输入文件格式，依次从中读取每个测试案例的数据。在第 i 个案例中，首先读取节点数 n。然后读取表示源节点、目标节点和网络中节点间的连接数（s，t 和 c）。接着依次读取 c 个连接的信息，描述每个连接的信息包括两个节点编号及带宽（x，y 和 w），组织成数组 *congnect*。对案例数据 *connect*，n，s 和 t，计算网络中从 s 到 t 的通信带宽 *result*。将“Network *i*”作为一行写入输出文件，将“The bandwidth is *result*”作为一行写入输出文件。循环往复，直至读到 n=0。

```
1 打开输入文件 inputdata
2 创建输出文件 outputdata
3 从 inputdata 读取 n
4 i←1
5 while n>0
6   do 从 inputdata 读取 s, t, c
7      创建数组 connect←∅
8      for j←1 to c
9          do 从 inputdata 读取 x, y, w
10            APPEND(connect, (x, y, w))
11     result←INTERNET-BANDWIDTH(connect, n, s, t)
12     将"Network i"作为一行写入 outoutdata
13     将"The bandwidth is result"作为一行写入 outputdata
14     从 inputdata 读取 n
15 关闭 inputdata
16 关闭 outputdata
```

其中，第 11 行调用计算从 s 到 t 的带宽的过程 INTERNET-BANDWIDTH(*connect*, *n*, *s*, *t*)，是解决一个案例的关键。

（2）处理一个案例的算法过程

仔细阅读题面可知，这是一个典型的网络最大流问题：计算计算机网络中两个节点 s 到 t 的最大单位时间传输量。且所用的方法就是我们上面讨论的依次计算每条传输路径的最大带宽，累加即得所求。因此，将输入的案例数据表示成流网络$<G, c, s, t>$，其中 G 为计算机网络，c 为计算机网络中每一对节点间的通信带宽，s、t 分别表示数据发送节点和接收节点。

```
MAKE-NETWORK(connect, n)
1 创建图 G, V[G]←{1, 2, …, n}, E[G]←∅
2 创建容量矩阵 c_{n×n}=(0)_{n×n}
3 m←length[connect]
4 for i←1 to m
5     do (x, y, w) ←connect[i]
6        INSERT(E[G], (x, y)), INSERT(E[G], (y, x))
7        c[x][y]←c[y][x]←w
8 return G, c
```

对网络<G, c, s, t>直接调用算法 6-25，计算返回的流 f 的值就可以了。

```
INTERNET-BANDWIDTH(connect, n, s, t)
1 (G, c)←MAKE-GNETWORK(connect, n)
2 f←MAX-FLOW(G, c, s, t)
3 return |f|
```

算法 6-26 解决“网络带宽”问题一个案例的算法过程

其中，第 1 行的 MAKE-NETWORK(*connect*, *n*)过程将案例数据 *connect*, *n* 转换成有向图 G 和容量矩阵 c。第 2 行调用算法 6-25 的 MAX-FLOW(G, c, s, t)过程计算网络(G, c, s, t)的最大流。若不计创建图 G 和矩阵 c 的操作，则算法的运行时间与算法 6-25 的一致。解决本问题算法的 C++实现代码存储于文件夹 laboratory/Internet Bandwidth 中，读者可打开文件 Internet Bandwidth.cpp 研读，并试运行之。

运行此程序还需加载下列文件：

laboratory/utility/maxflow.cpp。

该文件中 C++代码的解析请阅读第 9 章 9.4.3 节中程序 9-60～程序 9-61 的说明。

问题 6-10 电网

问题描述

电网由若干节点（发电厂、用户及变电所）通过电力传输线路连接组成。节点 u 可能被输入 $s(u) \geqslant 0$ 电量，可能生产 $0 \leqslant p(u) \leqslant p_{max}(u)$ 电量，也可能消费 $0 \leqslant c(u) \leqslant \min(s(u),c_{max}(u))$ 电量，还可能输出 $d(u)=s(u)+p(u)-c(u)$ 电量。下面是一些限制：对发电厂而言，$c(u)=0$；对用户而言 $p(u)=0$；对变电所而言 $p(u)=c(u)=0$；电网中从节点 u 到节点 v，至多有一条输电线路(u,v)，传输电量 $0 \leqslant l(u,v) \leqslant l_{max}(u,v)$。设 $Con=\Sigma_u c(u)$电网中被消耗的电量。本问题要计算 Con 的最大值。

图 6-14 所示的是一个电网的例子。发电厂 u 的标签 x/y 表示 $p(u)=x$ 和 $p_{max}(u)=y$。用户 u 的标签 x/y 表示 $c(u)=x$ 和 $c_{max}(u)=y$。电力传输线路(u,v)的标签 x/y 表示 $l(u,v)=x$ 和 $l_{max}(u,v)=y$。电力消耗量 Con=6。注意，电网还有一些可能的状态，但 Con 的值都不会超过 6。

输入

输入中有若干个测试案例。每个测试案例描述一个电网。它以四个整数开头：$0 \leqslant n \leqslant 100$（节点），$0 \leqslant np \leqslant n$ （电厂数），$0 \leqslant nc \leqslant n$ （用户数）及 $0 \leqslant m \leqslant n^2$ （输电线路数）。后跟 m 个 3 元组$(u,v)z$，其中 u 和 v 是节点编号（从 0 开始），而 $0 \leqslant z \leqslant 1000$ 是值 $l_{max}(u,v)$。接着是 np 个二元组$(u)z$，其中 u 是电厂编号，$0 \leqslant z \leqslant 10000$ 是值 $p_{max}(u)$。数据集合的结尾是 nc 个二元组

$(u)z$，其中 u 是用户编号，$0 \leqslant z \leqslant 10000$ 是值 $c_{max}(u)$。所有数据都是整数。除了三元组$(u,v)z$和二元组$(u)z$中不含空格，数据与数据之间用空格隔开。输入数据与输入文件同时结束。

u	类型	$s(u)$	$p(u)$	$c(u)$	$d(u)$
0	电厂	0	4	0	4
1		2	2	0	4
3	用户	4	0	2	2
4		5	0	1	4
5		3	0	3	0
2	变电所	6	0	0	6
6		0	0	0	0

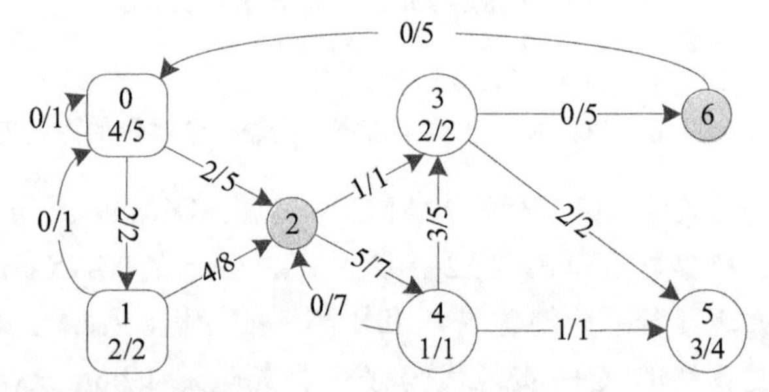

图 6-14 表示电网的流网络

输出

对输入的每一个数据集合，向输出文件写入一行表示电网的最大用电量。

输入样例

```
2 1 1 2 (0,1)20 (1,0)10 (0)15 (1)20
7 2 3 13 (0,0)1 (0,1)2 (0,2)5 (1,0)1 (1,2)8 (2,3)1 (2,4)7
(3,5)2 (3,6)5 (4,2)7 (4,3)5 (4,5)1 (6,0)5 (0)5 (1)2 (3)2 (4)1 (5)4
```

输出样例

```
15
6
```

解题思路

（1）数据输入与输出

按输入文件格式，依次读取各案例数据。对每个案例，首先读取节点总数 n、电厂数 np、用户数 nc 和输电线路数 m。然后读取 m 条输电线路信息 u, v, z，组织成数组 *line*。接着读取 np 个电厂的信息 u, z，组织成数组 *power*。最后读取 nc 个用户的信息 u, z，组织成数组 *consumer*。根据案例数据 *line*，*power*，*consumer*，n 计算电网的最大用电量，将计算结果作为一行写入输出文件。循环往复，直至输入文件结束。

```
1 打开输入文件 inputdata
2 创建输出文件 outputdata
3 while 能从 inputdata 中读取 n
4   do 从 inputdata 中读取 np, nc, m
5      创建数组 line←∅
6      for i←1 to m
7          do 从 inputdata 中读取 u, v, z
8                APPEND(line, (u, v, z))
9      创建数组 power←∅
10     for i←1 to np
```

```
11         do 从 inputdata 中读取 u, z
12            APPEND(power, (u, z))
13      创建数组 consumer←∅
14      for i←1 to np
15         do 从 inputdata 中读取 u, z
16            APPEND(consumer, (u, z))
17      result←POWER-NETWORK(line, power, consumer, n)
18      将 result 作为一行写入 outputdata
19 关闭 inputdata
20 关闭 outputdata
```

其中，第 17 行调用计算电网最大用电量的过程 POWER-NETWORK(*line*, *power*, *consumer*, *n*)，是解决一个案例的关键。

（2）处理一个案例的算法过程

一个案例中描述的电网就是以电厂、变电所、用户等节点作为图中顶点，节点间的电力线为图中的各条边，电力线的最大输电量 l_{max} 是边上的容量的一个流网络。

然而，此处有个变异之处：网络中作为源的电厂有 *np* 个（记为 v_i，$1\leqslant i\leqslant np$），作为汇的消费者有 *nc* 个（记为 u_i，$1\leqslant i\leqslant nc$）。若 $np>1$ 或 $nc>1$ 则形成一个多源或多汇的流网络（见图 6-15（a））。对于这样的情形，可以设置一个虚拟源 *s*，从 *s* 引 *np* 条边至 *np* 个电厂，每条这样的边的容量为设为 $p_{max}(v_i)$。同时，设置一个虚拟汇 *t*，从 *nc* 个消费者各引一条边至 *t*，设置它们的容量为 $c_{max}(u_i)$。这样我们得到一个单源单汇的流网络（见图 6-15（b））。

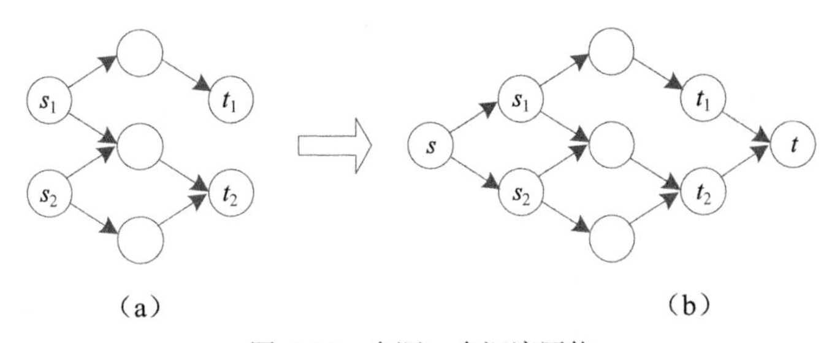

图 6-15　多源、多汇流网络

假定对案例数据中表示的电网按上述方法添加了虚拟源 *s*（对应节点 *n*）和虚拟汇 *t*（对应节点 *n*+1）的有向图为 *G*，*G* 中电力线（包括添加的从 *s* 引向各电厂的虚拟电力线以及从各用户引向 *t* 的虚拟电力线）上最大传输量表示的容量为 *c*。为计算出这个特殊的流网络上的最大流 *Con*，只要调用算法 6-25 中的 MAX-FLOW 过程就可以了。

将 *n* 个节点间的电力线路 *line*、*np* 个电厂 *power* 和 *nc* 个用户 *consumer* 转换成有网络 *G* 及其容量矩阵 *c* 的过程描述如下。

```
MAKE- NETWORK (line, power, consumer, n)
1 m←length[line]
2 np←length[power]
```

```
3 nc← length[consumer]
4 创建图 G, V[G] ←{0, 1, …, n, n+1}, E[G]←Ø
5 创建矩阵 c[0..n+1, 0..n+1]←(0)(n+2)×(n+2)
6 for i←1 to m
7     do (u, v, z) ←line[i]
8        INSERT(E[G], (u, v))
9        c[u, v]←z
10 for i←1 to np
11    do (u, z) ←power[i]
12       INSERT(E[G], (n, u))
13       c[n, u] ←z
14 for i←1 to nc
15    do (u, z) ←consumer[i]
16       INSERT(E[G], (u, n+1))
17       c[u, n+1] ←z
18 return G, c
```

算法 6-27 创建网络及其容量矩阵的过程

算法将虚拟电厂对应节点 *n*，虚拟用户对应节点 *n*+1。算法的运行时间是$\Theta(n^2)$。对网络（*G*，*c*，*n*，*n*+1）调用算法 6-25 计算最大流 *f* 的值，即为所求。

```
POWER-NETWORK(line, power, consumer, n)
1 (G, c) ← MAKE- NETWORK(line, power, consumer, n)
2 result←MAX-FOLW(G, c, n, n+1)
3 return result
```

算法 6-28 解决“电网”问题一个案例的算法过程

不计第 1 行创建网络及其容量矩阵的耗时，算法与其第 2 行调用的算法 6-25 的 MAX-FLOW 过程的运行时间一致。解决本问题算法的 C++实现代码存储于文件夹 laboratory/Power Network 中，读者可打开文件 Power Network.cpp 研读，并试运行之。

运行此程序还需加载下列文件：

laboratory/utility/maxflow.cpp。

问题 6-11 选课

问题描述

大学里面选课可不轻松，因为各门课程的上课时间有可能冲突。李明是一个学霸，每个学期开始时，他总想尽可能多地选修课程。

一周 7 天，每天排有 12 节课。学校开设数百门课程，每门课程每个星期安排上一节课。为方便学生选课，虽然一门课程只上一节课，但一周内可以安排上多次课。例如，一门课程也许在周二的第 7 节课上一次，在周三的第 12 节课再上一次。

两次课上的内容是一样的，学生无论选择哪一次上课都是可以的。课程实在太多，李明有点挠头。作为好朋友，你能帮帮他吗？

输入

输入包含多个测试案例。每个案例开头一行含一个整数 n（$1 \leqslant n \leqslant 300$），表示学校开设的课程门数。接下来的 n 行表示各门课程的排课信息，每一行开头是个整数 t（$1 \leqslant t \leqslant 7 \times 12$）表示每周上课的次数。后跟 t 对整数 p（$1 \leqslant p \leqslant 7$）和 q（$1 \leqslant q \leqslant 12$），表示各次上课的时间为周 p 第 q 节。

输出

对每个测试案例，输出一个表示李明能选修的最多课程数的整数。

输入样例

```
5
1 1 1
2 1 1 2 2
1 2 2
2 3 2 3 3
1 3 3
```

输出样例

```
4
```

解题思路

（1）数据输入与输出

按照输入文件格式，从中依次读取各测试案例的数据。在每个案例中，首先读取课程数 n，然后依次读取每一门课的信息——首先是每周上课次数 t，然后是 t 对表示日期及节次的整数 p，q——组织成数组 *course*。对案例数据 *course*，计算李明能选修的最多课程数，将计算结果作为一行写入输出文件。循环往复，直至输入文件结束。

```
1 打开输入文件 inputdata
2 创建输出文件 outputdata
3 while 能从 inputdata 中读取 n
4   do 创建数组 course[1..n]
5      for i←1 to n
6          do 从 inputdata 中读取 t
7             for j←1 to t
8                 do 从 inputdata 中读取 p, q
9                    APPEND(course[i], (p, q))
10     result←SELECTING-COURSES(course)
11     将 result 作为一行写入 outputdata
12 关闭 inputdata
13 关闭 outputdata
```

其中，第 10 行调用计算可选的最多课程数的过程 SELECTING-COURSES(*course*, *n*),

是解决一个案例的关键。

（2）处理一个案例的算法过程

选课问题可形式化为二部图的最大匹配问题。所谓二部图指的是在一个无向图 G 中顶点集 V 可以分成两部分，譬如说 L 和 R。G 中任一条边（u, v），u 和 v 必各从属于两部分之一。换句话说，图中同属于 L 或 R 的两个顶点 u 和 v 必不相邻（见图 6-16（a））。本问题的一个案例中可以把 n 门课程视为 L 中的顶点，而把一个星期 7 天中 12 个课时共 84 课时视为 R 中的顶点。一门课程只能与某些课时相关，课程之间或课时之间没有关系。因此，可以构成一个二部图。

所谓二部图的最大匹配问题指的是：在二部图中找出最多的没有相同端点边组成的集合（见图 6-16（a）中带阴影的边）。在本题中，就是找出最大的上课时间不冲突的课程门数。

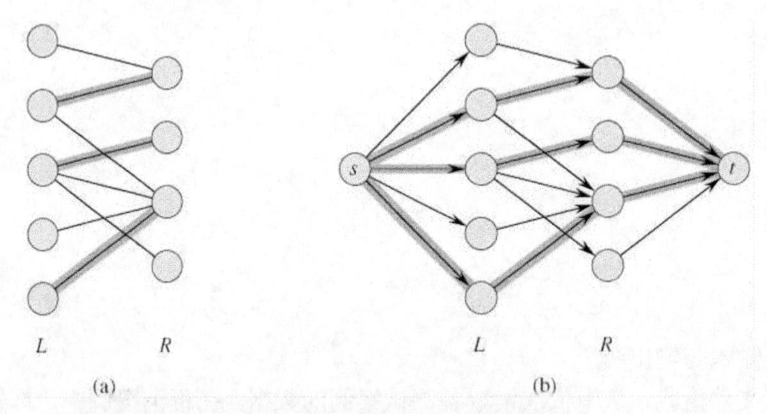

图 6-16　二部图及其最大匹配

可以用网络最大流算法来解决二部图的最大匹配问题：首先将二部图中的每一条边视为从 L 指向 R 的有向边，而改造成一个有向图。将 L 中的所有顶点视为源，R 中的所有顶点视为汇，每一条边上赋予容量 1，构成一个多源、多汇的流网络。与问题 6-10 中相仿，设置一个虚拟源 s，并且自 s 向 L 中各顶点添加虚拟边，且指定每条这样的虚拟边的容量为 1。设置一个虚拟汇 t，从 R 中各顶点向 t 添加虚拟边，也规定这些边上的容量为 1，构成一个单源、单汇的流网络 $<G, c, s, t>$（见图 6-16（b））。对这样构成的网络，调用算法 6-25 中的 MAX-FLOW 过程，在删除一条增广路时，删掉的是路上的所有边。因为路上所有边上的剩余容量均等于 1。这样，任何两条被删除的增广路不会相交于 L 或 R 中的顶点。于是，计算所得的最大流 f，其值即为原二部图的最大匹配数。

对于本问题的一个案例，约定 n 门课程对应图中顶点 $1 \sim n$，84 个课时对应顶点 $n+1 \sim n+84$。添加的虚拟源对应顶点 0，而虚拟汇对应顶点 $n+85$。构造网络及其容量矩阵的过程可描述如下。

```
MAKE-NETWORK(course)
1 n←length[course], N←n+86
2 创建图 G, V[G]←{0, 1, …, N-1}, E[G]←∅
3 创建矩阵 c←(0)N×N
4 for l←1 to n                    ▷虚拟源连接到每门课程
5    do INSERT(E[G], (0, l))
6       c[0, l]←1
7 for l←1 to n                    ▷每门课程连接到课时
8     do t←length[course[l]]
9        for j←1 to t
10           do (p, q)←course[l][j]
11              r←n+(p-1)*12+q ▷星期 p 第 q 课时对应的 84 个课时之一
12               INSERT(E[G], (l, r))
13               c[l, r] ←1
14 for r←n+1 to N-2               ▷每个课时连接到虚拟汇
15     do INSERT(E[G], (r, N-1))
16        c[r, N-1]←1
17 return G, c
```

算法 6-29 用课程信息创建网络及其容量的算法过程

利用算法 6-25 及算法 6-29，解决本问题一个案例的过程极其简单。

```
SELECTING-COURSES(course)
1 n←length[course], N←n+86
2 (G, c) ← MAKE-NETWORK(course)
3 result←MAX-FOLW(G, c, 0, N-1)
4 return result
```

算法 6-30 解决“选课”问题一个案例的算法过程

该算法与算法 6-25 的效率一致。解决本问题算法的 C++实现代码存储于文件夹 laboratory/Selecting Courses 中，读者可打开文件 Selecting Courses.cpp 研读，并试运行之。

运行此程序还需加载下列文件：

laboratory/utility/maxflow.cpp。

6.8 欧拉路径问题

迄今为止，我们对图的搜索强调的都是对图中顶点的遍历。事实上，无论是广度优先搜索还是深度优先搜索，在遍历顶点的过程中也遍历了各条边。特别是深度优先搜索过程，对边的遍历形成了连续的环路：每条边经历两次方向刚好相反的访问（见图 6-17）。

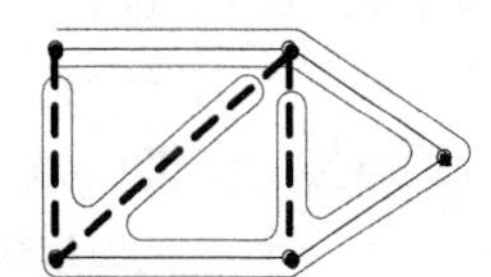

图 6-17 对图 6-1（a）所示图进行深度优先搜索过程中对各条边访问的轨迹

对任意一个图进行深度优先搜索，都能得到这样一个优美的“一笔画”的访问轨迹（详见问题 6-14）。我们希望更进一步：能否从图的某一个顶点出发，依次访问图的每一条边仅一次，最终回到出发点。如果对图的边存在这样的访问轨迹，称其为图的**欧拉回路**。不是所有的图都存在欧拉回路的。例如著名的格尼斯堡七桥问题对应的图（见图 6-18），就不存在欧拉回路。

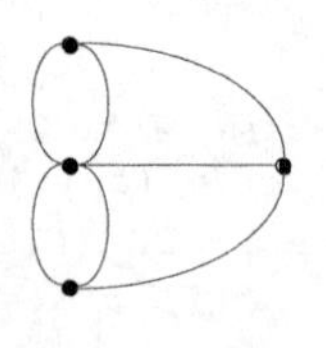

图 6-18 格尼斯堡七桥问题对应的图

什么样的图存在欧拉回路呢？结论是：对于无向连通图而言，每个顶点度数（与其关联的边数）为偶数；而对有向强连通图而言，每个顶点的入度（进入顶点的有向边数）与其出度（从顶点出发的边数）相等。道理是很直观的——有入必有出，反之亦然。

问题 6-12 观光旅游

问题描述

Lund 的城市执委会希望创立一条城市观光旅游巴士线路，使得游客能看到这个美丽城市的每个角落。他们希望所创立的这条路线经过且仅经过城市的每条街道一次，并且从起点出发完成旅游回到起点。和其他城市一样，Lund 市的街道可能是单向的，也可能是双向的，旅游车也必须遵循交通规则。帮助城市执委会确定该城市是否能创建这样一条观光旅游线路。

输入

输入的第一行包含一个整数 n，表示有多少个测试案例。每个案例开始的一行包含两个整数 m 和 s（$1 \leqslant m \leqslant 200$，$1 \leqslant s \leqslant 1000$），分别表示交叉口数和街道数。后面的 s 行数据表示街道，每一条街道用三个整数 x_i，y_i 及 d_i 加以描述（$1 \leqslant x_i, y_i \leqslant m$，$0 \leqslant d_i \leqslant 1$）。其中 x_i 和 y_i 表示该街道连接的交叉口编号。若 $d_i=1$，则该街道是 x_i 从到 y_i 的单行道，否则就是双行道。你可以假定从一个交叉口出发可到达任意其他交叉口。

输出

对每一个测试案例，根据可否建立一条满足要求的观光旅游线路输出一行信息

“possible”或“impossible”。

输入样例

```
4
5 8
2 1 0
1 3 0
4 1 1
1 5 0
5 4 1
3 4 0
4 2 1
2 2 0
4 4
1 2 1
2 3 0
3 4 0
1 4 1
3 3
1 2 0
2 3 0
3 2 0
3 4
1 2 0
2 3 1
1 2 0
3 2 0
```

输出样例

```
possible
impossible
impossible
possible
```

解题思路

（1）数据输入与输出

按输入文件格式，首先从中读取测试案例数 *n*，然后依次读取各案例数据。对每个案例，先读取路口数和街道数 *m*，*s*。然后依次读取 *s* 条街道的信息 *x*，*y*，*d*，组织成数组 *street*。对案例数据 *street*，*m* 计算是否能创建一条走遍所有街道仅一次的旅游观光路线。根据结果按行向输出文件写入“possible”或“impossible”。

```
1 打开输入文件 inputdata
2 创建输出文件 outputdata
3 从 inputdata 中读取 n
4 for i←1 to n
5     do 从 inputdata 中读取 m，s
6         创建数组 street←∅
7         for i←1 to s
```

```
8          do 从 inputdata 中读取 x, y, d
9             APPEND(street, (x, y, d))
10    result←SIGHTSEEIN-TOUR(street, m)
11    将 result 作为一行写入 outputdata
12 关闭 inputdata
13 关闭 outputdata
```

其中，第 10 行调用计算走遍所有街道一次的路径可能性的过程 SIGHTSEEIN- TOUR (*street*, *m*)，是解决一个案例的关键。

（2）处理一个案例的算法过程

对一个案例，题面十分明确地要求判断一个有向图是否存在以一个固定顶点为起止点的欧拉回路。我们知道，有向强连通图存在欧拉回路的条件是每个顶点的出度与入度相等。然而，本题的微妙之处在于输入中图的两个顶点（街道交叉口）的连接边（街道）有两种情形：单行道和双行道。单行道是确定方向的边。由于要求每条道只能通过一次，双行道不能简单地理解为两个顶点间两条方向相反的边，而是两个顶点间的一条方向有待确定的边。所以，对每一个测试案例，用单行道对应的边创建图 G，然后在 G 中对每条双行道添加一个可能的有向边，如果一共有 t 条双行道，则有 2^t 种可能的添加有向边的方法。例如，图 6-19 所示的是输入样例中第 3 个案例数据中 3 条双行道所有可能的行走方向构成的图。

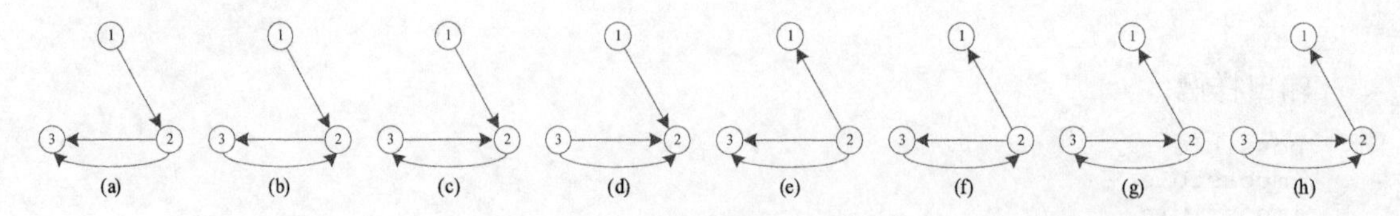

图 6-19 输入样例中第 3 个测试案例数据构造的 8 个可能的有向图

依次检测每种方法形成的有向图 G 各顶点的出入度是否相等，遇到有满足条件的输出“possible”，否则输出“impossible”。例如，从图 6-19 可见，对于案例 3，所有可能的道路行走方向都不能满足对观光线路的要求。而对于案例 4 中，单行道（2, 3）（见图 6-20，表示成粗边），双行道（1, 2）和（3, 2）可能的 8 种行走方向构成的图中，情形（f）是满足要求的。

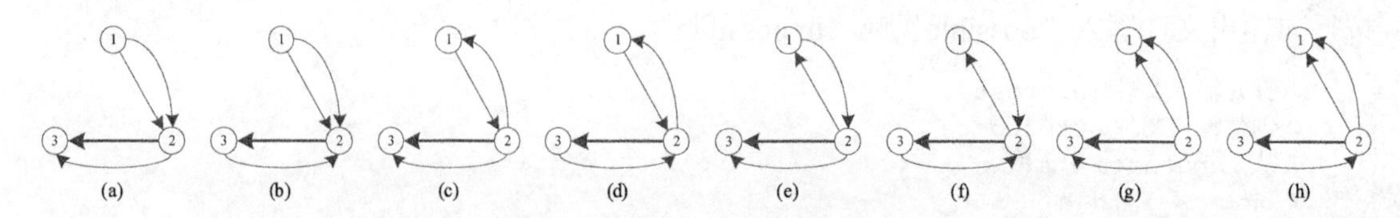

图 6-20 输入样例中第 4 个测试案例数据构造的 8 个可能的有向图

然而，本题并不需要我们把满足要求的有向图构造出来，仅仅是判断给定的测试案例能否构造出这样的图。所以我们可以通过更简单的数学计算来进行判断。对每个案例，我们可以根据所有街道交叉口对应的图中的顶点得到 3 个属性：顶点作为单行道对应边关联的入度和出度，顶点与双行道对应边关联的次数。例如，对输入样例中的 4 个案例表示的图中顶点的这 3 个属性如图 6-21 所示。

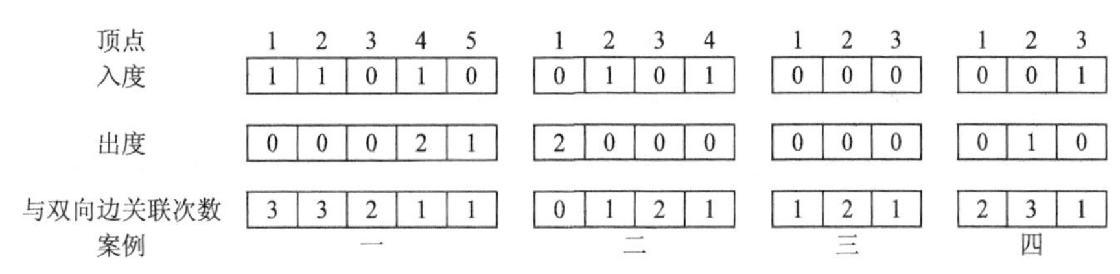

顶点	1	2	3	4	5	1	2	3	4	1	2	3	1	2	3
入度	1	1	0	1	0	0	1	0	1	0	0	0	0	0	1
出度	0	0	0	2	1	2	0	0	0	0	0	0	0	1	0
与双向边关联次数	3	3	2	1	1	0	1	2	1	1	2	1	2	3	1
案例	一					二				三			四		

图 6-21 输入样例中 4 个案例的顶点属性

我们知道，一个有向强连通图存在欧拉回路的条件是每个顶点出、入度相等。为行文简洁，我们将顶点当前的入度、出度表示为数组 *indegree*、*outdegre*，把顶点与双行道对应边关联次数表示为数组 *a*。仔细观察图 6-21，要满足上述条件，对顶点 *u* 而言，必须用可变的双行道对应的边来调整其出度和入度。也就是说，要用可变的双行道对应边来使得 *u* 的出、入度平衡。这就要求：

① $a[u] \geqslant |indegree[u]\text{-}outdegree[u]|$。

② $a[u]\text{-}|indegree[u]\text{-}outdegree[u]|$为偶数。

条件①意味着 *u* 还存在着与之关联的边用来平衡出、入度。条件②保证平衡了当前的出入度后，剩下的关联边出入该顶点也能平衡。这两个条件之一不满足，即可断言该案例不存在满足要求的观光路线。例如，案例一和案例四中各顶点均满足这两个条件，所以可能存在满足要求的观光路线；案例二中对顶点 u=1，有 $a[u]=0<2=|indegree[u]\text{-}outdegree[u]|$，破坏了条件①，所以不存在这样的观光线路；案例三中，对顶点 u=1 和 u=3 均有 $a[u]\text{-}|indegree[u]\text{-}outdegree[u]|=1$ 为奇数，破坏了条件②，所以也不存在这样的路线。

根据上述讨论，可将过程 SIGHTSEEIN-TOUR 描述如下。

```
SIGHTSEEIN-TOUR(street, m)
1 创建数组 indegree[1..m]←{0, …, 0}
2 创建数组 outdegree[1..m] ←{0, …, 0}
3 创建数组 a[1..m] ←{0, …, 0}
4  s←length[street]
5  for i←1 to s
6      do (x, y, d) ←street[i]
7        if d=1
8           then outdegree[x] ← outdegree[x]+1
9                indegree[y] ← indegree[y]+1
10          else a[x] ←a[x]+1
```

```
11                a[y] ←a[y]+1
12 for u←1 to m
13    do ab←|indegree[u]-outdegree[u]|
14       if a[u]<ab or (a[u]-ab) Mod 2 ≡1
15          then return "impossible"
16 return "possible"
```

算法 6-31　解决“观光旅游”问题一个案例的算法过程

算法中第 5～11 行的 for 循环耗时Θ(*s*)，第 12～15 行的 for 循环耗时Θ (*m*)。因此，算法 6-31 的运行时间为Θ(*s*+*m*)。解决本问题算法的 C++实现代码存储于文件夹 laboratory/Sightseening Tour 中，读者可打开文件 Sightseening Tour.cpp 研读，并试运行之。

对一个存在欧拉回路的图，寻找欧拉回路的任务可以用一种所谓的“破圈法”在线性时间内完成：从出发点 *s* 开始依次访问各条首尾相接的边，并删除经过的边且将经过的每个顶点 *u* 压入栈 *S*（初始为空）中。根据每个顶点的度数为偶数（出入度相等）可知，存在欧拉回路的图中，每个顶点必至少位于一个圈中。因此，上述过程必最终回到出发点 *s*，即得到一个圈 *c*。逐一弹出 *S* 中的每个顶点 *u*，同时加入表示所求路径数组 *path* 中，以 *u* 为起始点，重复上述破圈过程，直至 *S* 为空。此时，过程结束，*path* 中刚好保存了一条完整的欧拉回路。将这一思路写成伪代码过程如下。

```
EULAR-PATH(G, s)
1 S←∅, path←∅
2 EULAR-TOUR(s)
3 while S≠∅
4   do u←POP(S)
5      INSERT(path, u)
6      EULAR-TOUR(u)
7 return path
```

其中，破圈过程 EULAR-TOUR 的伪代码过程如下。

```
EULAR-TOUR(v)
1 PUSH(S, v)
2 while ∃(v, w)∈E[G]
3   do PUSH(S, w)
4      DELETE(E[G], (v, w))
5      v←w
```

算法 6-32　计算图的欧拉回路的算法过程

破圈过程 EULAR-TOUR 将删掉图中过 *v* 点的一个圈。其中第 2～5 行的 **while** 循环每重复一次，删掉圈中一条边，故重复次数恰为圈中的边数。过程 EULAR-PATH 中第 2 行首先调用 EULAR-TOUR 过程，删掉过顶点 *s* 的圈；然后在第 6 行（嵌于 **while** 循环内）调用若干次 EULAR-TOUR 过程，删掉图中所有的圈，所以整个过程的运行时间为Θ(|*E*|)。即在边数的线性时间内计算出图的欧拉回路。

问题 6-13 Johnny 的新车

问题描述

Johnny 新买了一部车。他决定开着车去看他的朋友们。他想找到他的所有朋友。他的朋友很多，每条街上都有一个。他开始盘算如何使得自己的旅程尽可能地短。不久他就发现，最好的路径是经过每条街一次。当然，他希望结束旅程时刚好回到起点，他住在父母房子里。

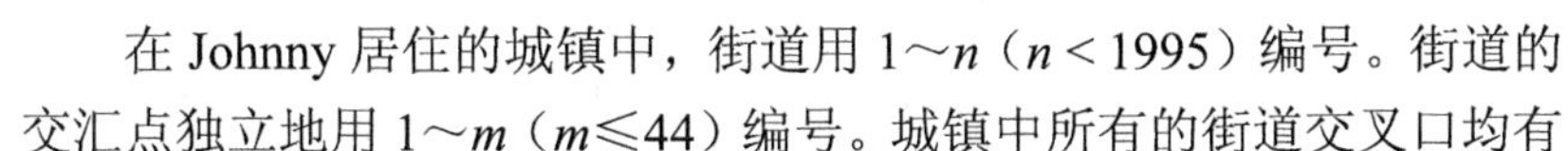

在 Johnny 居住的城镇中，街道用 1～n（$n < 1995$）编号。街道的交汇点独立地用 1～m（$m \leqslant 44$）编号。城镇中所有的街道交叉口均有各自的编号。每一条街道恰连接两个交叉口（不必不同）。城中没有两条街拥有相同的编号。Johnny 立即着手规划他的行程。若这样的路径有多条，则取按路径中各条街道编号序列的按字典规则的最小者。

Johnny 根本就找不出一条这样的路径。请你帮他写一个程序，找出他想要的最短行程路径。若不存在这样的路径，程序应给出一条信息。假定 Johnny 家处于 1 号街道编号较小一端的交叉口。镇中所有街道都可双向行驶。从镇中任一条街道都可行驶到另外的任一街道，但街道非常狭窄，不可能掉头。

输入

输入文件包含若干个测试案例。每一个测试案例描述一个城镇。测试案例中的每一行包含 3 个整数 x, y, z，其中 $x > 0$ 及 $y > 0$，表示由 $z>0$ 号街道连接的两个交叉口。测试案例以 $x = y = 0$ 为结束标志。输入文件以空测试案例（仅含 $x = y = 0$ 的测试案例）为结束标志。

输出

对输入文件中的每个测试案例，向输出文件写入两行。第一行输出表示 Johnny 要行驶的最短环形路线的街道编号序列，编号之间用空格隔开。若找不到这样的路径，输出一行信息“Round trip does not exist.”。

输入样例

```
1 2 1
2 3 2
3 1 6
1 2 5
2 3 3
3 1 4
0 0
1 2 1
2 3 2
1 3 3
2 4 4
0 0
```

```
0 0
```

输出样例

```
1 2 3 5 4 6
Round trip does not exist.
```

解题思路

（1）数据输入与输出

根据输入文件格式，依次从中读取各测试案例的输入数据。对每个案例，依次读取连接两个路口 x 和 y 的街道 z 的信息，组成数组 *street*。x=0 且 y=0 为案例结束标志。对案例数据 *street*，计算 Johnny 遍历所有街道一次的路径。若路径存在，则将路径所经街道编号序列作为一行写入输出文件，否则输出一行“Round trip dose not exist.”。循环往复，直至读到 x=0 且 y=0。

```
1 打开输入文件 inputdata
2 创建输出文件 outputdata
3 从 inputdata 中读取 x, y
4 while x>0 and y>0
5     do 创建数组 street←∅
6        while x>0 and y>0
7           do 从 inputdata 中读取 z
8              APPEND(street, (x, y, z))
9              从 inputdata 中读取 x, y
10       result←JOHNS-TRIP(street)
11       将 result 作为一行写入 outputdata
12       从 inputdata 中读取 x, y
13 关闭 inputdata
14 关闭 outputdata
```

其中，第 10 行调用计算 Johnny 走遍所有街道一次的路径的过程 JOHNS-TRIP(*street*)，是解决一个案例的关键。

（2）处理一个案例的算法过程

对一个案例，将城市中街道交叉口视为图中顶点，街道（有一个唯一的编号）视为连接两个顶点的边，构成一个图 G。如果 G 存在经过每条街道一次的欧拉回路，我们的任务就是要从图中找出按回路中街道编号组成的串按字典顺序最小者。按此要求，可调用算法 6-32 计算出图 G 的所有欧拉回路（如果存在的话），找出其中最小者。当然，如果构造图 G 的邻接表时，对以 u 为出发点的边按编号的升序存储，以编号最小的边的出发点为起始点 s，且在过程 EULAR -TOUR 的第 2 行选择边（v, w）时是从 v 的邻接表表首开始选取的，则所得的欧拉回路即为所求。

```
MAKE-GRAPH(street)
1 m←∞, n←-∞
2 for each (x, y, z)∈street
```

```
3     do if n<max{x, y}
4            then n←max{x, y}
5        if m>z
6            then m←z
7                  start←x
8 创建图 G, V[G]←{1, 2, …, n}, E[G] ←∅
9 for each each (x, y, z)∈street
10    do INSERT(E[G], (x, y))
11 return G, start
```

算法 6-33 将接到信息 *street* 转换成图的算法过程

该算法的运行时间为Θ(*m*)。对所创建的图 *G* 和起点 *start*，运行下列的算法 6-34，即可得到案例的解。

```
JOHNS-TRIP(street)
1 (G, start) ← MAKE-GRAPH(street)
2 path←EULAR-PATH(G, start)
3 if path≠∅
4     then return path
5 return "Round trip dose not exist. "
```

算法 6-34 解决“Johnny 的新车”问题一个案例的算法过程

若不计第 1 行的耗时，该算法的运行时间与算法 6-32 的一致。解决本问题算法的 C++ 实现代码存储于文件夹 laboratory/John's trip 中，读者可打开文件 Johns trip.cpp 研读，并试运行之。

问题 6-14 放牛娃

问题描述

Bessie 是农场里的放牛娃。每天要完成的工作就是晚上去巡视农场，保证农场平安无虞。他从谷仓出发巡逻，最后回到谷仓。

如果 Bessie 是个很机敏的人，那么他可以对 *M*(1≤*M*≤50 000)条连接着 *N*(2≤*N*≤10 000)个草场（用 1～*N* 编号）的小道（用 1～*M* 编号，每条道都可以双向通行）仅巡查一趟即可看清楚农场中所有安全细节。然而，他不是很机敏，但他很严谨。他决定每条小道方向相反地巡视两遍。这样，他就不会遗漏任何细枝末节了。请你为 Bissie 找出一条这样的巡逻路线。

输入

*第 1 行：两个整数 *N* 和 *M*。

*第 2～*M*+1 行：每行两个整数表示连接两个草场的小道。

输出

一行包含 2*M*+1 个表示巡逻路线中经过各草场编号的整数。谷仓位于 1 号草场。如果有多条这样的路径，任意输出一条。

输入样例

```
4 5
1 2
1 4
2 3
2 4
3 4
```

输出样例

```
1 2 3 4 1 4 2 4 3 2 1
```

解题思路

（1）数据输入与输出

根据输入文件格式，首先从中读取草场数 N 和道路数 M。然后依次读取 M 条连接两个草场的道路的信息（x，y），组织成数组 *road*。根据案例数据 *road*，N，计算一条 Bessie 的巡查路线。将计算所得结果作为一行写入输出文件。

```
1 打开输入文件 inputdata
2 创建输出文件 outputdata
3 从 inputdata 中读取 N，M
4 创建 road←∅
5 for i←1 to M
6     do 从 inputdata 中读取 x，y
7        APPEND(road, (x, y))
8 result←WATCHCOW(road, N)
9 将 result 作为一行写入 outputdata
10 关闭 inputdata
11 关闭 outputdata
```

（2）处理一个案例的算法过程

一条满足要求的巡视路线应该从位于 1 号草场的谷仓出发，经过每一条道路恰两次（方向相反），最后回到谷仓。这就是所谓的双欧拉回路。就如我们在前面提到过的，这可以通过对表示农场的图 G 进行一次 DFS 搜索来得到。不过，我们需要对 DFS-VISIT 做如下的修改。

```
DFS-VISIT(G, u)                    ▷顶点 u 是白色的
1 color[u] ← GRAY
2 APPEND(path, u)
3 for each (u, v) ∈E[G]
4    do if color[v] = WHITE
5          then π[v] ←u
6               DFS-VISIT(G, v)
7               APPEND(path, u)
8               DELETE(G, (u, v))
9          else if v≠π[u]
10                then APPEND(path, v)
11                     APPEND(path, u)
```

```
12                    DELETE(G, (u, v))
13 color[u]← BLACK                 ▷ 完成 u 的访问
```

算法 6-35 计算连通图的双欧拉回路的过程

算法维护一个序列 *path*（初始为空），过程每次执行现将当前顶点 *u* 加入 *path*，然后试图访问与之相邻的顶点 *v*，若 *v* 是首次发现，则递归进一步探索。返回后（意味着以 *v* 为根的子树已处理完）再次将 *u* 加入 *path*（意味着反向回到 *u*），且在图中删掉边（*u*, *v*），以防以后又从 *v* 搜索到 *u*。如果搜索到的是灰色顶点且非 *u* 的父亲则意味着到底了，需要折回。将 *v* 和 *u* 加入 *path*，并删除（*u*, *v*）。图 6-22 以输入样例中的数据模型为例，展示了上述操作过程。

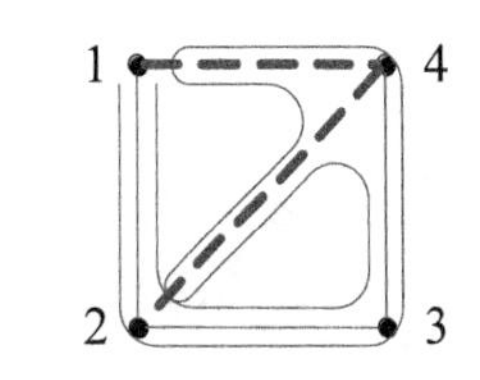

图 6-22 对输入样例得到的双欧拉路径

设 *s*=1，即顶层调用将 1 传递给参数 *u*，1 加入 *path*。从顶点 1 出发，发现白色顶点 2， 2 加入 *path*。从 2 搜索到灰色父节点 1，不作为。从 2 搜索到白色顶点 3， 3 加入 *path*。从 3 发现灰色父节点 2，不作为。从 3 发现白色顶点 4，4 加入 *path*。从 4 发现灰色顶点 1，1 加入 *path*，4 加入 *path*，删除边（4, 1）。从 4 发现灰色顶点 2，2 加入 *path*，4 加入 *path*，删除边（4, 2）。返回顶点 3，3 加入 *path*，删除边（3, 4）。从 3 返回 2，2 加入 *path*，删除边（2, 3）。从 2 返回 1，1 加入 *path*，删除边（1, 2）。于是，得到一条双欧拉路径为 1，2，3，4，1，4，2，4，3，2，1。

将 *road* 转换成图 *G*，将 *path* 初始化为空。利用算法 6-36 对 *G* 进行一次深度优先搜索，*path* 就是所求的巡查线路。

```
WATCHCOW(road)
1 G←MAKE-GRAPH(road)
2 path←∅
3 DFS-VISIT(G, 1)
4 return path
```

算法 6-36 解决“放牛娃”问题一个案例的算法过程

算法第 1 行将 *road* 转换为图 *G* 非常简单，此处不再赘述。第 3 行调用的是经过修改的深度优先搜索算法 6-34 的 DFS-VISIT 过程。本算法的运行时间与算法 6-35 的一致。解决本问题算法的 C++实现代码存储于文件夹 laboratory/Watchcow 中，读者可打开文件 Watchcow.cpp 研读，并试运行之。

本章讨论了有关图的搜索问题。这是计算机科学应用于现实生活的一大类问题，内容极为丰富。这里所讨论的几个诸如无向图的连通分支（问题 6-1、6-2）、无向图两点间最短路径（问题 6-3、6-4）、有向无圈图的拓扑排序（问题 6-5、6-6）、图的关节点和桥（问题 6-7、6-8）、网络最大流（问题 6-9、6-10、6-11）以及欧拉环路（问题 6-12、6-13、6-14）问题等，在图的算法问题中真正是九牛一毛，希望这些有趣的问题能引起您对这类问题的兴趣与关注。

Chapter 7

数论问题

信息技术广泛深入的应用，对信息安全的要求日益提高。信息安全最基本的技术是密码技术，而基于大素数的密码技术将一度被视为一个纯数学课题的数论推到了信息技术应用的前沿。基于大素数的密码方案的可行性依赖于我们能快速找到一个大素数的能力，而它们的安全性则依赖于我们对大整数的素因数分解的无奈。本章介绍作为这些应用的基础——一些数论理论和相关的算法。

7.1 整数的进位制

整数可以用不同的进位制来表示。所谓 B 进位制（简称为 B 进制），指的是表示整数的所用数字为{0，1，2，…，B-1}。例如，当 B=10 时，就是我们最熟悉的 10 进制整数，所用到的数字为{0，1，…，9}。而当 B=2 时，就是在计算机中表示的 2 进制整数，所用到的数字为{0，1}。设 B>1 为一正整数，对任一正整数 a，在 B 进制下可唯一地表示为

$$a=\sum_{i=0}^{n}a_iB^{n-i}，\ 0\leqslant a_i<B，\ a_0\neq 0 \tag{7-1}$$

称 a 为 n+1 位的（B 进制）正整数，a_i 称为 a 的第 i 位数字，i=0, 1, …, n。显然 B 越大，相同的位数可表示的数就越大。

式（7-1）指出了将整数的 B 进制表达式转换为 10 进制整数值的方法：逐项计算 a_iB^{n-i}，累加这些项即得所求。反之，将 10 进制整数值转换为 B 进制表达式，则反复用基数 B 除，记录下余数作为各位数字构成的序列，直至商为零。例如，对整数 a，用下列代码即可得到 a 的 B 进制表达式。

```
1 创建序列 v←∅
2 while a>0
3   do r←a mod B
4      APPEND(v, r)
5      a←a/B
```

序列（$v_0, v_1, \cdots, v_n$）即为整数 a 的 B 进制的各位数字。

问题 7-1 牛牛计数

问题描述

农夫 John 想为他的 N (1≤N≤1 000,000)条牛妞编号，但牛妞们不喜欢数字 L (0≤L≤9)写在身上。如果 John 要用 N 个最小的且不含数字 L 的正整数作为牛妞们的编号，其中最大的数是什么？

输入

*第 1 行：两个用空格隔开的整数 N 和 L。

输出

*第 1 行：一个表示 John 写在牛妞身上的最大编号的整数。

输入样例

```
10 1
```

输出样例

```
22
```

解题思路

（1）数据的输入与输出

根据输入文件的格式知，本问题有若干个案例，每个案例的输入占一行，包含两个整数 N 和 L。$N=L=0$ 为输入结束标志。从输入文件中逐一读取案例数据 N 和 L，计算出 N 的数字不包括 L 的 9 进制表达式。将计算结果作为一行写入输出文件。循环往复，直至从输入文件中读到 $N=L=0$

```
1 打开输入文件 inputdata
2 创建输出文件 outputdata
3 从 inputdata 中读取 N，L
4 while N>0 and L>0
5   do result←COW-COUNTING(N, L)
6      将 result 作为一行写入 outputdata
7      从 inputdata 中读取 N，L
8 关闭 inputdata
9 关闭 outputdata
```

其中，第 5 行调用计算 N 的数字中不包含 L 的 9 进制表达式过程 COW-COUNTING(N, L)，是解决一个案例的关键。

（2）处理一个案例的算法过程

对于一个案例的数据 N 和 L，过程 COW-COUNTING(N, L)计算的想法是将 N 表示成 9 进制形式。若 $L=9$，则 N 的 9 进制表达式即为所求。否则，将 N 的 9 进制表达式中的不小于 L 的数字自增 1，即为所求。例如，$N=10$、$L=1(\neq 9)$时，由于 $N=10=1\times 9+1$，即 N 的 9 进制表达式为 11，所以，用 2 替换 1 得到结果“22”。

```
COW-COUNTING(N, L)
1 创建序列 v←∅
2 while N>0
3   do r←N mod 9
4      APPEND(v, r)
5      N←N/9
6 if L≠9
7    then for each x∈v
8            do if x≥L
9                  then x←x+1
```

```
10 return v
```

算法 7-1 计算 10 进制整数 N 的数字不含 L 的 9 进制表达式的过程

假定 N 的 9 进制表达式有 n 位，第 2～5 行的 **while** 循环将重复 n 次，循环体中的操作都是常数时间的（即使是第 4 行将 r 尾追到序列 v，也是常数时间的操作），故耗时$\Theta(n)$。第 7～9 行的 **for** 循环也是重复 n 次，耗时亦为$\Theta(n)$。所以，算法 7-1 的运行时间为$\Theta(n)$。

本例说明，数论问题算法的输入规模往往是所涉及整数的位数。这与我们在前几章看到的那些问题有所不同。

解决本问题的算法的 C++实现代码存储于文件夹 laboratory/Cow Counting 中，读者可打开文件 Cow Counting.cpp 研读，并试运行之。

问题 7-2 数制转换

问题描述

写一个程序，将一个数从一种进位制转换为另一种进位制。有 62 个不同的数字，即

```
{ 0～9,A～Z,a～z }
```

输入

输入的第一行包含一个表示后面紧跟的行数的正整数。后面的每一行以一个十进制整数表示原来的进位制基数开头，接着也是一个十进制整数表示目标进位制基数，最后是按原进位制表示的整数。无论是原进位制还是目标进位制的基数都取值于 2～62。即数字（用十进制表示）A = 10, B = 11, …, Z = 35, a = 36, b = 37, …, z = 61（0～9 就是通常的意义）。

输出

对每个转换操作，输出三行信息。第一行表示原进位制基数及整数按原进位制的表达式，两者之间用空格隔开。第二行输出目标进位制基数及转换成目标进位制的整数，两者之间用空格隔开。第三行是一个空行。

输入样例

```
8
62 2 abcdefghiz
10 16 1234567890123456789012345678901234567890
16 35 3A0C92075C0DBF3B8ACBC5F96CE3F0AD2
35 23 333YMHOUE8JPLT7OX6K9FYCQ8A
23 49 946B9AA02MI37E3D3MMJ4G7BL2F05
49 61 1VbDkSIMJL3JjRgAdlUfcaWj
61 5 dl9MDSWqwHjDnToKcsWE1S
5 10 42104444441001414401221302402201233340311104212022133030
```

输出样例

```
62 abcdefghiz
2 11011100000100010111110010010110011111001001100011010010001

10 1234567890123456789012345678901234567890
16 3A0C92075C0DBF3B8ACBC5F96CE3F0AD2

16 3A0C92075C0DBF3B8ACBC5F96CE3F0AD2
35 333YMHOUE8JPLT7OX6K9FYCQ8A

35 333YMHOUE8JPLT7OX6K9FYCQ8A
23 946B9AA02MI37E3D3MMJ4G7BL2F05

23 946B9AA02MI37E3D3MMJ4G7BL2F05
49 1VbDkSIMJL3JjRgAdlUfcaWj

49 1VbDkSIMJL3JjRgAdlUfcaWj
61 dl9MDSWqwHjDnToKcsWE1S

61 dl9MDSWqwHjDnToKcsWE1S
5 421044444410014144012213024022012333403111042120221330 30

5 421044444410014144012213024022012333403111042120221330 30
10 1234567890123456789012345678901234567890
```

解题思路

（1）数据的输入与输出

首先从输入文件中读取案例数 T。然后依次读取每个案例的原基数 B_1、目标基数 B_2 和 B_1 进制数表达式 a。将 a 从 B_1 进制转换成 B_2 进制。将原式与计算结果各作为一行写入输出文件。将这一过程表示成伪代码如下。

```
1 打开输入文件 inputdata
2 创建输出文件 outputdata
3 从 inputdata 中读取 T
4 for i←1 to T         ▷处理每一个案例
5     do 从 inputdata 读取 B1, B2, a
6        result←NUMBER-BASE-CONVERSION(B1, B2, a)
7        将"B1 a"作为一行写入 outputdata
8        将"B2 result"作为一行写入 outputdata
9        向 outputdata 写入一空行
10 关闭 inputdata
11 关闭 outputdata
```

其中，第 6 行调用计算将 a 从 B_1 进制转换成 B_2 进制表达式的 NUMBER-BASE-CONVERSION(B_1, B_2, a)过程，是解决一个案例的关键。

（2）处理一个案例的算法过程

解决一个案例的方法很简单，将 a 从 B_1 进制转换成 10 进制，将计算结果再转换成 B_2

进制表达式。将这一思路描述成伪代码过程如下。

```
NUMBER-BASE-CONVERSION(B1, B2, a)
1 n←length[a]
2 B←1, b←0
3 for i←0 to n-1            ▷计算 a 的 10 进制值 b
4   do b←b+a(n-i)*B
5      B←B*B1
6 创建序列 v←∅
7 while b>0                 ▷将 10 进制数 b 转换为 B2 进位制表达式
8   do r←b Mod B2
9      APPEND(v, r)
10     b←b/B2
11 return v
```

算法 7-2 将整数 a 的 B_1 进制表达式转换成 B_2 进制表达式的过程

算法中第 3～5 行的 **for** 循环按式（7-1）计算 B_1 进制数 a 的 10 进制值 b，其中 B 跟踪幂 B_1^i。循环重复次数为 a 的位数 n。第 7～10 行的 **while** 循环计算 10 进制值 b 的 B_2 进制表达式 v。循环重复次数为 a 的 B_2 进制位数。将 a 的 B_1 进制和 B_2 进制的位数较大者仍记为 n，则算法 7-2 的运算时间为$\Theta(n)$。

解决本问题的算法的 C++实现代码存储于文件夹 laboratory/Number Base Conversion 中，读者可打开文件 Number Base Conversion.cpp 研读，并试运行之。

运行该程序还需加载 utility 文件夹中的源文件 bigint.cpp。

7.2 10 进制非负大整数的表示与算术运算

在计算机中，通常使用的整型数据要受处理器的字长限制。一个字长为 32 位的 2 进制整型数据的取值范围为-2^{31}～$2^{31}-1$，即−2147483648～2147483647。若应用中需要更大的取值范围，例如问题 7-2 中测试案例 2 要处理的 10 进制数 12345678901234567890123456789012345678901234567890 就不能表示为 64 位计算机系统中的整型数据，需要定义更大的整数数据类型。

在定字长计算机中表示 10 进制非负大整数 a 的方法往往是将正整数的各位数字顺序表示成一个字符串。我们约定，按从高位到低位顺序存储：$a=(a_0a_1 \cdots a_n)$。

（1）加法

正整数 $a=(a_0a_1 \cdots a_n)$，$b=(b_0b_1 \cdots b_m)$，假定 $a \geqslant b$。它们的和 $a+b$ 记为 $c=(c_0c_1 \cdots c_t)$。其中，$n \leqslant t \leqslant n+1$，$c_k$ 是 a 与 b 的同位数字（自低位向高位）a_i 与 b_j 的和加上低位（第 k+1 位）的数字和对本位的进位除以 10 的余数。将这一思路写成伪代码过程如下。

```
ADD(a, b)
1 carry←0
2 i←n, j←m, k←n+1
3 while i≥0 and j≥0              ▷从低位到高位逐位计算
4   do ck←ai+bj+carry
5      carry← ck/10
6      ck←ck mod 10
7      i←i-1, j←j-1, k←k-1
8 while i≥0                      ▷对 n>m 的情形
9   do ck← ai+carry
10     carry←ck/10
11     ck←ck mod 10
12     i←i-1, k←k-1
13 if carry≠0
14    then ck-1←carry
15 return c
```

算法 7-3 计算 10 进制大正整数 a 与 b 的和的过程

第 3～7 行的 **while** 循环从低位到高位逐位计算和 c_k，耗时$\Theta(m)$。第 8～12 行的 **while** 循环处理 a 中剩余各位（如果有的话）与来自低位的进位的和，耗时$\Theta(n-m)$。第 13～14 行处理可能出现的最高位的进位情形。算法 7-3 的运行时间为$\Theta(n)$。

（2）减法

正整数 $a=(a_0a_1\cdots a_n)$，$b=(b_0b_1\cdots b_m)$，假定 $a\geqslant b$。a 与 b 的差 $a-b$ 记为 $c=(c_0c_1\cdots c_t)$。其中，$0\leqslant t\leqslant n$。c_k 是 a 与 b 的同位数字（自低位向高位）a_i 与 b_j 的差。当 $a_i\geqslant b_j$ 时，$c_k=a_i-b_j$；而当 $a_i<b_j$ 时，$c_k=a_i-b_j+10$，此时 a_{i-1} 减小 1。将这一思路写成伪代码过程如下。

```
SUB(a, b)                        ▷计算 a-b，假定 a≥b
1 i←n, j←m, k←n
2 while i≥0 and j≥0              ▷从低位到高位逐位计算
3   do ck←ai-bj
4      if ck<0
5         then ck←ck+10
6              ai-1← ai-1-1
7      i←i-1, j←j-1, k←k-1
8 while i≥0                      ▷对 n>m 的情形
9   do ck←ai
10     if ck<0
11        then ck←ck+10
12             ai-1← ai-1-1
13     i←i-1, k←k-1
14 return c
```

算法 7-4 计算 10 进制长正整数 a，b 的差的过程

算法中第 2～6 行 **while** 循环从低位至高位逐位计算差 c_k，耗时$\Theta(m)$。第 7～12 行的 while 循环处理 a 中各位有来自低位的借位情形，耗时$\Theta(n-m)$。算法的运行时间为$\Theta(n)$。

（3）乘法

为说明长整数的乘法，我们先来看下面的两个 10 进制整数相乘的“竖式”。

```
        3 1 2 4
      ×   2 1 3
   ------------
        9 3 7 2
      3 1 2 4
   ----------
      4 0 6 1
  + 6 2 4 8
  -------------
    6 6 5 4 1 2
```

其中 $a=(a_0a_1a_2a_3)=(3124)$，$b=(b_0b_1b_2)=(213)$，将 $c=(c_0c_1c_2c_3c_4c_5c_6)$初始化为 0。我们考察第 1 根横线下的第 1 行数据（9 3 7 2），分别是 a_0, a_1, a_2, a_3 与 $b_2=3$ 相乘对应积与 c_3, c_4, c_5, c_6（均为 0）的和。第 2 根横线下第 1 行数据 4 0 6 1，是 a_0, a_1, a_2, a_3 与 $b_1=1$ 相乘对应的积（3 1 2 4）分别与 c_2, c_3, c_4, c_5（0 9 3 7）的和。而第 3 根横线下的一行数据（6 6 5 4 1 2）就是积 $(c_1c_2c_3c_4c_5c_6)=c=ab$。其中，（6 6 5 4）是 a_0, a_1, a_2, a_3 与 $b_0=2$ 相乘对应的积（6 2 4 8）与 c_2, c_3, c_4, c_5(0 4 0 6)的和。将此过程写成伪代码如下。

```
PRODUCT(a, b)
1 for j← m downto 0 ▷用 b 的每一位乘以 a
2     do carry←0
3        for i← n downto 0
4            do c[i+j]←b[j]×a[i]+c[i+j] +carry
5               carry←c[i+j]/10
6               c[i+j]←c[i+j] mod 10
7        if carry≠0
8           then c[i+j-1]←carry
9 return c
```

算法 7-5　计算两个 10 进制长正整数 *a*，*b* 的积的过程

算法 7-5 由两重嵌套的 **for** 结构组成，运行时间为$\Theta(nm)$。

（4）带余除法

为讨论整数的除法，我们先来明确一个基本概念——**带余除法**。

定理 7-1（除法定理）

对任意整数 a 和正整数 n，存在唯一的整数 q 和 r 使得

$$a=qn+r,\ 0 \leqslant r<n。 \tag{7-2}$$

证明　我们仅对 a 是自然数的情形给出证明，对于 a 为负整数的情况很容易由自然数的结论加以推导。构造集合 $M=\{q'\in\mathbf{N}: q'n\geqslant a\}\subseteq\mathbf{N}$，根据自然数的最小数原理[1]知，$M$ 中有一个最小数 $q'_{\min}$。

1所谓最小数原理指的是：若 M 是自然数集 $\mathbf{N}$ 的任一非空子集（有限或无限均可），则 M 中必有最小的数。

① 若 $q'_{\min}n=a$，则取 $q=q'_{\min}$，$r=0$ 即为唯一满足本定理中条件的 q 和 r。

② 若 $q'_{\min}n>a$，取 $q=q'_{\min}-1$，$r=a-qn$。则有 $qn<a$，且 $0<r=a-(q'_{\min}-1)n=a-q'_{\min}n+n=n-(q'_{\min}n-a)<n$。而 $qn+r=qn+(a-qn)=a$。由自然数的算术运算的唯一性知，此 q 和 r 是唯一存在的。

合并①和②就得到了本定理的证明。

定理 7-1 中的式（7-2）告诉我们，两个整数 a 和 n 之商 q 可能会有非零余数 r。这个定理是整个数论的出发点，也是我们现在要描述的算法。为此先看两个整数相除的竖式实例。

设 $a=327$，$b=23$，则 a，b 相除的竖式如下。

```
        1 4
2 3 ) 3 2 7
      2 3
      -----
        9 7
        9 2
      -----
          5
```

在上式中，$a=(a_0a_1a_2)=(327)$，$b=(b_0b_1)=(23)$。商 $q=a/b$ 的位数至多为 $n-m+1=2-1+1=2$。而余数 $r=a \bmod b$ 的位数至多为 $m=2$。开始时，将余数 r 初始化为 a_0，令 $q_0=(10r+a_1)/b=32/23=1$。此时，$(10r+a_1) \bmod b=32 \bmod 23=9$（$=32-23$），令其为新的 r。接下来令 $q_1=(10r+a_2)/b=97/23=4$。此时，$(10r+a_2) \bmod b=97 \bmod 23=5$（$=97-4\times23$），令其为新的 r。则 $q=(q_1q_0)=14$ 即为商 a/b，而 $r=5$ 即为 a 除以 b 的余数。

一般地，对于 $n+1$ 位正整数 $a=(a_0\,a_1\cdots a_n)$，$m+1$ 位正整数 $b=(b_0b_1\cdots b_m)$，为计算式（1）中的 q 和 r，将 r 初始化为 $(a_0\,a_1\cdots a_{m-1})$。从 $i=0$ 开始，计算 $q_i=\lfloor(10r+a_{m+i})/b\rfloor$，$r=(10r+a_{m+i}) \bmod b$（即 $(10r+a_{m+i})-q_ib$）。循环往复，直至 $i=n-m$ 为止。$(q_0q_1\cdots q_{n-m})$ 及 r 即为所求。需要注意的是，此处 b 是 $m+1$ 位数，因此计算 $q_j=\lfloor(10r+a_{m+i})/b\rfloor$，$i=0,1,\cdots,n-m$ 时，仍然面临大整数的相除问题。q_i 的确定也许要从 9 到 0 逐一试商，直至 $q_j\cdot b\leqslant(10r+a_j)$。

可将上述过程归纳为如下伪代码。

```
DIVISION(a, b)              ▷对 n+1 位及 m+1 位正整数 a，b（a≥b）计算式（7-2）中的 q 和 r
1 if a=b
2    then q←1
3         r←0
4         return q and r
5 i←0, r←(a0a1…am-1)
6 while i≤n-m               ▷逐位计算商 qi=⌊(10r+am+i)/b⌋
7   do qi←9
8      while qib >(10r+am+i) ▷ qi从 9 到 0 逐一试商
9         do qi←qi-1
10     r←(10r+am+i) - qib
11     i←i+1
12 return q and r
```

算法 7-6　计算 10 进制长正整数 a 与 b（$a\geqslant b$）的带余除法的过程

第 6～11 行的 **while** 循环重复 $n-m+1$ 次。内嵌的第 8～9 行的 **while** 循环至多重复 9 次，每次计算 q_ib 耗时$\Theta(m)$（b 为 m 位数，q_i 为 1 位数），故此内嵌循环耗时$\Theta(m)$。第 10 行计算$(10r+a_{m+i})-q_ib$，耗时也是$\Theta(m)$（计算两个 m 位数之和）。因此，算法 7-6 的运行时间为$\Theta(nm)$。

我们将实现非负大整数类型及其算术运算的 C++代码存储为文件夹/utility 中的头文件 bigint.h 和源文件 bigint.cpp。读者可打开这两个文件研读。在解决问题 7-2 时，就需要利用这些代码中定义的 10 进制大整数的乘法来计算某种进位制整数的 10 进制值，并且利用大整数除法将 10 进制值转换成另一种进位制的表达式。

问题 7-3　除法

描述

给定不超过 2147483647 的整数 t, a, b，计算（t^a-1）/（t^b-1）是否为一个位数不超过 100 的整数。

输入

输入中的每一行包含整数 t, a, b。

输出

对输入中的每一行输出一行数据，开始是计算公式紧接着是该公式的值或信息 “is not an integer with less than 100 digits.”。

输入样例

```
2 9 3
2 3 2
21 42 7
123 911 1
```

输出样例

```
(2^9-1)/(2^3-1) 73
(2^3-1)/(2^2-1) is not an integer with less than 100 digits.
(21^42-1)/(21^7-1) 18952884496956715554550978627384117011154680106
(123^911-1)/(123^1-1) is not an integer with less than 100 digits.
```

解题思路

（1）数据的输入与输出

由于输入文件由若干个测试案例数据构成，依次从输入文件中读取每个案例的 3 个整数数据 t，a 和 b 。计算（t^a-1）/（t^b-1），将结果作为一行写入输出文件。循环往复，直至输入文件结束。将这一思路描述成伪代码如下。

```
1 打开输入文件 inputdata
2 创建输出文件 outputdata
3 while 能从 inputdata 中读取 t, a, b
4   do result←DIVISION(t, a, b)
5       将 result 作为一行写入 outputdata
```

```
6 关闭 inputdata
7 关闭 outputdata
```

其中，第 4 行调用计算（t^a-1）/（t^b-1）的 DIVISION(t, a, b)过程，是解决一个案例的关键。

（2）处理一个案例的算法过程

对于一个案例的 t, a 和 b，我们知道(t^a-1)=($t-1$)($t^{a-1}+t^{a-2}+\cdots+1$)，(t^b-1)=($t-1$)($t^{b-1}+t^{b-2}+\cdots+1$)。于是，我们有(t^a-1)/(t^b-1)=($t^{a-1}+t^{a-2}+\cdots+1$)/($t^{b-1}+t^{b-2}+\cdots+1$)。这个可视为基数为 t 的 t 进制整数的商 $\dfrac{\overbrace{11...1}^{a}}{\underbrace{11...1}_{b}}$。该商为整数当且仅当 b 能整除 a。其 10 进制位数可以通过 $t^{(a-b)}$位数$\lfloor(a-b)\lg t\rfloor$估算得到。若位数不超过 100，则由于 $\dfrac{\overbrace{11...1}^{a}}{\underbrace{11...1}_{b}}=\overbrace{\underbrace{0...01}_{b}\underbrace{0...01}_{b}...\underbrace{0...01}_{b}}^{(a-b)/b}$，故商为 $\sum_{i=0}^{(a-b)/b}t^{ib}$。可将这一算法归纳为如下的伪代码过程。

```
DIVISION(t, a, b)
1 digit-number←⌊(a-b)lgt⌋
2 if a mod b≠0 or digit-number>100
3   then return
4 x←t^b, p←1
5 sum←1, i←1
6 while i*b≤a-b+1
7   do p←p*x
8      sum←sum+p
9      i←i+1
10 return sum
```

算法 7-7　计算(t^a - 1)/(t^b -1)的过程

第 1～3 行处理（t^b-1）不能整除（t^a-1）或商的位数超过 100 的情形。第 4～9 行计算和 $\sum_{i=0}^{(a-b)/b}t^{ib}$。第 6～9 行的 **while** 循环重复(a-b)/b 次，循环体中第 7 行乘法耗时(a-b)b，故算法 7-7 的运行时间为$\Theta((a-b)^2)$。

解决本问题的算法的 C++实现代码存储于文件夹 laboratory/Division 中，读者可打开文件 Division.cpp 研读，并试运行之。

运行该程序还需加载 utility 文件夹中的源文件 bigint.cpp。

7.3 整数的模运算

由定理 7-1 知，对任意两个正整数 a 和 b，必有整数非负 q 和 r，唯一表示

$a=qb+r$，$0\leqslant r<b$。

其中，q 称为 b 除 a 的商，r 为 b 除 a 的余数。若 $r=0$，即 $a=qb$，称 b 整除 a，记为 $b|a$。此时，称 a 是 b 的倍数，b 是 a 的约数。显然若 b 是 a 的约数，则必有 $b\leqslant a$。

一般地，我们将式（7-2）等价地表为

$$a\equiv r \bmod b \tag{7-3}$$

该表达式称为 a 对 b 的模运算。

将 b 固定，令 a 在非负整数集中取值，则所有非负整数 a 可按式（7-3）中的余数 r 的值，分为 b 个子集。$[0]_b$，$[1]_b$，…，$[b-1]_b$。$[i]_b$ 表示被 b 除余数为 i 的非负整数集合，即

$$[i]_b=\{x|x\equiv r \bmod b\} \tag{7-4}$$

称为非负整数中以 b 为模余数为 i 的**同余类**（i=0, 1, …, b-1）。换句话说，若将所有的非负整数按生序排列，则它们被 b 除的余数将呈现出周期性 0, 1, …, b-1, 0, 1, …, b-1, ……。现实生活中，时间就可表为具有周期性的整数：0～23 时，周而复始，0～59 分，周而复始；……还有很多这样的实例。

问题 7-4　Maya 历法

描述

假期中，M. A. Ya 教授对古老的 Maya 历法有了一个惊人的发现。根据久远的结绳信息，教授发现 Maya 文明使用 365 天计一年，这样的历法称为 Haab。Haab 一年有 19 个月，前 18 个月每月有 20 天。这些月份的名字分别叫 *pop*、*no*、*zip*、*zotz*、*tzec*、*xul*、*yoxkin*、*mol*、 *chen*、*yax*、*zac*、*ceh*、*mac*、*kankin*、*muan*、*pax*、*koyab*、*cumhu*。每月中的天数不用名称而是用 0～19 的整数表示。Haab 年的最后一个月名字叫 *uayet*，只有 5 天，分别表示为 0，1，2，3，4。Maya 人认为这个月份是不吉利的，在这一个月中法院休庭、市场歇业，人们甚至不能打扫庭院。

出于宗教的原因，Maya 人还使用另一种叫 Tzolkin（霍利年）的历法。Tzolkin 年分成 13 个周期，每个周期 20 天。每一天表示为周期数和那一天的名字。表示天的名字是：*imix*、*ik*、*akbal*、*kan*、*chicchan*、*cimi*、*manik*、*lamat*、*muluk*、*ok*、*chuen*、*eb*、*ben*、*ix*、*mem*、*cib*、*caban*、*eznab*、*canac*、*ahau*。周期数为 1～13。名字和周期数都是循环使用的。

注意，每一天的描述是不会发生混淆的。例如，一年的开头各天描述如下：

1 *imix*, 2 *ik*, 3 *akbal*, 4 *kan*, 5 *chicchan*, 6 *cimi*, 7 *manik*, 8 *lamat*, 9 *muluk*, 10 *ok*, 11 *chuen*, 12 *eb*, 13 *ben*, 1 *ix*, 2 *mem*, 3 *cib*, 4 *caban*, 5 *eznab*, 6 *canac*, 7 *ahau*, 8 *imix*, 9 *ik*, 10 *akbal*……

无论是 Haab 还是 Tzolkin，年号都是 0，1，…其中年号 0 表示世界的开始。因此，第一天表示为：

Haab: 0. pop 0。

Tzolkin: 1 imix 0。

请帮助 M. A. Ya 教授写一个程序将 Haab 历法的一天转换为 Tzolkin 历法的一天。

输入

Haab 日期的表示格式为：

NumberOfTheDay. Month Year

输入文件的第一行包含说明输入数据个数的整数 *n*。接着的 *n* 行表示 *n* 个 Haab 历法的日期。年号小于 5000。

输出

Tzolkin 日期的表示格式为：

Number NameOfTheDay Year

输出文件的第一行包含表示输出数据个数的整数 *n*。接下来的 *n* 行输出对应输入中的每个日期的 Tzolkin 格式信息。

输入样例

```
3
10. zac 0
0. pop 0
10. zac 1995
```

输出样例

```
3
3 chuen 0
1 imix 0
9 cimi 2801
```

解题思路

（1）数据的输入与输出

先从输入文件中读取测试案例数 *n*，然后依次从输入文件中读取每个案例的输入数据——一行表示 Haab 日期的串 *haab*。对 *haab* 计算对应的 Tzolkin 日期，将计算结果写入输出文件。循环往复，直至处理完 *n* 个案例。

```
 1 打开输入文件 inputdata
 2 创建输出文件 outputdata
 3 从 inputdata 读取 n
 4 将 n 作为一行写入 outputdata
 5 for i←1 to n
 6    do 从 inputdata 中读取一行 haab
 7       result←MAYA-CALENDAR(haab)
 8       将 result 作为一行写入 outputdata
 9 关闭 inputdata
10 关闭 outputdata
```

其中，第 7 行调用计算 *haab* 的 Tzolkin 日期的 MAYA-CALENDAR(*haab*)过程，是解决一个案例的关键。

（2）处理一个案例的算法过程

对每一个测试案例，先计算出从世界的第一天起到给定的 Haab 日期 *haab* 总共有多少天，即

$$Days=365\times Year+20\times Month+NumberOfTheDay+1$$

其中 *Year* 取值于 0～4999，*Month* 取值于 0～18（*Month* 的值是其名称的序列号），*NumberOfTheDay* 取值于 0～19。

Days 的值是非负整数，对 Tzolkin 历法而言，构成模为 260（一年的天数）的同余类。而一年中的任意天数相对 Tzolkin 历法的名称序数而言，构成模为 20 的同余类，相对于 Tzolkin 历法的各天的周期而言，构成模为 13 的同余类。

于是，商 *Days*/260 即为给定日期 Tzolkin 历法的年号 *Year*，*Days* 除以 260 的余数 *r*≡*Days* Mod 260 表示日期在当年的序数（0～259）。*r* mod 20 就是那一天的 Tzolkin 历法的名称序号（0～19），用来确定对应那一天的名称 *NameOfTheDay*。(*r* mod 13)+1 是那一天的周期（1～13）*Number*。

```
MAYA-CALENDAR(haab)
1 从 haab 中析取 Year、Month 和 NumberOfTheDay
2 Days←365*Year+20*Month+ NumberOfTheDay+1
3 Year←Days/260
4 r←Days mod 260
5 Number←(r mod 13)+1
6 NameOfTheDay←由 r mod 20 确定的那一天的名称
7 return "Number NameOfTheDay Year"
```

算法 7-8　将 Hbba 日期转换为 Tzolkin 日期的过程

如果所有数据用计算机系统提供的定字长整数类型，则算法 7-8 的运行时间是常数时间Θ(1)。

解决本问题的算法的 C++实现代码存储于文件夹 laboratory/Maya Calendar 中，读者可打开文件 Maya Calendar.cpp 研读，并试运行之。

问题 7-5　Euclid 游戏

描述

两个玩家 Stan 和 Ollie，用两个整数开始玩游戏。Stan 先来，他从较大的数中减去较小数的整数倍，使得差为一非负整数。然后 Ollie 来，玩法一样。这样交替地玩，直至得到的差为 0。轮到哪一位得到的差为 0，哪一位就算赢。例如，两个人对（25,7）玩此游戏：

25 7
11 7
4 7
4 3
1 3
1 0

Stan 赢。

输入

输入由若干行数据组成。每一行包含两个作为游戏开始时的整数。Stan 总是先来。

输出

对输入中的每一行，输出一行赢者名字加上“wins”的信息。总是假定他们两个都想在一轮中赢。输入中的最后一行包含两个零，对于这一行不做任何处理。

输入样例

```
34 12
15 24
0 0
```

输出样例

```
Stan wins
Ollie wins
```

解题思路

（1）数据的输入与输出

依次从输入文件中读取每个测试案例的输入数据 a，b。计算谁赢得游戏的结果，将结果作为一行写入输出文件。循环往复，直至处理完输入文件中的所有案例。

```
1 打开输入文件 inputdata
2 创建输出文件 outputdata
3 while 能从 inputdata 中读取 a，b
4   do result←EUCLID-GAME(a, b)
5        将 result 作为一行写入 outputdata
6 关闭 inputdata
7 关闭 outputdata
```

其中，第 4 行调用模拟游戏并计算谁赢得游戏结果的 EUCLID-GAME(a, b)过程，是解决一个案例的关键。

（2）处理一个案例的算法过程

对一个案例数据 a，b（$a \geqslant b$），游戏过程是两人轮流进行在较大数 a 中减去较小数 b 的整数倍，而使得差非负。由于每个人都想自己在本轮中赢，故每次都会尽可能多地从 a 中减

去 b 的整数倍，这恰好就是计算 a 除以 b 的余数，也就是计算 a 对 b 的模运算 $r\equiv a \bmod b$。若 r=0 则游戏终结，否则令 a 为 b，b 为 r，进入下一轮。为了跟踪赢者，设置一个标志 *who*。将该标志初始化为 0，每进行一轮，*who* 增加 1 后对 2 进行模运算，即使得 *who* 在 0、1 之间互换。游戏终结时若 *who* 为 0，则 Ollie 赢，否则 Stan 赢。一局游戏过程表示成伪代码如下。

```
EUCLID-GAME(a, b)      ▷a≥b
1 who←0                ▷赢者标志：0 表示 Ollive 赢，1 表示 Stan 赢
2 while b≠0
3   do who←(who+1) mod 2
4      r←a mod b
5      a←b
6      b←r
7 if who=1
8    then print "Stan wins"
9    else print "Ollie wins"
```

算法 7-9　模拟游戏并计算谁赢得游戏结果的过程

上述算法的运行时间将在下一段中说明。解决本问题的算法的 C++实现代码存储于文件夹 laboratory/Euclid's Game 中，读者可打开文件 Euclid's Game.cpp 研读，并试运行之。

7.4 最大公约数

设 a，b 为两个正整数，若有正整数 d，使得 $d|a$ 且 $d|b$，称 d 为 a，b 的一个公约数。a，b 的公约数中能被其任一公约数整除者，称为 a，b 的最大公约数（greatest common divisor），记为 $\gcd(a, b)$。显然有 $\gcd(a, b)=\max\{d|\ d|a$ 且 $d|b\}$。

设 d 为 a 和 b 的任一公约数，必有 $d|\gcd(a, b)$。若 a 和 b 除了 1 以外没有其他的公约数，即 $\gcd(a, b)=1$。称 a 和 b 互素。

对任意正整数对 a，b，计算其最大公约数 $\gcd(a, b)$有如下的定理。

定理 7-2（GCD 递归定理）

对任意正整数对 a，b，有 $\gcd(a, b) = \gcd(b, a \bmod b)$。

证明　我们将证明 $\gcd(a, b)$和 $\gcd(b, a \bmod b)$互相整除，则它们必相等（这是因为非负整数必不小于其任何约数）。若我们设 $d=\gcd(a, b)$，则 $d\mid a$ 和 $d\mid b$。根据定理 7-1，$(a \bmod b) = a - qb$，其中 $q=\lfloor a/b\rfloor$。这样，$d|(a \bmod b)$。于是，由于 $d\mid b$ 和 $d\mid (a \bmod b)$，因此 $\gcd(a, b)|\gcd(b, a \bmod b)$。

反之，设 $d = \gcd(b, a \bmod b)$，则 $d\mid b$ 且 $d\mid (a \bmod b)$。由于 $a = qb + (a \bmod b)$，其中 $q =\lfloor a/b\rfloor$。由此，我们推出 $d\mid a$。由于 $d\mid b$ 且 $d\mid a$，故 $d\mid \gcd(a, b)$，即 $\gcd(b, a \bmod b)|\gcd(a, b)$。

定理 7-2 给出了一个计算非负整数对 a，b 的最大公约数的递归算法

```
EUCLID(a, b)
1 if b = 0
2    then return a
3    else return EUCLID(b, a mod b)
```

算法 7-10　计算正整数 a，b 的最大公约数的递归过程

算法中，第 1～2 行对 b=0 的情形，合理地规定 gcd(a, b)=a。因为任何正整数均为 0 的约数。第 3 行对 b>0 的情形，算法运用定理 7-2，递归计算 gcd(b, a mod b)。这个算法据说是古希腊数学家欧几里得（见问题 7-5 的题首图）发明的，故常称为欧几里得算法。

由于算法 7-10 是在末尾执行递归，因此可表示为如下与之等价的迭代版本。

```
EUCLID(a, b)
1 while a≠0
2   do r←a mod b
3      a←b
4      b←r
5 return a
```

算法 7-11　用辗转相除法计算整数 a，b 的最大公约数的过程

数论中又常将此算法称为辗转相除法。将算法 7-11 与解决问题 7-5 的算法相比，读者一定明白为什么问题 7-5 的标题为“Euclid 游戏”了。设 a，b 是 n 位正整数，深入地数学分析[2]可得算法 7-10 及与其等价的算法 7-11 的运行时间 $O(n^3)$。

关于正整数对 a，b 的最大公约数还有如下的一个实用的结论。

定理 7-3

若 a 和 b 是任意不全为 0 的正整数，则 gcd(a, b)必可表为 a 和 b 的线性组合 $ax + by$。其中，x, y 为整数。

证明　设 s 是 a 和 b 的最小的正的线性组合，并设 $s = ax + by$，其中 $x, y\in\mathbf{Z}$。设 $q =\lfloor a/s\rfloor$则

$$\begin{aligned} a \bmod s &= a - qs \\ &= a - q(ax + by) \\ &= a\,(1-qx) + b(-qy) \end{aligned}$$

所以 $a \bmod s$ 也是 a 及 b 的线性组合。但由于 $a \bmod s < s$，我们有 $a \bmod s = 0$，这是因为 s 是这样的线性组合中正的最小者。所以 $s \mid a$，并且由相仿的理由，$s \mid b$。于是，s 是 a 和 b 的一个公约数，所以 gcd(a, b)$\geqslant s$。而 $s = ax + by$ 蕴含着 gcd(a, b) $\mid s$，这是因为 gcd(a, b)既能整除 a 又能整除 b，且 s 是 a 与 b 的线性组合。但 gcd(a, b) $\mid s$ 且 $s > 0$ 意味着 gcd(a, b)$\leqslant s$。结合 gcd(a, b)$\geqslant s$ 和 gcd(a, b)$\leqslant s$ 推导出 gcd(a, b) $= s$，即 s 是 a 和 b 的最大公约数。

2 详见配书视频“Euclid 算法”。

对正整数对 a 和 b，我们来推算 gcd(a, b)的线性组合系数 x，y：

① 若 b=0，则 gcd(a, b)=1×a+0×b，即 x=1，y=0。

② 对 b>0，由于 gcd(a, b)=gcd(b, a mod b)，假定 gcd(b, a mod b)=$x'a+y'$ (a mod b)。由于 a mod b=$a-\lfloor a/b\rfloor b$，代入上式有

$$\begin{aligned}\gcd(a, b)&=\gcd(b, a \bmod b)\\&=x'b+y'(a \bmod b)\\&=x'b+y'(a-\lfloor a/b\rfloor b)\\&=y'a+(x'-y'\lfloor a/b\rfloor)b\end{aligned}$$

令 $x=y'$，$y=(x'-y'\lfloor a/b\rfloor)$即为所求。可将上述计算描述为如下的递归过程。

```
EXTENDED-EUCLID(a, b)
1 if b = 0
2   then return (a, 1, 0)
3 (d', x', y') ← EXTENDED-EUCLID(b, a mod b)
4 (d, x, y) ← (d', y', x'- ⌊a/b⌋ y')
5 return (d, x, y)
```

算法 7-12 计算正整数 a，b 的最大公约数 d 及其线性组合系数 x，y 的递归过程

算法的第 1～2 行处理的是上述的 b=0 的情形，第 3～5 行递归处理 b>0 的情形。算法 7-12 是算法 7-10 的增广，运行时间是一样的。该算法的 C++实现代码存储在 utility 文件夹中的头文件 integer.h 和源文件 integer.cpp 中，读者可打开文件研读。本书第 9 章 9.1.4 节中程序 9-7 对实现代码做了详细的解读。

问题 7-6 纽约大劫案

问题描述

电影《纽约大劫案》中，警长约翰•麦卡伦（布鲁斯•威利斯 饰）和杂货店老板宙斯（塞缪尔•杰克逊 饰）面对如下的难题：匪徒要求他们在指定时刻未到来之前用一个能装 3 加仑水的水桶和一个能装 5 加仑水的水桶和街心花园水池中的水，在 5 加仑桶中注入 4 加仑水，否则全纽约就会陷入灾难。由于水桶上没有任何刻度标记，手边也没有诸如弹簧秤之类的辅助工具，能做的只有如下 3 个操作：

① 用池水注满一个水桶。

② 将桶中的水倒掉。

③ 将一个桶中的水（一部分或全部）倒到另一个桶中。

麦卡伦和宙斯在一阵手忙脚乱的折腾后总算得到了正确的结果：

① 将 5 加仑桶 B 灌满池水。

② 将 B 中的水倒到 A 桶将其灌满。

③ 倒掉 A 中的水。

④ 将 B 中剩下的水倒入 A 中。

⑤ 将 B 灌满池水。

⑥ 用 B 中的水倒入 A 中将其灌满。

⑦ 此时，B 桶中剩了 4 加仑的水，暂时避免了一场灾难。

为从容地对付今后可能出现的这样的难题，警长麦卡伦要求你编写一个程序，能用任何容量 a，b 互素的两个水桶 A 及 B，在 B 中注入任意 N 加仑水。

输入数据

输入文件包含若干行数据。每一行有 3 个正整数组成：a，b 和 N。数据之间用一个空格隔开，分别表示 A 桶的容量、B 桶的容量和要在 B 桶中注入的水量。假定 $0<a\leqslant b$ 及 $N\leqslant b\leqslant 1000$ 且 a，b 互素。

输出数据

对输入文件中的每一个三元组（a，b，N），对应输出文件中若干行文本，表示在 B 桶中注入 N 加仑水所进行的操作步骤。并以一行“success”信息作为结束。

输入样例

```
3 5 4
5 7 3
```

输出样例

```
fill A
pour A B
fill A
pour A B
empty B
pour A B
fill A
pour A B
success
fill A
pour A B
fill A
pour A B
empty B
pour A B
success
```

解题思路

（1）数据的输入与输出

输入文件中有若干个测试案例。依次从中读取案例数据 a，b 和 N，计算在 B 中注入任

意 N 加仑水的过程。将过程描述写入输出文件。循环往复，直至输入文件结束。

```
1 打开输入文件 inputdata
2 创建输出文件 outputdata
3 while 能从 inputdata 中读取 a，b 和 N
4   do result←JUGS(a，b，N)
5       将 result 中的操作步骤依次作为一行写入 outputdata
6       将"success"作为一行写入 outputdata
7 关闭 inputdata
8 关闭 outputdata
```

其中，第 4 行调用模拟麦卡伦和宙斯操作过程的 JUGS(a，b，N)，是解决一个案例的关键。

（2）处理一个案例的算法过程

对一个案例的数据 a，b 和 N，首先要确定从水池中要对某桶注满多少次，并倒掉另一桶多少次能使得 B 桶中的水恰有 n 加仑。即确定整数 x，y 使得

$$ax+by=N \tag{7-5}$$

其中必有一正一负，正者表示要注满的桶数，负者表示要倒掉的桶数。该方程在数论中称为丢番图方程。该方程有解的充分必要条件是 $\gcd(a, b)| N$。设 $d=\gcd(a, b)$，$Q=N/d$。根据定理 7-3，存在整数 x 和 y，使得

$$ax+by=d$$

在上式两端同乘 Q，得

$$axQ+byQ=N$$

令 $x_0=xQ$，$y_0=yQ$，即为方程（7-5）的一个特解。而

$$\begin{cases} x = x_0 + bt \\ y = y_0 - at \end{cases} \quad t\in Z$$

为其所有解。

本问题中，由于 $\gcd(a, b)=1$，故必有解。按定理 7-3，存在整数 x 和 y，使得 $1=\gcd(a, b)=ax+by$。两边同乘 N 得到 $axN+byN=N$。令 x_0，y_0 分别为 xN 和 yN，则 x_0，y_0 为 $ax+by=N$ 的一个解。x_0 和 y_0 必为一正一负。在 $x_0<0$ 条件下，即灌满 y_0 桶 B、倒掉 x_0 桶 A 就可得到 N 加仑水。反之，若 $y_0<0$，则要灌满 x_0 桶 A、倒掉 y_0 桶 B。为简化阐述，我们假定 $x_0<0$，即需要灌满 y_0 桶 B。

接下来，根据得到的 x_0 和 y_0，确定操作步骤。所有可能的步骤均为如下 3 种操作之一：

① 灌满 B 桶。

② 倒掉 A 桶。

③ 将 B 桶中的水倒入 A 桶。

为记录所有步骤，设置 a_1 和 b_1 分别表示 A、B 桶中当前水量（均初始为 0）。x 和 y 分别表示 A 还需倒掉/灌满的次数（分别初始化为$|x_0|$，$|y_0|$）。反复做下列 3 个操作之一：

① 若B桶为空（b_1=0），将其灌满（$b_1 \leftarrow b$），并记录操作“fill B”，且y自减1。

② 若A桶满（a_1=a），将其腾空（$a_1 \leftarrow 0$），并记录操作“empty A”，且x自减1。

③ 若A尚未满，且B中还有水，则将B中部分水加入A（适当修改a_1，b_1的值），并记录“pour B A”。

循环往复，直至b_1=N。将这一思路描述为伪代码过程如下。

```
JUGS (a, b, N)
1 (d, x, y)←EXTENDED-EUCLID(a, b)
2 x0←Nx, y0←Ny                          ▷假定 x0<0
3 a1←b1←0, x←-x0, y←y0
4 while b1≠N
5   do if y>0 and b1=0
6         then b1←b, y←y-1              ▷灌满 B 桶
7              print "fill B"
8              继续下一轮重复
9        if x>0 and a1=a
10          then a1←0, x←x-1            ▷将 A 桶中的水倒掉
11               print "empty A"
12               继续下一轮重复
13     if 0<b1≤a-a1
14        then b1←0, a1←a1+b1           ▷将 B 桶中水全倒进 A
15        else b1← b1-(a-a1), a1←a     ▷用 B 中水灌满 A
16 print "pour B A"
```

算法 7-13　解决“纽约大劫案”问题的一个案例的算法过程

该过程运行如下。第1行调用算法7-12计算满足$ax+by$=1的x和y。第2行计算满足丢番图方程的解x_0和y_0。第3行初始化表示A桶和B桶中水量及要倒掉和灌满的数量的变量a_1, b_1, x, y。第4～16行的**while**循环模拟一台自动机在上述的三个状态之间转换。其中，第5～8行的**if**结构将状态①转换为状态②。而第9～12行的**if**结构是将状态②转换为状态③。第13～16行将状态③转换为状态①，B桶被倒空或状态②A桶被装满。循环直至B桶中的水量b_1为N为止。

读者可仿此算法自行思考x_0>0而y_0<0情形下的操作过程。

解决本问题的算法的 C++实现代码存储于文件夹 laboratory/Jugs 中，读者可打开文件Jugs.cpp研读，并试运行之。

运行该程序还需加载utility文件夹中的源文件integer.cpp。

问题 7-7　青蛙的约会

问题描述

两只青蛙在网上相识了，它们聊得很开心，于是觉得很有必要见一面。它们很高兴地发现它们住在同

一条纬度线上，于是它们约定各自朝西跳，直到碰面为止。可是它们出发之前忘记了一件很重要的事情，既没有问清楚对方的特征，也没有约定见面的具体位置。不过青蛙们都是很乐观的，它们觉得只要一直朝着某个方向跳下去，总是能碰到对方的。但是除非这两只青蛙在同一时间跳到同一点上，不然是永远都不可能碰面的。为了帮助这两只乐观的青蛙，你被要求写一个程序来判断这两只青蛙是否能够碰面，以及会在什么时候碰面。

我们把这两只青蛙分别叫作青蛙 A 和青蛙 B，并且规定纬度线上东经 0° 处为原点，由东往西为正方向，单位长度 1m，这样我们就得到了一条首尾相接的数轴。设青蛙 A 的出发点坐标是 x，青蛙 B 的出发点坐标是 y。青蛙 A 一次能跳 m m，青蛙 B 一次能跳 n m，两只青蛙跳一次所花费的时间相同。纬度线总长为 L m。现在要你求出它们跳了几次以后才会碰面。

输入

输入只包括一行 5 个整数 x, y, m, n, L，其中 $x \neq y < 2000000000$，$0 < m$、$n < 2000000000$，$0 < L < 2100000000$。

输出

输出碰面所需要的跳跃次数，如果永远不可能碰面则输出一行“Impossible”。

输入样例

1 2 3 4 5

输出样例

4

解题思路

（1）数据的输入与输出

从输入文件中读取 x，y，m，n，L。计算青蛙 A、B 是否会相遇，何时相遇。将计算结果作为一行写入输出文件。

```
1 打开输入文件 inputdata
2 创建输出文件 outputdata
3 从 inputdata 中读取 x, y, m, n, L
4  result←FROGS-DATING(x, y, m, n, L)
5 将 result 作为一行写入 outputdata
6 关闭 inputdata
7 关闭 outputdata
```

其中，第 4 行调用计算青蛙 A 和 B 何时相遇的过程 FROGS-DATING(x，y，m，n，L)，是解决一个案例的关键。

（2）处理一个案例的算法过程

对于案例数据 x，y，m，n，L，青蛙行进的路线如图 7-1 所示，周长为 L 的纬线。青蛙 A 从 x 处自东向西每次跳 m m，青蛙 B 从 y 处自东向西每次跳 n m。两只蛙同时起跳，跳 z

次后 A 跳过 $x+mz$ m，B 跳过 $y+nz$ m，在周长为 L 的纬线上周而复始。若 A、B 此时相遇，则有 $x+mz≡y+nz \bmod L$。即

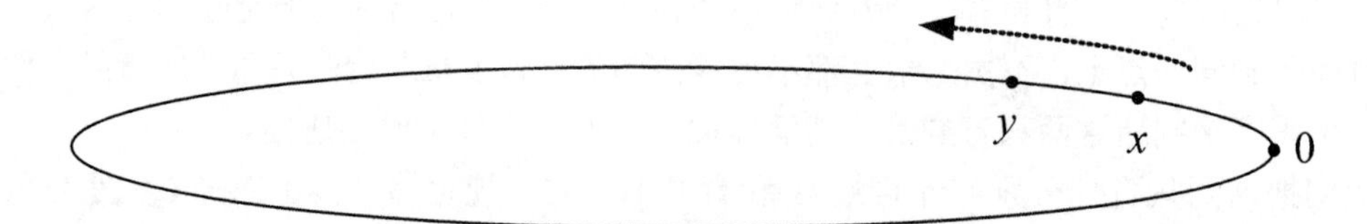

图 7-1 A、B 两只青蛙在周长为 L 的纬线上分别从 x，y 处自东向西跳跃

$$(m-n)z≡y-x \bmod L$$

令 $a=m-n \bmod L$，$b=y-x$，则上式为

$$az≡b \bmod L$$

上式称为以 L 为模的线性方程。对这样的方程有如下的定理。

定理 7-4

对未知数为 x 的方程 $ax≡b \pmod n$有解当且仅当 $d=\gcd(a, n) \mid b$。在可解的前提下，且 x_0 是该方程的一个解，则此方程关于模 n 恰有 d 个不同的解 $x_i=x_0+i(n/d)$, $i=0, 1, \cdots, d-1$。

根据定理 7-4，我们可以得到如下解方程 $ax≡b \pmod n$的算法过程。

```
MODULAR-LINEAR-EQUATION-SOLVER(a, b, n)
1 (d, x, y) ← EXTENDED-EUCLID(a, n) ▷d=ax+ny=gcd(a, n) ⇒ax≡d (mod n)
2 S←∅
3 if d | b
4     then x0 ← x(b/d) mod n ▷ x(b/d) mod n为 ax ≡ b (mod n)的一个特解3
5          for i ← 0 to d - 1
6              do S←S∪{(x0 + i(n/d)) mod n }
7 return S
```

利用定理 7-4，方程 $az≡b \bmod L$ 有解的充分必要条件是 $\gcd(a, L)|b$。有解时，最小正数解即为所求。可将这一思路表示为如下的伪代码过程。

```
FROGS-DATING(x, y, m, n, L)
1 a←m-n, b=y-x
2 A←MODULAR-LINEAR-EQUATION-SOLVER(a, b, L)
3 if A=∅
4    then return "Impossible"
5 return min(A)
```

算法 7-14 解决“青蛙的约会”问题一个案例的过程

解决本问题的算法的 C++实现代码存储于文件夹 laboratory/Frogs dating 中，读者可打开文件 Frogs dating.cpp 研读，并试运行之。

---

3 $ax_0=ax(b/d) \bmod n=b \bmod n$。

运行该程序还需加载 utility 文件夹中的源文件 integer.cpp。■

7.5 素数

除了 1 和自身外没有其他约数的大于 1 的整数称为素数。素数有很多特性并在数论中扮演着核心角色。前 20 个素数依次为。2, 3, 5, 7, 11, 13, 17, 19, 23, 29, 31, 37, 41, 43, 47, 53, 59, 61, 67, 71。

有无穷多个素数，即由所有素数构成的集合 P 是无限集合。这是因为，若假定 $P=\{p_1, p_2, \cdots, p_n\}$ 为一有限集合，考虑整数 $p= p_1p_2\cdots p_n+1$。若 p 有一个因数 k，则由于 $p_1, p_2, \cdots, p_n$ 为素数，所以 k 不是任何一个 p_i（$1\leqslant i\leqslant n$）的因数，因此也不是积 $p_1p_2\cdots p_n$ 的因数。这样我们将得到 $k|1$ 的矛盾。这说明 p 没有因数。这又与所有素数构成的集合集合 $P=\{p_1, p_2, \cdots, p_n\}$ 为一有限集合矛盾。所以 P 是无限集合。一个整数 $a>1$ 不是素数则称其为合数。例如，39 是合数，因为 $3 \mid 39$。整数 1 称为单位，它既不是素数也不是合数。相仿地，整数 0 和所有的负整数都既不是素数也不是合数。

应用中，往往需要判断一个正整数是否为素数——著名的素数检测问题。这个问题千百年来吸引了无数人为之倾注智慧与心力。最经典的算法称为“筛法”：将不超过 n 的正整数按升序排列，有

$1, 2, \cdots, n-1, n$

划去 1（1 非素数），i 从 2 开始，划去所有 i 的倍数 $j*i$（j=2，3，…）；3 必保留下来，划去所有 i=3 的倍数 $j*i$（i=2，3，…）；5 必保留下来，划去所有 i=5 的倍数 $j*i$(j=2, 3, …)；……直至 $i>n/2$。这样 1～n 中保留下来的数必为不超过 n 的素数。

~~1~~ 2 3 4 5 6 7 8 9 10	划掉 1
~~1~~ 2 3 4 5 ~~6~~ 7 ~~8~~ 9 ~~10~~	划掉 2 的倍数
~~1~~ 2 3 4 5 ~~6~~ 7 ~~8~~ ~~9~~ ~~10~~	划掉 3 的倍数

图 7-2　用筛法计算 1～10 的所有素数 2、3、5、7

用筛法可以制作一个不超过 n 的素数表，需要时在表中查找素数是一种快速的方法。筛选不超过 n 的所有素数的伪代码过程如下。

```
SIFT(n)
1 sieve←{1, 2, …, n}
2 i←1, sieve [1]←0
3 while i≤n/2
4    do while sieve[i]=0
5          do i←i+1
6          j←2
7          while i*j≤n
8            do sieve[i*j] ←0
9          i←i+1
```

```
10 删掉 sieve 中所有值为 0 的元素
11 return sieve
```

算法 7-15　用筛法计算 1~n 中所有素数的过程

若 n 为定字长正整数，则算法 7-15 的运行时间为$\Theta(n^2)$。顺便指出，1～n 内的素数大约有 ln$n$ 个。

实现该算法的 C++代码存储在 utility 文件夹中的头文件 integer.h 和源文件 integer.cpp，读者可打开文件研读。

问题 7-8　素数分割

描述

素数是指只能被 1 和自身整除的正整数（1, 2, 3, …）。在本题中，你要写一个程序从介于 1～N 的素数组成的列表中，截取部分素数。程序将读取一个整数 N，确定 1～N 之间的所有素数组成的列表；若其中有偶数个素数，则从列表的中心起截取 2C 个素数输出，若列表中的素数个数为奇数，则从列表中心起截取 2C-1 个素数输出。

输入

输入中的每个测试实例仅含一行，行中包括两个整数。第一个整数 $N(1 \leqslant N \leqslant 1000)$，表示素数取值的上界。第二个整数 $C\ (1 \leqslant C \leqslant N)$表示要在素数列表中从中心点起若其中有偶数个素数则截取 2C 个素数，若素数个数为奇数则截取 2C-1 个素数。

输出

对每一个输入实例，在开始位置输出整数 N，后跟一个空格，输出 C，然后是冒号（:）。然后输出素数列表中按上述规则截取的部分。若截取部分的长度超出了素数列表本身的长度，则打印出整个列表。打印出来的素数之间用空格隔开。输出的一个空行作为实例输出的结束。

输入样例

```
21 2
18 2
18 18
100 7
```

输出样例

```
21 2: 5 7 11
18 2: 3 5 7 11
```

```
18 18: 1 2 3 5 7 11 13 17

100 7: 13 17 19 23 29 31 37 41 43 47 53 59 61 67
```

解题思路

（1）数据的输入与输出

依次从输入文件中读取案例数据 *N* 和 *C*，在 1～*N* 范围内的素数表中截取中间的 2*C*（共有偶数个素数）或 2*C*-1（共有奇数个素数）个素数。将截取的素数组作为一行写入输出文件。循环往复，直至输入文件结束。

```
1 打开输入文件 inputdata
2 创建输出文件 outputdata
3 while 能从 inputdata 中读取 N, C
4   do result←PRIME-CUTS(N, C)
5       将 result 中数据作为一行写入 outputdata
6 关闭 inputdata
7 关闭 outputdata
```

其中，第 4 行调用计算 1～*N* 中长度为 2*C* 或 2*C*-1 的素数表的过程 PRIME-CUTS(*N*, *C*)，是解决一个案例的关键。

（2）处理一个案例的算法过程

对于一个案例的数据 *N* 和 *C*，可以先用筛法计算出 1～*N* 的所有素数，记为 *p*[1..*n*]。若 *C*≥*n*/2，则 *p*[1..*n*]即为所求。否则，若 *n* 为偶数，则截取 *p*[*n*/2−*C*+1... *n*/2+*C*]。若 *n* 为奇数，则截取 *p*[(n+1)/2−*C*+1... (n+1)/2+ *C*]。

```
PRIME-CUTS(N, C)
1 p←SIFT(N)
2 n←length[p]
3 if 2C≥n
4    then return p
5 first←⌊(n-C)/2⌋
6 if n≡0 mod 2
7    then last←⌊(n-C)/2⌋+2C-1
8    else last←⌊(n-C)/2⌋+2C-2
9 return p[first..last]
```

算法 7-16　解决“素数分割”问题一个案例的过程

算法第 1 行调用的 SIFT(*N*)过程需对算法 7-15 稍做修改。这是因为，按本题题面，1 也算作素数，而我们前面的 SIFT 过程是将 1 排除掉的（算法 7-15 的第 2 行中 *sieve* [1]←0）。

解决本问题的算法的 C++实现代码存储于文件夹 laboratory/Prime Cuts 中，读者可打开文件 Prime Cuts.cpp 研读，并试运行之。

运行该程序还需加载 utility 文件夹中的源文件 integer.cpp。

问题 7-9 哥德巴赫猜想

问题描述

对任一不小于4的整数 n，至少存在一对素数 p_1 和 p_2，使得

$$n = p_1 + p_2$$

这一猜想是否真实，至今未能证明。但对给定的偶数，我们确能找到一对这样的素数。本题要求编写一个程序，对给定的偶数，报告所有满足条件的素数对的数目。

输入给定一系列的偶数，对应每一个偶数，程序要输出上述的素数对数目。注意，我们要求的是不同的素数对，不能将（p_1，p_2）和（p_2，p_1）算作两个素数对。

输入

输入文件中的每一行表示一个测试案例，其中包含一个整数，每个都是不小于4但小于 2^{15} 的偶数。案例数据为0则意味着输入结束。

输出

对每个测试案例，输出一行仅含一个表示满足条件的素数对数目的整数。

输入样例

```
6
10
12
0
```

输出样例

```
1
2
1
```

解题思路

（1）数据的输入与输出

从输入文件中依次读取案例数据 n，计算 n 的不同素数对和形式个数，将计算结果作为一行写入输出文件。循环往复，直至读到 n=0。

```
1 打开输入文件 inputdata
2 创建输出文件 outputdata
3 从 inputdata 中读取 n
4 while n>0
5   do result←GOLDBACHS-CONJECTURE(n)
6      将 result 作为一行写入 outputdata
7      从 inputdata 中读取 n
8 关闭 inputdata
```

```
9 关闭 outputdata
```

其中，第 5 行调用计算将 n 表示成不同素数对和的形式个数的过程 GOLDNACHS-CONJECTURE(n)，是解决一个案例的关键。

（2）处理一个案例的算法过程

对案例数据 n，首先计算出 1～n 中所有素数 $p[1..m]$，并按升序排列。设置计数器 *count*（初始化为 0）。对 p 中所有不超过 $n/2$ 的元素 $p[i]$计算 $n-p[i]$，若 $n-p[i]\in p$，则得一对素数 $p_1=p[i]$，$p_2=n-p[i]$（$p_1\leqslant n/2$，$p_2\geqslant n/2$），使得 $n=p_1+p_2$。此时，*count* 自增 1。

```
GOLDBACHS-CONJECTURE(n)
1 p← SIFT(N)
2 i←1, count←0
3 while p[i]≤n/2
4   do if n-p[i]∈p
5         then count←count+1
6       i←i+1
7 return count
```

算法 7-17　解决“哥德巴赫猜想”问题一个案例的过程

第 1 行调用算法 7-15，计算 1～N 中所有素数。按筛法计算，得到的素数已经按升序排列。由于要求的是 n 的不同的素数对的和形式，所以第 3～6 行的 **while** 循环重复条件是 $p[i]\leqslant n/2$，这样保证了 $n-p[i]\geqslant n/2$，不会出现重复情形。

解决本问题的算法的 C++实现代码存储于文件夹 laboratory/Goldbach's Conjecture 中，读者可打开文件 Goldbach's Conjecture.cpp 研读，并试运行之。

运行该程序还需加载 utility 文件夹中的源文件 integer.cpp。

问题 7-10　困惑的密码员

描述

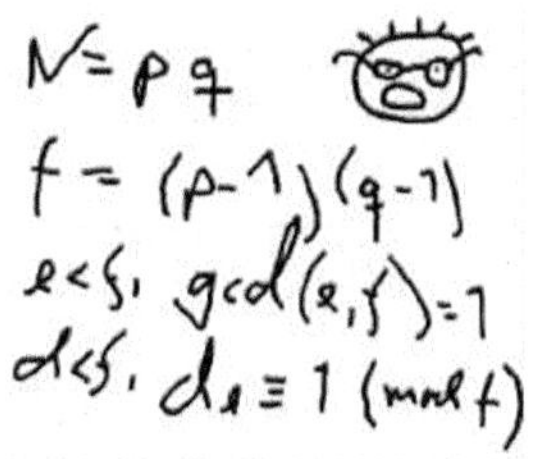

年轻有为的密码员 Odd Even 为自己公司的一个拥有数千用户的大系统实现了安全模数。密钥是由两个素数的积所创建，他自信到目前为止，尚未发现有算法能有效地分解此积。

Odd Even 认为不是乘积很大，就能保证两个素因数都很大。系统用户中可能存在很弱的密钥。为保住职位，Odd Even 使用强大的 Atari 程序秘密地检测了所有用户的密钥，看其是否足够强。特别是对他的老板使用的密钥更是小心仔细地做了检测。

输入

输入最多含有 20 个测试案例。每个案例表示成一行，其中含有整数 $4\leqslant K\leqslant 10^{100}$ 及 2

$\leqslant L\leqslant 10^6$。$K$ 表示密钥本身，它是两个素数的乘积。L 是要求构成密钥的素数因子下界。输入数据以 $K=0$ 及 $L=0$ 作为结束标志。

输出

对每一个 K，若其有一个素因子严格小于 L，程序应输出“BAD p”，其中的 p 是 K 的最小素因子。其他情况则输出“GOOD”。每个案例的输出占一行。

输入样例

```
143 10
143 20
667 20
667 30
2573 30
2573 40
0 0
```

输出样例

```
GOOD
BAD 11
GOOD
BAD 23
GOOD
BAD 31
```

解题思路

（1）数据的输入与输出

从输入文件中依次读取案例数据 K 和 L。检测 K 中是否存在小于 L 的素因数，将计算结果作为一行写入输出文件中。循环往复，直至从输入文件中读到的 K 和 L 均为 0。

```
1 打开输入文件 inputdata
2 创建输出文件 outputdata
3 从 inputdata 中读取 K, L
4 while K>0 and L>0
5   do result←THE-EMBARRASSED-CRYPTOGRAPHER(K, L)
6       将 result 中数据作为一行写入 outputdata
7       从 inputdata 中读取 K, L
8 关闭 inputdata
9 关闭 outputdata
```

其中，第 5 行调用的计算 K 中是否有小于 L 的素因数过程 THE-EMBARRASSED-CRYPTOGRAPHER(K, L)，是解决一个案例的关键。

（2）处理一个案例的算法过程

对于一个测试案例的数据 K 和 L，计算出 1～L 的所有素数 $p[1..m]$并按升序排列。扫描 p，遇到第一个能整除 K 的素数 $p[i]$，则返回“BAD $p[i]$”。若 $p[1..m]$中无元素能整除 K，则返回“GOOD”。

```
THE-EMBARRASSED-CRYPTOGRAPHER(K, L)
1 p←SIFT(L)
2 m←length[p]
3 for i←1 to m
4     do if p[i]|K
5           then return "BAD p[i]"
6 return "GOOD"
```

算法 7-18 解决“困惑的密码员”问题一个案例的过程

第 1 行调用算法 7-15 的 SIFT 过程计算 1～L 的素数 $p[1..m]$，并按升序排列。第 3～5 行的 for 循环扫描 p，首遇 $p[i]|K$，即返回“BAD $p[i]$”（第 4～5 行）。若 $p[1..m]$中没有元素能整除 K，第 6 行返回“GOOD”。

解决本问题的算法的 C++实现代码存储于文件夹 laboratory/The Embarrassed Cryptographer 中，读者可打开文件 The Embarrassed Cryptographer.cpp 研读，并试运行之。

运行该程序还需加载 utility 文件夹中的源文件 integer.cpp。

7.6 算术基本定理

基于大素数的现代密码学的基石是如下定理。

定理 7-5（算术基本定理）

任何合数 a 可以写成唯一的乘积形式 $a=p_1^{e_1}p_2^{e_2}\cdots p_r^{e_r}$，其中 p_i 是素数，$p_1<p_2<\cdots<p_r$，e_i 是正整数。

证明 设正整数 $a=p_1^{e_1}p_2^{e_2}\cdots p_r^{e_r}=q_1^{a_1}q_2^{a_2}\cdots q_r^{a_r}$，其中 p_i，$q_j(i=1, 2, \cdots, r, j=1, 2, \cdots, t)$为素数，且 $p_1<p_2<\cdots<p_r$ 及 $q_1<q_2<\cdots<q_t$。显然，$\forall i$，$1\leqslant i\leqslant t$，应有 $q_i^{a_i}\mid p_1^{e_1}\cdots p_r^{e_r}$。必有：

$\exists|$[4] j，$1\leqslant j\leqslant r$，使得 $q_i^{a_i}\mid q_j^{e_j}\Rightarrow q_i=p_j$ 且 $c_i\leqslant e_j$。（7-6）

相仿地，可得$\forall j$，$1\leqslant j\leqslant r$，$\exists|\, i$，$1\leqslant i\leqslant t$，使得 $p_j^{e_i}\mid q_i^{c_j}\Rightarrow p_j=q_i$ 且 $e_j\leqslant c_i$。（7-7）

由式（7-6）和式（7-7）表示的对应的唯一性，有 $t=r$，$\forall 1\leqslant j\leqslant r$，必有 $p_j=q_j$ 且 $c_j=e_j$。定理由此得证。

作为例子，数 6000 可以被唯一地分解为 $2^4\times3\times5^3$。

对正整数 n，为得到其素因数分解，可以先计算出 1～n 的所有素数 $p[1..m]$。然后扫描 p，检测其中的素数能否整除 n。若 $p[i]$能整除 n，则找出能整除 n 的 $p[i]$的幂的指数 e，将序偶<$p[i]$, e>加入序列 *factor*。将这一思路描述为伪代码过程如下。

```
PRIME-FACTOR(n)
```

4 ∃|表示“存在唯一的……”。

```
1 p←SIFT(n)
2 m←length[p]
3 factors←∅
4 for i←1 to m
5     do if p[i]|n
6           then e←0
7                repeat
8                  e←e+1
9                  n←n/p[i]
10               until n ≠ 0 (mod p[i])
11               APPEND(factor, <p[i], e>)
12 return factor
```

算法 7-19　对正整数 n 分解素因数的过程

对 n 为定字长的正整数而言，第 1 行调用算法 7-15 的 SIFT 过程耗时Θ (n^2)，第 4～12 行的两重嵌套循环耗时Θ ($\lg^2 n$)（$m\approx\ln n$，若 n 的所有素因数均为 1 位数，内嵌的第 7～10 行的循环体至多执行 $\lg_{10}n$ 次）。故算法 7-19 的运行时间为Θ (n^2)。

问题 7-11　密码学中的幂

问题描述

当今密码学中的工作涉及大素数及素数的幂。该领域的工作须用到数论及其他数学分支的结果，而这些数学分支当初被认为是仅具有理论探讨意义的。

本问题涉及有效计算整数的整数根。

给定整数 $n\geqslant 1$ 和 $p\geqslant 1$，编写程序计算 p 的 n 次方根。本题中，对于给定的整数 n 和 p，总存在着整数 k，使得 k 的 n 次幂恰为 p。

输入

输入由一系列的整数对 n 及 p 组成，每一对占一行。对每一对这样的 $1\leqslant n\leqslant 200$, $1\leqslant p<10^{101}$，存在整数 k, $1\leqslant k\leqslant 10^9$ 使得 $k^n = p$。

输出

对每一对整数 n 及 p，输出 k，使得 $k^n = p$。

输入样例

```
2 16
3 27
7 4357186184021382204544
```

输出样例

```
4
```

```
3
1234
```

解题思路

（1）数据的输入与输出

从输入文件中依次读取案例数据 n 和 p。计算 p 的 n 次根，将计算结果作为一行写入输出文件中。循环往复，直至输入文件结束。

```
1 打开输入文件 inputdata
2 创建输出文件 outputdata
3 while 能从 inputdata 中读取 n, p
4    do result←POWER-OF-CRYPTOGRAPHY(n, p)
5       将 result 中数据作为一行写入 outputdata
6 关闭 inputdata
7 关闭 outputdata
```

其中，第 4 行调用计算 p 的 n 次根的过程 POWER-OF-CRYPTOGRAPHY(n, p)，是解决一个案例的关键。

（2）处理一个案例的算法过程

对一个案例数据 n 和 p，根据定理 7-5，正整数 p 均能被唯一地分解成素因数之积，即

$$p = p_1^{e_1} p_2^{e_2} \quad p_l^{e_l}$$

其中，p_1，p_2，…，p_l 均为素数，e_1，e_2，…，e_l 为整数。

根据题面叙述知，对给定的整数 n 和 p，存在整数 k，使得 $k^n = p$。即

$$k^n = p = p_1^{e_1} p_2^{e_2} \quad p_l^{e_l}$$

由此可见，对每个 e_i，存在 n_i，使得 $e_i=n \cdot n_i$。于是，上式变为

$$k^n = p = p_1^{e_1} p_2^{e_2} \quad p_l^{e_l} = p_1^{nn_1} p_2^{nn_2} \quad p_l^{nn_l} = (p_1^{n_1} p_2^{n_2} \quad p_l^{n_l})^n$$

比较上式的首、尾项可得

$$k = p_1^{n_1} p_2^{n_2} \quad p_l^{n_l}$$

也就是说，只要对 p 做素因数分解就能算得 k，利用算法 7-19 可解得此案例。

由于题面 p 的位数最多可达 100，为了减小素因数搜索范围，做以下思考。设 p 的位数为 m，存在 k 使得 $k^n=p$，p 的最大素因数不会超过 k。假定 k 的位数为 m_1，则有 $nm_1 \leqslant m+1$。于是，我们只需计算 1～$10^{(m+1)/n}$ 内的素数就可以满足要求了。例如，输入样例中的第 3 个案例数据 $n=7$，$p=4357186184021382204544$。p 的位数 $m=22$，$(m+1)/n=23/7=3$。于是，我们只要计算 1～10^3 内的素数就够了。因此，对本题中的 p 进行素因数分解，需要对算法 7-19 的 PRIME-FACTOR 过程做如下修改。

```
PRIME-FACTOR(n, p)
1 m←p 的位数
2 f←SIFT(10^((m+1)/n))
```

```
3 t←length[f]
4 factors←∅
5 for i←1 to t
6     do if f[i]|p
7           then e←0
8                repeat
9                  e←e+1
10                 p←p/f[i]
11               until p ≠ 0 (mod f[i])
12               APPEND(factor, <f[i], e>)
13 return factor
```

算法 7-20 对算法 7-19 加以修改，计算正整数 p 分解素因数的过程

与算法 7-19 相比，由于知道 p 存在 n 次根（所以需要增加一个参数 n），故按上述讨论，将 p 的素因数范围缩小为 $1\sim10^{(m+1)/n}$（第 2 行），而不是 $1\sim p$。其他的操作是一样的。算法的运行时间为$\Theta(10^{2(m+1)/n})$。利用修改过的 PRIME-FACTOR 过程，我们可以将解决本问题一个案例的过程描述如下。

```
POWER-OF-CRYPTOGRAPHY(n, p)
1 factors←PRIME-FACTOR(n, p)
2 k←1
3 m←length[factors]
4 for i←1 to m
5     do x←1, <pi, ei>←factors[i], ni←ei/n
6        for j←1 to ni
7            do x←x*pi
8        k←k*x
9 return k
```

算法 7-21 解决“密码学中的幂”问题一个案例的过程

第 1 行调用算法 7-20 的 PRIME-FACTOR(n, p)过程，计算出 p 的素因数分解 *factors*。第 4～8 行 **for** 循环扫描 *factors* 序列。计算 p 的每个素因数在 k 中的幂（第 6～7 行的 **for** 循环）$x=p_i^{ni}$，累积到 k（第 8 行）。

解决本问题的算法的 C++实现代码存储于文件夹 laboratory/Power of Cryptography 中，读者可打开文件 Power of Cryptography.cpp 研读，并试运行之。

运行该程序还需加载 utility 文件夹中的源文件 integer.cpp、bigint.cpp。

问题 7-12 RSA 因数分解

描述

给定正整数 n 和 k，已知 $n = p\times q$，其中 p 和 q 为素数，$q\leqslant p$ 且$|q-kp|\leqslant10^5$。计算出 p 和 q。

输入

每行包含整数 n ($1 < n < 10^{120}$)及 k ($0 < k < 10^8$)。

输出

对每一对整数 n 和 k，输出一行形如“q * p”的数据，其中 p，q 为素数且 $q \leqslant p$。

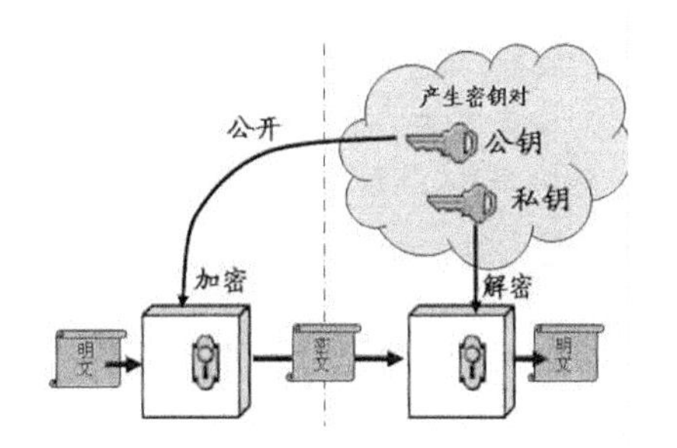

输入样例

```
35 1
121 1
1000730021 9
```

输出样例

```
5 * 7
11 * 11
10007 * 100003
```

解题思路

（1）数据的输入与输出

从输入文件中依次读取案例数据 n 和 k。计算 n 的素因数分解，将计算结果作为一行写入输出文件中。循环往复，直至输入文件结束。

```
1 打开输入文件 inputdata
2 创建输出文件 outputdata
3 while 能从 inputdata 中读取 n, k
4   do result← RSA-FACTORIZATION(n, k)
5      将 result 中数据作为一行写入 outputdata
6 关闭 inputdata
7 关闭 outputdata
```

其中，第 4 行调用计算 n 的素因数分解的过程 RSA-FACTORIZATION(n, k)，是解决一个案例的关键。

（2）处理一个案例的算法过程

对一个案例的数据 n 和 k，根据题面所述条件，n 的素因数 p 和 q 满足条件 $q \leqslant p$ 且 $|q-kp| \leqslant 10^5$。k 作为正整数，有两种情形：

① 若 k=1，有 $|q-kp|=|q-p|=p-q \leqslant 10^5$。这意味着 p 至多为 $10^5+9\times10^4+9\times10^3+9\times10^2+9\times10+9$，必小于 10^6。换言之，q 至多为 10^5，即仅需在 $1 \sim 10^5$ 内寻求 n 的素因数 q。

② k>1，此时有

$(k-1)q=kq-q$

$\leqslant kp-q$ （$q \leqslant p$，当然 $kp \geqslant q$）

$=|kp-q|$

$=|q-kp|\leqslant 10^5$　　　　（题面条件）

即

$(k-1)q\leqslant 10^5$ 或 $q\leqslant 10^5/(k-1)$。

这意味着，我们只需要在 $1\sim\lceil 10^5/(k-1)\rceil$内寻求 n 的素因数 q。可将这一思路描述为下列伪代码过程。

```
RSA-FACTORIZATION(n, k)
1 if k>1
2    then primes←SIFT(⌈10^5/(k-1)⌉)
3    else primes←SIFT(10^5)
4 m←length[primes]
5 for i←1 to m
6    do q←primes[i]
7       if q|n
8          then p←n/q
9               breack this loop
10 return "q * p"
```

算法 7-22　解决"RAS 因数分解"问题一个案例的过程

第 1～3 行按 k 的不同取值，调用算法 7-15 的 SIFT 过程，计算 $1\sim\lceil 10^5/(k-1)\rceil$或 $1\sim 10^6$ 内的素数 *primes*[1..*m*]并按升序排列。第 5～9 行的 **for** 循环扫描 *primes*，首次遇到 *primes*[*i*]|*n* 且 *n*/*primes*[*i*]也是素数，则 *q*=*primes*[*i*]，即 *p*=*n*/*primes*[*i*]即为所求，在第 10 行返回。

解决本问题的算法的 C++实现代码存储于文件夹 laboratory/RSA Factorization 中，读者可打开文件 RSA Factorization.cpp 研读，并试运行之。

运行该程序还需加载 utility 文件夹中的源文件 integer.cpp、bigint.cpp。

本章讨论了几个与数论有关的问题。我们讨论了整数的各种进位制及不同进位制之间的转换（问题 7-1 和问题 7-2）；给出了 10 进制大（不受计算机系统的字长限制）正整数的表示及其算术运算（问题 7-3）；讨论了正整数的整除性（问题 7-4）、计算整数对的最大公约数的欧几里得算法（问题 7-5）、解丢番图方程（问题 7-6）、解线性模方程（问题 7-7）等与整数的模运算相关的课题。我们还讨论了素数的概念及计算 $1\sim n$ 内所有素数的"筛法"（问题 7-8、问题 7-9），以及算数基本定理——正整数素因数分解的唯一性（问题 7-10、问题 7-11 和问题 7-12）。所有这些问题都或多或少的与现代密码学有关，希望通过这些问题的探讨，能使读者对这个神奇并且对今后的生活有着深刻影响的课题有所了解。

Chapter 8

动手做

我们在本书的开头就开宗明义地说到，本书的目的就是引导读者在信息时代中学习用计算机解决各种应用问题的思想和方法。这些思想是否正确，是否真能解决实际问题，需要由实践来检验。本章为读者选取了几个计算问题，供读者茶余饭后作为思维运动，动动脑，练练笔。每个题后都给了（参考）提示，并有完整的C++程序代码供参考。

问题 8-1 测谎

描述

有 $n \geqslant 2$ 个编号分别为 1，2，…，n 的人。每个人或是诚实者，或是撒谎者。撒谎人数不超过 $t\,(\leqslant n)$。第 i 号人可以通过向第 j 号人提出问题的测试方法来确定第 j 号人是否为撒谎者。若 i 号确定 j 号是撒谎者，测试的结果 $a_{i,j}$ 为 1，否则为 0。测试结果 $a_{i,j}$ 是可靠的，当且仅当测试者 i 是诚实的。亦即测试结果 $a_{i,j}$ 是不可靠的，当且仅当 i 是撒谎者。下列表格展示了 i 测试 j 可能得到的测试结果 $a_{i,j}$。

i（测试者）	j（被测试者）	测试结果 $a_{i,j}$
诚实	诚实	0
诚实	撒谎	1
撒谎	诚实	0 或 1
撒谎	撒谎	0 或 1

测试按环状方式进行：1 号测试 2 号，2 号测试 3 号，…，$n-1$ 号测试 n 号，n 号测试 1 号。根据测试结果推断某个人是撒谎者，其他人可能是诚实的，也可能是撒谎者。给定 n, t 及测试结果，确定哪些人是撒谎者。

例如，设 $n=5$、$t=2$ 且测试结果$(a_{1,2}, a_{2,3}, a_{3,4}, a_{4,5}, a_{5,1})$为(0, 1, 1, 0, 0)。在下图中，每个小圆圈表示一个人，边(i, j)的标签则表示测试结果 $a_{i,j}$。

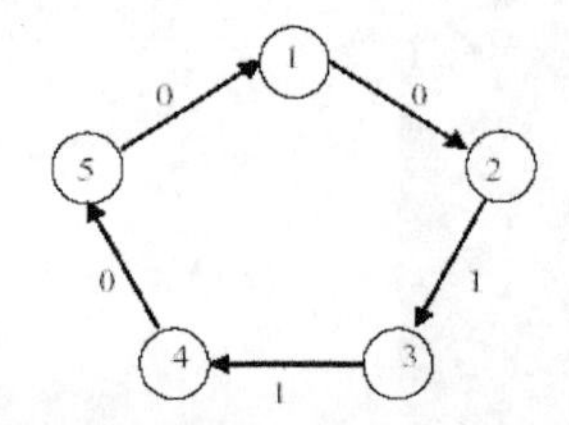

本例中，3 号应当是个撒谎者。这是因为，若否，4 号和 2 号就是撒谎者。此时若 5 是诚实的则 1 是撒谎者。于是有 2，4，1 均为撒谎者，此与撒谎者人数不超过 t=2 矛盾。而若 5 是撒谎者，则 2，4，5 均为撒谎者，也与撒谎者人数不超过 t=2 矛盾。

给定 n（总人数）、t（最多的撒谎者人数）以及测试结果集合，编写程序找出哪些人是撒谎者。

输入

输入含有 T 个测试案例。测试案例数（T）在输入文件的第一行给出。每个案例包含两行数据。第一行有两个整数，第一个整数是表示人数的 $n(2\leqslant n\leqslant 1000)$,，第二个整数是表示最多撒谎者人数的 $t\,(0\leqslant t\leqslant n)$。第二行包含 n 个值为 0 或 1 的测试结果 $a_{1,2}, a_{2,3}, a_{3,4}, \cdots, a_{(n-1),n}, a_{n,1}$。

输出

对每个测试案例输出一行数据。其中包含两个整数。第一个整数表示撒谎者人数，第二个整数表示撒谎者中的最小编号。对撒谎者人数为 0 的情形，第二个整数也应为 0。

输入样例

```
3
5 2
0 1 1 0 0
7 2
0 0 1 0 0 1 1
9 8
1 0 0 0 0 1 0 0 0
```

输出样例

```
1 3
2 4
0 0
```

参考提示

对每一个测试案例，将测试数据组织成数组 $a[1\ldots n]$。扫描 a，对 $1\leqslant i\leqslant n$，设置计数器 *count*（初始化为 0）跟踪能确定的撒谎者人数。假定第 i 个人是诚实的，从 $a[i]$起往前依次检测 $a[i]$，$a[i+1]$，…，直至扫描到值为 1 的元素。即由诚实人确定了一个撒谎者，*count* 自增 1。若 $a[i-1]=1$，即第 $i-1$ 个人说了谎，故 *count* 自增 1。从 $a[i-2]$开始，反向地计数连续值为 0 的元素 $a[i-2]$，$a[i-3]$，……（这些人都在说谎），直至搜索到值为 1 的元素为止。累加到 *count* 中。若 $count>t$ 则意味着第 i 个人不能是诚实者。因此，确定第 i 个人为撒谎者。统计能确定的撒谎者人数，返回撒谎者中编号最小者。

解决本问题的 C++参考代码存储于文件夹 laboratory/ Find Liars 中，读者可打开文件 Find Liars.cpp 研读，并试运行之。

问题 8-2　伪图形识别

问题描述

所谓伪图形，指的是一个由字符‘.’‘-’　‘|’‘\’及‘/’组成的矩阵。

字符‘.’表示图形中是一个空格。水平线是由矩阵同一行中连续的字符‘–’组成的。竖直线则是由矩阵的同一列中连续的字符‘|’组成的。相仿地，斜线是由矩阵的一条斜线上连续的字符‘/’或‘\’组成的。当然，从左上角到右下角的斜线必须由字符‘\’组成，而从左下角到右上角的斜线由字符‘/’组成。

写一程序，对给定的伪图形确定其中是否存在一条线段——水平的、竖直的或倾斜的。

输入

输入含有若干个测试案例。输入的第一行包含表示测试案例数的 T（$1 \leqslant T \leqslant 100$）。后跟 T 个测试案例的数据。每个测试案例的第一行含有两个整数 N 和 M（$1 \leqslant N, M \leqslant 10$），表示图形矩阵的行数和列数。然后是 N 行由字符‘.’‘–’‘|’‘\’及‘/’组成的长度为 M 的串，表示一幅伪图形。

输出

输出包含 T 行，每行针对一个测试案例。第 i 个案例中若含有一条线段，则该行输出“CORRECT”，否则输出“INCORRECT”。

输入样例

```
5
5 5
.....
\....
.\...
..\..
.....
3 3
/..
./.
../
3 6
.|....
.|.---
.|....
3 3
...
...
...
1 1
/
```

输出样例

```
CORRECT
INCORRECT
CORRECT
INCORRECT
CORRECT
```

参考提示

将伪图形视作二维矩阵，对每一行、每一列、每一条斜线（两个方向）搜索连续线段符号。特别注意题面中关于“连续”的含义：

① 若矩阵的行数或列数有一个为 1，则一个划线符号为连续的。

② 同一行（列/斜线）中至少有 2 个相邻的划线符号。

解决本问题的 C++参考代码存储于文件夹 laboratory/ Pseudographical recognizer 中，读者可打开文件 Pseudographical recognizer.cpp 研读，并试运行之。

问题 8-3 反转数相加

描述

Malidinesia 的古装喜剧演员们喜欢演喜剧。然而，古典的剧目大多是悲剧。于是 ACM 的戏剧导演决定把一些悲剧转换成喜剧。显然，这是一件非常困难的事情。因为尽管所有的东西都要变成与其相反的事物，但基本的剧情必须保持。例如剧情中的数目：对悲剧中出现的任何数目，在对应的喜剧场景中都要转换成它的反转数。

数的反转数指的是将数的个位数字的顺序颠倒构成的数。第一个数字成为最后一位数字，反之亦然。例如，主角在悲剧中有 1245 颗草莓，在喜剧中他应有 5421 棵草莓。注意，所有的前导零必须忽略。这意味着某数以 0 结尾，则该 0 在反转数中将丢失（即 1200 的反转数为 21）。

ACM 需要对反转数进行计算。你的任务是将两个数的反转数相加，然后输出和的反转数。当然，计算的结果可能不唯一，因为一个数可能是若干个数反转的结果（例如，21 可能是 12、120 或 1200 的反转数）。为此，我们假定反转过程中不会丢失任何 0（即 21 必是 12 的反转数）。

输入

输入包含 N 个测试案例，输入的第一行仅含一个正整数 N。然后是各个测试案例，每个案例仅有一行数据，含有两个用空格隔开的正整数。你要计算这两个数的反转数和的反转数。

输出

对每个案例输出为仅含一个整数的一行——反转数和的反转数。输出中舍弃所有可能的前导 0。

输入样例

```
3
24 1
4358 754
305 794
```

输出样例

```
34
1998
1
```

参考提示

设测试案例的两个整数为 x 和 y。对每个整数分离出其每一位数字，并组成反转数 x'和 y'。记和为 z'，用同样的方法将 z'反转成 z，即为所求。

解决本问题的 C++代码存储于文件夹 laboratory/Adding Reversed Numbers 中，读者可打开文件 Adding Reversed Numbers.cpp 研读，并试运行之。

问题 8-4　直角多边形

问题描述

给定平面上 n 个点的整数坐标，以这些点为顶点能构成一个直角多边形吗？所谓直角多边形指的是多边形中至少有 4 个顶点，每个顶点都是某条边的端点。每一条边要么是水平的，要么是竖直的。没有交叉边，没有空洞。

输入

输入的第一行包含一个表示测试案例个数的整数 T。每个测试案例的输入以一个整数 $n(4 \leqslant n \leqslant 100000)$开头，表示平面上点的个数。接着是 n 对用空格隔开的整数 x 和 y，表示每个点的坐标。

输出

对每个测试案例输出一行数据，其中仅含一个整数。若案例给定的点能构成直角多边形，则该数表示边长总和，否则为-1。

输入样例

```
2
8
1 2
1 0
2 1
2 2
3 2
3 1
4 0
4 2
8
1 1
1 3
2 0
2 2
3 1
```

```
3 2
4 0
4 3
```

输出样例

```
12
-1
```

参考提示

对每一个测试案例，将所有点组织成数组，按横坐标升序排列，对具有相同横坐标值的点按纵坐标升序排列。然后按逆时针方向扫描各点，找到顶点间水平方向或竖直方向的连线。然后判断最后一个顶点是否与第一个顶点在一个水平或同样的纵坐标上。

解决本问题的C++参考代码存储于文件夹laboratory/ Rectilinear polygon中，读者可打开文件Rectilinear polygon.cpp研读，并试运行之。

问题 8-5　二叉搜索堆

问题描述

我们已经知道了有关二叉树结构和堆的术语，下面来考虑这两个概念的组合。堆是一棵二叉树，其每个节点具有表示优先级的整数域，使得每个内点的优先级高于其孩子的优先级。于是可推出，树根的优先级是最高的。这也是常将堆作为优先队列之用的原因。此外，堆还可以用来排序。

一棵二叉树，其中的节点既有标签，也有优先级。并且节点的标签形成一棵二叉搜索树，而节点的优先级形成一个堆，称为一个树堆。你的任务是，对给定的标签-优先级序偶集合，其中的每个元素的标签和优先级是唯一可识别的，构建一个树堆。

输入

输入若干个测试案例。每一个案例的开头是一个整数 n，假定 $1 \leqslant n \leqslant 50000$。后跟表示 n 个节点的标签和优先级的串/整数对：l_1/p_1，…，l_n/p_n。每个串中无空格，且由小写字母组成，而整数均非负。n=0 为输入结束标志。

输出

对每一个测试案例输出一行表示树堆的字串。一个树堆表示成（<左子堆><标签>/<优先级><右子堆>）。子树堆的表示方式是递归的。

输入样例

```
7 a/7 b/6 c/5 d/4 e/3 f/2 g/1
7 a/1 b/2 c/3 d/4 e/5 f/6 g/7
7 a/3 b/6 c/4 d/7 e/2 f/5 g/1
0
```

输出样例

```
(a/7(b/6(c/5(d/4(e/3(f/2(g/1)))))))
(((((((a/1)b/2)c/3)d/4)e/5)f/6)g/7)
(((a/3)b/6(c/4))d/7((e/2)f/5(g/1)))
```

参考提示

对每一个测试案例，先将节点按优先级做成一个最大堆，然后将堆中的最大者插入一棵关于标签的二叉搜索树。对构造成功的二叉搜索树做中序遍历即可得到输出。

解决本问题的C++参考代码存储于文件夹 laboratory/Binary Search Heap Construction 中，读者可打开文件 Binary Search Heap Construction.cpp 研读，并试运行之。

问题 8-6 物以类聚

问题描述

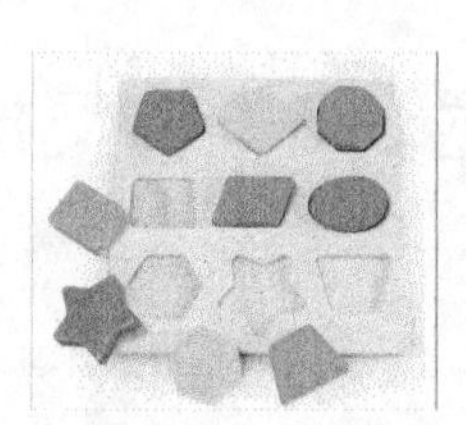

有 N 个对象，希望按它们之间的相似程度分类。为简化模型，每个对象有两个属性 a 和 b（a，$b \leqslant 500$）。对象 i 和 j 的相似程度定义为 $d_{ij} = |a_i - a_j| + |b_i - b_j|$，并称对象 i 以 d_{ij} 相似于 j。现在我们想要找出最小值 X，使得将这 N 个对象分成 K（$K < N$）组，在每一个分组中一个对象至多以 X 相似于另一个对象。也就是说，只要分组内的 i 不是唯一的对象，则在组内至少存在另一个对象 j（$i \neq j$）使得 $d_{ij} \leqslant X$。

输入

输入的第一行包含两个整数 N 及 K。后面跟着的 N 行，每行包含两个表示对象属性的整数 a 和 b。

输出

输出一行仅含最小的整数 X 的数据。

输入样例

```
6 2
1 2
2 3
2 2
3 4
4 3
3 1
```

输出样例

```
2
```

参考提示

将 N 个对象视为图中的顶点，对象间的关系视为图中对应边的权值，构成一个无向带权

完全图 G。对 G 构造最小生成树 T，将 T 中 $N-1$ 条边按权值的升序排列，第 K 条边的权值即为所求。

解决本问题的 C++参考代码存储于文件夹 laboratory/ Object Clustering 中，读者可打开文件 Object Clustering.cpp 研读，并试运行之。

问题 8-7 旅程

描述

Byteland 有 n 个城市（从 1 到 n 编号），城市间由双向车道连接。Byteland 的国王并非很慷慨，所以全国只有 $n-1$ 条道路，将这 n 个城市相连，使得从任意一个城市都可到达另外的任一城市。

一天，旅行者 Byterider 来到城市 k。他计划从城市 k 起游历城市 m_1，m_2，…，m_j(不必按此顺序)。其中编号 m_i 各不相同，且与 k 也不相同。Byterider 与其他所有的旅行者一样，经费有限，于是他希望沿最短的路程（从城市 k 出发）游历计划中的各个城市。一条路径指的是一条道路或一系列的道路，其中每一条道路下一条的起点城市是与前一条的一端相接。请你帮助 Byterider 确定最短旅程的总长度。

输入

输入包含若干个测试案例。每个测试案例的第一行包含两个用空格隔开的整数 n 和 k($2 \leqslant n \leqslant 50000$, $1 \leqslant k \leqslant n$)，分别表示 Byteland 的城市数和 Byterider 的起点城市。后面的 $n-1$ 行中每一行包含对 Byteland 的每一条道路的描述。第 $i+1$ ($1 \leqslant i \leqslant n-1$)行包含 3 个用空格隔开的整数 a_i, b_i 和 d_i($1 \leqslant a_i, b_i \leqslant n$, $1 \leqslant d_i \leqslant 1000$)。其中 a_i 及 b_i 表示道路所连接的两个城市，而 d_i 表示这条道路的长度。第 $n+1$ 行仅包含一个整数 j($1 \leqslant j \leqslant n-1$)，表示 Byterider 要游历的城市数。接下来的一行包含 j 个用空格隔开的各不相同的整数 m_i($1 \leqslant m_i \leqslant n$, $m_i \neq k$)，表示 Byterider 想要访问的 j 个城市。

n=0 且 k=0 为输入的结束标志。

输出

对每个测试案例输出仅含一行数据，且只有一个，表示 Byterider 最短旅程的整数。

输入样例

```
4 2
1 2 1
4 2 2
2 3 3
2
1 3
9 1
1 2 3
2 3 1
```

```
3 4 1
3 5 1
2 6 1
6 7 1
7 8 1
6 9 1
3
7 8 9
5 1
1 2 1
1 3 2
3 4 1
4 5 2
2
3 4
0 0
```

输出样例

```
5
8
3
```

参考提示

对每个测试案例，将各个城市视为图中顶点，城市间的通路视为图中边，路的长度视为图中边的权值，构成带权图 *G*。对图 *G* 计算从 *k* 到所有其他城市对应顶点的最短路径（可运行 DIJKSTRA 算法）。然后对必须游览的各城市按选择长度最短的贪婪策略计算出所求的最短行程。

解决本问题的 C++参考代码存储于文件夹 laboratory/Journey 中，读者可打开文件 Journey.cpp 研读，并试运行之。

问题 8-8　午餐

问题描述

农夫 John 养的牛妞们都是些挑剔的吃货。每个牛妞都有各自喜欢吃的食物和饮料，并且拒绝吃其他的东西。

John 为他的牛妞们烹制了美味的食物并准备了可口的饮料，但是他忘了查看牛妞们喜欢的菜品菜单。也许他不能满足每一个牛妞，但他希望尽可能多地满足牛妞们的口味。

John 烹制了 F ($1 \leqslant F \leqslant 100$)种食物（每种一份），并准备了 D ($1 \leqslant D \leqslant 100$)种饮料（每种一杯）。他的 N ($1 \leqslant N \leqslant 100$)个牛妞有她们各自喜好的口味。John 要将食物和饮料分配给各个牛妞，使得最多的牛妞满意分给她的食物和饮料。

一份食物及一杯饮料只能供一个牛妞享用（即若第 2 种食品分给了一个牛妞，其他的牛妞就不能再享用到第 2 种食品了)。

输入

第 1 行：3 个用空格分隔的整数 N，F 和 D。

第 2～N+1 行：第 i+1 行包含两个整数 F_i 及 D_i，表示第 i 个牛妞喜欢的食物种数及饮料种数。后跟 F_i 个整数表示第 i 个牛妞所喜欢的食品种类，D_i 个整数表示喜欢的饮料种类。

输出

仅有一行：包含表示满意食物与饮料的分配的最大的牛妞数的一个整数。

输入样例

```
4 3 3
2 2 1 2 3 1
2 2 2 3 1 2
2 2 1 3 1 2
2 1 1 3 3
```

输出样例

```
3
```

参考提示

将 F 种食物和 D 种饮料视为二部图 G 中的两部分顶点，牛妞们喜欢的搭配视为连接两部分顶点间的边。对 G 计算最大匹配数即为所求。

解决本问题的 C++参考代码存储于文件夹 laboratory/ Dining 中，读者可打开文件 Dining.cpp 研读，并试运行之。

问题 8-9 网络攻击

问题描述

杨扬是 SN 网络公司的一名经理，当她得知公司的竞争对手 DN 网络公司准备进攻本公司网络的消息后很着急。不幸的是，SN 公司的网络系统是如此脆弱，其结构竟是一棵树！形式化地说，SN 公司网络的 N 个节点，由 N−1 条线缆将它们连接，使得从一个节点到另一个节点总存在着连通的路径。为保护网络免受攻击，杨扬决定在某些节点之间添加 M 条新的连接。

作为 DN 公司最棒的黑客，他可以摧毁 SN 公司网络中的两个连接，一条是原来网络中已有的 N−1 条连接之一，另一条为新建立的 M 条连接之一。你的上司想知道你有多少种方式可以将 SN 网络分拆成至少两部分。

输入

输入文件的第一行包含两个整数：N (1≤N≤100000)，M (1 ≤M≤100000)。它们分别

表示网络中的节点数和新增连接数。

紧接着的 N−1 行数据表示 SN 公司原网络中的各条连接，每行包含一对整数 a 和 b，表示的是 SN 网络中编号为 a 与 b 的两个节点间的连接。

最后 M 行表示新建的 M 条连接，也是包含表示 SN 网络中节点编号的两个整数 a 和 b。

输出

输出一个整数——将网络拆分成至少两部分的方法数。

输入样例

```
4 1
1 2
2 3
1 4
3 4
```

输出样例

```
3
```

参考提示

将网络中的节点视为图中顶点，节点间的连接以及计划添加的新的连接（记为集合 S）视为图中的边，构造图 G。在 G 中逐一删掉 S 中的每一条边，检测 G 中的桥数，累加起来即为所求。

解决本问题的 C++参考代码存储于文件夹 laboratory/ Network Attack 中，读者可打开文件 Network Attack.cpp 研读，并试运行之。

问题 8-10　素数个数

描述

这是一个相当直接的任务，计算两个整数之间的素数个数。给定两个整数 $A \leqslant B < 10^5$，计算范围 $A \sim B$ 内（包括 A、B）有多少个素数。

注释：素数指的是大于 1 的、只能被 1 及自身整除的整数。对于整数 N，只需检测不超过 N 的平方根的整数能否整除 N 就能判断其是否为素数。

输入

输入可能多达 1000 行，每一行包含两个用空格隔开的整数 A 和 B。$A = B = -1$ 是输入结束标志。

输出

对输入的每一行（除了最后一行 $A = B = -1$），输出 $A \sim B$ 之间（包括 A、B）的素数个数。

输入样例

```
0 9999
1 5
-1 -1
```

输出样例

```
1229
3
```

参考提示

用“筛法”（见第 7 章 7.5 节）计算出 1～B 之间的所有素数，再统计其中不小于 A 的素数个数即为所求。

解决本问题的 C++代码存储于文件夹 laboratory/ Primes 中，读者可打开文件 Primes.cpp 研读，并试运行之。运行该程序还需加载 utility 文件夹中的源文件 integer.cpp。

Chapter 9

C++程序设计

迄今为止，我们把注意力都放在了解决计算问题算法的构想、算法的描述、算法的运行效率分析等思想（方法）的探讨上，讨论了诸如分治策略、回溯策略、动态规划策略、贪婪策略等算法设计和分析的理论与方法。好的理论和方法应当应用于我们的生活实践中，否则就是镜中花、水中月。别忘了我们的宗旨是学习、掌握用计算机来解决各种计算问题的方法与技术。本章我们通过本书中问题的C++解决方案来讨论如何将用这些方法设计出来的算法实现为能在计算机上运行的程序的各种技术问题。

9.1 C++的程序结构

C++的程序由若干个程序文件组成，这些文件包括头文件（通常的文件名后缀为.h）、源文件（通常的文件名后缀为.cpp）以及各种资源文件（文本文件、图标文件、音频文件等）。其中，源文件包含了程序的主体代码，头文件包含了系统或程序员定义的程序中需使用的数据类型、常量、变量以及函数的声明。而资源文件充当了程序运行时所需的其他所有数据的载体。本书中解决每个问题的C++程序都由三种文件组成——头文件，源文件和存储输入、输出数据的文本文件。

典型的例子如解决问题1-2“扑克牌魔术”的C++程序。

其源文件如下。

```
1 //
2 //  hangover.cpp
3 //  laboratory
4 //
5 //  Created by 徐子珊 on 14/11/24.
6//  Copyright (c) 2014年 xu_zishan. All rights reserved.
7 //
8 #include <fstream>
9 #include <iostream>
10 using namespace std;
11 int hangover(const double c){
12     int n(1);
13     double length=0.0;
14     while (length<c){
15         length+=1.0/(n+1);
16         n++;
17     }
18     if(length>c)
19         n--;
20     return n;
21 }
22 int main(){
23      ifstream inputdata("Hangover/inputdata.txt");
24      ofstream outpudata("Hangover/outputdata.txt");
```

```
25     double c;
26     inputdata>>c;
27     while (c!=0.0) {
28        int result=hangover(c);
29        outpudata<<result<<" card(s)"<<endl;
30        cout<<result<<" card(s)"<<endl;
31        inputdata>>c;
32     }
33     inputdata.close();
34     outpudata.close();
35     return 0;
36 }
```

程序 9-1　解决问题 1-2 的 C++程序的源代码

代码中第 8～9 行的两条预编译指令表明程序包含系统提供的两个头文件：fstream 和 iostream。输入文件为 inputdata.txt，输出文件为 outputdata.txt，在第 23、24 行分别将这两个文件加载为程序中的文件输入、输出流变量 inputdata、outputdata。

9.1.1　源文件的组成

一般而言，源文件由数据的声明、类型的定义和函数的定义，以及必要的注释文本组成。C++中以"//"开头的文本行表示的是注释信息，程序 9-1 中第 1～7 行就是注释文本。注释文本是写给程序的使用（维护）者看的，它们不会被编译，当然没有任何执行操作的功能。

常量与变量声明

C++程序中所有的数据都要明确指出其类型：整型、浮点型、字符型、布尔型……这一操作称为"声明"。变量的声明格式为：

类型　变量

或

类型　变量名（初始值）

或

类型　变量名=初始值

如程序 9-1 中第 12～13 行就声明了 2 个变量 n 和 length，前者用来存储整型（**int**）数据，后者存储浮点型（**double**）数据。

常量的声明格式与变量相仿，不过要在前面冠以关键字 **const**。如程序 9-1 中第 11 行表示的函数 hangover 的参数 c。

函数的定义与调用

C++中将能够按名调用（运行）的独立程序模块称为一个函数。我们在书中描述的算法过程往往可以表示成 C++程序中的一个函数。函数定义格式如下：

```
返回值类型 函数名（参数表）{
```

```
    函数体;
}
```

其中，函数体是包含在花括号{…}中的语句序列。例如，程序 9-1 中第 11～21 行定义的函数 hangover 就是第 1 章中的算法 1-2 描述的 HANGOVER 过程的实现代码。其返回值类型为 **int**，函数名为 hangover，形式参数表仅含 **double** 型参数 c，这是一个常量参数不允许在函数体内改变其值。第 12～13 行表示的即为该函数的函数体。

主函数是每个 C++程序必须定义的函数，其名字为 main。一般而言，主函数负责与外部交互、输入数据、对输入的数据进行必要的处理（包括调用必要的功能函数）并将处理的结果数据向外部输出。程序 9-1 中第 22～36 行定义了本程序的主函数，显然，其函数体就是第 1 章中问题 1-2 的数据输入输出操作的实现。

函数的定义是静态代码，就如同一部戏剧的剧本。函数定义中参数表中的形式参数就像剧本中角色的名字。只有当搭好舞台（有了计算机系统），在特定的场次选定演员（传递实际参数）并上演按剧本排练好的节目（按函数名调用），才实现了戏剧的演出。例如，程序 9-1 中第 11～21 行定义的函数 hangover，只有在第 28 行对其进行调用，才被运行。对实际传递给它的参数 c 的值，按定义中的操作步骤计算出最多可以叠放的扑克牌的张数 n。

9.1.2 语句与关键字

从程序 9-1 中可以看出来，C++程序的函数定义是由若干条语句组成的。C++有 3 种结构性语句：表达式语句、分支语句和循环语句。语句按书写顺序逐条执行。表达式语句完成表达式的计算，例如程序 9-1 定义的函数 hangover 的函数体中第 15、16、19 行等均为表达式语句。循环语句则按照其中所含的循环条件是否为真而决定是否重复执行循环体的操作，例如程序 9-1 中第 14～17 行表示的就是一个循环语句，其中循环条件为 length<c，循环体包括第 15～16 行的操作，完成累加和 $\sum_{i=1}^{n}1/(i+1)$ 的计算。分支语句按语句中所含检测条件的计算结果决定执行的分语句，例如程序 9-1 中第 18～19 行表示的就是一个分支语句。其中，检测条件为 length>c。据此条件的计算结果决定 n 是否自减 1。

分支结构除了表示二选一的 **if-else** 语句外，还有表示多路分支（多选一）的 **switch-case** 语句。典型的例子如第 3 章解决问题 3-2“边界”的算法 3-2 的 BORDER 过程的 C++实现代码。

```
1 vector<string> border(string path, int x, int y){
2     vector<string> bitmap(32, "................................");//设置空白图
3     int i=0;
4     while (path[i] != '.') {//对对路径中的每一步，按不同方向留下轨迹
5         switch( path[i]) {
6             case 'E':
7                 bitmap[32-y][x++]='X';
```

```
8               break;
9           case 'W':
10              bitmap[31-y][--x]='X';
11              break;
12          case 'N':
13               bitmap[32-(++y)][x]='X';
14              break;
15          case 'S':
16              bitmap[32-(y--)][x-1]='X';
17              break;
18          defalut: break;
19        }
20        i++;
21    }
22    return bitmap;
23 }
```

程序 9-2　实现算法 3-2 的 BORDER 过程的 C++代码

程序 9-2 中第 5～19 行的 **switch-case** 语句实现了算法 3-2 中表示多选一的 **if-else** 结构多重嵌套。代码根据模拟行进的每一步指示符 path[i] 可能表示的 4 种方向东（E）、西（W）、南（S）、北（N）之一决定这一步在图形 bitmap 中留下的的边界轨迹。显然，**switch-case** 语句的使用提高了代码结构清晰度，进而提高了代码的可读性。

循环结构除了 **while** 语句外还有 **do-while** 语句。典型的例子如解决问题 1-3"能量转换"的算法 1-3 中 ENERGE-CONVERSION 过程的 C++实现代码。

```
1 int energyConversion(int N, int M, int V, int K){
2    int A=M, count=0;
3    if(A>=N)
4        return 0;
5    if(A<V)
6         return -1;
7    do{
8       int t=(A-V)*K;
9       if(A>=t)
10         return -1;
11      A=t;
12      count++;
13   }while(A<N);
14   return count;
15 }
```

程序 9-3　实现算法 1-3 的 ENERGE-CONVERSION 过程的 C++函数

程序 9-3 中第 7～13 行就是一条 **do-while** 语句。它实现算法 1-3 的 ENERGY-CONVERSION 过程中第 6～11 行的 **repeat-until** 结构。我们曾经讨论过，**repeat-until** 结构表示的循环遵循的是先执行（循环体）后判断（循环条件）的原则。因此，这样的循环其循环体操作至少被执行一次。而 **while-do** 循环结构遵循先判断后执行原则，因此其循环体可能一次都不被执行。

在 C++中 **while** 语句实现的是伪代码中 **while-do** 结构，即为先判断后执行型循环。而 **do-while** 语句则类似于伪代码的 **repeat-until** 结构，即为先执行后判断型循环语句。不过需要注意的是，伪代码的 **repeat-until** 结构的循环体被再次执行的前提是 **until** 后表示的检测条件为假，而 C++的 **do-while** 语句的循环体被再一次执行的前提是 **while** 后表示的检测条件为真。虽然这一区别对懂英语的读者而言是不在话下的。

语句中表示系统数据类型（如 **int**、**char**、**double**、**bool**、**struct**、**class** 等）、特指（分支、循环、返回等）语句的词汇（如 **if-else**、**switch-case**、**while**、**do**、**return** 等）、预编译指令指示词（如 **include**、**defin** 等）等不允许程序员重新定义的符号、词汇称为**关键字**。我们约定，本书中用粗体表示 C++关键字。

9.1.3 数据与表达式

计算机程序说到底只能处理数据。所以，程序中的数据表达与数据的运算是程序员时刻需要用心的。

数据类型的取值范围

在 C++中，不同类型的数据有着各自允许的运算。例如，常用的数值型数据（整型、浮点型），有着与数学中相仿的加、减、乘、除（+、−、*、/）等算术运算。但是整型所具有的求模运算%（计算整数 a 除以 b 的余数），对浮点型数据就不被允许。之所以说它们的算术运算与数学中的同名运算相似，有一个很重要的原因：受计算机表达数据范围（处理器的字长与内部存储器的容量等）的限制，数值数据的运算可能会发生一个很严重的问题——溢出。即两个数据运算结果超出了计算机能表示的数值范围，得到的一定是一个荒唐的结果。因此，C++程序员有责任避免他编写的程序发生溢出错误。要遵守的原则就是时刻考虑问题中可能出现的数据的极限情形，选取合适的数据类型（取值范围太小会发生数据溢出，太大会浪费存储空间）。程序员在使用一个 C++编译器前应当弄清楚所使用的版本，准备好该产品的手册，随时查阅各种数据类型的取值范围及允许的各种运算。如果必须表示超出系统的定字长数据，则需要自定义新的数据类型。典型的例子是在第 7 章建立的表示任意位数的十进制大正整数的 BigInt 类。

```
1 class BigInt{
2   string value;//用来表示整数值的串
3 public:
4   BigInt(int x);//用定字长整数初始化的构造函数
5   BigInt(string &x);//用串来初始化的构造函数
6   BigInt(vector<char> &x);//用整数数组来初始化的构造函数
7   BigInt(BigInt &x);//复制构造函数
8   size_t size();//计算位数
9   char operator[](size_t i);//第 i 位数字
```

```
10  string getValue();//访问 value 成员
11  friend bool operator==(BigInt &a, BigInt &b);
12  friend bool operator<(BigInt &a, BigInt &b); //小于比较运算符
13  friend bool operator>(BigInt &a, BigInt &b);
14  friend ostream& operator<<(ostream &out, const BigInt &a);//流输出运算符
15 };
16 bool operator!=(BigInt &a, BigInt &b);
17 bool operator<=(BigInt &a, BigInt &b);
18 bool operator>=(BigInt &a, BigInt &b);
19 BigInt operator+(BigInt &a, BigInt &b);//加法运算符
20 BigInt operator-(BigInt &a, BigInt &b);//减法运算符
21 BigInt operator*(BigInt &a, BigInt &b);//乘法运算符
22 BigInt operator/(BigInt &a, BigInt &b);//除法运算符
23 BigInt operator%(BigInt &a, BigInt &m);//求运算符
24 pair<BigInt, BigInt> dive(BigInt &a, BigInt &b);//带余除法
```

程序 9-4　任意位数大正整数类型定义

C++用类来定义新的数据类型。程序 9-4 定义了一种叫作 BigInt 的可表示任意位数 10 进制整数的数据类型。严格地说，用 BigInt 类型表示的正整数位数还是受 string 类型的可接受的最长长度的限制。理论上说，string 类对象的最长长度为 $2^{32}-1=4294967295$，这对于可想象的应用都已经绰绰有余了。程序 9-4 中声明了对 BigInt 型数据的各种运算，包括比较运算（第 11～14 行以及第 16～18 行）和算术运算（第 19～24 行）。关于类的定义及其实现，我们将在 9.2 节详细讨论。

表达式及其值

用合适的运算符将运算数连接起来的式子，称为表达式。表达式中的运算数可以是常量、变量或函数调用。表达式的计算结果称为该表达式的值。数据在其类型内部的运算是封闭的，即两个同类型数据的运算结果是同类型的数据。然而，C++允许不同类型（系统提供的整型、浮点型、字符型等基本类型）的数据混合在一起进行计算。运算结果“就高不就低”——以取值范围最广的数据类型作为运算结果的数据类型。利用这样的语言特性，可以简化程序员的编码、调试工作。例如，程序 9-1 中函数 hangover 的函数体中第 15 行表示的表达式语句“length+=1.0/(n+1);”，它实现了算法伪代码中的 $length \leftarrow length+1/(n+1)$操作。

其中，length 是第 13 行声明的 **double** 类型变量，n 是第 12 行声明的 **int** 类型变量。如果机械地照伪代码写成“length+=1/(n+1);”，则按整型数据算术运算的封闭性知 1/(n+1) 为 **int** 类型数据。此时，若 n>1 则 1/n 的计算结果为 0。这样，无论循环重复多少次，都有可能使得 length 不会大于 c 而发生进入“死循环”的错误。而按目前的表达方式，1.0/(n+1) 表示浮点型数据 1.0 与整型数据 n+1 相除，运算结果为 **double** 类型数据。n 即使大于 1，也将得到正确结果。

运算符的重载

在 C++中，运算符是一种特殊的函数。函数可以重载，即可以定义参数类型不同的同名

函数。运算符作为函数，也可以重载。这样，程序员就可以为自己定义的数据类型重载运算符，这一技术可使代码更数学化，进而大大提高了代码的可读性。运算符重载的格式如下：

```
返回值类型 operator 运算符(形参表){
    函数体;
}
```

典型的例子如程序 9-4 中声明的对 BigInt 类型数据的各种比较与算术运算符的重载。出于节省篇幅的考虑，此处仅列出如下的“[]”“<”和“+”运算符的重载代码。

```
1 char BigInt::operator[](size_t i){//第 i 位数字值
2    return value[i]-'0';//value[i]是数字字符，其编码值减去字符‘0’的编码值恰为对应的数字值
3}
4 bool operator<(BigInt &a, BigInt &b){
5   if(a.size()!=b.size())//a, b 位数不同
6        return a.size()<b.size();
7   return a.value<b.value;//a, b 位数相同
8 }
9 BigInt operator*(BigInt &a, BigInt &b){
10  int n=a.size(), m=b.size();
11  vector<char> c(n+m);//积的位数至多为 n+m
12  for(int j=m-1; j>=0; j--){//用乘数 b 的每一位乘被乘数 a
13       int bj=b[j], carry=0, i;
14       for(i=n-1; i>=0; i--){//处理 a 的每一位
15            int ai=a[i];//a 的第 i 位数字值
17            c[i+j+1]=ai*bj+c[i+j+1]+carry;
18            carry=c[i+j+1]/10; //向高位的进位
19            c[i+j+1]%=10;//积的第 i+j+1 位的值
20       }
21       if(carry)
22            c[i+j+1]=carry;
23  }
24  while(c.size()>1&&c[0]==0)//删除前置 0
25      c.erase(c.begin());
26  return BigInt(c);
27}
```

程序 9-5　程序 9-4 声明的 BigInt 类型数据的部分运算符重载

程序中第 1～3 行对 BigInt 类型数据重载了下表运算符“[]”，用来计算大整数第 *i* 位数字的值。由于表示大整数值 value 的是字符串，所以其中表示第 i 位数字的 value[i] 是一个‘0’～‘9’的数字字符。为了能对各位数字进行运算，“[]”运算符负责将 value[i] 转换成对应的数值。该运算符在本程序的第 15 行就被调用，计算大整数 a 的第 i 位数字值。

第 4～8 行重载了比较两个 BigInt 类型数据 a 和 b 的运算符“<”。对于位数不等的 a 和 b，可用位数大小确定它们的小于关系是否成立（第 5～6 行）；而当 a，b 的位数相同时，则按串的字典顺序比较大小（第 7 行）。

第 9～25 行重载了两个 BigInt 类型数据 a 和 b 的运算符“*”。这实际上是算法 7-5

中 PRODUCT 过程的 C++实现函数。与算法的伪代码相比，程序增加了第 24～25 行以删除可能产生的前置 0。

9.1.4 指针类型和引用类型

指针类型

C++中将表示计算机内存单元地址的数据称为指针类型数据。声明指向指定类型数据的指针变量格式如下：

类型 *变量名

或

类型 *变量名（初始值）

或

类型 *变量名=初始值

指针变量常用于数据类型的递归定义中。例如，定义链表节点时，需要有一个指向下一个节点（类型与本节点的一致）数据域，这样的数据域在 C++中必须用指针表示。譬如在定义二叉树节点时，需要设置指向左右孩子节点的指针。

利用指针变量可以动态地使用内存资源。即需要时可申请获得必要的内存空间，使用完毕可安全地将其归还系统。在 C++中内存动态管理由两个运算符完成：负责为指针变量申请内存块的 **new** 和将内存块归还系统的 **delete**。典型的例子如第 3 章问题 3-9“后缀表达式”解决方案中实现表达式类型定义的代码。

```
1 class Expression{
2 private:
3     char ope;
4     Expression* lopd;
5     Expression* ropd;
6 public:
7     Expression(char op, Expression* l=NULL, Expression* r=NULL);
8     ~Expression();
9     void postOrder(string &s);
10 };
11 Expression::Expression(char op, Expression* l=NULL, Expression* r=NULL) {
12   ope=op;
13   lopd=l;
14   ropd=r;
15 }
16 Expression::~Expression(){
17   if (lopd) delete lopd;
18   if (ropd) delete ropd;
19 }
20 void Expression::postOrder(string &s){
21   if (lopd)
```

```
22          lopd->postOrder(s);
23    if(ropd)
24          ropd->postOrder(s);
25    s=s+ope+" ";
26 }
```

程序 9-6 表示问题 3-9 中表达式的二叉树结构类型的 C++定义与实现代码

上面代码中第 1～10 行是表示表达式的二叉树结构类型 Expression 类的定义。类的意义我们将在本章的下一节中详细讨论，此处读者将其理解为自定义的数据类型就可以了。二叉树的每个节点有 3 个数据域：第 3 行声明的字符型数据域 ope 表示表达式中的运算符，第 4、5 行声明的本类型指针数据域 lopd 和 ropd 分别表示指向表达式左、右值（也是表达式）的指针。第 7 行声明了 Expression 类的构造函数（注意该函数的名称与类名一致），它负责初始化新节点数据。第 8 行声明的是该类的析构函数，它负责舍弃节点前的善后工作。第 9 行声明的函数 postOrder 的功能是对表达式二叉树进行后序遍历，生成该表达式的后缀式串 s。

第 11～26 行具体定义了 Expression 类的 3 个成员函数。类的成员函数的定义称为该类的实现。

引用类型

C++中，对任何一种已定义的数据类型及该类型的一个已声明变量，都可以声明一个该已知变量的引用变量。声明引用变量的格式是：

类型 &变量名（已知变量）

或

类型 &变量名=已知变量

例如：

int y=1, &x(y);

单独使用引用型变量，就是为已有变量取了一个别名。例如上例中，引用变量 x 实际上是变量 y 的一个别名。对 x 的操作等同于对 y 的相同操作，反之亦然。

C++中，函数的一般参数都是按值传递的：将实际参数的值复制给形式参数，函数体内操作的是形参，其值的改变不会影响实参。而利用引用型变量的特性，将其作为函数的参数，则可以使函数通过参数向外部传递数据。典型的例子如实现第 7 章中计算正整数 a，b 最大公约数 d 及其线性组合系数 x，y 的算法 7-12 的 EXTENDED-EUCLID 过程的 C++函数。

```
1 void euclid(unsigned long long a, unsigned long long b,
2             unsigned long long &d, long long &x, long long &y){
3   if(b==0){
4       d=a;
5       x=1;
6       y=0;
7       return;
8   }
9   euclid(b, a%b, d, x, y);
```

```
10  long long x1=y;
11  y=x-(a/b)*y;
12  x=x1;
13 }
```

程序 9-7 实现算法 7-12 的 EXTENDED-EUCLID 过程的 C++函数

与算法 7-12 相比，函数 euclid 没有返回值，但多了 3 个引用类型的参数：**unsigned long long** &d、**long long** &x 和 **long long** &y。d 用来向外部返回 a，b 的最大公约数，一定是个正整数。后面的 x 和 y 返回最大公约数线性组合中的系数，它们之中可能有一个是负数。程序代码将返回三元组（d, x, y）的操作改为对相应的引用型参数的赋值（第 4～6 行以及第 10～12 行）操作。

程序 9-6 中描述的 Expression 类的成员函数 postOrder 也是一个有趣的例子。程序中第 20～26 行就是该函数的定义。注意，这也是一个递归函数（函数定义中第 22、24 行调用了自身），由于字符串类型参数 s 声明为引用型，所以函数体中第 25 行对 s 的操作会保留下来，函数调用结束时 s 中将保存表达式的后缀形式。我们用下列的代码说明该函数的调用效果。

```
1 string whatFixNotation(string &prefix){
2    stack<Expression*> opds;
3    string s(prefix.rbegin(), prefix.rend());
4    istringstream strstr(s);
5    char item;
6    string operators="$*/+-&|!";
7    while (strstr>>item) {
8        Expression *left=NULL, *right=NULL;
9        if (operators.find(item)<8){//item 是一个运算符
10            if (item!='!'){//item 是一个二元运算符
11                left=opds.top();
12                opds.pop();
13            }
14            right=opds.top();
15            opds.pop();
16        }
17        opds.push(new Expression(item, left, right));
18     }
19     Expression* r=opds.top();opds.pop();
20     string postfix;
21     r->postOrder(postfix);
22     delete r;
23     return postfix;
24 }
```

程序 9-8 实现算法 3-14 的 WHAT-FIX-NOTATION 过程的 C++函数

程序中，函数 whatFixNotation 的参数 prefix 表示的是表达式的前缀式串。第 3 行将 prefix 的逆向串置于 *s* 中，并在第 4 行利用 *s* 设置了一个串输入流 strstr（关于串输入流的细节，我们将在本章的最后一节中探讨，现在读者只需将其视为一个内容与 s 相同的输入流就可以了）。第 7～16 行的 **while** 循环读取 strstr 中的每一项，生成一棵与表达式对应的二叉树存于栈 opds 的顶部。具体地说，循环中，在 strstr 中每读到一个项 item 为运算数（第 9 行检测条件为假），就在第 17 行用 **new** 运算符申请一块大小刚好装下一个 Expession 型节点的内存块，并用 item（里边装的是表示运算数的字符）和 left、right（此处两者均为空指针值 NULL，见第 8 行）作为新的节点的 3 个数据域 poe、lopd、ropd 的值，将此内存块的首地址压入栈 opds 中；如果读到的项 item 是运算符（第 9 行检测条件为真），而且 item 表示的是二元运算符（第 10 行检测条件为真），则从栈 opds 中先后弹出左值和右值分别赋予 left 和 right，否则仅从中弹出右值赋予 right，左值保持初始值 NULL（见第 8 行），然后也是在第 17 行用 **new** 创建一个新的节点，将首地址压入栈 opds。

当 strstr 中的所有项全部处理完，循环结束。opds 中仅存一项于栈顶，即为表达式对应的二叉树地址（指针）。第 19 行从中弹出唯一的元素，赋予 Expression 型指针变量 r。第 20 行声明表达式的后缀式串（初始时为空）postfix，第 21 行将 postfix 作为实参传递给 r 的成员函数 postOrder 的顶层调用。回看程序 9-6 中第 20～26 行的 postOrder 函数代码，这时该函数的参数 *s* 相当于外部的串变量 postfix 的一个别名（回忆引用型变量的意义），函数中对 s 的操作等同于对 postfix 的操作。当函数运行完毕，postfix 中就存放了完整的后置表达式。第 23 行作为函数 whatFixNotation 的值加以返回。返回前，第 22 行将不再有用的 r 所指向的动态内存空间用运算符 **delete** 加以释放。

细心的读者此时可能发生疑问：第 22 行释放的是 r 指向的节点内存块，而那个块里面不是还有两个同样是指向 Expression 节点型的指针域 lopd 和 ropd 吗，谁来释放它们指向的内存块呢？这就是程序 9-6 中定义的 Expression 类的析构函数～Expression 要负责的工作了，这一细节我们在本章的下一节中讨论，此处读者只需相信所有的子树空间都会被安全释放的就可以了。

9.2 C++的面向对象程序设计技术

C++语言支持面向对象的程序设计技术。简言之，支持程序员定义自己的数据类型。我们知道，一个数据类型包括该类型数据的取值以及运算（操作）。C++给了程序员这样的能力：根据开发的需要，定义具有明确取值以及对数据各种必须的操作的新的数据类型。这种新的数据类型称为**类**，类型为类的数据称为**对象**。

9.2.1 类的封装

类的定义

确定类名并罗列出其所有成员，称为**类的定义**。我们已经在程序 9-5 中看到了一个用来表示表达式的类 Expression 的定义。一般的，一个类的定义格式如下：

```
class 类名{
访问限制 1:
    数据成员声明;
    函数成员声明;
访问限制 2:
    数据成员声明;
        函数成员声明;
……
};
```

其中的访问限制可以是 **private**、**protected** 或 **public** 之一。它们的意义分别是：用 **private** 限制符声明的成员，仅在类的内部可访问，甚至其子类都无法访问这样的成员；用 **protected** 限制符声明的成员，和 **private** 成员一样，只能在类中被访问，与 **private** 成员不同的是它们可能在其子类中被访问；而 **public** 成员是公开的，可以被任何代码访问。例如，在程序 9-5 中第 1～10 行定义的 Expression 类，其数据成员 poe、lopd 和 ropd 都是 **private** 成员，所以对类外的代码，它们是被屏蔽了的。而函数成员 Expression、~Expression 和 postOrder 都是 **public** 成员，这意味着 Expression 对象的这 3 个函数随时随地均可被访问（调用）。

C++以明确成员的访问限制来实现面向对象程序设计技术的一大特性——**封装性**。所谓封装性是借用了半导体芯片产业中的一个术语，指的是将芯片中的电路部分封装在陶瓷外壳内，仅将与外部电路连接的引脚留在陶瓷封套之外。这样在芯片的使用过程中能避免内部电路遭受意外损坏，进而提高了产品的可靠性并简化了使用者对原件的认知过程。类的 **private** 成员就好比芯片中的内部电路，**pubulic** 成员好比留在外部的芯片引脚。用户只要知道了每个 **public** 成员的作用及外部代码如何与之通信，就可以安全地使用这个类了。

细心的读者会发现，此处所说的类的概念与程序 9-4 中定义的 struct 类型十分相似——把若干个变量整合在一起。事实上，C++中类 **class** 和结构体 **struct** 确实十分相似：它们都可以拥有数据成员和函数成员，但 **class** 的成员有不同的访问限制，而 **struct** 的所有成员对外部代码都是开放的，即都是缺省的 **public** 成员。

类的定义中，数据成员的声明格式与普通变量的声明格式一样：

类型 数据成员名;

注意，与普通变量声明不同的是，类的数据成员声明时不能初始化。

类定义中函数成员的声明格式与普通函数声明是一样的：

返回值类型 成员函数名（形参表）;

下列代码是问题 4-8“盗贼”的解决方案中所涉及的银行类 Bank 的定义。

```
1 #include <vector>
2 using namespace std;
```

```
3 class Bank{
4 private:
5   vector<int> weight;//钻石重量数组
6   vector<int> cost;//钻石价值数组
7   vector<int> x;//解向量
8    int value;//当前包中总价值
9    int w;//当前重量
10   int m;//包总承重量
11   int n;//钻石数
12   int maxValue;//最大价值
13   void knapsack(int k);//背包问题回溯算法实现
14 public:
15   Bank(vector<int> &W, vector<int> &C, int M);//构造函数
16   friend int theRoberry(vector<int> &W, vector<int> &C, int m);//友元函数
17};
```

程序 9-9 问题 4-8 中所涉及银行类 Bank 的定义

程序中，第 3～17 行定义的是表示银行的类 Bank。该银行类拥有 8 个 **private** 数据成员，分别是声明于第 5 行的表示钻石重量的数组 weight，第 6 行表示钻石价值的数组 cost，第 7 行表示解向量的数组 *x*。这 3 个数据成员的类型均为系统提供的类模板 vector 的模板类，这需要在第 1 行将定义 vector 类模板的头文件包含进来。关于模板 vector 的细节我们将在本章的第 4 节深入讨论，此处将其理解成可变长数组就可以了。第 8 行表示当前放入包中的钻石价值 value，第 9 行表示当前包中钻石重量的 w，第 10 行表示包的总承重量 m，第 11 行表示钻石块数的 *n*，第 12 行表示能带走的最多的钻石价值 maxValue。Bank 类还拥有一个用来计算 0-1 背包问题最大价值的算法实现函数，这就是第 13 行声明的 **private** 成员函数。此外，Bank 类拥有唯一一个 **public** 函数成员——第 15 行声明的构造函数，注意类的构造函数名与类名一致。

需要特别说明的是 Bank 类的定义中第 16 行声明的函数 theRobrry。这个函数的声明以关键字 **friend** 开头，表明它是类 Bank 的一个友元函数，而非成员函数。一个类的友元函数虽然非成员函数，却可以访问这个类的所有成员，包括 **private** 成员。这一机制在封装性向外部屏蔽无需公开的数据同时，使得程序员有权为特殊需求开辟有限的方便之门。程序 9-4 中也有关于友元函数的声明，读者可作相仿的思考。

类的实现

类的定义就好比芯片的使用说明书，类能被正确地使用还需要对它进行实现，就如同芯片本身需要制造出来一样。也就是说，类的定义中声明的成员函数需要一一地加以定义，这个过程称为**类的实现**。类的成员函数的定义可以直接在类的定义中完成。然而，由于类的定义是要作为使用说明书交付给用户的，为保护开发者的知识产权，往往将类的实现代码与类的定义代码相分离：类的定义写在一个头文件中，而类的实现则写在一个与之对应的源文件中。写在类定义之外的成员函数的定义格式如下：

```
返回值类型 类名::成员函数名（形参表）{
    函数体;
}
```

例如，程序 9-6 中的第 11～26 行的代码完成了 Expression 类的实现——定义了该类的全部 3 个成员函数。

对程序 9-9 中定义的 Bank 类，可用如下代码实现。

```
1 Bank::Bank(vector<int> &W, vector<int> &C, int M){
2   int N=W.size();//柜子数
3   n=N*(N+1)/2;//钻石数
4   weight=vector<int>();
5   cost=vector<int>();
6   x=vector<int>(n);
7   m=M;
8   value=0;
9   w=0;
10  maxValue=INT_MIN;
11  for (int i=0; i<N; i++)
12      for (int j=0; j<=i; j++) {
13          weight.push_back(W[i]); //填充钻石重量数组
14          cost.push_back(C[i]); //填充钻石价值数组
15      }
16}
17 void Bank::knapsack(int k){
18    if(k>=n) {
19       if (maxValue<value)
20          maxValue=value;
21       return;
22    }
23    for (int i=0; i<2; i++) {
24       x[k]=i;
25       if ((w+x[k]*weight[k])<=m) {
26          w+=x[k]*weight[k];
24          value+=x[k]*cost[k];
25          knapsack(k+1);
26          w-=x[k]*weight[k];
27          value-=x[k]*cost[k];
28       }
28    }
29}
```

程序 9-10 Bank 类的实现代码

程序中的第 1～16 行定义的是 Bank 类的构造函数。类的构造函数的任务就是对类的一个新创建的对象的数据成员进行初始化。构造函数首先在第 2 行将传递进来的参数 W 所含元素个数声明了变量 N，这实际上就是本问题的题面中银行的柜子数。第 3 行利用 N 确定银行柜子中的钻石总数 n。第 6 行将解向量 *x* 初始化为含有 n 个值为 0 的数组。第 7 行用参数 M 确定背包的总承重量 m。第 8、9 行将当前包中钻石的价值 value 和重量 w 初始化 0，第 10 行将最大价值 maxValue 初始化为 INT_MIN，为回溯探求做好准备。第 11～12 行的双重

for 循环将每个柜子中每块钻石的重量 W[i]和价值 V[i]填充重量数组 weight 和价值数组 cost。这两个数组在第 5、6 行初始化为空集。在此嵌套循环中，这两个数组的 n 个元素按题意（第 i 个柜子中有 i 块重量为 W[i]、价值为 V[i]的钻石）被一一填充。

第 17～29 行定义了 Bank 类的 **private** 成员函数 knapsack。这实际上是对算法 4-22 的计算 0-1 背包问题最优解的回溯算法 KNAPSACK 过程的实现。由于将解向量 x 定义成 Bank 的一个数据成员，所以实现代码中简化了参数。函数体中的代码结构与伪代码的几乎一致，此处不再赘述。

有了类的定义并且对其完成了实现，仅仅完成了一个新的数据类型的定义。要使用这个类，还需要声明它的对象。类的对象说白了就是类型为指定类的一个变量。对已知类声明对象的格式为：

类名 对象名=类名（实参表）;

或

类名 对象名（实参表）;

其中，实数表应与类的构造函数相匹配。一旦声明了已知类的一个对象，就可以用以下方式来访问自己的成员了：

对象名.成员名

典型的例子如下。

```
1 int theRoberry(vector<int> &W, vector<int> &C, int m){
2      Bank bank(W, C, m);
3      bank.knapsack(0);
4      return bank.maxValue;
5 }
```

程序 9-11 实现算法 4-32 的 C++函数

在函数 theRoberry 中（别忘了，这是 Bank 类的友元函数）第 2 行用参数 W, C 和 m 声明了 Bank 类的一个对象 bank（注意 W, C, m 恰与 Bank 的构造函数的形参表是匹配的）。第 3 行调用 bank 对象的成员函数 knapsack(0)。第 4 行将 bank 的数据成员 maxValue 的值作为返回值返回。正因为 theRoberry 是 Bank 类的友元函数，所以它可以直接访问 Bank 类对象 bank 的 **private** 成员 knapsack 和 maxValue。由于将这些全局变量整合到了 Bank 类中，所以成了 bank 对象的数据属性，提高了代码的安全性和可靠性。

利用函数 theRoberry，可以得到问题 4-8 的全部解。

```
1 #include <fstream>
2 #include <iostream>
3 using namespace std;
4 int main(){
5    ifstream inputdata("The Robbery/inputdata.txt");
6    ofstream outputdata("The Robbery/outputdata.txt");
7    int T;
```

```
8     inputdata>>T;//读取案例数
9     for(int t=0; t<T; t++){//处理每个案例
10    int N, M;
11          inputdata>>N>>M;//读取柜子数和最多能带走的重量
12          vector<int> W(N), C(N);
13          for(int i=0; i<N; i++)//读取重量数组
14              inputdata>>W[i];
15          for(int i=0; i<N; i++)//读取价值数组
16              inputdata>>C[i];
17          int m=theRoberry(W, C, M);//解决问题的一个案例
18          outputdata<<m<<endl;//输出计算结果
19          cout<<m<<endl;
20    }
21    inputdata.close();
22    outputdata.close();
23    return 0;
24 }
```

程序 9-12　解决问题 4-8“盗贼”的 C++函数

通过问题 4-8 解决方案的 C++实现，我们知道，利用类的定义，可将全局变量整合到对象中，进而简化代码，提高代码的安全可靠性。相同的思路可用于解决问题 4-1～问题 4-11。

构造函数和析构函数

在前面展示的程序中，我们已经多次看到类中的两个特殊的 **public** 函数：构造函数和析构函数。我们看到了构造函数的声明、定义和调用，知道构造函数的功能就是初始化类的新创建的对象。构造函数的特性有三：其一为函数名与类名一致；其二，该函数没有任何返回值，无论是声明时还是定义时，均不能在函数名前写返回值类型，即使是 **void** 都不行；其三，构造函数可以重载，即可以声明和定义多个构造函数，只要它们的形参表不同。需要说明的是，除非你为类写了构造函数，否则系统会为类自动生成一个无参数的构造函数。这个缺省的构造函数会将每个属性初始化为归零状态。

构造函数的声明格式为：

类名（形参表）；

构造函数的定义格式为：

```
类名::类名（形参表）{
   函数体;
}
```

具体例子如程序 9-4 中 BigInt 类的构造函数声明，程序 9-6 中 Expression 类的构造函数的声明与实现，程序 9-9 中 Bank 类构造函数的声明，程序 9-10 中 Bank 类构造函数的定义。

调用构造函数初始化普通新对象的格式为：

类名　对象名（实参表）

或

类名　对象名=类名（实参表）

具体例子如程序 9-9 中第 3 行声明的 Bank 类对象 bank。

```
Bank bank(W, C, m);
```

初始化指针变量申请的动态对象的格式为：

类名 *指针变量名=**new** 类名（实参表）

或初始化匿名的动态对象格式为

new 类名（实参表）

具体例子如程序 9-8 中第 17 行将生成的匿名二叉树节点压入栈 opds 中：

```
opds.push(new Expression(item, left, right));
```

和普通变量一样，类的对象也是有生命周期的。从对象的声明开始，直至声明该对象的模块（复合语句、函数体、源文件）结束，就是对象存在的范围。离开这个生存范围，对象就被丢弃。丢弃对象前，系统会做一定的善后：清除所占的存储空间。这个工作就由析构函数来完成。析构函数也有 3 个特性：其一，函数名为“～类名”；其二，析构函数既无返回值类型，也无参数；其三，与构造函数不同，析构函数至多定义一次，也就是说析构函数不能重载。析构函数的声明格式为：

```
~类名（）；
```

析构函数的定义格式为：

```
类名:: ~类名（）{
    函数体;
}
```

例如，程序 9-6 中第 8 行 Expression 类的析构函数的声明和第 16～19 行该类的析构函数的定义。

析构函数由系统在对象被舍弃前自动调用，而不是由程序员来调用。因此，在前面的代码中从未出现过析构函数的调用。和构造函数一样，如果程序员未给类写析构函数，系统会提供一个缺省的析构函数，简单地将所有数据成员清零。对数据成员为普通的变量或对象，类的这个缺省的析构函数已经能够满足善后需求了。但是，如果类中含有指针型的数据成员，且指针成员指向动态内存块，就要小心行事了。例如，在程序 9-6 中，Expression 类有两个指向同类型的指针成员 lopd 和 ropd。在对一个指向动态 Expression 类对象的指针做 **delete** 操作时，系统会调用 Expression 类的析构函数，如果这是系统提供的缺省析构函数，则将简单地将 lopd 和 ropd 清零（即赋值为 NULL），这样就会造成 lopd 和 ropd 所指向的动态对象空间的泄露。因此，我们在第 8 行声明了 Expression 的析构函数：

```
~Expression();
```

在第 16～19 行定义了该析构函数：

```
Expression::~Expression(){
    if (lopd) delete lopd;
    if (ropd) delete ropd;
}
```

这样，在程序 9-8 第 22 行 **delete** Exprssion 类指针变量 r 时，系统会自动调用这个析构函数。该函数就会分别检测动态对象的两个指针型成员，若非零（NULL），则 **delete** 这个同类指针，这样又会激发这个指针指向的动态对象的析构函数，……以这样层层递进的方式就会把 r 指针所涉及的所有动态对象空间统统释放掉，不会造成任何内存泄露。

9.2.2 类的继承

世间任何一种生物，后辈总会继承前辈很多特征甚至财富。和生物种群的代代相传类似，面向对象的程序设计技术支持类之间的继承关系。已知 A 类，若类 B 具有类 A 的所有成员，此外 B 类还具有自身的独特成员，我们认为类 B **继承**了 A 类。此时，称 B 类是 A 类的子类或派生类，称 A 类为 B 类的父类或称 A 类派生了 B 类。在 C++中，设类 A 的定义为：

```
class A{
    A 的成员 1;
    ……
    A 的成员 n;
};
```

由 A 类派生 B 类的格式如下：

```
class B: 继承方式 A{
    B 的成员 1;
    ……
    B 的成员 m;
};
```

一旦 B 成为 A 的子类，它不但具有定义中自身的 m 个成员，还继承了 A 类的 n 个成员。也就是说，B 类具有 $n+m$ 个成员。B 类定义中的继承方式为 **private**、**protected**、**public** 之一。继承方式将影响子类访问继承自父类的成员的访问限制性，具体影响如下。

① 继承方式为 **private** 时，A 类的 **protected** 和 **public** 成员在 B 类中转换成 **private** 访问限制，而 A 类的 **private** 成员在 B 类中被屏蔽。

② 继承方式为 **protected** 时，A 类的 **protected** 和 **public** 成员在 B 类中转换成 **protected** 访问限制，**private** 成员在 B 中被屏蔽。

③ 继承方式为 **public**，A 类 **protected** 和 **public** 成员在 B 类中保持原有的访问限制，但 **private** 成员被屏蔽。

C++以类的继承关系，使得程序结构更趋合理紧凑，且大量节省了程序员写重复代码的劳动。如果计算问题中涉及诸多对象，这些对象都有一些共同的特性，我们就可以考虑先设计一个具有那些共同属性的类，然后再设计各个图同对象所具有的特性的子类。这样，所有的子类都自然拥有了父类的特性，从而节省了我们的编码劳动。典型的例子如第 3 章的问题 3-10“符号导数”C++解决方案。

问题 3-10 的解题方案

在这个问题中，我们要对加+、减−、乘*、除/、平方^和自然对数 ln 等运算构成的表达式求导数，并输出导数表达式。

表达式类

我们知道，所有这些运算本身也构成一个表达式。仔细分析这些表达式，它们具有如下共同特点：有运算符（“+”“−”“*”“/”“^”“ln”）以及运算数——除了对数运算 ln 只有一个运算数（一元运算）外，其他均有两个运算数（二元运算）。将二元运算的两个运算数按书写顺序分为左、右运算数。对于一元运算，若将左运算数置为空，则所有运算均可视为二元运算。特殊地，常量和变量也可以视自身为运算符，左、右运算数均为空的二元运算。由于所有这些运算的运算数也可以是表达式，因此用二叉树结构来表示表达式是合适的。此外，每一种运算都可以按中序遍历的方式打印中序表达式，还可以求导数。于是，我们可以初步地设计出表达式类，如程序 9-13 所示。

```
1 class Expression{
2 protected:
3    Expression *lopd;
4    Expression *ropd;
5 public:
6    string ope;
7    Expression(string op, Expression *l=NULL, Expression *r=NULL);//构造函数
8    ~Expression();//析构函数
9    string toString();//中缀式生成函数
10   virtual Expression *derivation()=0;//求导虚函数
11   virtual Expression *copy()=0;
12 };
13 Expression::Expression(string op, Expression *l=NULL, Expression *r=NULL){
14   ope=op;
15   opd(l);
16   ropd(r);
17 }
18 Expression::~Expression(){
19   if(lopd) delete lopd;
20   if(ropd) delete ropd;
21 }
22 string Expression::toString(){
23    string s;
24    if(lopd){
25        bool add_parences=(priority[lopd->ope]>0) &&
26                          ( priority[lopd->ope]< priority[ope]);
27        s+=add_parences ? ("("+lopd->toString()+")") : lopd->toString();
28    }
```

```
29     s+=ope;
30     if(ropd){
31         bool add_parences=(priority[ropd->ope]>0) &&
32                           (priority[ropd->ope]<priority[ope]);
33         s+=add_parences ? ("("+ropd->toString()+")") : ropd->toString();
34     }
35     return s;
36}
```

程序 9-13 表示表达式的抽象类 Expression

乍一看，程序 9-13 与程序 9-6 十分相似。但是两者有两个重要区别：

① 第 10 行声明函数 toString 的功能是按中序遍历顺序生成表示成二叉树的表达式的中缀串，而程序 9-6 中的 postOrder 函数是按后序遍历顺序生成表达式的后缀串。本程序的第 22～36 行实现了该成员函数。这是一个递归函数，其中第 24～28 行在左值表达式存在的前提下，根据左值运算优先级是否低于本运算优先级决定左值表达式（对 lopd 递归调用本函数）是否加括号（处理左子树）。第 29 行加入本式的运算符（处理根）。第 30～34 行的操作类似于第 24～28 行的操作，不过处理的是右值表达式（处理右子树）。

还需说明的是，第 25～26 行（同样的是第 30～31 行）计算 **bool** 型变量 add_parences 时表达式(priority[lopd->ope]>0) && (priority[lopd->ope]< priority[ope]) 中表示右值运算符 ropd->poe 的优先级 priority[lopd->ope]和本运算符优先级 priority[ope]，是按题面将各运算符优先级事先存放到散列表 priority 中的元素。该散列表声明如下。

```
1 pair<string, int> a[]=
2     {make_pair("(",1),make_pair(")",2),//左、右括弧的优先级为 1、2
3      make_pair("+", 3), make_pair("-", 3),//加、减运算优先级同为 3
4      make_pair("*", 4), make_pair("/", 4),//乘、除运算优先级同为 4
5      make_pair("ln", 5), make_pair("_", 6),//对数、负号运算优先级为 5、6
6      make_pair("^", 7) , make_pair("@", -1)};//平方、"哨兵"运算优先级为 7 和-1
7 hash_map<string, int> priority(a, a+10);
```

程序 9-14 表示运算符优先级的散列表 priority

第 1～6 行将涉及的运算符连同作为“哨兵”的符号“@”，以及不参加求导运算的平方运算符“^”的优先级设置在一个序偶数组 a 中，然后第 7 行利用 a 初始化 C++系统提供的散列表模板类 hash_map<string, **int**> 对象 priority 中。系统提供的类模板将在本章的第 4 节详细讨论。此处将运算符的优先级表示为散列表，是因为在散列表中搜索仅需常数时间（见本书第 2 章）。

② 程序 9-13 的第 10 行声明的表达式的求导函数 derivation 以关键字 **virtual** 开头，函数首部后跟赋值为 0 的运算。这意味着，Expression 是一个抽象类，目前只知道它能够求导，但并不能具体确定如何求导。所以这个 derivation 函数是个虚函数。虚函数是没有实现代码的，

继承了 Expression 的子类可以定义自己的 derivation 函数以覆盖父类的这个虚函数。第 11 行声明的拷贝函数 copy，也是一个虚函数。关于虚函数和抽象类的准确定义我们在稍后详细讨论。

表达式类 Expression 的子类

接着，我们就可以从 Expression 派生出具体的表达式类了。先考虑两个特殊的表达式——常量与变量。

```
1 class Const: public Expression{//常量类
2 public:
3    Const(string val):Expression(val){}
4    Expression* derivation(){//常量的导数
5         return new Const("0");
6    }
7    Expression* copy(){
8         return new Const(ope);
9    }
10 };
11 class Varible: public Expression{//变量类
12 public:
13    Varible():Expression("x"){}
14    Expression *copy(){
15        return new Varible();
16    }
17    Expression* derivation(){//变量的导数
18        return new Const("1");
19    }
20 };
```

程序 9-15　由 Expression 派生的常量表达式类 Const 和变量表达式类 Varible

第 1～10 行与第 11～20 行分别定义并实现了 Expression 的子类 Const 和 Varible。前者表示常量，后者为变量。两者均拥有 Expression 的所有成员：ope、lopd、ropd、toString。虽然 Expression 中有两个 **virtual** 函数 derivation 和 copy，但它们是虚函数，子类必须重新定义它（覆盖），才能按数学意义对其求导数或拷贝对象。此外，子类必须拥有自己的构造函数。

第 3 行实现了 Const 类的构造函数，这个操作简单到仅调用父类构造函数就完成了。注意，子类的构造函数要做的第一件事情就是调用父类的构造函数，而且就写在子类构造函数首部之后添加的冒号“:”后面。此处是 Expression(val)，注意，Expression 的构造函数有 3 个形参（ope，left 和 right）。后两个参数带有默认值 NULL。这意味着调用函数时，可省略这两个参数，而使用默认值。因此，这实际上等价于 Expression(val,NULL,NULL)。

第 4～6 行定义函数 derivation，用以覆盖父类同名虚函数。按数学意义，常量的导数为常数 0，故第 5 行返回一个指向动态 Const 对象的指针 **new** Const（“0”）。

第 7～9 行定义函数 copy。它以保存在 ope 中的数据创建一个与对象自身相同的常量对象。

第 11～20 行定义并实现的 Varible 类与 Const 类相似，读者可比对着研读，此处不再赘述。下面考虑一般的由运算符连接的表达式。

```
1 class Sum: public Expression{//和式类
2 public:
3    Sum(Expression* left, Expression* right):Expression("+",left, right){}
4    Expression *copy(){return new Sum(lopd->copy(), ropd->copy());}
5    Expression* derivation();
6 };
7 class Difference: public Expression{//差式类
8 public:
9   Difference(Expression* left, Expression* right):Expression("-", left, right){}
10  Expression* derivation();
11  Expression *copy(){return new Difference(lopd->copy(), ropd->copy());}
12 };
13 class Minus: public Expression{ //负项式类
14 public:
15  Minus(Expression *right): Expression("_", NULL, right){}
16  Expression *derivation();
17  Expression *copy(){return new Minus(ropd->copy()); }
18 };
19 class Product: public Expression{ //积式类
20 public:
21  Product(Expression* left, Expression* right):Expression("*", left, right){}
22  Expression* derivation();
23  Expression *copy(){return new Product(lopd->copy(), ropd->copy()); }
24 };
25 class Quotient: public Expression{//商式类
26 public:
27  Quotient(Expression* left, Expression* right): Expression("/", left, right){}
28  Expression *copy(){return new Quotient(lopd->copy(), ropd->copy()); }
29  Expression* derivation();
30 };
31 class Ln: public Expression{//对数式类
32 public:
33  Ln(Expression *right): Expression("ln", NULL, right){}
34  Expression *copy(){return new Ln(ropd->copy()); }
35  Expression *derivation();
36 };
37 class Power2: public Expression{//平方式类
38 public:
39  Power2(Expression *left): Expression("^", left, new Const("2")){}
40  Expression *copy(){return new Power2(lopd->copy()); }
41  Expression* derivation(){return NULL;}
42 };
```

程序 9-16　由 Expression 类派生的各运算表达式类

程序 9-16 定义了“符号导数”问题中所涉及的所有运算表达式类。其中加、减、乘、除都是二元运算，所以 Sum、Difference、Product、Quotient 类的构造函数接受 2 个表示左、右运算数的参数，调用父类的构造函数时传递所有 3 个参数：运算符、左、右运算数。而负号项式和对数式都是一元运算，由于约定唯一的运算数作为右运算数，故 Minus 和 Ln 类的构造函数仅接受1个表示右运算数的参数。虽然调用父类构造函数也是传递3个参数，注意第2个参数传递的是空指针 NULL。平方运算式类 Power2，由于作为右运算数的指数是常量2，所以只需指出其左运算数，即构造函数也只接受一个表示左运算数的参数。类似地，各二元运算表达式的拷贝函数需复制左右子式，而一元运算表达式的拷贝函数只需赋值右子式。

由于函数的导数涉及加、减、乘、除等运算，为提高代码的可读性，在定义各运算式类的求导函数 derivation 之前，我们为 Expression 类重载所需的运算符。

```
1 Sum* operator+(Expression &a, Expression &b){
2     return new Sum(&a, &b);
3 }
4 Difference* operator-(Expression &a, Expression &b){
5     return new Difference(&a, &b);
6 }
7 Minus* operator-(Expression &a){
8     return new Minus(&a);
9 }
10 Product* operator*(Expression &a, Expression &b){
11     return new Product(&a, &b);
12 }
13 Quotient* operator/(Expression &a, Expression &b){
14     return new Quotient(&a, &b);
15 }
16 Ln* ln(Expression *b){
17     return new Ln(b);
18 }
```

程序 9-17　为表达式 Expression 类重载运算符+、-、*、/、负号-、对数 ln

程序中每一个运算符的重载实际上就是用参数表示的运算数构成一棵表达式二叉树。需要注意的是，重载运算符作为运算数的参数必须是类的对象或对象的引用。而程序 9-16 中定义的那些类的构造函数的参数为 Expression 型指针。因此，读者阅读代码时需区分引用型参数的&符号与调用各个类的构造函数时传递对象指针的地址符号&。

利用程序 9-17 重载的运算符，我们来定义各个运算式类的求导函数 derivation。

```
1 Expression* Sum::derivation(){
2   Expression &du=*(lopd->derivation()), &dv=*(ropd->derivation());
3   return du+dv;
4 }
5 Expression* Difference::derivation(){
6   Expression &du=*(lopd->derivation()), &dv=*(ropd->derivation());
7   return du-dv;
8 }
9 Expression* Minus::derivation() {
10   if(ropd->ope[0] == 'x')
11      return new Const("-1");
12   if(isdigit(ropd->ope[0]))
13      return new Const("0");
14    Expression &u=*(ropd->derivation());
```

```
15     return -u;
16 }
17 Expression* Product::derivation(){
18   Expression &u=*(lopd->copy()), &v=*(ropd->copy());
19   Expression &du=*(u.derivation()), &dv=*(v.derivation());
20   return *(du*v)+*(u*dv);
21 }
22 Expression* Quotient::derivation(){
21   Expression &u=*(lopd->copy()), &v=*(ropd->copy());
22   Expression &du=*(u.derivation()), &dv=*(v.derivation());
23   return *(*(du*v)-*(u*dv))/(*(new Power2(v->copy())));
24 }
25 Expression* Ln::derivation(){
26   Expression &v=*(ropd->copy()), &dv=*(ropd->derivation());
27    return  dv/v;
28 }
29 Expression* Power2::derivation(){return NULL;}
```

程序 9-18　各运算表达式类求导函数 derivation 的定义

第 1～4 行定义的是加法表达式类 Sum 的求导函数。由于和的导数等于导数的和，第 2 行声明了左右运算数的导数引用变量 du 和 dv，第 3 行用程序 9-17 重载的“+”号计算出 du+dv 并返回。

第 5～8 行是减法类 Difference 的求导函数，代码意义与 Sum 类求导函数类同，此处不再赘述。

第 9～16 行是负号表达式类 Minus 的求导函数。由于负号运算只有右值（左值为空 NULL），所以仅需要考虑 ropd 所指向的表达式的 3 种情况：

① 右值为变量，则其导数为“-1”。

② 右值为常量，导数为“0”。

③ 右值为其他表达式，则导数为该表达式的相反数。

情形①由第 10～11 行的 **if** 语句处理。情形②由第 12～13 行的 **if** 语句处理。对于情形③，第 14 行调用右值 ropd 的求导函数 derivation 计算右值的导数赋予引用变量 u，然后第 15 行用程序 9-15 重载的负号运算符计算 u 的负号表达式并返回。

第 17～21 行是乘法类 Product 的求导函数。第 18 行设左、右运算数为 u，v，第 19 行设左、右运算数的导数为 du、dv。根据微分式 $(uv)'=u'*v+u*v'$，第 20 行返回 *(du*v)+*(u*dv)。注意，第 18 行的 u 和 v 并非直接赋值为左右运算数 lopd 和 ropd 而是它们各自的拷贝（调用 lopd->copy()和 ropd->copy()）。之所以这样做，是因为如果直接将 u，v 置为 lopd 和 ropd 则这些子式将存在于两棵表达式二叉树中：原式本身及导数式。当我们适时清除一棵表达式二叉树时，就可能破坏另一棵仍需保留的二叉树。如果同时清除两棵树时，将会出现对一个指针执行两次 **delete** 操作的错误。

第 22～24 行是除法类的求导函数，代码意义与积的导数类似，读者可自行解读。

第 25～28 行是对数的求导函数。第 26 行将右运算数设为 v，右运算数的导数设为 dv。由于(ln$v$)'=v'/v，故第 27 行返回 dv/v。

第 29 行是为平方式 Power2 类实现的求导函数。按题面要求，Power2 类的对象仅出现在导数表达式中，它其实不求导。但作为出现在导数式中的运算数，它必须用实函数覆盖其父类的虚函数 derivation，于是，第 29 行实现的 Power2 类的 derivation 函数以返回空指针 NULL 作为唯一的操作。

除了 Power2 的导数为空，所有其他类的求导结果都会返回一棵表示导数式的二叉树。

创建表达式二叉树

此刻，我们有了所有运算表达式类。它们具有父类 Expression 的所有特征：运算符和左、右运算数，能初始化新建对象，撤销对象时释放动态空间，可以将自身以中缀形式输出，对自身能求导数。这样，我们就可以根据案例的输入中缀表达式串，按算法 3-16 构建表示该表达式的二叉树。

```
1 Expression *toExpression(const string &s){
2    size_t i=0, n=s.length();
3    stack<Expression*> operands;
4    stack<string> oper;
5    oper.push("@");
6    while (i<n) {
7         string item;
8         if(isdigit(s[i])||s[i]=='.'){//读取数值常量
9              while(s[i]=='.'||isdigit(s[i]))
10                  item+=s[i++];
11             operands.push(new Const(item));
12             continue;
13        }
14        if(s[i]=='x'){//读取变量
15             item+=s[i++];
16             operands.push(new Varible());
17             continue;
18        }
19        if(s[i]=='('){//读取左括弧
20             item+=s[i++];
21             oper.push(item);
22             continue;
23        }
24        item+=s[i++];//读取运算符
25        if(item=="l")item+=s[i++];//是对数运算
26        string t=oper.top();
27        while (priority[t]>1&&(priority[item]<=priority[t])) {
28            oper.pop();
29            Expression *l=NULL, *r=operands.top();
30            operands.pop();
31            if(t!="ln"&&t!="_"){//t 是二元运算符
32              l=operands.top();
33              operands.pop();
```

```
34              }
35              Expression* e;
36              switch (priority[t]) {
37                case 3:
38                   if(t=="+") e=(*l)+(*r);
39                   else e=(*l)-(*r);
40                   break;
41                case 4:
42                   if(t=="*")e=(*l)*(*r);
43                   else e=(*l)/(*r);
44                   break;
45                case 5:
46                    e=ln(r);
47                   break;
48                default:
49                    e=-(*r);
50                break;
51              }
52              operands.push(e);
53              t=oper.top();
54           }
55           if(item==")")
56              oper.pop();
57           else
58              oper.push(item);
59       }
60       return operands.top();
61}
```

程序 9-19 实现算法 3-16 的 C++函数

第 3 行声明了一个存放运算数的栈 oprands，第 4 行声明了一个存放运算符的栈 oper。两者都是系统提供的类模板 stack 生成的模板类。关于系统提供的类模板，我们将在本章第 4 节详细讨论。此处，我们就按照对栈的理解解读就可以了。

与算法 3-16 相比，代码的结构是一致的。由于我们重载了关于 Expression 的运算符，所以将生成二叉树的过程调用表示成各种运算，提高了代码的可读性。必须指出的是，第 48 行的 **default** 分句实际上处理的是对应的运算符为“_”的负号项式子。然而，在原中缀式中用的是和减号一样的“-”。也就是说，此处所谓的中缀式串 s 是已经过预处理的将负号改为“_”的串。实现中缀式串预处理算法 3-15 的代码如下。

```
1 void preprocess(string &s){
2     size_t n=s.length();
3     for(int i=0; i<n; i++)
4        if((i==0&&s[0]=='-')||(s[i]=='-'&&!isdigit(s[i-1])&&
5                                 s[i-1]!='x'&&s[i-1]!=')'))
6           s[i]='_';
7     s+='@';
8 }
```

程序 9-20 实现算法 3-15 的 C++函数

在原中缀式串中，表示负号的“-”很容易检测到：情形之一是处于整个串最前方的“-”，即 s[0]=='-'。其他情况下若“-”的前面不是常量或变量，也不是一个带括号的表达式，即 s[i]是'-'且 s[i-1]不是常量，不是变量也不是右括号，则也是负号。这就是第 4 行中的检测条件。第 6 行是在中缀式串尾加上“哨兵”符号@。

解决一个案例

于是，实现算法 3-19，我们就可以对中缀式串计算出该表达式的导数中缀式串了。

```
1 void symbleDerivation(string &s){
2     preprocess(s);
3     Expression* exp=toExpression(s);
4     Expression* deriv=exp->derivation();
5     delete exp;
6     s=deriv->toString();
7     delete derive;
8     fix(s);
9 }
```

程序 9-21 实现算法 3-19 的 C++函数

程序 9-21 与算法 3-19 的代码结构几乎是一样的，第 2 行预处理中缀式串 *s*，第 3 行生成表达式二叉树 exp，第 4 行求得 exp 的导数表达式二叉树 deriv，并在第 5 行清理不再有用的表达式 exp。第 6 行按中序遍历顺序生成导数的中缀式串 *s*，第 7 行清理表达式 deriv。第 8 行将 *s* 中表示负号的运算符“_”消除掉。这个函数所做的工作与对原表达式中缀式所做的预处理工作刚好相反。

```
1 void fix(string &s){
2     int i=0;
3     while(i<s.length()) {
4         if ((s[i]=='+'&&s[i+1]=='_')||(s[i]=='_'&&s[i+1]=='+')){
5                 s.erase(i, 1);
6                 s[i]='-';
7         }else if(s[i]=='-'&&s[i+1]=='_'||s[i]=='_'&&s[i+1]=='-'){
8                 s[i]='+';
9                 s.erase(i+1, 1);
10        }else if(s[i]=='_')
11                s[i]='-';
12        i++;
13    }
14 }
```

程序 9-22 对导数中缀式串进行修正的 C++函数

负号可能与减号或加号重叠，如负号与加号重叠，应删掉加号同时将“_”换成“-”（第 4～6 行）；若负号与减号重叠，则应将两个符号删除一个，另一个换成“+”（第 7～9 行）；其他情况下直接将负号换成“-”（第 10～11 行）。

主函数

解决问题中所有案例的主函数如下。

```
1 int main(){
2     ifstream inputdata("Symbolic Derivation/inputdata.txt");
3     ofstream outputdata("Symbolic Derivation/outputdata.txt");
4     string s;
5     while (inputdata>>s) {
6        symbleDerivation(s);
7         outputdata<<s<<endl;
8         cout<<s<<endl;
9     }
10    inputdata.close();
11     outputdata.close();
12     return 0;
13 }
```

程序 9-23　解决问题 3-10 的主函数

第 5～9 行的 **while** 循环依次读取输入文件中的每个案例数据 s，调用 symbleDerivation 函数加以处理，得到的导数中缀式串依然存于 s 中（注意 symbleDerivation 的形参是一个 string 类的引用），然后输出。

在为程序运行成功而感到兴奋之余，我们不禁会问：

① 我们实现了问题 3-10 的解决方案中几乎所有的算法，唯独求算法 3-17 的求导过程 DERIVATION 好像没有加以实现。

② symbleDerivation 函数中的变量 exp 是表达式二叉树类 Expression 类型指针，而 Expression 是抽象类，它的求导函数 derivation 是个虚函数，为什么能对它调用 exp->derivation()？

③ symbleDerivation 函数中，表达式二叉树类 Expression 型指针 exp 调用了一次求导函数 derivation，它是如何“聪明”地判定具体是什么表达式，正确调用合适的求导函数呢？

对于问题①，我们观察到程序 9-18 实际上是把算法 3-17 分拆成了 Expression 的各个子类的 derivation 函数。表面上看，这似乎把事情弄复杂了。但从软件开发的角度看，管理小规模程序远比大规模程序的工作效率高得多。试想，我们不采用类的继承技术，而仅定义 Expression 类，那么我们就需要按算法 3-17 为 Expression 类写一个充斥着大量 **if-else** 嵌套或是一个臃肿的 **switch-case** 语句的肥胖的 derivation 函数。那可不是一件愉快的事情。

关于问题②，在 C++中，父类变量可以被赋值为子类对象，父类指针可以指向子类对象。因此，一个合法的表达式一定对应 Expression 的一个子类。虽然 Expression 是个抽象类，它的求导函数是个虚函数，但它所有的子类可都是实实在在定义了求导法则的。所以，exp->derivation()调用的是 exp 所指向的某个子类的 derivation 函数，这是合法的。

对于问题③，它涉及了面向对象程序设计技术的一个非常重要的特性——多态。简言之，多态性指的是对不同类型的对象发同一消息，不同对象按自身的属性和行为完成不同的操作。在本例子中，多态性按如下方式完成对表达式的求导。我们向 exp 指向的表示树根的表达式发出 derivation 消息，不管它真正指向的对象是哪一种运算式，这个表达式都有自己正确的求导函数 derivation。在这个求导过程中，又会递归地调用左/右运算数的求导函数 derivation，多态性保证能正确地调用左/右子式的求导函数，直至遇到空指针 NULL。

我们将在下一节深入讨论面向对象程序设计技术的多态课题。

9.2.3 多态

广义地说，我们在程序设计中已经长久地习惯使用很多“多态”技术了：两个整数 x 和 y，以及两个浮点数 a 和 b 都可以相加，即 $x+y$、$a+b$。但在计算机中，整型数据的加法和浮点型数据的加法却不尽相同。用相同的流输出运算符可以输出不同类型的数据，……，不一而足。一般地，多态性指的是向不同类型的对象发出同名的消息（调用同名函数），这些对象将以自己的方式、策略给出各自合理的结果。实际上，在生活中“多态”也是随处可见的现象：学生和教师听到上课铃声都会走进教室“上课”，但行为方式和行为结果各有不同。

在 C++中，**“多态”**有着特殊的意义。类 A 派生出一组子类 B_1，B_2，……，B_n。它们具有同名的成员函数 f，但行为各自有所不同。编程时，知道需要 B_1，B_2，……，B_n 之一的某个对象执行 f，但不能确切知道运行时是哪一类的对象。希望通过向父类（父类是子类的抽象）发出执行 f 的消息，运行时父类自动地向特定的子类对象发送同名消息，执行正确的操作。

这就是我们在上一节中讨论“符号导数”的编程情景：在程序 9-19 中，函数 symbleDerivation 用参数 s 传递进来的中缀式串生成的表达式编程时并不确切知道这是个什么样的表达式，但对运行时传递进来的具体的 s 而言，这个表达式一定是确实存在的。于是，我们只能把调用 toExpression 返回的结果交给父类指针 exp。然后向 exp 发出消息 derivation，这个消息编程时发给 exp，exp 运行时实际上指向的是一个确切的某个子类（和、差、积、商、对数之一）的对象，因此希望能被那个确切指向的子类对象正确地执行自己的求导运算。事实上我们的代码是能正确做到的。换句话说，我们的代码是正确地运用了 C++的多态技术。

在揭示 C++多态技术的运用方法之前必须明确父子类对象互易规则：一个子类对象可赋值给一个父类对象，当然，子类对象的地址也可以赋予父类指针，但反之不然。即，不可试图将一个父类对象赋予子类对象，即使将父类对象地址赋予子类指针也是不行的。这是自然的，因为父类是子类的抽象。用父类可以称呼子类，但不能用子类称呼父类。譬如，我们可以把教师和学生统称为参与教学的人员，但无论是把教师或是学生称为教学人员都失之偏颇了。按此规则，程序 9-19 中，将函数 toExpression(s)返回值（这是一个具体的表达式——也就是 Expression 的子类之一的对象地址）赋予 Expression 型指针 exp 是合理的。

将子类对象地址赋予父类指针是 C++代码实现多态的第一个关键点。

C++代码实现多态的第二个关键点，是向父类指针指向的对象发布消息必须是被所有子类所覆盖的虚函数。回忆在问题 3-10 的解决方案中，我们将 Expression 类的函数 derivation 声明为虚函数，即

```
virtual Expression *derivation()=0;//求导虚函数
```

而在程序 9-13 和程序 9-16 中对 Expression 的所有子类都定义了确切的求导函数，derivation 覆盖了父类的同名虚函数。注意，函数的覆盖与函数的重载是不同的两个概念：函数的覆盖不但指的是父、子类中的同名函数，而且还要求参数表一致；而函数的重载指的是同名函数，且要求参数表不同。

需要强调的是含有虚函数的类为抽象类，抽象类是不能创建对象的。继承抽象类的子类必须覆盖父类的所有虚函数才能摆脱抽象类的阴影，才能创建自己的对象。

C++的多态技术运用场合与方法归纳如下。

类 A 派生出一组子类 B_1，B_2，……，B_n。编程时只知要调用 B_1，B_2，……，B_n之一的某个对象同名函数 f，为在运行时确定的该对象能正确地执行自己的 f 函数：

① 将 f 声明为 A 的虚函数。

② 为 B_1，B_2，……，B_n 覆盖函数 f。

③ 设置 A 的指针 p。

④ 将运行时生成的某 B_i 的对象地址赋予 p。

⑤ 调用函数 $p\text{->}f(\cdots)$。

必须指出，要正确地实现多态，③中的 p 必须设置为 A 类的指针，④必须把 B_i 类对象的地址赋予 p。

作为面向对象程序设计技术三大特性——封装、继承、多态的运用实例，我们解析问题 4-10“三角形游戏”的 C++解决方案。

问题 4-10 的解决方案

回顾“三角形游戏”问题，6 个等边三角形环形排列成一个正六边形，若任意两个相邻三角形的相邻边相等，称为一个合法排列。计算所有合法排列中 6 条外缘边之和最大者。我们用回溯策略解决该问题：计算出所有的 5！种 6 个三角形的环状排列，对每一种排列，寻求合法排列的排列方式，并跟踪最大外缘边之和。

三角形类的定义

很自然地，用 3 个数据 left、right 和 bottom 记录三角形的左、右和底三条边。此外，在游戏中这些三角形还能被旋转 120°，能判断与其相邻者的相邻边是否等值，等等。把三角形的所有这些属性及其操作整合起来封装成一个 Triangle 类。

```
1 class Triangle{//表示一般三角形的抽象类
2 protected:
3     int left;//左边
4     int right;//右边
5     int bottom;//底边
```

```
 6 public:
 7     Triangle(int a, int b, int c):left(a),right(b),bottom(c){}//构造函数
 8     virtual void rotate()=0;//顺时针旋转120度的纯虚函数
 9     virtual int getOutEdge()=0;//计算外边数据纯虚函数
10     virtual int getNeighbor()=0;//计算相邻三角形相邻边的纯虚函数
11     virtual bool check(Triangle* t)=0;//检测与相邻三角形是否相邻边相等的纯虚函数
12 };
```

程序 9-24 表示三角形的抽象类 Triangle

假定图 4-9 中的 6 个三角形 t_1～t_6 的数据组织在一个数组 t[0..5] 中。由图可见，游戏中这 6 个三角形由于各自不同的摆放位置和摆放方向，每个三角形与前一个相邻边不同，外缘边也不同。同时由于摆放方向不同，导致顺时针旋转 120°的效果也有所不同。如果用传统的面向过程的方法解决此问题会遇到大量的多选一的代码段，例如要计算第 k 个三角形与第 k−1 个三角形相邻边是否相等，代码或许如下：

```
bool check(int k){
  int x, y;
  switch(k){
      case 0:x=t[0].bottom;
             y=t[5].bottom;
             break;
      case 1:x=t[1].left;
             y=t[0].right;
             break;
      …
      case 5:x=t[5].right;
             y=t[4].left;
  }
  return x==y;
}
```

程序中充斥着大量的这样臃肿乏味的代码，肯定不会令程序员开心的。借鉴问题 3-10 的解决方案，我们将 Triangle 类中用来做旋转的函数 rotate，计算外缘边值的函数 getoutEdge、计算相邻边值的函数 getNeighbor 和检测是否与相邻三角形合法相邻的函数 check 都声明为虚函数。于是，Triangle 是一个抽象类。

具体地说，在 Triangle 中，第 2～4 行中声明的各数据成员 left、right 和 bottom 表示 3 角形的三条边，第 6 行定义的构造函数用参数 a，b，c 初始化这 3 个成员数据。把这 3 个数据成员的访问限制级别定义成 **protected**，是不希望被除了子类以外的代码随意访问。

第 8 行声明的虚函数 rotate()，负责将三角形对象顺时针旋转 120°，这一操作在游戏过程中，寻求合法排列时需要调用。

第 9 行声明的虚函数 getOutEdge() 计算并返回三角形对象的外缘边的值，这在计算合法排列的外缘边之和时需要调用。

第 10 行声明的虚函数 getNeighbor() 计算并返回三角形对象与后一个相邻三角形的相邻边，这在检测相邻两个三角形的相邻边是否相等时需要调用。

第 11 行声明的虚函数 check(Triangle* t)检测三角形对象与 *t* 所指向的前一个与其相邻的三角形的相邻边是否相等，这是确定排列是否合法的关键操作。

所有这些成员函数的访问限制均定义成 **public**，因为在游戏过程中，很多类外代码都会调用这些函数。在抽象类中虚函数没有任何执行代码，它们真正执行的操作由继承 Triangle 类的不同摆放方向和摆放位置的三角形来实现。

Triangle 的子类

观察图 4-9 可以发现，三角形 t_1、t_3、t_5 的摆放方向是一致的——底边向下，而另一组三角形 t_2、t_4、t_6 的摆放方向刚好相反——底边向下。如果将输入数据中三角形 3 边的值表示为如下的结构体：

```
struct triple{
    int a, b, c;
};
```

则两种三角形的初始化及旋转操作是不同的（见图 9-1）。据此，我们将 Triangle 分成两类，如程序 9-25 所示。

```
1 class NormalTriangle:public Triangle{//底边朝下的三角形类
2 public:
3    NormalTriangle(triple& t):Triangle(t.a,t.b,t.c){}//构造函数
4    void rotate(){//旋转函数的覆盖
5        int tmp=left;
6        left=bottom;
7        bottom=right;
8        right=tmp;
9    }
10 };
11 class InverseTriangle:public Triangle{//底边朝上的三角形类
12 public:
13    InverseTriangle(triple& t):Triangle(t.a,t.c,t.b){} //构造函数
14    void rotate(){//旋转函数的覆盖
15        int tmp=bottom;
16        bottom=left;
17        left=right;
18        right=tmp;
19    }
20 };
```

程序 9-25 Triangle 类根据三角形摆放方向分成两种子类 NormalTriangle 和 InverseTriangle

第 1～10 行定义的是 Triangle 类的子类 NormalTriangle。其中，第 3 行的构造函数用表示三角形 3 条边 a，b，c 的结构体对象的参数 *t* 将对象初始化为底边 bottom 朝下的三角形[见图 9-1（a)]。第 4～9 行定义的 rotate 函数，将此类三角形，顺时针旋转 120°的操作，应为 left→right→bottom→ left。

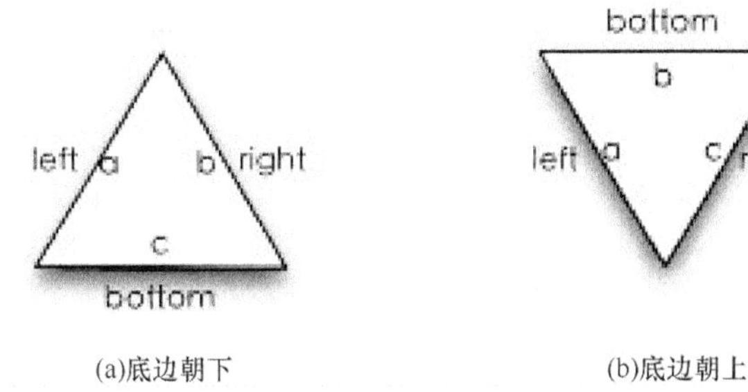

(a)底边朝下　　　　(b)底边朝上

图 9-1　三角形的两种不同摆放。

第 11～20 行定义的是 Triangle 的子类 InverseTriangle。其中，第 13 行的构造函数用数据 a，b，c 将对象初始化为底边 bottom 朝上的三角形[见图 9-1（b）]。第 14～19 行的 rotate 函数顺时针旋转 120°的操作，为 left→bottom→right→left。

由于 Triangle 的 3 个数据成员的访问权限是 **protected**，所以其子类的代码是能够对这些数据进行访问的。通过这样的封装性，我们在对外界代码隐蔽这些数据成员的同时，却对子类开放。

应当明确的是，NormalTriangle 和 InverseTriangle 仍然是抽象类！因为它们仅覆盖了继承自父类 Triangle 的虚函数 rotate，而函数 getOutEdge、getNeighbor、check 均尚未覆盖。

NormalTriangle 和 InverseTriangle 的子类

仔细观察图 4-9，属于 NormalTriangle 的三角形 t_1、t_2、t_3 的外缘边各不相同，与位于自身后相邻三角形的相邻边也不相同，所以需将 NormalTriangle 进一步分类。

```
1 class Triangle1:public NormalTriangle{//放在第 1 个位置的三角形类
2 public:
3   Triangle1(triple& t):NormalTriangle(t){}
4   int getOutEdge(){return left;}//计算外缘边
5   int getNeighbor(){return right;}//计算相邻三角形相邻边
6   bool check(Triangle* t){//检测相邻三角形合法性
7       return t->getNeighbor()==this->bottom;
8   }
9 };
10 class Triangle3:public NormalTriangle{//放在第 3 个位置的三角形类
11 public:
12  Triangle3(triple& t):NormalTriangle(t){}
13  int getOutEdge(){return right;}
14  int getNeighbor(){return bottom;}
15  bool check(Triangle* t){return t->getNeighbor()==this->left;}
16 };
17 class Triangle5:public NormalTriangle{//放在第 5 个位置的三角形类
18 public:
19  Triangle5(triple& t):NormalTriangle(t){}
20  int getOutEdge(){return bottom;}
```

```
21  int getNeighbor(){return left;}
22  bool check(Triangle* t){return t->getNeighbor()==this->right;}
23 };
```

程序 9-26 NormalTriangle 类的分类

第 1～9、第 10～16 和第 17～23 行定义了 NormalTriangle 的子类 Triangle1、Triangle3、Triangle5，它们的对象可分别表示放在 t[0]、t[2]、t[4]处。第 3、第 12、第 19 行的构造函数是一样的，都是调用父类 NormalTriangle 的构造函数进行初始化。第 4 行、第 13 行、第 20 行返回作为外缘边的 left、right、bottom。第 5 行、第 14 行、第 21 行返回作为与位于其后的三角形相邻边的值 right、bottom、left。第 6 行、第 15 行、第 22 行检测前一个三角形与自身相邻边是否相等。

这样，Triangle1、Triangle3 和 Triangle 就称为可以实例化的类了（可以用来生成实际的三角形对象）。相仿地，可以定义位于位置 2、4、6 的三角形为 InverseTriangle 的子类。

```
1 class Triangle2:public InverseTriangle{//放在第 2 个位置的三角形类
2 public:
3   Triangle2(triple& t):InverseTriangle(t){}
4   int getOutEdge(){return bottom;}
5   int getNeighbor(){return right;}
6   bool check(Triangle* t){return t->getNeighbor()==this->left;}
7 };
8 class Triangle4:public InverseTriangle{//放在第 4 个位置的三角形类
9 public:
10  int getOutEdge(){return right;}
11  int getNeighbor(){return left;}
12  bool check(Triangle* t){return t->getNeighbor()==this->bottom;}
13  Triangle4(triple& t):InverseTriangle(t){}
14 };
15 class Triangle6:public InverseTriangle{//放在第 6 个位置的三角形类
16 public:
17   Triangle6(triple& t):InverseTriangle(t){}
18   int getOutEdge(){return left;}
19   int getNeighbor(){return bottom;}
20   bool check(Triangle* t){return t->getNeighbor()==this->right;}
21 };
```

程序 9-27 InverseTriangle 类的分类

至此，我们定义（并且实现）了 6 个三角形类，它们分别是两个类 NormalTriangle 和 InverseTriangle 的派生类，它们有共同的祖辈类 Triangle（见图 9-2）。所有这 6 个类都覆盖了父辈的所有虚函数，因此它们是可以实例化的，也就是说可以创建这些类的对象。

定义游戏类

定义好了三角形类，就可以定义由这些三角形组成的游戏了。由于是一个组合优化问题，我们要用回溯策略解决它，会涉及若干个全局量。为尽量减少全局变量的使用，我们可以把游戏也定义为一个类，且将大多数全局量设置成类的数据成员。

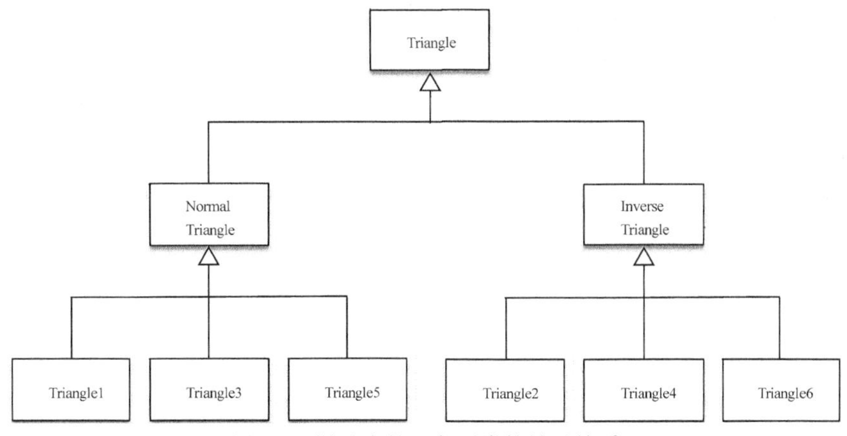

图 9-2 游戏中的三角形类的继承关系

```
1 class Game {//三角形游戏类
2   triple *tr;
3   Triangle *t[6];//表示环状棋盘的指针数组
4   int p[6];//表示三角形下标的数组
5   int Max;//最大外缘边数值和
6   void move();//将得到三角形全排列按正确的方向放置到各自的位置上
7   void play(int k);//对排列好的 6 个三角形回溯合法的格局
8   void clear();//清理指针数组 t
9 public:
10  Game();//构造函数
11  ~Game();//析构函数
12  int theTriangleGame();//计算最大外缘边之和
13 };
```

程序 9-28 游戏类 Game 的定义

游戏类 Game 中第 2 行声明的是用来存储案例的 6 个三角形数据数组。在三角形游戏中，要对排列中的每一个三角形进行旋转，检测它是否能与前一个相邻三角形的相邻边匹配，由于三角形放置的方向和位置不同，检测时所用数据不同，所以我们在此呼唤多态性。我们知道，这 6 个三角形从属的类是不同的，但它们有共同的祖先 Triangle。在 C++中，要使代码具有多态性，必须使用父类指针指向子类对象。因此，我们用一个类型为指向 Triangle 类对象的指针数组 t[0..5]来存储指向这些放置方向、位置各异的三角形。这就是 Game 类中第 3 行声明的最主要的数据成员。第 4 行声明的数组 p[0..5]用来表示 6 个三角形数据的环状全排列。第 5 行声明的 Max 表示最大合法六边形外缘值。所有这些数据成员的访问限制均为缺省的 **private**，以避免外部代码对其做出意外的改变。

第 6 行声明的函数成员 move，其功能是将 6 个三角形的一个环状排列按顺序、方向放置到 6 个位置上。第 7 行声明的成员函数 play 是对三角形的一个环状排列回溯计算合法格局的最大外缘边长。第 8 行声明的成员函数 clear 是在完成三角形的一个环状排列的外缘边长计算后清除数

组 *t* 中各元素所指向的动态内存。这些功能函数声明为 **private** 成员可避免外部代码以外调用。

第 10 行声明的是 Game 类的构造函数。它用传递给它的存放三角形数据的数组初始化类中的成员 tr。第 11 行声明的是 Game 类的析构函数。它负责清除 t[0..5] 的每个元素所指向的动态内存块。第 12 行是计算一个案例的最大外缘边长的成员函数 theTriangleGame。这 3 个声明为 **public** 的函数，便于外部代码调用。下面列出 Game 类的实现。

```
1 Game::Game(triple Tr[]):Max(INT_MIN){
2   tr=Tr;
3for(int i=0;i<6;i++)
4             p[i]=;
5 }
6void Game::clear(){//清理三角形指针数组的空间
7   delete (Triangle1*)t[0];
8   delete (Triangle2*)t[1];
9   delete (Triangle3*)t[2];
10  delete (Triangle4*)t[3];
11  delete (Triangle5*)t[4];
12  delete (Triangle6*)t[5];
13}
14Game::~Game(){
15  clear();
16}
17void Game::move(){//用下标的环状全排列确定三角形的环状全排列
18  t[0]=new Triangle1(tr[0]);//首元素是确定不变的
19  t[1]=new Triangle2(tr[p[1]]);
20  t[2]=new Triangle3(tr[p[2]]);
21  t[3]=new Triangle4(tr[p[3]]);
22  t[4]=new Triangle5(tr[p[4]]);
23  t[5]=new Triangle6(tr[p[5]]);
24}
25 void Game::play(int k){//回溯寻求合法格局中第 k 个三角形的摆法探索
26   if(k>5){//六个三角形都已排好
27       if(t[0]->check(t[5])){//得到合法格局
28           int sum=0;
29           for(int i=0;i<6;i++)//计算外缘边之和
30               sum+=t[i]->getOutEdge();
31           if(sum>Max)//跟踪最大者
32               Max=sum;
33       }
34       return;
35   }
36   for(int i=1;i<=3;i++){
37       t[k]->rotate();//旋转 120 度
38       if(k>0&&!t[k]->check(t[k-1]))//与前一个三角形相邻边不吻合
39           continue;//再旋转
40       play(k+1);//与前者相邻边吻合，则进一步探索第 k+1 个三角形的合法摆放
41   }
42 }
43 int Game::theTriangleGame(){//计算 6 个三角形的所有环状全排列
44   do{
45       move();
```

```
46        play(0);
47        clear();
48    }while(next_permutation(p+1, p+6));
49    return Max;
50 }
```

程序 9-29 游戏类 Game 的实现

第 1～5 行定义构造函数。第 2 行将参数 Tr 表示的 6 个三角形的原始数据数组赋予成员 tr，第 3～4 行将下标数组 p 初始化为{0，1，2，3，4，5}。对 p[1..5]做全排列，则 tr[p[i]](i=0, 1, …, 5)就形成了 6 个三角形的一个环状全排列。

第 6～13 行定义函数 clear，负责清理 *t* 数组中每个元素所指向的动态内存块。

第 14～16 行定义析构函数，简单调用上述的 clear 函数就可以了。尽管 tr 也是一个指针变量，但它指向的是一个数组首地址，这是一个常量，不能 **delete**。

第 17～24 行定义放置三角形的函数 move。每当 p[1..5]完成一个排列，tr[0]，tr[p[1]]，tr[p[2]]，…，tr[p[5]]就构成 6 个三角形数据的环状排列，move 就用这一排列设置三角形数组 t。

第 25～42 行定义的函数 play 实现的是核心算法之一的算法 4-26 的 PLAY 过程。注意，这里有 3 处涉及多态：第 27 行对 t[0]指向的三角形调用检测其是否与 t[5]指向的三角形合法相邻（相邻边值相等）。第 30 行对数组 t 中每个元素指向的三角形调用计算外缘边值的函数 getOutEdge，第 38 行对 t[k]指向的三角形调用检测其是否与 t[k-1]指向的三角形合法相邻。

第 43～50 行定义的函数 theTrianglegame 实现另一个核心算法——算法 4-25 的 THE-TRIANGLE-GAME 过程。该过程的基本思想是通过回溯策略构建所有的 t[0..5]的环状排列，对每一个排列计算出最大合法外缘边值，跟踪最大者。读者一定会发现，函数 theTriangleGame 的代码结构与算法过程的伪代码的结构有很大的区别。这是因为我们运用了 C++提供的算法模板函数 next_permutation，这个函数的功能是连续构建参数表示的序列的所有全排列，如果还有为得到排列，返回 true，否则返回 false。第 44～48 行的 **do-while** 循环的重复条件就是该函数调用的返回值。得到一个 p[1..5]的全排列，第 45 行调用 move 函数将此排列摆放 6 个三角形，第 46 行调用 play 计算这个排列对应的最大合法外缘边值，第 47 行调用 clear 清除本次排列所占用的空间，准备下一次计算。循环往复，直至第 48 行检测到 p[1..5]的所有全排列都已完成。显然，程序代码比原始的算法伪代码更简洁。

主函数

有了处理一个案例的程序模块（各种三角形类，游戏类），就可以写出解决“The Triangle Game”问题的主函数了。

```
1 int main(){
2     ifstream inputdata("The Triangle Game/inputdata.txt");
3     ofstream outputdata("The Triangle Game/outputdata.txt");
4     char ch='*';
5     while(ch!='$'){//解决一个案例
```

```
6          triple tr[6];
7          for(int i=0;i<6;i++)//读取一个案例数据
8              inputdata>>tr[i].a>>tr[i].b>>tr[i].c;
9          Game g(tr);//创建一个游戏对象
10         int max=g.theTriangleGame();//计算合法最大外缘值之和
11     if(max>INT_MIN){//输出
12           outputdata<<max<<endl;
13           cout<<max<<endl;
14}     else{
15           outputdata<<"none"<<endl;
16           cout<<"none"<<endl;
17     }
18     inputdata>>ch;
19   }
20   inputdata.close();outputdata.close();
21   return 0;
22}
```

程序 9-30 解决“三角形游戏”问题的主函数

第 2～3 行打开输入/输出文件。第 5～19 行的 **while** 循环依次读取输入文件中的案例数据（第 6～8 行），用输入数据创建游戏对象 *g*（第 9 行），并计算六边形的最大合法外缘边（第 10 行），输出计算结果（第 11～17 行）。处理完所有案例，第 20 行关闭输入/输出文件。

9.3 C++的模板技术

“抽象”是人们认识、理解、解决复杂问题的重要思想方法——避开事物的细节，着眼于最本质的性质，把握事物的内在规律。“抽象”也是计算机程序设计语言用来解决复杂计算问题的重要技术。语言的抽象能力越强，可用来描述更复杂的计算问题，能解决的计算问题的范围就更广。

我们在上一节就看到了类的封装、继承和多态，使我们能以更“抽象”的方式来编写程序。类的封装性能使我们能将数据及其操作等细节整合成一个整体，以对象的方式来使用这些细节的结合体。类的继承性使我们能层次分明地扩展已知对象，方便我们更深入、更细致地刻画更复杂的对象。而多态性使得我们可以在较高的“父类”层面，抽象地发挥“子类”们各自独特的性质。C++程序因此变得简洁、生动，更容易理解和维护，也更适于开发大型的软件系统。简言之，类的封装、继承和多态是对复杂数据的抽象。本节，我们介绍 C++的另一个抽象利器——模板。C++的模板技术，本质上是对数据类型的抽象，即模板是可以对不同类型的数据（或不同类型的数据成分）进行操作（或刻画、描述）的。

9.3.1 函数模板

一般来说，一个函数模板可以生成一个函数族，这一族函数对不同类型的数据做相同的操作。例如，系统为我们提供的对序列（不同类型的数组、系统的向量或系统的链表）进行排序的函数模板 sort。其声明如下：

```
template <typename T>
void sort(T first, T last);
```

其中关键字 **template** 说明下列声明的是一个模板，尖括号冠以关键字 **typename** 的标示符 T 称为模板参数，它就扮演符号化数据类型的角色。该模板定义（系统仅提供上述声明，并不提供实现细节）了一族函数，对具体的具有小于（<）运算的类型 T，生成一个具体的模板函数；对由[first, last)（包含 first，但不包含 last）确定的一系列数据，进行就地升序排序。请看如下代码。

```
1 int A[] = {1, 4, 2, 8, 5, 7};
2 double B[]={1.5, 4.1, 2.0, 8.3, 5.2, 7.5};
3 sort(A, A + 6);
4 copy(A, A + 6, ostream_iterator<int>(cout, " ")); // 输出" 1 2 4 5 7 8".
5 vector<double> V(B, B+6);
6 sort(V.begin(), V.end());
7 copy(V.begin(), V.end(), ostream_iterator<double>(cout, " ")); //输出"1.5 2.0
4.1 5.2 7.5 8.3".
```

其中的第3行用 sort 函数模板生成一个 T=**int** 的 sort 模板函数，对整型数组 A[0..5] 做升序排序，第 4 行输出排序结果。相仿地，第 6 行生成一个 T=**double** 的 sort 模板函数，并对浮点型向量对象 V 做升序排序，第 7 行输出排序结果。

C++不但为程序员提供了一个内容丰富的标准模板库（将在本章下一节深入介绍），还给了程序员自行创建模板的能力。创建函数模板的格式如下。

```
template<typename T1, typename T2, ……>
返回值类型 函数名（形参表）{
    函数体;
}
```

例如，有如下函数模板定义。

```
1 template<typename T>
2 T min(T first, T last){
3     T m=first;
4     for (T x=first; x!=last; x++)
5         if (*m>*x)
6             m=x;
7     return m;
8 }
```

该函数模板对元素类型为 T 的序列[first, last)计算并返回最小值元素的存储位置。具体运用时，需确定序列中位置类型 T，生成针对具体类型 T 计算序列最大值的模板函数。

函数模板给程序员带了“一处定义，处处调用”的方便。

9.3.2 类模板

C++不但提供函数模板，也提供大量实用的类模板。例如我们经常使用的向量类模板 vector、栈模板 stack、队列模板等。当然，在 C++中程序员还可以定义自己的类模板。定义的格式如下：

```
template<typename T1, typename T2, ……>
class 类名 {
    成员列表 1;
protected:
    成员列表 2;
public:
    成员列表 3;
}
```

类模板常用来表示内部数据成员类型需要抽象的数据结构，例如数组、链表、队列、栈、优先队列、图，等等。本章下一节将讨论 C++提供的数组类模板、链表类模板、栈模板和队列模板。虽然 C++也为程序员提供了基于二叉堆的优先队列模板 priority_queue，但这个优先队列不支持对队列中元素值的修改，换句话说它是静态的，不便用于需要随时修改队列中元素优先级的场合。作为范例，下面给出本书程序代码中使用的表示“动态”优先队列的类模板 PriorityQueue。

动态优先队列类模板定义

```
1 template<typename T, typename Compare=less<T>>
2 class PriorityQueue {
3     vector<T> heap;//堆空间
4     int indexOfMost(int i);//计算第 i 个元素与其孩子们中优先级最大（小）这的下标
5     void siftDown(int index);//下筛操作
6     void liftUp(int index);//上升操作
7 public:
8     bool empty();//检测队列空
9     int size();//计算队列中元素个数
10    T top();//队列首
11    void push(T x);//入队操作
12    void pop();//队首出队操作
13    int search(T &x);//在堆中查找值为 x 的元素下标
14    void replace(T x, int i);//用 x 替换堆中第 i 个元素
15 };
```

程序 9-31 基于二叉堆的动态优先队列类模板定义

第 1 行指出 PriorityQueue 类模板有两个模板参数 T 和 Compare。前者表示加入队列的元素类型，后者表示用来决定优先级的比较规则的仿函数。若 Compare=less<T>则为最大优先队列，而 Compare=greater<T>则为最小优先队列。Compare 的默认值为 less<T>。

第 3 行声明的可变长数组 vector<T>对象 heap 是存储队列中元素的载体。

第 4 行声明的函数 indexOfMost 计算堆中第 i 个元素表示的节点与它的两个孩子节点最大者（最大优先队列）或最小者（最小优先队列）的下标。

第 5 行的函数 siftDown 和第 6 行的函数 liftUp 是实现第 3 章算法 3-9 的两个同名过程。它们是维护 heap 的堆性质的最重要的功能函数。

所有这4个成员的访问限制都是缺省的**private**，也就是说它们对外部代码而言是隐蔽的。

第 8 行的函数 empty 检测队列是否为空，第 9 行的函数 size 计算队列中的元素个数，第 10 行 top 函数访问队首元素，第 11 行 pop 函数将对首元素出队。这几个函数完成通常的优先队列的操作。第 13 行的 search 函数在队列中查找值为 x 的元素，返回所在位置下标，注意它的参数 x 是 T 型引用，所以我们还让 x 带回一些有用的信息。第 14 行的函数 replace 是用值 x 替换队列中第 i 个元素。这两个函数都扮演着使优先队列具有“动态”特征的幕后推手的角色。

这 7 个成员函数是优先队列供程序员使用的接口，所以它们的访问限制都是 **public**。

下面我们来逐一实现 PriorityQueue 类模板中的各成员函数模板。类模板的成员函数模板的实现格式如下。

```
template<typename T1, typename T2, ……>
返回值类型 类名<T1, T2, ……>::函数名（形参表）{
    函数体;
}
```

堆性质维护操作

用来维护堆性质的 3 个函数模板可实现如下。

```
1 template<typename T, typename Compare>
2 int PriorityQueue<T, Compare>::indexOfMost(int i){
3     int heapSize=size();
4     int j=i;
5     if (2*i+1<heapSize && Compare()(heap[i], heap[2*i+1]))
6            j=2*i+1;
7     if (2*(i+1)<heapSize && Compare()(heap[j], heap[2*(i+1)]))
8            j=2*(i+1);
9     return j;
10 }
11 template<typename T, typename Compare>
12 void PriorityQueue<T, Compare>::siftDown(int index){
13  int i=index, j=indexOfMost(index);
14  while (i != j) {
15      swap(heap[i], heap[j]);
16      i=j;
17      j=indexOfMost(i);
18  }
19 }
20 template<typename T, typename Compare>
21 void PriorityQueue<T, Compare>::liftUp(int index){
22  int i=index;
23  int j=(i%2)?(i-1)/2:(i/2);
24  while (i>0 && Compare()(heap[j], heap[i])) {
25      swap(heap[i], heap[j]);
26      i=j;
27      j=(i%2)?(i-1)/2:(i/2);
```

```
28  }
29 }
```

程序 9-32 优先队列的堆性质维护函数模板

第 1～10 行定义的函数模板 indexOfMost 是计算堆 heap 中第 i 个元素 heap[i]对应结点与其左、右孩子 heap[2*i+1]、heap[2*(i+1)]三者中的最大（小）元素的位置下标。其中，第 5～6 行计算出 heap[i]与 heap[2*i-1]的最值下标置于 j。第 7～8 行计算出 heap[j]与 heap[2*(i+1)]的最值下标，第 9 行返回最终的 j 值。注意，表示比较规则的模板参数 Compare 在第 5、第 8 行的检测条件中扮演着判官的角色。

第 11～19 行定义的函数模板 siftDown 是将可能不符合堆性质的 heap[index]，沿子辈路径下降直至满足堆性质为止。第 13 行将 i,j 分别初始化为 index 和 heap[index]与其两个孩子的最值下标。第 14～18 行的循环随着 i 的下沉始终保持 i、j 的父子关系。直至 i==j 为止（亦即父节点为最值）。

第 20～29 行定义的函数模板 liftUp 是将可能不符合堆性质的 heap[index]沿父辈路径上升直至满足堆性质为止。第 22、23 行分别将 i、j 初始化为 index 和 heap[index]的父亲下标。第 24～28 行的 **while** 循环随着 *i* 的上升始终保持 j、i 的父子关系。直至满足堆性质——父亲优于孩子（第 24 行的检测条件）。

优先队列的常规维护操作

```
1 template<typename T, typename Compare>
2 bool PriorityQueue<T, Compare>::empty(){
3   return heap.empty();
4 }
5 template<typename T, typename Compare>
6 int PriorityQueue<T, Compare>::size(){
7     return heap.size();
8 }
9 template<typename T, typename Compare>
10 T PriorityQueue<T, Compare>::top() {
11   return heap[0];
12 }
13 template<typename T, typename Compare>
14 void PriorityQueue<T, Compare>::push(T x){
15   int heapSize=size();
16   heap.push_back(x);
17   liftUp(heapSize);
18}
19 template<typename T, typename Compare>
20 void PriorityQueue<T, Compare>::pop(){
21  if (!empty()) {
22        int heapSize=size()-1;
23        heap[0]=heap[heapSize];
24        heap.erase(heap.end()-1);
25        siftDown(0);
26  }
27 }
```

程序 9-33 优先队列常规维护函数模板

第 1～4 行的 empty 函数模板检测优先队列是否为空，直接调用 heap 的同名成员函数。

第 5～8 行的 size 函数模板计算队列中的元素个数，直接调用 heap 的同名函数。

第 9～12 行的 top 函数模板返回队首元素 heap[0]。

第 13～18 行的入队函数模板 push 将元素 x 添加到 heap 尾部（第 16 行），这样加入的新的节点可能不符合堆性质，故须对其执行上升操作 liftUp（第 17 行）。

第 19～27 行的出队函数模板 pop 在队列非空的前提下（第 21 行），将堆中最后一个元素的值复制到 heap[0]（第 23 行），删掉重复的最后元素（第 24 行）。此时，heap[0]可能不符合堆性质，故需对其执行下筛操作（第 25 行）。

优先队列的动态维护操作

```
1 template<typename T, typename Compare>
2 int PriorityQueue<T, Compare>::search(T &x) {
3    int n=size();
4    for (int i=0; i<n; i++)
5         if(heap[i]==x){
6              x=heap[i];
7              return i;
8         }
9    return -1;
10 }
11 template<typename T, typename Compare>
12 void PriorityQueue<T, Compare>::replace(T x, int i){
13   T y=heap[i];
14   heap[i]=x;
15   if (Compare()(y, x)){
16        liftUp(i);
17        return;
18   }
19   if (Compare()(x, y))
20        siftDown(i);
21 }
```

程序 9-34　优先队列动态维护函数模板

第 1～10 行的函数模板 search 在 heap 中查找指定值为 *x* 的元素。若找到，则返回该元素下标 i（第 7 行），否则返回-1。这实际上就是在 heap 中执行线性查找。需要注意的是，x 的类型是 T，T 可能比较复杂，第 5 行的检测条件中重载的相等运算“==”可能仅仅比较的是 T 中某个属性。实用起见，第 6 行将找到的 heap[i]赋予 x，由于 x 为引用型参数，所以它可以把要删掉的全部信息带回来。

第 11～21 行的函数模板 replace 用 x 的值替换 heap[i]的值。这可能使得 heap[i]不再满足堆性质，因此需要对其进行检测，必要时对其调用上升操作（第 16 行）或下筛操作（第 20 行）。

至此，我们开发了一个实用的动态优先队列类模板。将程序 9-31～程序 9-34 的代码存储为 utility 文件夹下的头文件 priorityqueue.h，凡是需要运用这个类模板的程序只要加上

```
#include "../utility/priorityqueue.h"
```

就可以方便地使用了。下面来看一看它的实际效用。

问题 3-7 的解决方案

回忆问题 3-7“David 购物”。在有限的口袋容量限制下，David 想尽可能多地买最独特的——他在各家店铺中看到重复次数最少——的礼物。将装进口袋（表示为一个最大优先队列）里的礼物在店铺中见到过的次数作为优先级，如果口袋满就将最新看到的礼物替换袋中重复见过最多次的那件，跟踪替换礼物次数。

礼物数据类型

```
1 struct gift{//礼物类型
2    int K;//礼物编号
3    int L;//礼物重复出售次数
4    size_t time;//购买礼物时间
5 };
6 bool operator <(const gift &a, const gift &b){//计算优先级所需小于运算
7    if(a.L<b.L)
8         return true;
9    if(a.L==b.L)
10        return a.time<b.time;
11   return false;
12 }
13 bool operator ==(const gift &a, const gift &b){//查找时所需相等运算
14   return a.K==b.K;
15 }
```

程序 9-35　礼物数据类型

每一件装进口袋的礼物应该有 3 个属性：编号、重复见到的次数和买进的时间。第 1～5 行定义的结构体 gift 就描述了礼物。

由于 gift 型数据对象要加入到表示口袋的最大优先队列中去，故需要在第 6～12 行中重载两个 gift 类型数据的小于比较运算符。比较的第一条件为重复次数 L（第 7～8 行）。若两者的 L 值相等，比较的第二条件为购买时间（第 9～10 行）。

由于看到已买的礼物（编号）需修改袋（优先队列）中该礼物的重复看见次数 L，所以需在第 13～15 行重载以编号为准的相等运算符。

解决一个案例

定义好了加入优先队列的礼物数据类型，下面就来实现算法 3-10 的 DAVID-SHOPING 过程。

```
1 #include "../utility/PriorityQueue.h"
2 int davidShoping(const vector<int> &shops, const int m){//购物模拟
3    int discard=0;
4     size_t n=shops.size();
5    PriorityQueue<gift> pocket;//表示包包的最大优先队列
6    int index;
7     gift g;
```

```
8      for(int i=0;i<n;i++){//进入每个店铺
9         g.K=shops[i];g.L=1,g.time=n-i;//第 i 个店铺出售的礼物
10        index=pocket.search(g);//查看包中是否有
11        if(index==-1)//还没有
12             if(pocket.size()<m){//包中尚有空间
13                  pocket.push(g);//放进包中
14             }else{//包满
15                  pocket.pop();
16                  pocket.push(g);
17                  discard++;//跟踪放弃礼物次数
18             }
19        else{//包中已有
20                  g.L++;//增加重复次数
21                  pocket.replace(g, index);
22        }
23    }
24    return discard;//返回结果
25 }
```

程序 9-36 实现算法 3-10 的 C++函数

函数 davidShoping 的代码结构与算法 3-10 的 DAVID-SHOPING 过程的伪代码结构几乎是一致的。此处说明几个细节。

① 第 5 行使用我们编写优先队列 PriorityQueue 类模板生成了元素类型为 gift 的模板类 PriorityQueue<gift>对象 pocket。为能正确使用 PriorityQueue 类模板，我们在第 1 行将头文件“priorityqueue.h”包含进来。顺便打个比方来说明“类模板”和“模板类”的区别。两者就像“花盆”和“盆花”，类模板是未栽上花（数据类型）的花盆，而模板类是在花盆中在上了花（确定了数据类型）。

② 第 5 行用类模板 PriorityQueue 表示模板类的时候只传递了一个模板参数 gift，它扮演的是模板类中的第一个模板参数 T 的角色，而第二个模板参数 Compare 传递的是缺省的 less<gift>。由于我们在程序 9-35 中为 gift 类型重载了小于（<）运算符，所以这样的缺省模板参数是合法的，声明的对象 pocket 是一个最大优先队列。

③ 对第 i 个店铺中出售的礼品 g（知道编号 K，优先级 L 初始化为 1，时间初始化为当前的 n-i），第 10 行调用 pocket 的 search 函数从中查找“g”，其实是查找编号与 g.K 相等的元素（见程序 9-32 中运算符“==”的定义）。并且，如果找到了（即 index>-1，转第 19～22 行的处理）第 20 行使 g.L 自增 1，并在第 21 行调用 pocket 的 replace 函数用 g 替换 pocket 中 heap[index]。这或许会引起读者的困惑：这样做不是将 heap[index]的 L 属性变为 2 吗？其实，第 20 行 g.L++操作的确是让 g.L 自增 1，但 g.L 未必就是从 1 自增 1 为 2，而是从 heap[index].L 的值自增 1！换句话说，第 20～21 行操作的结果是使 heap[index].L 自增 1。这是为什么呢？回顾程序 9-34 中函数模板 search 的参数 x 是 T 型引用，且在 heap 中找到值为 x 的元素 heap[i]后，做了赋值操作“x=heap[i]”。当时我们就指出，这使得 x 有机会带

回关于找到的元素 heap[i]的更多的信息。回到此处，扮演 search 的参数 x 角色的是 g，因此它会将 heap[index]的原有数据带回来，利用这一性质完成使 heap[index].L++的效果。

主函数

有了正确的处理一个案例数据的函数 davidShoping，我们用以下的主函数来解决“David 购物”问题。

```
1 int main(){
2   ifstream inputdata("David shopping/inputdata.txt");
3   ofstream outputdata("David shopping/outputdata.txt");
4   int M, N, num=1;
5   inputdata>>M>>N;//读取 m, n
7   while(M||N){//处理每个案例
8      vector<int> shops=vector<int>(N);
9      int i, result;
10     for(i=0;i<N;i++)//读取每家店铺的礼物信息
11        inputdata>>shops[i];
12     result=davidShoping(shops,M);
13     outputdata<<"Case "<<num<<": "<<result<<endl;//输出案例结果
14     cout<<"Case "<<num++<<": "<<result<<endl;
15     inputdata>>M>>N;
16   }
17   inputdata.close();
18   outputdata.close();
19   return 0;
20 }
```

程序 9-37 解决“David 购物”问题的主函数

第 2～3 行打开输入/输出文件。第 7～16 行的 **while** 循环依次处理每个测试案例。其中，第 8～11 行读取案例输入数据，第 12 行调用 davidShoping 处理该案例，第 13～14 行输出计算结果。处理完所有案例，第 17～18 行关闭输入/输出文件。

本书中还有多个问题的解决方案中使用了自己开发的动态优先队列类模板 PriorityQueue。读者在自己的开发活动中也可以在需要的时候使用这个模板，并且根据需要进一步完善这个它。

9.4 C++的标准模板库——STL

在上一节中我们看到了模板的抽象能力，它使得我们能够使代码适用于各种数据类型。事实上，C++为程序员提供了一个丰富的模板库——标准模板库（Standard Template Library，STL）。本书所涉及计算问题的 C++解决方案大量使用了 STL 提供的各种模板，包括表示容器的类模板和表示算法的函数模板。

9.4.1 容器类模板

STL 将我们在第 2 章、第 3 章讨论过的表示数据集合的数据结构称为**容器**。放入容器中的元素类型被抽象成模板参数，构成了表示数组的容器类模板 vector、链表类模板 list、二叉搜索树类模板 set、散列表类模板 hash_table、栈类模板 stack、队列类模板 queue、优先队列模板 priority_queue，等等。

序列

在我们的程序中，使用最多最广的是 STL 中表示序列的 vector 类模板和 list 类模板。前者称为向量的可变长数组，后者表示链表。

要使用 vector 类模板，必须将系统提供的头文件<vector>包含进来。由于 vector 类模板生成的模板类对象可以像传统数组那样通过下标随机地访问其中的元素，使用率是最高的，打开在本书提供的所有问题的解决方案中的源文件，vector 的踪迹无处不见。作为冰山一角，本章此前列举的程序中，就有 9-2、9-9、9-10、9-11 含有 vector 模板类的使用。为生成一个元素类型为 T 的向量模板类，进而声明一个具有指定元素个数 n 的向量对象 a 格式如下。

```
vector<T> a(n);
```

此后，可以如同使用普通数组那样，通过下标运算符 a[i]（0≤i≤n）来访问其中的各个元素。如程序 9-10 中的整型向量对象 *W* 和 *V*，也可以按如下格式声明一个空的向量：

```
vector<T> a;
```

此后，可调用 a 的 push_back 函数可在 a 的尾部添加元素。例如，问题 1-4“美丽花园”的 C++解决方案中，主函数从输入文件中读取每一种花开始栽种的位置 lj 和相隔宽度 ij 填充整型向量对象 L 和 I。

```
1 int main(){
2     ifstream inputdata("The Flower Garden/inputdata.txt");
3     ofstream outputdata("The Flower Garden/outputdata.txt");
4     int F, K;
5     inputdata>>F>>K;
6     vector<int> L, I;
7     for (int j=0; j<K; j++) {
8         int lj, ij;
9         inputdata>>lj>>ij;
10        L.push_back(lj-1);
11        I.push_back(ij);
12    }
13    int result=theFlowerGarden(F, K, L, I);
14    outputdata<<result<<endl;
15    cout<<result<<endl;
16    inputdata.close();
17    outputdata.close();
```

```
18    return 0;
19 }
```

程序 9-38 解决 1-4“美丽花园”问题的主函数

第 6 行对 vector 类模板传递模板参数 T 为 **int**，构成模板类 vector<**int**>并声明两个该类的对象 L 和 I（空向量）。

第 7～12 行的 **for** 循环读取输入文件中每一种花的起种位置 lj 和相隔宽度 ij，并用以填充数组 L 和 I。其中，第 9 行读取 lj，ij；第 10 行调用 L 的 push_back 函数将 lj-1 追加到 L 尾部（记录 lj-1 而非 lj 是因为要与数组下标相对应）；第 11 行调用 I 的 push_back 函数将 ij 追加到 I 尾部。第 13 行调用函数 theFlowergarden 计算出结果 result。该函数实现的是算法 1-4 的 THE-FLOWER-GARDEN 过程。

```
1 int theFlowerGarden(int F, int K, vector<int> &L, vector<int> &I){
2    int i=*(min(L.begin(), L.end()));
3    int count=i;
4    while (i<F) {
5         int j;
6         for (j=0; j<K; j++){
7              if (i % I[j]==L[j])
8                 break;
9         }
10        if (j>=K)
11             count++;
12        i++;
13   }
14   return count;
15}
```

程序 9-39 算法 1-4 中 THE-FLOWER-GARDEN 过程的 C++实现函数

函数的代码结构与算法过程的为代码结构是一致的。第 7 行的检测条件“i%I[j]==L[j]”对应算法过程中的“$i-1 \bmod I[j] \equiv L[j]$”。

注意，这里是用下标形式访问整型向量对象 L 和 I 的元素。然而，在程序的第 2 行我们调用了一个系统提供的算法模板函数 min 计算向量 L 中的最小值。这个函数的两个参数分别为 L.begin()和 L.end()。它们都是 vector<**int**>类对象 L 的成员函数，返回值类型称为 vector<**int**>的迭代器。迭代器是 C++中对指向容器中元素的指针数据的扩展。L.begin()的返回值是指向元素 L[0]的迭代器。假定 L 中有 n 个元素，L.end()是指向 L[n-1]后的结尾处的迭代器。迭代器的用法和指向元素指针的用法相容：为读取迭代器指向的元素的值，要用间接访问运算符“*”。例如，第 2 行 min_element(L.begin(), L.end())的值是指向 L[0..n-1]中最小值元素的迭代器，要将这个迭代器指向的元素值赋予 i，则需 i=*(min_element(L.begin(), L.end()))。迭代器是访问容器中元素的统一形式，无论是向量、链表、集合……不管这些容器是否支持下标运算，都可以用迭代器访问其中的元素。例如，对由链表类模板生成的模板类对象，只能用迭代器来访问其中的元素。

要使用量表类模板 list，需要包含头文件<list>。要生成元素类型为 T 的模板类，进而声明该类的对象，格式如下。

```
list<T> a;
```

此后，可以调用对象 a 的 push_back 函数将 T 型数据追加到链表 a 的尾部。要访问 a 中的元素，必须通过 list<T>的迭代器 list<T>::iterator 类型对象进行。

链表模板类应用的典型例子如问题 3-1“对称排序”的解决方案中解决一个测试案例的过程实现。

```
1 void symmetricOrder(list<string> &names){
2    int n=names.size();
3    int m=(n%2==1)?(n/2+1):n/2;
4    int k=1;
5    list<string>::iterator i=++(names.begin()), j=(names.end());
6    while (k<m) {
7        names.insert(j, *i);
8        names.erase(i++);
9        i++; j--;
10       k++;
11   }
12 }
```

程序 9-40 实现算法 3-1 中 SYMMETRIC-ORDER 过程的 C++函数

第 3 行声明的 *m* 设置为名字序列的中点，第 4 行声明的计数器 *k* 初始化为 1。第 5 行声明的变量 *i* 和 *j* 的类型均为链表类模板生成模板类 list<string>的迭代器 list<string>::iterator。前者指向 names 的第 2 个元素，后者指向 names 的最后元素之后位置（names.end()）。第 6～11 行的 **while** 循环将 *i* 指向的元素移到 *j* 指向的元素之前：第 7 行调用 names 的函数 insert 将 *i* 指向的元素（用*i 访问）插在 *j* 之前，第 8 行调用 names 的函数 erase 将 *i* 指向的元素删掉。随着 *i* 向后移动两步，*j* 向前移动 1 步，逐一将原名字序列中编号为双数的元素对称地移到序列的后部，直至两者到达中心点（计数器 *k* 与中点 *m* 相遇）。利用该函数，下列主函数完整解决“对称排序”问题。

```
1 int main(){
2    ifstream inputdata("Symmetric Order/inputdata.txt");
3    ofstream outputdata("Symmetric Order/outputdata.txt");
4    int n, number=0;
5    inputdata>>n;
6    while (n>0) {//逐一处理每个案例
7        list<string> names;
8        for (int i=0; i<n; i++) {//读取案例数据
9            string name;
10           inputdata>>name;
11           names.push_back(name);
```

```
12          }
13          symmetricOrder(names);//处理案例
14          outputdata<<"SET "<<(++number)<<endl;
15          copy(names.begin(), names.end(), ostream_iterator<string>(outputdata, "\n"));
16          cout<<"SET "<<(number)<<endl;
17          copy(names.begin(), names.end(), ostream_iterator<string>(cout, "\n"));
18          inputdata>>n;
19      }
20      inputdata.close();
21      outputdata.close();
22      return 0;
23}
```

程序 9-41　解决问题 3-1“对称排序”的主函数

第 6～19 行的 **while** 循环逐一处理每个测试案例。其中，第 7 行用 list 类模板生成元素类型为字符串 string 的链表模板类 list<string>，并声明该类的对象 names（初始化为空表）。第 8～12 行的 **for** 循环读取案例中的 n 个名字 name，调用 names 的 push_back 函数加入 name。第 13 行调用程序 9-37 定义的函数 symmetricOrder 对 names 按长度对称顺序重新排序。第 14～17 行将重新排好序的 names 输出。其中第 15、17 行调用系统提供的模板函数 copy 分别将 names 输出到文件流 outputdata 和标准输出流 cout 中。函数 copy 的调用格式为“copy(s_first, s_last, d);”，意为将序列[s_first, s_last)复制到从迭代器 d 开始的序列中。以本例中第 15 行代码为例：

```
copy(names.begin(),names.end(),ostream_iterator<string>(outputdata, "\n"));
```

意为将链表 names 中从头（names.begin()）到尾（names.end()）的所有元素按每个元素占一行的格式复制到由函数 ostream_iterator<string>(outputdata, "\n")确定的文件流 outputdata 的当前位置。

应当指出，调用 copy 模板函数将一个序列的每一项输出到指定的输出流，需对序列中的元素数据类型已定义流输出运算符“<<”。此例中，向量 names 中的元素类型为串 string，系统对 string 已定义了流输出运算符，所以运用 copy 函数是合法的。

集合与散列表

回顾表 2-1，二叉搜索树和散列表只能表示无重复元素的集合。在 STL 中有基于二叉搜索树的集合类模板 set 和散列表集合类模板 hash_set。利用迭代器，这两种容器的使用方法从形式上与表示序列的容器很接近。

set 类模板定义于头文件<set>，hash_set[1]类模板定义于头文件<hash_set>。生成元素类型为 T 的集合模板类，进而声明该类对象 S 的格式如下：

```
set<T> S;
```

1此处的 hash_set 和稍后的 hash_map 类模板在 GNU GCC 中分别改名为 unordered_set 和 unordered_map，声明的头文件也分别改为<unordered_set>和<unordered_map>。也分别改为<unordered_set>和<unordered_map>。

相仿地，声明元素类型为 T 的散列表模板类对象 H 的格式如下：

```
hash_set<T> H;
```

使用集合模板类的典型例子如问题 2-5“疯狂搜索”解决一个案例的函数定义。

```
1 int cracySearch(string &text, int n) {
2     hash_set<string> S;
3     int length=text.length();
4     for (int i=0; i<=length-n; i++) {
5         string s=text.substr(i,n);
6         S.insert(s);
7     }
8    return S.size();
9 }
```

程序 9-42 实现算法 2-5 的 CRACY-SEARCH 过程的 C++函数

第 2 行声明了散列表模板类 hash_set<string>的对象 S，第 4～6 行的 **for** 循环将文本串 text 的所有长度为 n 的子串 s（第 5 行调用 text 的成员函数 substr）插入 S 中（第 6 行调用 S 的成员函数 insert）。由于散列表中无重复元素，故插入 s 前无需判断 s 是否存在于 S 中。第 8 行将 S 中的元素个数（调用 S 的函数 size）作为返回值返回。

顺便说明，在程序 9-42 中将第 2 行

```
hash_set<string> S;
```

替换成

```
set<string> S;
```

就函数执行的返回值而言是相同的，因为基于二叉搜索树的集合模板类也是没有重复元素的。然而，由于在基于二叉搜索树的集合类型中插入一个元素的运行时间为 lg*n*（此处的 *n* 表示集合中元素个数），而插入操作对于散列表来说几乎是常数时间，所以就运算效率计，我们选择的是散列表模板类对象。

存储于 set 和 hash_set 模板类的数据即为用来决定该元素存储位置的关键值。在应用中，数据往往是多元合成的，一个键值可能对应（或称为映射）若干个附加数据值。STL 还为程序员提供了这种场合使用的集合类模板 map 和散列表类模板 hash_map。也就是说，存储在 map 模板类或 hash_map 模板类对象的元素是一个 pair 型序偶<key, value>。key 决定该元素的存储位置，元素的值由 value 表示。hash_map 类模板的运用例子：我们在程序 9-14 中看到该模板生成模板类 hash_map<string, **int**>的对象 priority，其中的元素表示各运算符（string 类型作为关键值）及其优先级（**int** 类型作为元素值）。map 类模板定义于头文件<map>，hash_map 类模板定义于头文件<hash_map>。

map 和 hash_map 模板类最有特色的成员函数是下标运算符[]，其参数为关键值，返回值为元素值的引用。若表中已有与指定关键值相等的元素，返回该元素的值；否则在表中插

入关键值为指定值的元素，将其元素值置为缺省的初始值并返回。例如，对程序 9-14 中的 hash_map<string, **int**>的对象 priority 调用下表运算符

```
priority["ln"]
```

返回值为 5。而调用

```
priority["x"]
```

则在其中插入序偶< “x”，0>，返回值为 0。

在程序 9-13 和程序 9-19 的代码中展示了 priority 的运用。

事实上，由于 map 或 hash_map 模板类对象的下表运算的返回值是元素值的引用，所以我们在必要的场合可以对其进行赋值等改变元素值的操作。如解决问题 2-4“寻找克隆人”一个测试案例的函数定义，即为 hash_map 模板类对象应用的典型例子。

```
1 vector<int> findTheClones(const vector<string> &a){
2   int n=a.size();
3   hash_map<string,int> DNAS;
4   for (int i=0; i<n; i++)
5       DNAS[a[i]]++;
6   vector<int> solution(n, 0);
7   hash_map<string,int>::iterator dna;
8   for (dna=DNAS.begin(); dna!=DNAS.end(); dna++)
9       solution[dna->second-1]++;
10  return solution;
11}
```

程序 9-43　实现算法 2-4 的 FIND-THE-CLONES 过程的 C++函数

程序中第 3 行声明的模板类 hash_map<string, **int**>对象 DNAS 用来存储由基因串及其克隆数构成的序偶。

第 4～5 行的 **for** 循环将参数 a 中存储的 n 个基因串加入到 DNAS 中，其中第 5 行调用 DNAS 的下表运算符 DNAS[a[i]]对返回值作自增 1 操作。若 a[i]是第一次加入 DNAS，DNAS[a[i]]为 0，自增 1 变为 1。若 DNAS 中 a[i]已经存在，DNAS[a[i]]++使得表示基因串重复数的元素值增加 1。因此，这个循环结束时，DNAS 当中的每个元素的键值——基因串各不相同，而元素值记录下了该基因串的克隆数。

第 6 行声明了 vector<**int**>模板类的一个对象 solution，具有 *n* 个元素，每个元素初始化为 0。该向量是我们的计算结果，将在第 10 行最为返回值返回。solution[i]表示克隆数为 i 的基因串数（0≤i<n）。

第 7 行声明的 dna 为指向 hash_map<string, **int**>对象中元素的迭代器，在第 8～9 行的 **for** 循环中利用这个迭代器对象遍历了 DNAS 中的每个元素（从 DNAS.befgin()到 DNAS.end()）。对 dna 指向的每一个基因串数据序偶，其第 2 个分量（dna->second）表示的是该基因串的重复个数，克隆数就应该是 dna->second-1。令 solution[dna->

second-1]自增 1，跟踪克隆数为该值的基因串数。

栈与队列

STL 也提供了表示栈的类模板 stack 和表示队列的类模板 queue，它们分别定义于头文件<stack>和<queue>。stack 类模板的使用在程序 9-8 和程序 9-19 中均有展示。声明用队列类模板 queue 生成元素类型为 T 的模板类对象 Q 的格式为：

```
queue<T> Q;
```

运用队列类模板的典型例子如解决问题 3-6“最好的农场”中一个测试案例的函数。

```
1 int theBestFarm(vector<pair<int, int>> &cells, vector<int> &values) {
2    int n=cells.size();
3    int max=INT_MIN;
4    vector<bool> visited(n, false);
5    for (int i=0; i<n; i++) {
6        if (!visited[i]) {
7            int value=0;
8            visited[i]=true;
9            queue<int> Q;
10           Q.push(i);
11           while (!Q.empty()) {
12               int k=Q.front(); Q.pop();
13               value+=values[k];
14               int x=cells[k].first, y=cells[k].second;
15               vector<pair<int, int>>::iterator p;
16               p=find(cells.begin(), cells.end(), pair<int, int>(x-1, y));
17               if (p!=cells.end()){
18                   int j=distance(cells.begin(), p);
19                   if (!visited[j]) {
20                       Q.push(j);
21                       visited[j]=true;
22                   }
23               }
24               p=find(cells.begin(), cells.end(), pair<int, int>(x+1, y));
25               if (p!=cells.end()){
26                   int j=distance(cells.begin(), p);
27                   if (!visited[j]) {
28                       Q.push(j);
29                       visited[j]=true;
30                   }
31               }
32               p=find(cells.begin(), cells.end(), pair<int, int>(x, y-1));
33               if (p!=cells.end()){
34                   int j=distance(cells.begin(), p);
35                   if (!visited[j]) {
36                       Q.push(j);
37                       visited[j]=true;
38                   }
39               }
40               p=find(cells.begin(), cells.end(), pair<int, int>(x, y+1));
41               if (p!=cells.end()){
```

```
42                  int j=distance(cells.begin(), p);
43                  if (!visited[j]) {
44                     Q.push(j);
45                     visited[j]=true;
46                  }
47               }
48            }
49            if (max<value)
50               max=value;
51         }
52     }
53     return max;
54 }
```

程序 9-44 实现算法 3-6 的 THE-BEST-FARM 过程的 C++函数

函数 theBestFarm 的代码结构本质上与算法 3-8 的 THE-BEST-FARM 过程的伪代码结构是一致的。只是伪代码过程中位于第 12～15 行的内层 **for** 循环是处理所有与位置（x, y）相连的未访问过的位置。这包括（$x-1, y$）、（$x+1, y$）、（$x, y-1$）、（$x, y+1$）这四种可能的情形。而这四种情形很难用循环形式统一表示，所以退一步表示成程序代码中 4 段连续的代码段，由第 16～23 行、第 24～31 行、第 32～39 行、第 40～47 行分别处理这四种可能的情形。

程序中，对某个 i 若未曾访问过位置 cells[i]（第 6 行的检测），第 9 行声明一个整型队列模板类对象 Q。将该位置的下标 i 加入 Q，从此开始，第 11～48 行的 **while** 循环探索一片连续的地块，比算出该地块的价值 value。具体的做法就是从 Q 中弹出队首 k，设其对应的位置坐标 cells[k]为（x, y）（第 14 行）。找出所有与（x, y）相连位置 j（由上述的 4 组代码检测执行），逐一标记已访问标志（visited[i]置为 true），累加地块价值到 value，并将 j 加入队列 Q 中。循环往复，直至 Q 为空。具体以第 16～23 行的代码为例说明如下。

注意，第 15 行声明的变量是可以指向向量对象 cells 中元素的迭代器 vector<pair<**int**, **int**>>::iterator。第 16 行调用算法模板函数 find 在范围 [cells.begin(), cells.end())，即整个 cells 中查找坐标为（x-1, y）的元素位置，赋予迭代器 p。若找到（p!=cells.end()），则第 18 行调用算法模板函数 distance 计算出迭代器 p 指向的元素在向量 cells 中的下标，若该位置未曾访问过（第 19 行检测），第 20 行将 j 加入队列 Q，第 21 行将 j 的访问标志置 visited[i]为 true。

当第 11～48 行的 **while** 循环结束，意味着一片连续地块的价值 value 已经计算出来。第 49～50 行用 max 跟踪最大的 value。

第 5～52 行循环结束，所得 max 即为连续地块的最大价值。

字符串与位串

C++的 STL 还将程序中使用频繁的字符串作为一种特殊的容器——元素为字符数据的序列——提供给程序员方便使用。string 对象的运用普遍性堪比数组。因为计算机技术主要用于信息处理，而信息的表达离不开文字，字符串是计算机中表示文本的最基本的载体和工具。

STL 的 string 类对象除了与传统的字符串同样通过下标访问串中字符外，系统还为其提供了大量好用的功能函数。在本章前面的程序中，已经多次看到 string 对象的运用。下面考察另一个典型的应用例子，解决问题 2-6“Pandora 星球上的计算机病毒”一个测试案例的函数。

```
1 int computerVirusOnPlanetPandora(vector<string> &virus, string &program){
2     int n=virus.size();//病毒种数
3     int count=0;
4     string program1=extract(program);//程序解压
5     for(int i=0; i<n; i++){
6         string virus1(virus[i].rbegin(), virus[i].rend());//第 i 种病毒模式的逆向串
7         if(program1.find(virus[i])!=string::npos||//感染第 i 种病毒
8             program1.find(virus1)!=string::npos)//感染第 i 种病毒的逆
9             count++;
10    }
11    return count;
12 }
```

程序 9-45 实现算法 2-6 的 COMPUTER-VIRUS-ON-PLANTE-PANDORA 过程的 C++函数

第 4 行对程序文本 program 解压，生成解压后的程序文本字符串 program1。第 5～10 行的 **for** 循环对每一种病毒模式 virus[i] 及其逆串 virus1——第 6 行生成——virus[i].rbegin()、virus[i].rend()是分别指向 virus[i]逆向首、尾的迭代器，检测是否感染 program1。其中，第 7 行检测 program1.find(virus[i])!= string::npos 中调用 program1 的模式匹配[2]函数 find，若返回值为 string::npos，意为着匹配失败，否则意味着 program1 中存在模式 virus[i]。第 8 行检测的是 virus[i]的逆向串。

第 4 行调用的解压函数 extract 定义如下。

```
1 string extract(const string &program){
2     string program1;
3     int i=0, n=program.length();
4     while(i<n){
5         while(i<n&&program[i]!='[')
6             program1+=program[i++];
7         if (i>=n)
8             return program1;
9         int q=0;
10        i++;
11        while(program[i]>='0'&&program[i]<='9')
12            q=q*10+(program[i++]-'0');
13        string str(q, program[i++]);
14        program1+=str;
15        i++;
16    }
17    return program1;
18 }
```

程序 9-46 程序解压函数 extract 的定义

2 见第 2 章 2.2 节。

在第4～16行的**while**循环中，第5～6行负责将正常的字母字符依次填充到program1的尾部。注意 program1+=program[i++] 等价于“program1=program+program[i++]”，也就是说，可以用运算符“+”将string对象与一个字符相连接。

第9～12行计算压缩符中的重复字符数q，第13行声明一个具有q个重复字符的串str，第14行将此str连接到program1的尾部。

STL还提供了一个很有用的表示位串的容器模板bitset。形象地说，一个bitset模板类对象就是一个由0/1组成的序列。可以用下标读写序列中指定位置的bit值，还可以进行各种位运算，包括位移、按位与、按位或、按位反等。典型的应用例子如问题4-4“一步致胜”的解决方案。

问题4-4“一步致胜”解决方案

回顾“一步致胜”问题。玩家x，o轮流在一个4×4的棋盘上下子，直至一方的4个棋子排成一行，或排成一列，或排成一条对角线（主对角线或次对角线），就算该方赢。或者双方的棋子布满了棋盘，却无人赢，这一状态称为平局。目的是要寻求使得x“必赢”的第一步。所谓x必赢，指的是x走了第一步后，余下的棋局无论o如何布子，都不能取胜。我们的策略是对一局棋中，*n*个尚未布子的格子hole[0..*n*−1]运用回溯的方法，对x的每一种第一步走法检测是否必赢局。具体地说，每一种确定第一步hole[0]的棋局，可能的布子方式对应hole[1], …, hole[*n*−1]的一个全排列。在每一个全排列的产生过程中，可对每一方下子后的格局进行检测是否赢，若x赢或双方均未赢，则深入探索下一步棋。若o方赢则中止进一步探索回溯到上一层，换一种走法。算法4-12的FIND-WIN-MOVE过程描述了这一思想。要将算法实现为C++程序，需考虑x，o各自的棋局的表示。

最直观的方式，是将表示棋局的数据组织成一个由0，1组成的4×4的矩阵。对案例数据

```
....
.xo.
.ox.
....
```

x和o各自的棋子布局数据如图9-2所示。

(a) 表示x的格局	(b) 表示o的格局
0 0 0 0	0 0 0 0
0 1 0 0	0 0 1 0
0 0 1 0	0 1 0 0
0 0 0 0	0 0 0 0

图9-2 表示案例中x，o方棋局的二维数组

对于每一方的棋子格局，要检测是否赢，就需要检测数组中是否有一行（或一列，或一

条对角线）上的元素均为 1。例如，如果将棋局表为 4×4 的二维数组 a，要检测第 i 行数据是否均为 1 可用如下代码：

```
bool checkrow(inti, int a[4][4]){
    int j=0;
    while(j<4){
        if(a[i][j]!=1)
             return false;
        j++;
    }
    return true;
}
```

检测棋局赢

事实上，我们可以用一个长度为 16 的二进制位（bit）串来表示一方的棋局。例如，我们可以用二进制位串 0000 0100 0010 0000 表示 x 的格局，而用二进制位串 0000 0010 0100 0000 表示 o 的格局。而这两个 bit 串对应的十进制整数分别为 1056($=2^{10}+2^4$)和 576($=2^9+2^5$)。这样要检测第 i 行是否为全为一方的棋子，这一方只需用一个 16 位的 bit 串 v，其中对应这一行的 4 个 bit 位置为 1，其他均值为 0。例如若要检测第 4 行是否全为一方的棋子，v 可置为 1111 0000 0000 0000（$=2^{15}+2^{14}+2^{13}+2^{12}=61440$）。计算此位串 v 与表示棋局的位串 target 的按位与，若有 target&v 恰为 v，则意味着这一方赢。

```
1 bool checkrow(int i, bitset<16> &targ){//检测 targ 所示格局是否在第 i 行赢
2   bitset<16> v(15<<(i*4));
3    return v==(targ&v);
4 }
5 bool checkcol(int j, bitset<16> &targ){//检测 targ 所示格局是否在第 j 列赢
6     bitset<16> v(4369<<j);
7     return v==(targ&v);
8 }
9 bool checkdiag(bitset<16> &targ){//检测 targ 所示格局是否在主对角线赢
10    bitset<16> v(33825);
11     return v==(targ&v);
12 }
13 bool checkdiag1(bitset<16> &targ){//检测 targ 所示格局是否在次对角线赢
14     bitset<16> v(4680);
15     return v==(targ&v);
16 }
```

程序 9-47 检测一字棋一方棋局是否赢的函数定义

注意第 2 行对象 v 的声明。bitset 是 STL 提供的类模板中的一个“另类”，其模板参数必须用正整型常量作为实参值，说明 bit 串的长度。bitset 类模板定义于头文件<bitset>。

第 1～4 行定义的是检测棋局 targ 中第 i 行是否为被棋子占满的函数 checkrow。其中第 2 行用 15（4 个连续的 1）移动 4*i 位（刚好是棋局中第 i 行的 4 个位置），作为长度为 16 的位串模板类对象 v 的值。第 13 行将 targ 与 v 按位与，若结果与 v 相等，则意味

着棋局中这一行的 4 个位置均为 1。

第 5～8 行定义的 checkcol 函数检测棋局 targ 中第 j 列是否均为 1。注意 $4369=2^{12}+2^8+2^4+1$，恰为第 1 列的 4 个位置均为 1 对应的 bit 串。

第 9～12 行是检测棋局 targ 的主对角线上 4 个位置是否均为 1 的函数 checkdiag。注意 $33825=2^{15}+2^{10}+2^5+1$，恰为主对角线上 4 个位置均为 1 对应的 bit 串。

第 13～16 行是检测 targ 中次对角线上 4 个位置是否均为 1 的函数 checkdiag1。注意 $4680=2^{12}+2^9+2^6+2^3$，恰为次对角线上 4 个位置均为 1 对应的 bit 串。

玩家类

游戏中有两个玩家，x 和 o。除了第 1 步由 x 下子外，玩家的地位是平等的。可将玩家定义成如下的 Player 类。

```
1 class Player{//玩家类
2     bool win;//赢标志
3     bitset<16> pattern;//自家格局
4     bitset<16> initp;//自家初始格局
5     void place(int i, int j);//在第 i 行第 j 列处下子
6     void clear(int i, int j);//清除第 i 行第 j 列处棋子
7     void reset();//用自家初始格局重置
8     void reset(bitset<16> &p);//用格局参数重置
9 public:
10    Player(int p=0):win(false),initp(p),pattern(p){}
11    bool isWin(){return win;}//检测赢标志
12    friend class TicTacToe;//局棋类
13};
```

程序 9-48　玩家类 Player 的定义

玩家类拥有 3 个数据成员：第 6 行的赢得游戏得标志 **bool** 型的 win，第 7 行表示当前自家棋局的 bitset<16>型的 pattern，第 8 行表示自家初始棋局的 bitset<16>型的 initp。

第 5 行声明的是在第 i 行、第 j 列下一个棋子的函数 place。

第 6 行的 clear 函数用来清除第 i 行、第 j 列下的棋子。这是回溯探索过程中回溯时所需的操作。

第 7 行声明的是用己方初始格局重置棋局的函数 reset。

上述数据与函数均为 Player 的 **private** 成员，对外部代码是屏蔽的。第 10～11 行声明的是两个 **public** 成员函数。

第 10 行是构造函数，用参数 p 初始化 initp 和 pattern，并将 win 初始化为 false。

第 11 行是检测己方是否已经赢的函数 isWin。

Player 类中 4 个成员函数的实现如下。

```
1 void Player::place(int I, int j){
2     pattern.set(i*4+j);//设置格局对应位为 1。可以简化为 pattern[i*4+j]=1
```

```
3    win=checkrow(i, pattern)||checkcol(j, pattern)||
4                               checkdiag(pattern)||checkdiag1(pattern);
5 }
6 void Player::clear(int i, int j){
7     pattern.reset(i*4+j);//清除格局对应位上的 1。可以简化为 pattern[i*4+j]=0
8 }
9 void Player::reset(){
10    pattern=initp;
11    win=false;
12 }
13 void Player::reset(bitset<16> &p){
14    pattern=initp=p;
15    win=false;
16 }
```

程序 9-49 玩家类 Player 的实现

第 1～5 行实现的是在第 i 行第 j 列处下一枚棋子的操作函数 place。由于我们是用一维的 bit 串按行优先规则来表示 4×4 的二维棋局矩阵，所以要将第 i 行第 j 列处下一子，相当于将矩阵中第 i 行第 j 列元素置为 1，这只要在表示棋局的 bit 串 pattern 中将第 i*4+j 个元素置为 1 即可。第 2 行调用 pattern 的函数 set 完成这一操作，事实上 bitset 模板类是支持下标运算的，所以这一操作可简化为 pattern[i*4+j]=1。

将 pattern[i*4+j] 置为 1 后，可能使得己方已经赢，第 3～4 行调用程序 9-44 中定义的 4 个函数分别检测第 i 行是否均为 1、检测第 j 列是否均为 1、检测两条对角线是否均为 1，并将计算结果赋予赢标志 win。

第 6～8 行实现的函数 clear，清除在第 *i* 行第 *j* 列所下的棋子，也就是将棋局 pattern 中第 i*4+j 个元素置为 0。第 7 行调用 pattern 的成员函数 reset 完成这一操作。

第 9～12 行实现的无参函数 reset 以及第 13～16 行实现带参函数 reset，都是重置 Player 类对象的 3 个数据成员。两者均将 win 置为 false，所不同的是前者用原有的 initp 重置 pattern，后者是用参数 p 的值重置 initp 和 pattern。

游戏类

用玩家类对象，可以将游戏类定义如下。

```
1 class TicTacToe {//一字棋类
2     Player x, o;//两个玩家
3     vector<pair<int, int> > hole;//棋盘中可下子的棋眼
4     vector<int> p;//下子顺序
5     int n;//可下子数目
6     bool draw;//平局标志
7     void oneTurn(int k);//第 k 轮
8     void restore(int k);//回溯前恢复格局
9     void reset();//重置
10     void explore(int k); //回溯搜索必赢首步
11 public:
```

```
12    pair<int, int> winMove;//必赢首步
13    TicTacToe(vector<string> &a);//构造函数
14    friend bool findWinningMove(TicTacToe &game);
15 };
```

程序 9-50 一字棋游戏类 TicTacToe 的定义

TicTacToe 类有 6 个数据成员：第 2 行的两个 Player 类对象 x，o；第 3 行表示棋局中可下棋子的位置序列 hole；第 4 行用来表示 hole 中元素下标全排列的数组 p；第 5 行是表示可下棋子总数（也是 hole 的元素个数）n；第 6 行是表示平局的标志 draw。所有这些都是 **private** 数据成员，对外部代码屏蔽。

TicTacToe 有 4 个用于内部调用的 **private** 函数成员：

① 第 7 行的 oneTurn 函数按传递给它的参数 k 的奇偶性决定 x 或 o 下一个棋子。

② 第 8 行的 restore 函数在回溯前恢复上一步格局。

③ 第 9 行的 reset 函数负责清盘恢复到初始格局。

④ 第 10 行的回溯搜索必赢首步的函数 explore。

TicTacToe 有一个 **public** 数据成员，第 12 行声明的序偶 winMov，用来记录 x 取得必赢的首步下子处。

唯一的一个 **public** 函数成员是第 13 行的构造函数。

第 14 行声明了一个友元函数 findWinnigMove 完成一个案例的计算。该函数可以访问 TicTacToe 类内的所有成员，包括 **private** 成员。

游戏类 TicTacToe 的实现如下。

```
1 TicTacToe::TicTacToe(vector<string> &a){
2    bitset<16> xinit=0,oinit=0;
3    n=0;
4    for(int i=0,t=0;i<4;i++)
5        for(int j=0;j<4;j++){
6            if(a[i][j]=='.'){//记录可下子棋眼
7                hole.push_back(make_pair(i,j));
8                p.push_back(n++);
9                continue;
10           }
11           int k=i*4+j;
12           if(a[i][j]=='x')//跟踪 x 初始格局
13              xinit.set(k);
14           else//跟踪 o 初始格局
15              oinit.set(k);
16       }
17   x.reset(xinit);//初始化 x 玩家
18   o.reset(oinit);//初始化 o 玩家
19   draw=false;//初始化各标志
20   winMove=hole[p[0]];//初始化必赢首步
21 }
```

```
22 void TicTacToe::oneTurn(int k){//第k轮
23     int i=hole[p[k]].first,j=hole[p[k]].second;
24     if (k%2==0)//轮到x玩家
25         x.place(i, j);
26     else//轮到o玩家
27         o.place(i, j);
28 }
29 void TicTacToe::restore(int k){//恢复第k轮前格局
30     int i=hole[p[k]].first,j=hole[p[k]].second;
31     if (k%2==0)
32         x.clear(i, j);
33     else
34         o.clear(i, j);
35 }
36 void TicTacToe::reset(){
37     x.reset();
38     o.reset();
39     draw=false;
40     winMove=hole[p[0]];
41}
42void TicTacToe::explore(int k){
43     if((k>=n)&&!x.isWin()&&!o.isWin()){//出现平局
44         draw=true;
45          return;
46     }
47     if (o.isWin()){//上一步o玩家赢，退出
48          return;
49     }
50     if(x.isWin()){//上一步x玩家赢，准备x的另一种走法
51         x.win=false;
52         return;
53     }
54     for(int i=k;i<n;i++){//上一步未能决出胜负，准备进一步探，共有n-k个可能的走法
55          swap(p[k],p[i]);//决定下子的棋眼
56          oneTurn(k);//走一步
57          explore(k+1);//探索下一步
58          restore(k);//回溯前恢复格局
59          swap(p[k], p[i]);
60     }
61 }
```

程序 9-51 TicTacToe 类的实现

第 1～21 行定义的 TicTacToe 类的构造函数。函数体中，第 4～16 行的两重 **for** 循环表示棋盘格局的参数 a，其中的第 6～10 行初始化表示棋眼的 hole（存储每个可以下子的位置），同时将表示 hole 数组下标的数组 p 初始化为{0, 1, …, n-1}。第 11～15 行计算 x 玩家的初始格局 xinit 和 o 玩家的初始格局 oinit。第 17、18 行分别用 xinit 和 oinit 初始化 x、o 玩家对象。第 19 行将表示平局的标志 draw 初始化为 false。第 20 行将首步 winMove 初始化为 hole[p[0]]。

第 22～28 行定义的成员函数 oneTurn 在参数指定的第 p[k]个棋眼 hole[p[k]]处按 k 的奇偶性决定一方下一棋子。第 23 计算 hole[*p*[*k*]]指定的棋局中的行号 i 和列号 j。若 k 为偶数则调用玩家 x 的函数 place(i, j)（第 25 行），否则调用 o 的 place 函数在（i, j）处下一子（第 27 行）。

第 29～35 行定义的成员函数 restore 执行的是与 oneTurn 相反的工作：按参数 k 的奇偶性决定清除一方在 hole[p[k]]指定的位置所下的棋子。

第 36～41 行的成员函数 reset 负责清盘操作：重置 x、o 玩家，重设 draw 标志，重置 x 的首步 winMove。

第 42～61 行定义的成员函数 explore 实现的是算法 4-13 的 EXPLORE 过程。第 43～46 处理平局情形，将标志 draw 置为 true 后返回。第 47～49 行处理 o 玩家赢的情形，此时必有 o.winy 已经为 true，故直接返回。第 50～53 行处理 x 赢一局的情形，由于需要检测下一局 x 是否还会赢，故需重置 x.win 为 false。第 54～60 的 **for** 循环结构与算法为代码对应的 **for** 循环结构是一致的，此处不再赘述。需要注意的是，第 55、59 行调用的模板函数 swap 是根据一个 STL 提供的算法函数模板生成的。关于算法函数模板将在本节稍后处深入讨论。

解决一个案例

对给定初始棋局构造的一字棋游戏对象 game，函数 findWinningMove 实现了算法 4-12 的 FIND-WINNING-MOVE 过程。

```
1 bool findWinningMove(TicTacToe &game){
2    int n=game.n;
3    for (int i=0; i<n; i++) {//n 个可能的首步
4        swap(game.p[0], game.p[i]);
5        if (i>0&&!game.o.isWin()&&!game.draw) {//前一局 x 必赢
6            game.forceWin=true;
7            return true;
8        }else{//或是第一局，或是前一局 x 非必赢
9            game.reset();//重置（x，o 的格局恢复初始状态）
10           game.oneTurn(0);//x 玩家走第一步
11           game.explore(1);//探索下一步
12           game.restore(0);//恢复各玩家格局
13           swap(game.p[0], game.p[i]);
14       }
15   }
16   return false;
17}
```

程序 9-52　实现算法 4-12 的 FIND-WINNING-MOVE 过程的 C++函数

与算法 4-12 的伪代码相比，似乎少了一段初始化棋局的操作，这实际上已经在生成参数中 TicTacToe 类对象 game 时做过了（见程序 9-51 中的构造函数）。第 3～15 行的 **for** 循环对应伪代码中的 **for** 循环结构。读者可对比阅读理解。

9.4.2 算法模板和仿函数

STL 不仅向程序员提供了丰富的、表示各种数据结构的“容器”类模板，还提供了丰富的、作用于这些容器的算法函数模板。我们已经在前面的程序中看到过几个常用的算法模板的运用。例如，程序 9-26 中计算序列全排列的模板函数 next_permutation，程序 9-36 中计算容器中最小值元素的 min_element 模板函数，程序 9-38 中将一个序列复制到另一个序列中的 copy 模板函数、程序 9-48 和程序 9-49 中交换两个变量中值的 swap 模板函数，等等。几乎所有的算法函数模板均定义于头文件<algorithm>，使用前需包含此头文件。在调用算法模板函数时，系统会根据函数的实际参数类型自动决定模板参数的实际类型，无需像使用模板类时指定实际的模板参数。算法函数模板操作的对象往往是容器模板类，例如对向量或链表排序，遍历基于二叉搜索树的集合元素或散列表元素，计算容器中最大值或最小值元素，等等。STL 提供的大多数这样的算法函数模板往往不是用参数传递容器本身，而是通过参数传递容器的迭代器进行处理。因此可以说，在 STL 中迭代器是算法作用于容器的“粘合剂”。运用这些算法函数模板的典型例子如：解决问题 1-10“牛妞排队”的一个测试案例的算法 1-12 中 COW-SORTING 过程的实现函数。

```
1 int cowSorting(vector<int> &a){
2     int cost=0;
3     int n=int(a.size());
4     vector<int> b(a);
5     sort(b.begin(), b.end());
6     int a_min=b[0];
7     while (n > 0) {
8     int j=0;
9     while (a[j]==0)
10        j++;
11     int ti=INT_MAX, sum=a[j];
12     int k=1, ai=a[j];
13     a[j]=0; n--;
14     while (b[j]!=ai) {
15         k++;
16         if (ti>b[j])
17             ti=b[j];
18             sum+=b[j];
19             j=int(distance(a.begin(), find(a.begin(), a.end(), b[j])));
20             a[j]=0; n--;
21         }
22         if (k>1) {
23             int mi = min((k-2)*ti, ti+(k+1)*a_min);
24             cost+=(sum+mi);
25         }
26    }
27    return cost;
28 }
```

程序 9-53 实现算法 1-12 的 COW-SORTING 过程的 C++函数

与算法过程相比，函数的代码结构基本上与算法的伪代码结构是一致的。第 5 行调用的模板函数 sort 根据传递给它的参数 b.begin() 和 b.end() 将模板参数置为 vector<**int**>::iterator，然后对 b 中的元素进行升序排序，完成算法过程中第 3 行的 SORT(*b*)操作。第 19 行实际涉及两个算法模板函数的调用，首先调用查找模板函数 find 通过参数 a.begin()和 a.end()确定查找范围为整个向量 a，查找目标值为参数 b[i]。find 返回的是 a 中指向值为 b[i]的元素的迭代器，为确定该元素的下标，调用算法模板函数 distance 计算从 a.begin()起到找到的这个迭代器指向的位置之间，共有多少个元素，这恰为该元素在 a 中的下标。第 23 行调用计算两个值的最小者的模板函数 min，计算 (k-2)*ti 与 *ti*+(k+1)*a_min 两者中的较小者。

STL 还为程序员提供了一套计算集合并、交、差的函数模板。不过，这些集合运算的函数模板仅对有序集合有效，换句话说，如果容器为序列则必须对其进行排序后才能进行集合运算。我们知道 set 是基于二叉搜索树的容器，它按中序遍历方式构建的迭代器，恰能表示一个有序序列。所以，集合运算函数模板对 set 容器而言是很方便的。典型例子为解决问题 2-10“计算机调度”一个测试案例的算法 2-14 的 MACHINE-SCHEDULE 过程的 C++实现函数。

```
1 int machineSchedule(int n, int m, vector<int> &i, vector<int> &x, vector<int> &y) {
2   vector<set<int>> mode(n+m, set<int>());
3   set<int> jobs;//未处理任务集合
4   int k=x.size();
5   for (int j=0; j<k; j++) {
6     mode[x[j]].insert(i[j]);//记录任务的 A 机工作模式
7     mode[n+y[j]].insert(i[j]);//记录任务的 B 机工作模式
8     jobs.insert(j);
9   }
10  set<int> r=mode[0].size()>mode[n+m-1].size()? mode[0]:mode[n+m-1];
11  int num=0;//机器重启次数
12  while (!jobs.empty()) {//还有未处理任务
13    num++;
14    int* temp=new int[jobs.size()];
15    int* p=set_difference(jobs.begin(),jobs.end(),r.begin(),r.end(), temp);
16    jobs=set<int>(temp, p);
17    delete []temp;
18    for (int j=0; j<n+m; j++) {//调整各模式可接受的任务
19      temp=new int[mode[j].size()];
20      p=set_difference(mode[j].begin(),mode[j].end(),r.begin(),r.end(), temp);
21      mode[j]=set<int>(temp, p);
22      delete []temp;
23    }
24    int j=distance(mode.begin(),max_element(mode.begin(), mode.end(),Comp()));
25    r=mode[j];//下次处理的任务
26  }
27  return num;
28 }
```

程序 9-54 实现算法 2-14 中 MACHINE-SCHEDULE 过程的 C++函数

程序代码与算法的伪代码结构是一致的。需要说明的是：

① 我们用基于二叉搜索树的 set 模板类来表示各个模式 mode[0..n+m-1]以及任务集合 jobs。

② 第 10 行用条件表达式计算 mode[0]和 mode[n+m-1]两个模式中包含任务较多者。

③ 在第 15 行和第 20 行两处调用了计算两个集合差的模板函数 set_difference。第 15 行计算 jobs-r，第 20 行计算 mode[j] -r。set_difference 调用格式如下：

set_difference(first1, last1, first2, last2, result)

计算由迭代器[first1, last]确定的集合 X 与由迭代器[first2, last2]确定的集合 Y 的差 X-Y,结果置于由迭代器 result 指向的容器中(需保证该容器有足够的存储空间)。该函数的返回值是存储结果的容器中指向尾部的迭代器。例如，第 15 行中[first1, last2]=[jobs.begin(), jobs.end()]，实际上就是集合 jobs。而[first2, last2]=[r.begin(), r.end())，即为 r。result 是由第 14 行申请的动态空间首地址 temp 扮演的。返回值为指向 temp 中存储计算结果尾部的指针 p。因此结果存储在[temp, p]。第 16 行用[temp, p]重置 jobs。完成了 jobs←jobs-*r* 的操作。第 17 行用 **delete** 删掉 temp 指向的动态数组，注意删掉指针指向的动态数组应在指针变量前加“[]”。第 20～22 行的意义相仿，读者请自己理解。

④ 第 24 行调用 distance 模板函数，计算由函数模板调用

max_element(mode.begin(), mode.end(),Comp())

确定 mode[0..n+m-1]中所含元素个数最大的那个集合的下标 j。distance 函数的功能在程序 9-51 的说明中已经讨论过，需要仔细介绍的是 max_element 函数模板的使用。这个模板实际上有如下两个模板参数：

```
template<typename T, typename Compare=less<T>()>
T max_element(T first, T last, Compare comp);
```

如果 T 使用系统提供的小于运算定义，则第 2 个模板参数就可以使用缺省的仿函数 less<T>()。若 T 是自定义类型，且为其定义了“<”运算符，也可以使用缺省的仿函数 less<T>()。但若 T 是系统类型，且已定义了“<”运算符，但需使用自定义的“<”运算符，则必须自己写一个仿函数扮演 Compare 的角色。例如，在程序 9-54 中，mode[0..n+m-1]中的元素是系统提供的模板类 set<int>对象，并且系统已经为 set 类模板定义了“<”运算符（按容器中元素中序序列的字典顺序比较）。而我们希望按 set<**int**>对象所含元素个数比较大小，所以我们需重载“<”运算符，并定义一个用于比较的仿函数 Comp。

```
1 bool operator<(const set<int> &a, const set<int> &b){
2     return a.size()<b.size();
3 }
4 class Comp{
5 public:
```

```
6   bool operator()(set<int> &a, set<int> &b){
7       return a<b;
8   }
9 };
```

程序 9-55 用于按含元素个数比较 set<int>对象的“<”运算符和比较仿函数 Comp

所谓仿函数，就是定义了括号运算符“()”的特殊类。它是函数指针在 C++中的扩展。在程序 9-55 中，我们利用第 1~3 行重载的 set<int>对象间的“<”运算符，在第 4~9 行定义并实现了仿函数 Comp。在需要的地方加载 Comp 的构造函数 Comp() 即生成了一个匿名对象，系统内部代码就会自动调用该对象中的括号运算符进行比较。在程序 9-54 中第 24 行的调用

```
max_element(mode.begin(), mode.end(),Comp())
```

就会按 set<int>对象所含元素个数，计算 mode[0..n+m-1] 中元素个数最大者的迭代器。

9.4.3 类模板组合

我们还可以把已定义的类模板组合起来，构成新的类模板以适应更复杂对象的刻画、描述。此处，我们给出本书第 6 章几乎所有问题的解决方案都要用到的图（Graph）类模板的定义。之所以要将 Graph 类定义成模板是因为有些图是带权图。在第 6 章中，我们知道用邻接表方式表示一个带权图，邻接表 Adj[u] 中存储的元素除了要表示一条边的端点外，还需表示这条边的权值。还有些应用中的图可能会有平行边（两个顶点之间有若干条边），这种情况下，需要表示平行边的数目。所以，我们想到将存储在 Adj[u] 中的元素类型抽象成模板参数 T。

```
1 template<typename T>
2 class Graph{
3 protected:
4   vector<list<T>> A;
5   int scale;
6 public:
7   Graph(int n) :scale(n), A(n, list<T>()){}
8   Graph(Graph &G) ;
9   list<T> getList(int v){return A[v];}
10  int size(){return scale;}
11  void insertEdge(int u, T v);
12  void deleteEdge(int u, T v);
13 };
```

程序 9-56 表示图的邻接表的 Graph 类模板定义

我们将表示邻接表数组 A 和图中顶点个数的 scale 定义成 **protectd** 数据成员，对这些数据能有效地加以保护。第 7、8 行定义了两个构造函数，前者将图初始化为具有 *n* 个顶点的平凡图。后者用已知 Graph<T>对象 G 初始化新的 Graph<T>对象，这在 Graph<T>对象之间的赋值或作为函数值返回时很有用。第 9 行 getList 返回由参数 *v* 指定的第 v 个顶

点的邻接表。第 10 行 size 返回图中定点个数。第 11 行 insertEdge 将参数指定的边（u，v）插入图中。第 12 行 deleteEdge 从图中删掉有参数指定的边（u，v）。所有这些 **public** 函数成员对外都是开放的。

```
1 template<typename T>
2 Graph<T>::Graph<T>(Graph<T> &G){
3    scale=G.scale;
4    A=vector<list<T>>();
5    for (int u=0; u<G.scale; u++)
6        A.push_back(list<T>(G.A[u]));
7 }
8 template<typename T>
9 void Graph<T>::insertEdge(int u, T v){
10    A[u].push_back(T(v));
11 }
12 template<typename T>
13 void Graph<T>::deleteEdge(int u, T v){
14   list<T>::iterator i=find(A[u].begin(), A[u].end(), v);
15   if (i!=A[u].end())
16       A[u].erase(i);
17 }
```

程序 9-57 Graph 类模板成员函数模板的实现

第 1～7 行的构造函数用参数传递进来的 Graph<T>对象 G 的数据成员初始化自身的数据成员。其中，第 3 行初始化 scale，第 4～6 行初始化数组 A[0..scale-1]，将其中的每一个元素 A[u] 初始化为 G 的同名数组中对应的链表 G.A[u]。

第 8～11 行的 insertEdge 函数中的第 10 行在参数 *u* 指定的链表 A[u] 中追加由参数 v 指定的元素。

第 12～17 行的 deleteEdge 函数先在第 14 行调用 find 模板函数，在由参数 u 指定的链表 A[u] 中查找由参数 v 指定的元素。若在第 15 行检测到这个元素确实存在，则第 16 行调用 A[u] 的 erase 函数将此元素删掉。

至此，我们定义并实现了表示图的邻接表的类模板 Graph。利用 Graph，可以解决各种有关图的计算问题。典型的例子如问题 6-9“网络带宽”的解决方案。

问题 6-9 的解决方案

流网络类

由于“网络带宽”问题涉及计算网络最大流，因此需首先表示流网络并实现算法 6-24 的 MAX_FLOW 过程。

```
1 class Network: public Graph<int>{
2 private:
3    vector<Color> color;
4    vector<int> d;
5    vector<int> pi;
6    void reset();
```

```
7    void bfsVisit(int s);
8 public:
9    Network(int n);
10   friend int maxFlow(Network &G, vector<vector<int>> &c, int s, int t);
11};
```

程序 9-58 流网络 Network 类的定义

第 1 行中“: **public** Graph<**int**>”指出该类继承自模板类 Graph<**int**>。Network 类除了继承父类的属性外，自身包含 3 个 **private** 数据成员：第 3 行声明的数组 color，第 4 行的数组 d 和第 5 行的数组 pi，它们分别扮演的是第 6 章中图的广度优先搜索算法 6-8 中表示图中顶点的颜色数组 *color*，从顶点 *s* 出发到达当前顶点的最短距离数组 *d*，和从 *s* 出发到达当前顶点最短路径中当前顶点的父节点数组π。此外，Network 类还含有两个 **private** 函数成员：第 6 行的 reset 和第 7 行的 bfsVisit。由于在算法 6-24 的 MAX-FLOW 中要对流网络反复调用 BFS-VISIT，调用前要将 color 数组、d 数组和 pi 数组复原，reset 函数就是负责做这个工作的。bfsVisit 当然就是广度优先搜索算法 6-8 的实现。第 9 行声明的是 Network 类的构造函数。

第 10 行声明的函数 maxFlow 为 Network 类的友元函数。它可以直接访问 Network 类所有成员，包括 **private** 成员。它是算法 6-24 计算流网络最大流的 MAX-FLOW 过程的 C++实现函数。

由于第 6 章中有若干个问题都涉及网络最大流的计算，为便于重复使用代码，将程序 9-55 存储为 maxflow.h。而将 Network 类的成员函数的实现及 maxFlow 函数的定义写在一个同名的源文件 maxflow.cpp 中，要使用这些代码的程序只需包含头文件 maxflow.h，并将源文件 maxflow.cpp 加载到同一程序项目中就可以畅行无阻了。

```
1 #include "maxflow.h"
2 Network::Network(int n): Graph<int>(n){
3    color=vector<Color>(n, WHITE);
4    d=vector<int>(n, INT_MAX);
5    pi=vector<int>(n, -1);
6 }
7 void Network::reset(){
8    color=vector<Color>(scale, WHITE);
9    d=vector<int>(scale, INT_MAX);
10   pi=vector<int>(scale, -1);
11}
12 void Network::bfsVisit(int s){
13   queue<int> Q;
14   color[s]=GRAY;
15   d[s]=0;
16   Q.push(s);
17   while (!Q.empty()) {
18       int u=Q.front(); Q.pop();
19       for (list<int>::iterator i=A[u].begin(); i != A[u].end() ; i++) {
20            int v=*i;
21            if (color[v]==WHITE) {
```

```
22                      d[v]=d[u]+1;
23                      pi[v]=u;
24                      color[v]=GRAY;
25                      Q.push(v);
26                  }
27              }
28              color[u]=BLACK;
29          }
30}
31int maxFlow(Network &G, vector<vector<int>> &c, int s, int t){
32    int n=G.size();
33    vector<vector<int>> f(n, vector<int>(n));
34    G.bfsVisit(s);
35    while (G.d[t] < INT_MAX) {
36      vector<pair<int, int>> p;
37      int v=t, u=G.pi[v];
38      while (u > -1) {
39        p.push_back(make_pair(u, v));
40        v=u;
41        u=G.pi[v];
42      }
43      int cp=INT_MAX;
44      for (int i=0; i<p.size(); i++)
45        if (c[p[i].first][p[i].second]<cp)
46           cp=c[p[i].first][p[i].second];
47      for (int i=0; i<p.size(); i++) {
48        int u=p[i].first, v=p[i].second;
49        f[u][v]+=cp;
50        f[v][u] = -f[u][v];
51        c[u][v]-=cp;
52        if (c[u][v]==0)
53           G.deleteEdge(u, v);
54        if (c[v][u]==0 && find(G.A[v].begin(), G.A[v].end(), u) == G.A[v].end())
55           G.insertEdge(v, u);
56          c[v][u]+=cp;
57      }
58      G.reset();
59      G.bfsVisit(s);
60    }
61    int maxf=0;
62    for (int i=0; i<n; i++)
63          maxf+=f[s][i];
64    return maxf;
65}
```

程序 9-59　实现流网络 Network 类及算法 6-24 的 C++函数

因为在本文件（maxflow.cpp）实现的是头文件“maxflow.h”中定义的类模板 Graph，所以在第 1 行将此头文件包含进来。

第 2～6 行定义了 Network 类的构造函数，它将数据成员 color 初始化为具有 *n* 个 Color 元素的数组，所有的元素初始值为 WHITE。将成员 d 初始化为 n 个元素全为 INT_MAX

的数组，pi 初始化为 n 个元素全为-1 的数组。

第 7～11 行定义的成员函数 reset 做的工作几乎与构造函数的工作相同：重置 color、d 和 pi 这 3 个数组型成员。

第 12～30 行定义的成员函数 bfsVisit 是算法 6-8 的 BFS-VISIT 过程的实现，其代码与算法过程的伪代码结构一致。

第 31～65 行定义的是 Network 类的友元函数 maxFlow。这是计算流网络最大流的算法 6-24 中 MAX-FLOW 过程的实现函数。尽管 maxFlow 不是 Network 的成员函数，但却是其友元，故能访问参数 G 的所有成员。

解决一个测试案例

利用表示流网络的 Network 类和计算网络最大流的函数 maxFlow，我们来解决问题 6-9“网络带宽”的一个测试案例。

```
1 struct Connect{
2    int u, v, w;
3    Connect(int a, int b, int c):u(a), v(b), w(c){}
4 };
5 pair<Network , vector<vector<int>>> makeGraph(vector<Connect> &connect, int n){
6    Network g=Network(n);
7    vector<vector<int>> c(n, vector<int>(n));
8    int m=connect.size();
9    for(int i=0; i<m; i++){
10         int u=connect[i].u, v=connect[i].v, w=connect[i].w;
11         g.insertEdge(u, v); g.insertEdge(v, u);
12         c[u][v]=w; c[v][u]=w;
13    }
14    return make_pair(g, c);
15 }
16 int internetWidth(vector<Connect> &connect, int n, int s, int t){
17    pair<Network, vector<vector<int>>> p=makeGraph(connect, n);
18    Network G=p.first;
19    vector<vector<int>> c=p.second;
20    int result=maxFlow(G, c, s, t);
21    return result;
22 }
```

程序 9-60　算法 6-25 的 C++函数

第 5～15 行定义的函数 makeGraph 实现的是算法 6-25 的 MAKE-GRAPH 过程。它利用表示维数组的参数 connect 的数据创建一个流网络 g 及其容量矩阵 c，作为返回值返回。数组 connect 的元素类型定义为第 1～4 行的结构体 Connect，包含表示计算机网络中节点 u 和 v 间的连接及其带宽 w。函数 makeGraph 的代码结构与算法过程 MAKE-GRAPH 的伪代码结构一致，读者不难对照阅读理解。

第 16～22 行定义的函数 internetWidth 实现的是算法 6-25 的 INTERNET-WIDTH 过程。调用该函数即可解决本问题中的一个测试案例。函数代码结构与算法过程的一致。

9.5 数据的输入输出

C++有一整套好用的操作数据的输入输出的类。C++中将需输入/输出的数据视为字节序列，形象地称为字节流。用于数据输入的类称为输入流类，而用于输出的类当然就称为输出流类。设 in 为一个输入流对象，x 为一接受输入的变量，在 C++程序中要从 in 中读取数据到 x，就可简单地表为如下表达式：

```
in>>x
```

其中，“>>”称为流输入运算符。相仿地，设 out 为一输出流对象，要将 x 写到 out 中，可以使用如下表达式：

```
out<<x
```

结合本书中的程序代码，下面来讨论各种输入输出流的运用。

9.5.1 文件输入输出流

计算机中将文件分成标准文件和磁盘文件两种。所谓标准文件指的是将键盘视为输入文件而将屏幕视为输出文件的所谓控制台文件。C++把对应标准文件的输入输出流对象声明为头文件<iostream>的对象 cin 和 cout。前者对应键盘，后者对应屏幕。

磁盘文件分成文件输入流 ifstream 和文件输入流 ofstream 两个类，它们声明于头文件<fstream>。要打开磁盘上的物理文件需要按读、写性质声明不同类的文件流对象。输入文件流对象的声明格式如下：

```
ifstream 输入流对象名(文件名串)
```

相仿地，输出文件流对象的声明格式如下：

```
ofstream 输出流对象名(文件名串)
```

所谓“打开文件”指的是在内存中为指定的磁盘文件开辟一块数据读写缓冲区，对文件的读写操作实际上是在缓冲区中实现的。文件使用完毕，必须关闭文件——即将缓冲区中的数据真正写到磁盘中。关闭文件的操作格式如下：

```
文件流对象.close()
```

文件读写操作的例子我们在程序 9-41 已经看到过。本书中每个问题的解决方案中的主函数都以同样的风格处理文件的读写。下面再来看一个典型例子——解决问题 6-9 的主函数。

```
1 int main(){
```

```
2     ifstream inputdata("Internet Bandwidth/inputdata.txt");
3     ofstream outputdata("Internet Bandwidth/outputdata.txt");
4     int n, i=0;
5     inputdata>>n;
6     while(n>0){
7        i++;
8        int s, t, m;
9        inputdata>>s>>t>>m;
10       vector<Connect> connect;
11       for(int k=0; k<m; k++){
12           int u, v, x;
13           inputdata>>u>>v>>x;
14           connect.push_back(Connect(u-1, v-1, x));
15       }
16       int result=internetWidth(connect, n, s-1, t-1);
17       outputdata<<"Network "<<i<<endl;
18       outputdata<<"The bandwidth is "<<result<<"."<<endl;
19       cout<<"Network "<<i<<endl;
20       cout<<"The bandwidth is "<<result<<"."<<endl;
21       inputdata>>n;
22    }
23    inputdata.close();
24    outputdata.close();
25    return 0;
26 }
```

程序 9-61 解决问题 6-9“网络带宽”的主函数

第 2～3 行分别打开指定位置的输入输出文件，用其初始化输入流对象 inputdata 和输出流对象 outputdata。

第 5 行从 inputdata 中读取第一个案例的连接数 n。

第 13 行从 inputdata 中读取案例中的每个连接的数据 u, v, w。

第 17～18 行向输出流对象 outputdata 写入案例结果。

第 19～20 行向标准输出流对象 cout 写入案例结果。

第 21 行从 inputdata 中读取下一个案例的连接数 n。

第 23～24 行关闭文件流对象 inputdata 和 outputdata。

9.5.2 串输入输出流

既然将输入输出数据视为字节流，可见输入输出流的结构与字符串十分相似。事实正是这样的。C++在头文件<sstream>中提供了表示串输入输出流的两个类：istringstream 和 ostringstream。在程序设计的实践中常常需要从一个串中分析表示不同类型数据的“项”，有时还需要将不同类型的数据表示成串。这些操作问题都可以通过串输入输出流来解决。串输入流对象的声明格式为：

```
istringstream 对象名(串)
```

串输入流运用的典型例子是问题 3-4“周期序列”解决方案中的主函数。

```
1 int main(){
2    ifstream inputdata("Eventually periodic sequence/inputdata.txt");
3    ofstream outputdata("Eventually periodic sequence/outputdata.txt");
4    int N, n;
5    inputdata>>N>>n;//第一个案例文本行首的整数 N 和 n
6    while (N>0 || n>0) {
7        string s, item;
8        getline(inputdata, s);//案例文本行剩下的部分
9        istringstream scanner(s);//创建出按输入流
10       vector<string> RPN;
11       while (scanner>>item)//从 scanner 中读取所有项
12           RPN.push_back(item);
13       int result=eventuallyPeriodicSequence(N, n, RPN);
14       outputdata<<result<<endl;
15       cout<<result<<endl;
16       inputdata>>N>>n;//读取下一个案例文本行首的整数 N 和 n
17   }
18   inputdata.close();
19   outputdata.close();
20    return 0;
21}
```

程序 9-62 解决问题 3-4 的主函数

回忆问题 3-8 的输入文件的存储格式：由若干个测试案例数据组成，每个案例的数据占一行，表示一个后缀表达式。各案例的后缀式长度不必相同，需要析取式中的每一项，组成一个数组 RPN。编程时，因为不知道一个案例中确切要读取多少项，所以很难用统一的代码结构直接从输入文件中组织数组 RPN。为此，对每个案例从输入文件中读取一行作为一个串 s，然后用 s 创建一个串输出流对象 scanner。从 scanner 中逐项读取，直至读完为止。

具体地说，程序中的第 5 行读取第一个案例中行首的两个整数 N 和 n。第 6～17 行的 **while** 循环处理每个案例。其中，第 7～8 行调用系统提供的函数 getline 将案例文本行中剩下的部分读至串 s 中。第 9 行用 s 创建串输入类 istringstream 的对象 scanner。第 10～12 行逐一读取 scanner 中的每一项追加到 RPN 中。处理完一个案例，第 16 行从输入文件读取下一个案例文本行首的数据 N 和 n。

串输出流对象声明格式与串输入流对象的相仿：

ostringstream 对象名

典型的运用例子是问题 4-12“三角形 N-后问题”的解决方案。

问题 4-12 的解决方案

棋盘类

由于算法 4-29 涉及若干个全局变量（譬如解向量 x），所以采取面向对象的技术，将数据和操作数据的函数封装起来定义成一个棋盘类 Chessboard。

```
1 class Chessboard{
2    vector<int> x;
3    int n;//棋盘规模
4    int k;
5    int first_col;//上排皇后末尾位置的列号
6    int seconde_row;//下排皇后首个位置行号
7    int seconde_col;//下排皇后末尾位置列号
8 public:
9    Chessboard();
10   void triangularNQueens(int N);//从规模扩展棋盘到规模N
11   string toString(int i, int N);
12 };
```

程序 9-63　棋盘类 Chessboard 的定义

所有的数据成员都定义成 **private** 访问限制。第 2 行的 *x* 是解向量，第 3 行 *n* 表示棋盘规模，第 4 行 first_col 表示上排皇后末尾位置的列号，第 5 行 seconde_row 表示下排皇后首个位置行号，第 6 行 seconde_col 表示下排皇后末尾位置列号，第 7 行 k 表示当前棋盘规模。注意，根据题面阐述，输入数据的各案例表示的棋盘规模 N 是按升序排列的。所以，调用的 triangularNQueens 函数解决一个案例时，并非都是从 k=3 开始层层扩展的，而是将 k 设置成成员数据，表示棋盘当前规模，下一个案例只需从当前规模的基础上进一步扩展，从而节省了运行时间。

3 个成员函数都是 **public** 访问限制的。第 9 行为构造函数，第 10 行的 trianglarNQueens 函数实现的是算法 4-29 的 TRIANLAR-N-QUEENS 过程，第 11 行的 toString 函数的功能是根据解向量生成案例输出文本串。

解决一个测试案例

Chessboard 类的实现如下。

```
1Chessboard::Chessboard(){
2   x.push_back(0), x.push_back(-1), x.push_back(1);//初始三角形
3   first_col=0;
4   seconde_row=2;
5   seconde_col=1;
6   k=3;
7    n=3;
8 }
9 void Chessboard::triangularNQueens(int N){
10    n = N>n ? N : n;//修正棋盘规模
11    while(k<n){//逐层扩展三角形
12       switch (k%3) {
13          case 0: //扩展右腰
14                x.insert(x.begin(), 1, -1);
15                seconde_row++;
16                first_col+=2;
17                x[first_col]=first_col;
18                break;//上排皇后追加一个
```

```
19            case 1: //扩展底边
20                x.insert(x.begin()+seconde_row, 1, -1);//下排皇后下沉一行
21                seconde_row++;
22                break;
23            default: //扩展底边
24                seconde_col+=2;//下排皇后追加一个
25                x.push_back(seconde_col);
26        }
27        k++;
28    }
29 }
30 string Chessboard::toString(int i, int N){//返回第 i 个案例输出文本
31    ostringstream s;
32    s<<(i+1)<<" "<<N<<" "<<((2*N+1)/3)<<endl;
33    int count=0;
34    for (int j=0; j<N; j++) {
35        if (x[j] > -1) {
36            s<<"["<<(j+1)<<", "<<(x[j]+1)<<"] ";
37            if (++count == 8)
38                s<<endl;
39        }
40    }
41    s<<endl;
42    return s.str();
43 }
```

程序 9-64 Chessboard 类的实现

第 1～8 行是 Chessboard 的构造函数。将棋盘初始化为图 4-15 所示的规模 n=3 的格局。

第9～29行的函数trianglarNQueens实现的是算法4-29的TRIANLAR-N-QUEENS过程。不过如前所述，与算法伪代码稍有不同的是，函数中并不是从棋盘的最小规模 k=3 开始扩展到参数 n 指定的规模，而是从当前规模（上一测试案例的规模）开始扩展棋盘。结构上是用 **switch-case** 语句替代伪代码的 **if-else** 嵌套对 3 种不同情形进行扩展，读者可对照研读。

第 30～43 行定义的函数 toString 根据调用 trianglarNQueens 后所得的本案例解向量 x，创建输出文本串。回忆题面对案例输出数据格式描述，“对每一个案例，输出的第一行的第一个整数表示案例编号（从 1 开始），空格后是一个表示表示输入规模 N 的整数，空格后是一个表示最多互不攻击皇后个数的整数。案例输出从第 2 行开始，每行输出 8 个皇后的位置，最后一行可能不足 8 个位置。皇后位置的输出格式为“[行数，列数]”。位置与位置之间用空格隔开。”这里面既有字符，也有数值，还包含分行符等。所以使用串输出流来构造输出文本。

具体地说，第 31 行声明了一个串输出类对象 s。第 32 行向 s 写入输出的第一行“案例编号 i+1 棋盘规模 N 棋盘中互不攻击的皇后数(2*N+1)/3”，第 34～40 行的 **for** 循环根据解向量中第 i 个分量 x[i]的值向 s 写入各皇后的位置，其中第 37～38 行的检测若一行中有 8 项则分行。

第 42 行调用输出流对象 s 的成员函数 str，将其中的内容作为一个字符串返回。

9.5.3 流运算符的重载

当输出数据的类型是自定义的构造型数据（例如结构体或类）时，我们可以自定义流输出运算符“<<”，在简化代码的同时提高代码的可读性。典型的例子如问题 3-5“稳定婚姻问题”的解决方案。

问题 3-5 的解决方案

数据类型

回忆问题 3-5“稳定婚姻问题”。n 个男子（表为集合 M）和 n 个女子（表为集合 F），每个人都有各自对各个异性的爱慕程度。目标是找到 n 对“稳定婚姻”（表为集合 A）——任一对夫妇（f, m）$\in A$ 不存在 f'（$\neq f$）$\in F$ 和 m'（$\neq m$）$\in M$，使得 m 更喜欢 f' 且 f 更喜欢 m'。我们用如下的类型来描述男性、女性和夫妇。

```
1 struct Male{//男性
2     string pref;//对 n 个女性的喜欢程度
3     size_t current;//当前求婚对象
4     Male(string p=""):pref(p), current(0){}
5 };
6 struct Female{//女性
7     string pref;//对 n 个男性的喜欢程度
8     bool engaged;//已订婚标志
9     Female(string p=""): pref(p), engaged(false){}
10 };
11 struct Couple{//夫妻
12     char female, male;//妇、夫
13     Couple(char f=' ', char m=' '):female(f), male(m){}
14 };
15 bool operator==(const Couple& a, const Couple& b){//用于查找的夫妇对象相等关系
16   return a.female==b.female;
17 }
18 bool operator<(const Couple& a, const Couple& b){//用于夫妇对象排序的比较关系
19   return a.male<b.male;
20 }
21 ostream& operator<<(ostream& out, const Couple& a){//夫妇对象的流输出运算符
21   out<<a.male<<" "<<a.female;
22   return out;
23 }
```

程序 9-65 男性、女性及夫妇数据类型的定义

第 1～5 行定义的结构体类型 Male 刻画了问题中男性的属性：第 2 行的成员 pref 存储输入数据中表示男生对 n 个女生按喜欢程度从大到小的排列；第 3 行的 current 表示男生当前能追求到的最喜欢的女生在 pref 中的下标。

第 6～10 行定义的是表示女性的结构体类型 Female，也有两个属性：第 7 行 pref 是对 n 个男生喜欢程度的降序排列。第 8 行 engaged 表示女生是否订婚的标志。

第 11～14 行的结构体类型 Couple 表示有婚姻关系的男女。第 12 行的 femal 和 male 分别表示妻子和丈夫。

由于要在表示稳定婚姻的集合 A 中查找妻子为指定 f 的元素，第 15～17 行重载了 Couple 对象间的相等关系运算符。由于要将 A 中元素按丈夫名字的升序排列输出，第 18～20 行重载了 Couple 对象间小于比较运算符。为使得输出夫妇关系时代码更简洁，第 21～23 行重载了输出 Couple 对象的流输出运算符。对比较关系的运算符重载我们在本章的前面已有说明，此处仅讨论流输出运算符的重载格式。

```
ostream& operator<<(ostream &输出流, const 数据类型 &输出对象){
    函数体;
}
```

流输出运算符的返回值是一个输出流的引用，事实上就是把第一个形参接受了数据（第二个形参表示的数据对象）后加以返回。在程序 9-62 的第 21～23 行中，第一个形参为 out。第二个形参的类型为夫妇 Couple 类型，名为 a。第 21 行向 out 输出 a 的两个数据成员 male 和 female，两者用一个空格隔开。第 22 行返回 out。

解决一个测试案例

利用程序 9-65 中定义的 3 个数据类型及其运算符，可以用如下代码实现算法 3-7 的 STABLE-MARRIAGE 过程。

```
1 set<Couple, less<Couple> > stableMarriage(hash_map<char, Male>& M,
2                                             hash_map<char, Female>& F){
3    set<Couple, less<Couple> > A;
4    queue<char> Q;
5    for (hash_map<char, Male>::iterator a =M.begin(); a!=M.end(); a++)
6       Q.push(a->first);
7    while (!Q.empty()) {
8        char m=Q.front();//队首男子
9        char f=M[m].pref[M[m].current++];//目前能求婚的最喜欢女性
10       if (!F[f].engaged) {//该女性尚未订婚
11           A.insert(Couple(f, m));//订婚
12           F[f].engaged=true;//女性加已订婚标志
13           Q.pop();//男性出队
14       }else{//f 已订婚，找到这对夫妇
15           set<Couple, less<Couple> >::iterator couple=
16                find(A.begin(), A.end(), Couple(f));
17           char m1=couple->male;//f 当前的未婚夫
18           if ((F[f].pref).find(m)<(F[f].pref).find(m1)) {//若 f 更喜欢 m
19              A.erase(Couple(f, m1));//取消 f 当前婚约
20              A.insert(Couple(f, m));//f, m 订婚
21              Q.pop();
22              Q.push(m1);
```

```
23            }
24        }
25    }
26    return A;
27 }
```

程序 9-66 实现算法 3-7 STABLE-MARRIAGE 过程的 C++函数

第 1 行表明函数 stableMarrige 的返回值类型为模板类 set<Couple, less<Couple>>。其中第一个模板参数表示返回的集合中的元素是 Couple 类型，第二个模板参数返回的集合中元素按 Couple 类型对象的“<”运算符比较决定前后顺序。第 2、3 行中表示的函数的两个参数分别是类型为模板类 hash_map<**char**, Male>引用的 M 和类型为 hash_map<char, Female>的引用 F。这是因为算法中需频繁地在 M 和 F 中查找特定元素，而散列表的查找效率是最高的（常数时间）。

第 3 行定义的集合类对象 A 用来存储稳定婚姻中的所有夫妇。它将在第 26 行被返回。

第 4～6 行完成伪代码中 $Q \leftarrow M$ 的操作，即将男生集合中的所有男生加入求婚队列 Q。

第 7～23 行的 **while** 循环实现算法 3-7 中第 3～12 行的 **while** 结构。完成男性优先稳定婚姻集合 A 的计算。代码中有详尽的注释，读者可比照算法为代码研读，此不赘述。

主函数

用程序 9-66 定义的 stableMarrige 函数，可用下列的主函数完整解决“稳定婚姻问题”。

```
1 int main(){
2   ifstream inputdata("The Stable Marriage Problem/inputdata.txt");
3   ofstream outputdata("The Stable Marriage Problem/outputdata.txt");
4   int t;
5   inputdata>>t;//读取案例数
6   for (int i=0; i<t; i++) {//处理每个案例
7      int n;
8      string aline;
9      inputdata>>n;//读取男女生人数 n
10     hash_map<char, Male> M;
11     hash_map<char, Female> F;
12     getline(inputdata, aline, '\n');//断行
13     getline(inputdata, aline, '\n');//略过男女生名字行
14     for(int j=0; j<n; j++){//读取 n 个男生数据
15        getline(inputdata, aline, '\n');
16        char name=aline[0];//男生名
17        string preference=aline.substr(2,n);//按对女生喜欢程度降序排列女生
18        M[name]=Male(preference);//加入 M
19     }
20     for(int j=0; j<n; j++){//读取 n 个女生数据
21        getline(inputdata, aline, '\n');
22        char name=aline[0];//女生名
23        string preference=aline.substr(2,n); //按对男生喜欢程度降序排列男生
```

```
24            F[name]=Female(preference);//加入 F
25        }
26        set<Couple, less<Couple> > A=stableMarriage(M, F);//计算稳定婚姻
27        copy(A.begin(),A.end(),ostream_iterator<Couple>(outputdata, "\n"));
28        outputdata<<endl;
29        copy(A.begin(),A.end(),ostream_iterator<Couple>(cout, "\n"));//向屏幕输出
30        cout<<endl;
31    }
32    inputdata.close();
33    outputdata.close();
34    return 0;
35}
```

程序 9-67 解决问题 3-4“稳定婚姻问题”的主函数

第 2～3 行打开输入/输出文件。

第 6～31 行的 **for** 循环处理每一个测试案例。其中：第 14～19 行读取案例中的男生数据，加入散列表 M；第 20～25 行读取案例中的女生数据，加入散列表 F；第 26 行调用程序 9-63 定义的函数 stableMarrige，传递 M 和 F 计算稳定婚姻 A；第 27～28 行调用 copy 模板函数将 A 中元素逐一输出到输出文件 outputdata；第 29～30 行将 A 输出到标准输出文件（屏幕）cout。

第 32～33 行关闭输入/输出文件。

我们知道，调用 copy 函数将一个序列中的元素写到一个输出流中，序列中元素类型必须已定义流输出运算符。虽然 A 中元素类型为 Couple 类，并非系统提供，但我们在程序 9-62 中为其重载了流输出运算符，所以能将 A 中数据正确地写到输出流 outputdata 和 cout 中。

欢迎来到异步社区！

异步社区的来历

异步社区（www.epubit.com.cn）是人民邮电出版社旗下IT专业图书旗舰社区，于2015年8月上线运营。

异步社区依托于人民邮电出版社20余年的IT专业优质出版资源和编辑策划团队，打造传统出版与电子出版和自出版结合、纸质书与电子书结合、传统印刷与POD按需印刷结合的出版平台，提供最新技术资讯，为作者和读者打造交流互动的平台。

社区里都有什么？

购买图书

我们出版的图书涵盖主流IT技术，在编程语言、Web技术、数据科学等领域有众多经典畅销图书。社区现已上线图书1000余种，电子书400多种，部分新书实现纸书、电子书同步出版。我们还会定期发布新书书讯。

下载资源

社区内提供随书附赠的资源，如书中的案例或程序源代码。

另外，社区还提供了大量的免费电子书，只要注册成为社区用户就可以免费下载。

与作译者互动

很多图书的作译者已经入驻社区，您可以关注他们，咨询技术问题；可以阅读不断更新的技术文章，听作译者和编辑畅聊好书背后有趣的故事；还可以参与社区的作者访谈栏目，向您关注的作者提出采访题目。

灵活优惠的购书

您可以方便地下单购买纸质图书或电子图书，纸质图书直接从人民邮电出版社书库发货，电子书提供多种阅读格式。

对于重磅新书，社区提供预售和新书首发服务，用户可以第一时间买到心仪的新书。

用户帐户中的积分可以用于购书优惠。100积分=1元，购买图书时，在  里填入可使用的积分数值，即可扣减相应金额。

特别优惠

购买本书的读者专享异步社区购书优惠券。

使用方法：注册成为社区用户，在下单购书时输入 S4XC5 使用优惠码，然后点击“使用优惠码”，即可在原折扣基础上享受全单9折优惠。（订单满39元即可使用，本优惠券只可使用一次）

纸电图书组合购买

社区独家提供纸质图书和电子书组合购买方式，价格优惠，一次购买，多种阅读选择。

社区里还可以做什么？

提交勘误

您可以在图书页面下方提交勘误，每条勘误被确认后可以获得100积分。热心勘误的读者还有机会参与书稿的审校和翻译工作。

写作

社区提供基于 Markdown 的写作环境，喜欢写作的您可以在此一试身手，在社区里分享您的技术心得和读书体会，更可以体验自出版的乐趣，轻松实现出版的梦想。

如果成为社区认证作译者，还可以享受异步社区提供的作者专享特色服务。

会议活动早知道

您可以掌握 IT 圈的技术会议资讯，更有机会免费获赠大会门票。

加入异步

扫描任意二维码都能找到我们：

异步社区	微信服务号	微信订阅号	官方微博	QQ 群：368449889

社区网址：www.epubit.com.cn

投稿 & 咨询：contact@epubit.com.cn